油田区地热发电工程基础与应用

Engineering Fundamentals and Applications of Geothermal Power Generation in Oilfield Areas

李克文　张金川　贾　霖　著

科学出版社
北　京

内 容 简 介

本书主要介绍与油田区地热发电工程有关的基础知识及相关的实用技术，包括与热储有关的基本概念，常规地热资源及油田区地热资源的评价方法，油田区地热开发的数值模拟，油田区热储温度的变化规律，提高油田区地热流体温度的原油裂解与亚燃烧技术、地热发电方法与技术，油田区地热发电的优势及地热发电成本与效率分析等。本书内容丰富，既有油田区地热发电工程的基础知识，又有相应的工程知识与先进的中低温地热发电实用技术，包括热伏(半导体温差)发电技术的基本原理与现场先导性应用实例；既有国内外的最新进展，又有作者及其团队多年的研究成果。

本书可供从事油田区地热发电及中低温地热发电工作或研究的技术人员、工程师、研究生阅读参考。

图书在版编目(CIP)数据

油田区地热发电工程基础与应用=Engineering Fundamentals and Applications of Geothermal Power Generation in Oilfield Areas/ 李克文，张金川，贾霖著. —北京：科学出版社，2022.12

ISBN 978-7-03-073987-2

Ⅰ. ①油… Ⅱ. ①李… ②张… ③贾… Ⅲ. ①油田–地热发电–研究 Ⅳ. ①TM616

中国版本图书馆 CIP 数据核字(2022)第 226897 号

责任编辑：刘翠娜 李亚佩 / 责任校对：郑金红
责任印制：吴兆东 / 封面设计：无极书装

科 学 出 版 社 出版
北京东黄城根北街 16 号
邮政编码：100717
http://www.sciencep.com
北京中科印刷有限公司 印刷
科学出版社发行 各地新华书店经销
*
2022 年 12 月第 一 版 开本：787×1092 1/16
2022 年 12 月第一次印刷 印张：16 3/4
字数：380 000

定价：198.00 元

(如有印装质量问题，我社负责调换)

作 者 简 介

李克文，教授、博士生导师。历任美国斯坦福大学能源资源工程系资深研究员、长江大学“楚天学者”特聘教授、中国石油勘探开发研究院开发实验中心主任、北京大学教授，现任中国地质大学(北京)教授。曾任 *Society of Petroleum Engineers Reservoir Evaluation & Engineering*(石油工程领域国际权威杂志)副主编、国际岩心分析家协会技术委员会委员，目前担任国家地热能中心学术委员会委员、*International Journal of Petroleum Science and Technology*(《国际石油科学与技术》)杂志理事，以及 *Society of Petroleum Engineers Journal*(《美国石油工程师协会杂志》)、*Geothermics*(《地热学》)、*Transport in Porous Media*(《多孔介质渗流》)、*Journal of Petroleum Science and Engineering*(《石油科学与工程杂志》)、*Energy and Fuels*(《能源和燃料》)等多个国际专业期刊的技术编辑等。公开发表论文 100 余篇，其中 SCI 收录论文 80 篇，专著 3 本，并拥有 10 多项专利。2018 年获国家能源局软科学研究成果二等奖，2015 年获选第二批国土资源科技领军人才，2003 年荣获美国石油工程师协会(Society of Petroleum Engineers, SPE)杰出编辑奖，2002 年、2005 年、2006 年、2012 年及 2013 年 5 次荣获美国地热资源委员会地热国际年会的最佳论文奖，1998 年获得国际岩心分析家协会授予的终身会员奖，1995 年被评为中国石油天然气总公司跨世纪学科带头人。李克文教授是国际上从事气润湿反转技术提高采收率的学术创始人，建立了基于流体流动规律的产量预测新方法，有关公式以李克文教授的名字命名。李克文教授还提出了开发废弃油井(油田)的油热电联产新理论和新方法。多年来，李克文教授主持过国内外多项重大科研项目，在热储工程、干热岩、地热增强系统、油气田伴生地热工程、中低温地热发电，尤其是热伏发电方面取得了多项突破性的重要成果，是地热工程与油气田开发领域的国际知名专家。

作者简介

前　言

石油(包括原油和天然气)总有一天会采完，即使还有相当多的石油残留在地下，但是不再具有开采价值的那一天总会到来。传统的油田开发教科书中油田开发模式的最后一步是报废油井或者油田，事实上，国际上已经有大量的油气井被报废，或者石油产量大幅度下降，这导致所在城市的经济大幅度滑坡，甚至萧条，而与石油相关的工业，乃至房地产等产业濒于崩溃，最终带来许多经济和社会方面的巨大挑战和严重危害。

为了解决上述问题，作者及其团队近十多年来一直致力于废弃油田利用方面的研究，提出了一些重要的技术方案，取得了许多具有自主知识产权的专利技术和相关成果，包括废弃油藏的地热资源化利用、原油纳米催化裂解降黏与升温增产技术、先进的热伏发电技术及油热电联产理论和方法等。这些技术和方法不仅可以使老油田焕发青春，使石油城可持续发展，而且也有利于国家目前提出的“双碳”目标的落实和顺利实现。

本书著述的基础及有关数据和资料相当一部分来源于作者及其团队近十多年来在地热工程领域中取得的科研成果，主要内容取自国际重要学术期刊、会议和国内核心期刊上发表的学术论文以及有关成果报告，还有一部分内容摘自同行的有关论文和报告。

本书旨在通过总结、分析国内外近十年来在油田地热工程与地热发电方面的有关科研成果，包括作者在北京大学、斯坦福大学及中国地质大学(北京)工作期间的相关领域研究成果，以丰富和发展地热工程与科学，同时为地热工程与地热发电领域提供切合实际的地热资源评价方法、地热发电工程设计理论和有关实用技术。

本书首先介绍与油田区地热发电工程有关的基础知识，包括与热储有关的基本概念；其次，论述热储(油层)温度的变化规律，描述常规地热资源及油田区地热资源的评价方法，介绍油田区地热开发数值模拟的基本原理、过程、方法及有关注意事项，讨论作者等学者提出的不需要输入相对渗透率实验数据的数值模拟方法，流体的温度是影响发电功率和效率的主要因素之一，而油田区伴生地热资源的温度一般比较低，为此分析和论述了提高油田区地热流体温度的原油裂解与亚燃烧技术；最后，介绍地热发电的常规方法与技术，适合于油田区的中低温地热发电先进技术。此外，本书还分析和讨论油田区地热发电的优势，以及影响地热发电成本与效率的一些关键因素等。

本书是一本以油田区地热发电工程基础与应用为主要内容的工业技术书籍。作者及其团队的有关研究成果及总结的国内外地热发电新技术对今后地热发电，特别是油田区地热发电的发展具有重要的指导及参考意义。

作者衷心感谢北京大学、长江大学、中国地质大学(北京)及斯坦福大学的同事和学生在有关研究和本书撰写过程中的大力支持！特别是 Roland Horne 院士、汪新伟研究员、李太禄教授、王磊、朱昱昊、张鸿阳、赵婷、姜宇、赵国翔、王丹、万扶桑、郭欣、何继富、田唱、杨一鸣及陈金龙等。

感谢华阳新材料科技集团有限公司、中国石油化工股份有限公司和中国平煤神马能源化工集团有限责任公司等单位在研究经费及诸多方面的大力支持！

本书难免存在疏漏之处，诚恳希望同行专家、学者和广大读者给予批评和指正，作者不胜感激。

目　　录

第1章 绪　论

目前，全球的化石能源面临两大问题。一是我国乃至世界上许多油田的含水率已经达到或超过90%，严格来讲这些油田已经不是传统意义上的油田，而是“水田”。如何提高这些“油田”的经济效益是摆在我们面前的一个重要课题。二是化石能源的大量使用造成全球大气中二氧化碳的浓度不断升高，温室效应不断加剧，使人类的居住环境受到严重的威胁。如何解决这一问题也是目前国际上面临的一个重大挑战。

地热资源作为一种可再生的绿色能源，可能成为解决上述问题的重要途径之一。地热能是指储存在地球内部的热能，在世界很多地区开发和应用地热能相当广泛。地热能作为清洁能源，其特点是不受天气状况影响，而太阳能、风能等其他清洁能源则取决于天气。这一特点使得地热能具有其他清洁能源无法比拟的稳定性和优势，因此，地热能发电(以下简称地热发电)是一种基础载荷。事实上，由于分布广泛及具有可调节性，地热能也可以作为一种分布式能源使用。

世界上最早利用地热发电的国家是意大利。1904 年，意大利人在拉尔代雷洛(Larderello)地热田建立了世界上第一座地热发电站，功率为 550W，开启了地热发电的先河。之后，意大利的地热发电发展到 790 多兆瓦。20 世纪 80 年代末，全世界运行的地热发电站的发电功率已超过 3800MW，1995 年达到 6800MW。目前，世界上最大的地热发电站是美国盖尔萨斯(Geysers)，发电功率达 2000MW 以上。中国最著名的地热发电站是羊八井地热发电站，装机容量为 25MW。到 2020 年(目前最新统计)，世界上约有32 个国家先后建立了地热发电站，总容量已超过 15950MW，其中美国 3700MW，印度尼西亚 2289MW，菲律宾 1918MW，土耳其 1549MW，肯尼亚 1193MW，新西兰 1064MW，墨西哥 1005MW，意大利 916MW，冰岛 755MW，日本 550MW，中国 35MW 左右。2015～2020 年，全球的地热发电装机容量从 12284MW 增加到 15950MW，增加了 29.84%。总的来看，世界地热资源利用的增长速度还是比较快的。在地热直接利用方面，以总量(不是人均)计算，中国在世界排名第一。但是，中国近 40 多年来地热发电量增加非常缓慢，这与我国欣欣向荣的经济发展明显不相适应。

我国石油等能源资源的供应非常紧缺，而且国际油价飙升不止，这对我国的经济发展及人民生活造成了巨大压力。我国许多油气田具有丰富的中低温地热资源，但大部分还没有有效开发和利用。我国高温地热资源在地区构造上处于印度板块、太平洋板块和菲律宾板块的夹持地带，属于全球构造活动最强烈的地区之一。中低温地热资源分布于板块内部地壳隆起区和地壳沉降区。东南沿海和胶辽半岛地热带是我国板内地壳隆起区的中低温地热带，而板内地壳沉降区的中低温地热资源主要位于华北、江汉、四川等盆地。值得注意的是，油田区的伴生地热资源非常丰富，油田中低温地热发电技术的开发和利用不仅有助于缓解石油供应的紧张局面，而且有利于二氧化碳的减排；不仅具有经济效益，而且可改善环境状况，具有重要的社会效益。

鉴于地热资源的优越性，《能源发展“十二五”规划》中明确指出了中国可再生能源的发展目标。不仅如此，《关于促进地热能开发利用的指导意见》明确了地热发展的目标，这不仅彰显了发展地热工程的重要性，也说明了开展地热工程的可行性和意义。

2009 年，中国工程院完成了《中国能源中长期(2030、2050)发展战略研究》，对地热能发展的目标做出了明确的规划，概要见表 1.1。

表 1.1　中国地热能中长期发展战略目标汇总表

利用项目		2009 年现状	2020 年	2030 年	2050 年
发电利用/MW	高温地热能发电*	25.18	75	200	500
	中低温地热能发电*	0.6 停运	2.5	20	100
	干热岩地热能发电*	无	试验	25	200
直接利用/(MW·h)	中低温地热直接利用	3239	4000	6500	10000
	浅层地热能利用	3000	14000	25000	50000

* 这是指依靠国家政策加强支持力度的情况，如按现状政策估计各值减半。

2021 年，我国提出力争在 2030 年前实现碳达峰，2060 年前实现碳中和，即“双碳”目标，这对地热的开发利用将产生重要的推动作用。

目前世界上实际能利用的地热资源主要限于蒸汽田和热水田。蒸汽田以蒸汽为主，温度较高，一般在 160℃以上，可将蒸汽田的蒸汽直接引入普通汽轮机发电。热水田则以热水为主，温度较低，一般为 50～160℃，需要将地热水中的热能采用特殊的换热技术(如双工质技术)转换成蒸汽引入普通汽轮机发电。一般认为 75℃以上的地热可供发电，75℃以下的地热可供取暖、医疗或生产过程加热，如冰岛首都的绝大部分供暖系统就是直接利用地热水。地热发电站既没有燃料运输设备，也没有庞大的锅炉设备，所以也就没有灰渣和烟气对环境的污染，是非常清洁的能源。地热发电后排出的热水，可供采暖、医疗、洗涤、提取化学物质和农业养殖等使用。

我国现有的地热开发与利用技术存在的主要问题是对地热资源的不科学、破坏性开采。例如，常见的问题有地面沉降、热储温度不可逆降低，有的甚至将地热水采出取热后不进行回灌而是直接地面排放，对环境造成污染。

对于地热开发而言，提高地热利用的集约化水平和管理水平，是提高地热利用率、解决地热资源可持续开发利用的重要途径。在富热地区，开发梯级高效利用的集约化技术，降低地热尾水排放温度，提高资源利用率，解决环境热污染问题。在多热源地区，开发多热源耦合供热集约化技术，解决各单一热源负荷量小、经济性差、容易造成资源浪费的矛盾。在贫热地区，开发混合水源联动运行空调集约化技术，解决单一水源与工程建设需求不相匹配的矛盾。

国内外许多油气田的产出水都有较高的温度，甚至超过 100℃，这一部分的地热资源十分丰富，完全可以用来发电。但是，根据我们掌握的资料，目前国际上只有一些利用油田产出水伴生地热进行发电的实验性发电站，还没有商业运行发电站。不过，这些油田伴生地热资源已经越来越多地受到重视。美国 Ormat 公司于 2007 年 1 月 25 日签订了一个在怀俄明州卡斯珀(Casper)附近的NPR-3油田安装地热能发电设备的合同。该油田属于美国能源部，这个项目的主要目的是利用NPR-3油田中的中低温产出水发电，并作为一个示范工程，这是世界上第一个利用油田中低温产出水发电的地热项目。该油田产出水的温度为87℃左右，先导性发电站的设计发电功率可能在200kW左右，采用风冷方式进行冷却，发电系统模式为有机兰金循环(organic Rankine cycle, ORC)方式。该发电机组并入NPR-3油田现有电网，据报道总投资少于100万美元。

随着全世界对洁净能源需求的增长以及科技的进步，将会更多地使用地热资源，特别是在许多发展中国家地热资源尤为丰富。为了推动世界地热发电技术的发展，联合国专门设立计划开发署负责地热开发工作，其主要成员有美国、意大利、新西兰、日本、中国等。目前，美国在这方面的发展速度比较快，已立项建造几个大型的地热发电站。总体上，对利用油田产出水伴生地热发电和综合利用进行系统研究和先导性试验适逢其时，既具有良好的经济效益又具有很好的社会效益。

第2章　地热工程基础及常用基本概念

2.1　简　　介

有关地热学和地热工程的基本概念是构成地热开发体系的基础，是最基本的理论知识。在日常科研活动中，甚至项目评审与鉴定过程中，都出现过基本概念不清楚的情况。因此，对地热工程中基本概念的准确理解和掌握无论是对理论的深入理解还是对工程实践的应用都具有重要意义。

本章介绍一些与地热相关的岩石与流体的基本概念，以及热储的基本概念。需要指出的是，本章介绍的一些基本概念和油气田开发中的基本相同，因此，本章并不会对一些基本概念进行非常深入的介绍和探讨。如果读者需要，可以参考有关油层物理的教科书。

2.2　岩石与流体的基本概念

2.2.1　孔隙度

岩石中主要有碎屑颗粒、胶结物或其他固体物质，还有未被固体物质充填的空间，称为孔隙。自然界不存在没有孔隙的岩石，只是不同的岩石，其孔隙大小、形状和发育程度不同。对于水热型地热田，热水储存和流动于岩石的孔隙中。因此，岩石孔隙的大小、形状和发育程度直接影响储存和开发地热的能力。

1. *岩石孔隙度的概念*

孔隙度是指岩石中孔隙体积V_p（或岩石中未被固体物质充填的空间体积）与岩石总体积V_b的比值，用ϕ表示，其表达式为

$$\phi = \frac{V_p}{V_b} \times 100\% \tag{2.1}$$

图2.1形象地表示了岩石总体积V_b（正方形全部区域）、固相颗粒体积（基质体积）V_s及孔隙体积V_p之间的关系。

由于岩石的总体积V_b等于基质体积V_s加上孔隙体积V_p，即

$$V_b = V_p + V_s \tag{2.2}$$

故式(2.1)可改写为

$$\phi = \frac{V_p}{V_b} \times 100\% = \left(1 - \frac{V_s}{V_b}\right) \times 100\% \tag{2.3}$$

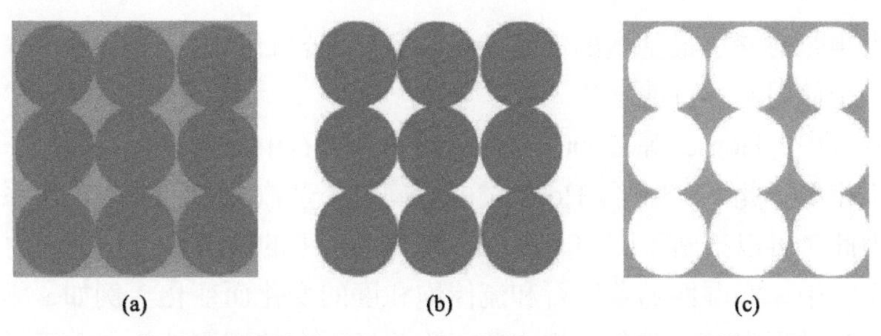

图 2.1　储层岩石的总体积 V_b (a)、基质体积 V_s (b) 和孔隙体积 V_p (c)

2. 热储中岩石孔隙度

李克文等研究了不同孔隙度条件下初始含水饱和度对油田区地热资源量的影响(Li and Sun, 2015)。如图 2.2 所示，当孔隙度小于某一特定值(约 5%)时，初始含水饱和度(S_{wi})对地热资源量(Q_R)的影响可以忽略。但是，当孔隙度大于 5%时，初始含水饱和度对地热资源量的影响较为明显，不能忽略。

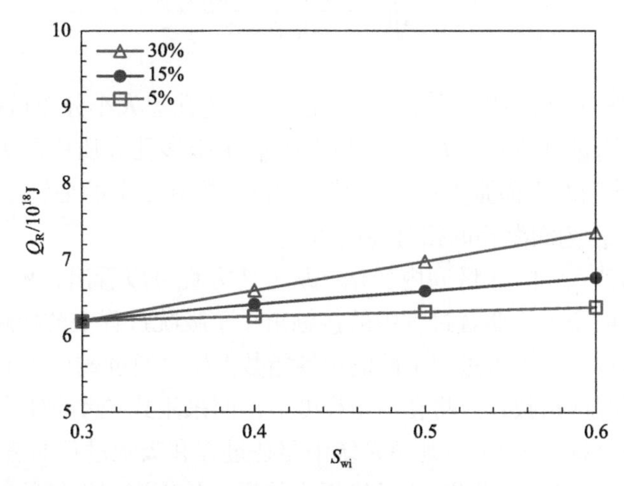

图 2.2　不同孔隙度条件下初始含水饱和度对地热资源量的影响(T=120℃)(Li and Sun, 2015)

除上述结果以外，图 2.2 中可以看到，孔隙度在 5%、15%、30%的条件下，孔隙度越大，同一初始含水饱和度相对应的油田区地热资源量越大。

2.2.2　润湿性

润湿性是指存在两种互不相溶液体，液体首先润湿固相表面的能力，即一种液体在一种固体表面铺展的能力或倾向性。

润湿性是岩石-流体系统的综合特性，一般认为润湿性属于岩石-流体系统的静态特性，既与岩石本身的性质有关，也与流体的特性及流体在岩石孔道内的微观分布和原始分布状态有关。

地热的开发，尤其是对干热岩的开发通常涉及蒸汽、水和岩石三相系统，而润湿性是研究外来工作液注入(或渗入)热储层的基础，是岩石-流体相互作用的重要特性。了解岩石的润湿性也是对储层最基本的认识之一，它是和岩石孔隙度、渗透率、孔隙结构等同样重要的一个储层基本特性参数。

在地热系统中，Horne 等(2000)发现在同一块岩石中蒸汽-水系统和气-水系统中的相对渗透率不相等。此后，Li 和 Horne(2004)确定了蒸汽-水系统和气-水系统中毛管压力的差别。因此，可以推断不同的蒸汽-水-岩石系统中的润湿性也是不同的。

在地热系统中，润湿性随着岩石和流体饱和度的变化而变化。例如，驱替过程中的接触角小于吸吮过程中的接触角，相应地，驱替过程中的润湿性指数大于吸吮过程中的润湿性指数。针对上述问题，Li 和 Horne(2008)从理论上推导出了一种评价气(包括蒸汽)-水-岩石系统润湿性的新方法，并用实验数据证明它不仅适用于气-水-岩石系统，而且适用于液-液-岩石系统。在不同的系统中采用驱替过程和吸吮过程中的毛管压力和相对渗透率可得到润湿性指数。通过比较计算的理论值与测定的实验数据，得出这种方法在大部分的气-水-岩石系统中是适用的。润湿性指数的方程为

$$W_{\mathrm{iw}}=\sqrt{\left(\frac{\lambda+2}{\lambda}\right)\left(\frac{k}{F\phi}\frac{k_{\mathrm{rw}}}{S_{\mathrm{w}}^{*}}\right)}\frac{P_{\mathrm{c}}}{\sigma} \tag{2.4}$$

式中，W_{iw}为某一润湿相饱和度下的润湿性指数；λ为孔隙大小分布指数；k为岩石的绝对渗透率；ϕ为岩石的孔隙度；F为岩性因子(表示拟多孔介质中的天然裂缝岩石的差别)；σ为两相流体间的界面张力；P_{c}为某一润湿相饱和度下的毛管压力；S_{w}^{*}为标准化的润湿相饱和度；k_{rw}为润湿相的相对渗透率。

润湿性指数的值在 −1～1 区间内变化，从上述方程可以看出，W_{iw}在数值上等于接触角的余弦值。一般来说，驱替过程中的接触角小于吸吮过程中的接触角，因此，驱替过程中的润湿性指数大于吸吮过程中的润湿性指数。如果通过式(2.4)计算出的驱替润湿性指数大于吸吮润湿性指数，这将在一定程度上证明采用式(2.4)评价润湿性是适用的。为此，李克文采用 Mahiya(1999)地热系统中驱替过程和吸吮过程的蒸汽-水相对渗透率与 Li 和 Horne(2001，2005)蒸汽-水毛管压力数据来计算润湿性指数。利用这些数据，根据式(2.4)计算出驱替和吸吮润湿性指数，如图 2.3 所示。在蒸汽-水-岩石(Berea 砂岩)

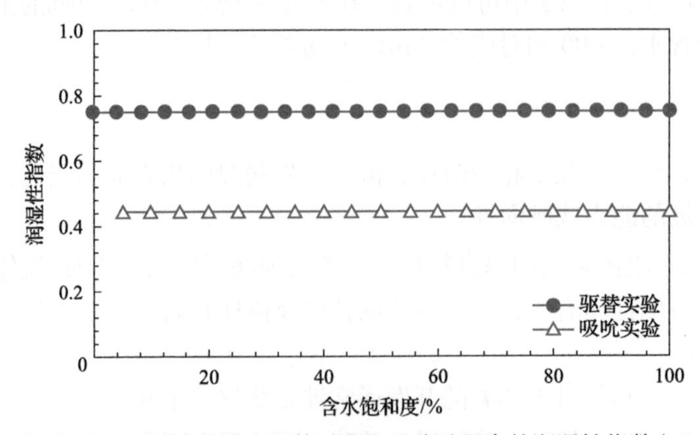

图 2.3　蒸汽-水-岩石(Berea 砂岩)系统中驱替过程和吸吮过程中的润湿性指数(Li and Horne，2008)

系统中计算出的驱替和吸吮润湿性指数分别为 0.753 和 0.442，即吸吮过程中的岩石润湿性指数小于驱替过程中的润湿性指数。这一结果在一定程度上证明了采用式(2.4)评价润湿性是合适的、可行的。

由式(2.4)可知，计算润湿性指数的关键是得到润湿相的相对渗透率以及对应润湿相饱和度下的毛管压力。

在有关润湿性的测定工作中，由于测定方法不一，实验条件不同，在比较润湿性时，常常发生混乱。在分析实验数据时，应当注意这一点，这也是需要把测试工作进一步标准化、完善化的原因。

2.2.3　毛管压力

1. 毛管压力的概念

当互不相溶的两种流体在岩石孔隙(或者其他多孔介质)内相互接触时，流体之间将形成弯月形的界面，由于界面张力和流体-固体系统润湿性的作用，界面两侧流体的压力不相等，对应的压力差定义为毛管压力，即 P_c，其大小等于界面两侧非润湿相压力(P_{nw})减去润湿相压力(P_w)，即 $P_c = P_{nw} - P_w$。

对于气/水系统而言，毛细管中的毛管压力可用：$P_c = 2\sigma\cos\theta / r$ 计算，其中，σ 为气水的表面张力；θ 为接触角；r 为毛细管的半径。

2. 毛管压力数据的拟合

通过对毛管压力数据拟合，可以给出毛管压力的数学表达式，而通过毛管压力数学表达式，可以计算得到相对渗透率的数据或者其数学表达式，从而实现采用毛管压力计算相对渗透率。在毛管压力数据拟合方面，科学家提出了多种毛管压力模型，广泛使用的是 Brooks 和 Corey 于 1964 年提出的毛管压力模型(Brooks-Corey 模型)，见式(2.5)：

$$P_c = p_e S_{wD}^{-1/\lambda} \tag{2.5}$$

式中，p_e 为入口压力(或称为阈压，俗称门槛压力)；S_{wD} 为标准化润湿相饱和度；λ 为孔隙大小分布指数。

现有大量的应用表明 Brooks-Corey 模型可以广泛适合于胶结的多孔介质，对于松散或者未胶结的多孔介质，应用比较多的是 van Genuchten 模型：

$$P_c = \frac{1}{a}(S_{wD}^{-1/m} - 1)^{1/n} \tag{2.6}$$

式中，a，m，n 为拟合参数。

后来，李克文采用分形理论，推导出了一种适用性更加广泛的毛管压力数学模型(Li, 2010)：

$$P_c = P_{max}(1 - bS_{wD})^{-1/\lambda} \tag{2.7}$$

式中，$P_{\max}$为自吸中非湿相残余饱和度下的毛管压力；b为一个常数；λ为孔隙大小分布指数。

当b趋于零时，式(2.7)可简化为Brooks-Corey经验模型。这一模型可以拟合大部分岩石样品(包括Brooks-Corey模型能用和不能用的岩样)的毛管压力曲线，包括带有裂缝的Geysers岩石的毛管压力曲线(图2.4)。从拟合结果上看，李克文提出的新模型(R^2=0.976)相比Brooks-Corey模型(R^2=0.467)和van Genuchten模型(R^2= 0.324)能更好地拟合实验数据，说明该模型可能在预测热储岩石的毛管压力曲线方面具有更好的适用性。关于该毛管压力模型的详细情况可以参考李克文的论文(Li，2010)。

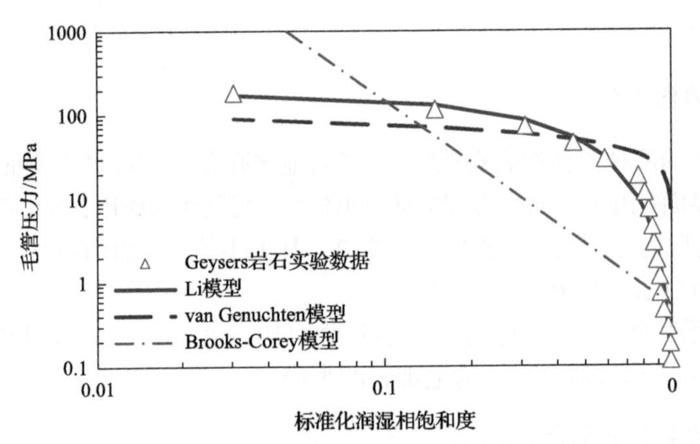

图2.4　Geysers岩石的标准毛管压力曲线的拟合(Li，2010)

2.2.4　相对渗透率

岩石的润湿性、界面张力、孔隙结构等都会影响岩石中流体的流动能力和动态特征。也就是说，在多相流体流动中，各相间会发生相互作用、干扰和影响。这时用什么参数来描述相间(如岩石-蒸汽-水)相互影响的大小呢？最常用的就是相对渗透率，它是岩石与流体间相互作用的动态特性参数，也是热储工程计算中最重要的参数之一。

1. 相(有效)渗透率和相对渗透率的概念

多相流体共存和流动时，其中某一相流体在岩石中的通过能力大小，就称为该相流体的相渗透率或有效渗透率。油、气、水各相的相(有效)渗透率可分别记为k_o、k_g、k_w。

在实际工程计算、数值模拟及其他应用中，为了方便通常将渗透率无因次化，也为了便于对比各相流动阻力的相对大小，很自然地引入了相对渗透率的概念。

2. 地热系统中的气(汽)水相对渗透率模型

本节讨论采用毛管压力计算气(汽)水相对渗透率的方法。如果气相是蒸汽，则采用“汽”，如果气相是氮气或者其他非混相气体，则用“气”。由于测定相对渗透率的数据比测定毛管压力的数据难度大，因此，许多学者提出了采用毛管压力数据计算相对渗透率的方法，常用的有Purcell相对渗透率模型、Brooks-Corey相对渗透率模型及Burdine

相对渗透率模型。

Li 和 Horne(2005)研究指出，当采用毛管压力数据计算相对渗透率时，Purcell 相对渗透率模型适用于计算湿相相对渗透率，Brooks-Corey 相对渗透率模型适用于计算非湿相相对渗透率。用模型预测数据与相关的实验数据进行比较(Li, 2010)，结果如图 2.5 所示。可以看出，模型所计算的数据与实验结果吻合程度比较好，尤其是蒸汽的相对渗透率曲线。

测量蒸汽/水的相对渗透率是十分困难的，这是因为质量和相态会随着压力的变化而变化，导致常规测定相对渗透率的非稳定流方法不再适用。基于上述计算相对渗透率的方法，当已知毛管压力曲线(数据)的时候，就可以计算得到相对渗透率曲线。毛管压力曲线可以用压汞法、隔板法及离心机等方法测定。因此，当知道相对渗透率的端点值时，完整的蒸汽/水的相对渗透率曲线便可以得到。这意味着，只要获得端点值便可以得到整个相对渗透率曲线。如此一来，就可以节省很多实验的时间和费用。

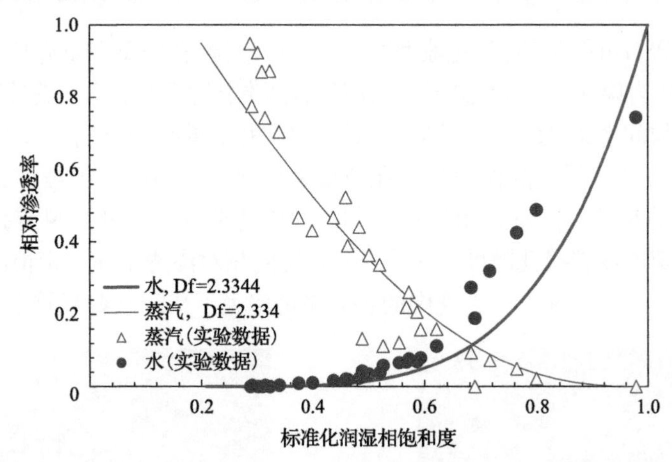

图 2.5　相对渗透率模型计算值与 Berea 砂岩蒸汽/水的相对渗透率的实验值比较(Li，2010)
Df 为分形维数

2.2.5　双重介质

在没有特别说明的情况下，多孔介质是指孔隙结构相对比较单一(尽管不一定是完全均质的)、不含裂缝或者没有比较大的孔洞的固体骨架-孔隙系统。图 2.6 是均质性比较好的 Berea 砂岩(单一多孔介质)的扫描电镜照片(Li and Horne，2009)。

所谓的双重介质是由两种不同结构特性的介质组成的复杂多孔介质。例如，由裂缝和被其切割的岩块孔隙系统所组成的裂缝-孔隙型双重介质以及由溶洞和常规孔隙系统所组成的溶洞-孔隙型双重介质。在地热开发，尤其是干热岩开发过程中，通常采用水力压裂技术产生大量的裂缝并尽可能形成裂缝网络，以增加换热面积。一般情况下，热储岩石中存在天然裂缝，不过这些天然裂缝通常难以形成足够高的流通能力或者渗透率。如果能够将压裂产生的人工裂缝与这些天然裂缝连通，将有利于换热和提高流体在热储中的流动能力。由此可知，对裂缝网络以及双重介质进行研究对提高地热开发的效果具有重要意义和价值。

图 2.6　Berea 砂岩(单一多孔介质)的扫描电镜照片(Li and Horne，2009)

裂缝性储集岩石可能是裂缝-孔隙型双重介质或溶洞-孔隙型双重介质，即由一般孔隙结构的岩块和分隔岩块的裂缝系统组成。它们具有两类孔隙系统：第一类是岩石颗粒之间的孔隙空间构成的粒间系统(图 2.7)；第二类是裂缝和孔洞的孔隙空间组成的系统(图 2.8)。因此，对裂缝岩石就必须用两种(双重)孔隙度来描述，上述第一类被称为原生孔隙度，是砂岩或石灰岩典型的孔隙度；第二类被称为次生孔隙度，或者当只有孔洞或裂缝时，又被称为孔洞孔隙度或裂缝孔隙度。双重介质系统的相对渗透率在一定情况下也需要采用两种方法来表征，一般情况下，裂缝中的相对渗透率大于孔隙或者基质中的相对渗透率。

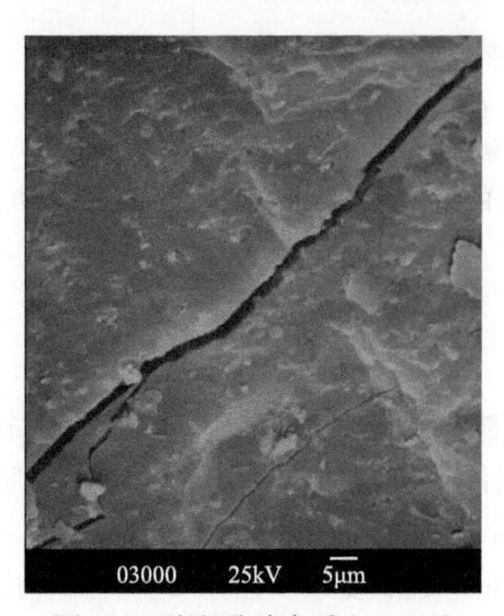

图 2.7　裂缝/孔隙介质(×1000)

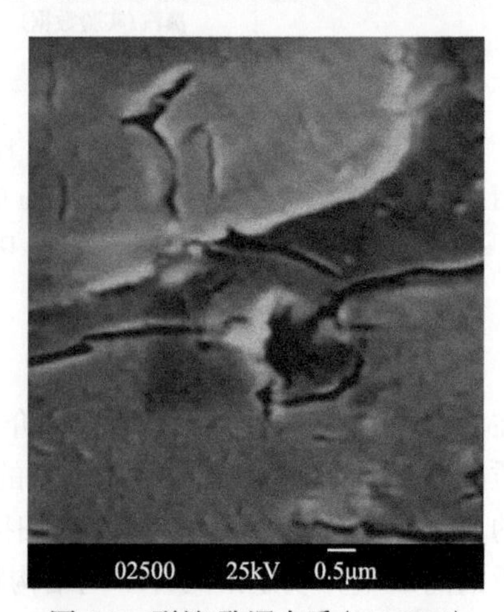

图 2.8　裂缝/孔洞介质(×10000)

2.3　热储的基本概念

2.3.1　水热型地热资源

水热型地热资源是以蒸汽为主的地热资源和以液态水为主的地热资源的统称。水热型地热资源一般是指4000m以浅、温度大于25℃的热水和蒸汽。这种地热资源主要蕴含在较深的地下水和蒸汽中，是目前我国主要开发利用的地热资源。通常情况下，可以通过人工钻井的方法来对其中的地热流体进行直接利用。水热型地热资源可以根据温度来进行分级，150℃以上的为高温地热资源，90～150℃的为中温地热资源，90℃以下的为低温地热资源。同时也可以根据构造成因，将这种地热资源分为沉积盆地型地热资源和隆起山地型地热资源。按热传输方式可分为传导型地热资源和对流型地热资源。

2.3.2　干热型地热资源

文献中有关干热岩的定义不少，而且有的差别还比较大，主要不同之处是在温度的下限方面。目前相对来说比较认同的干热岩概念是指温度大于180℃、埋深几千米、内部不存在流体或仅有少量地下流体的高温致密岩体。干热岩的主要岩石特性是孔隙度很小、含水饱和度很低及渗透率很低。干热岩的优点是分布广、资源潜力大、持续性好、资源品级高、清洁环保等，缺点是一般情况下埋藏比较深，开采难度大，储存于干热岩中的热能需要通过人工压裂形成增强型地热系统(enhanced geothermal system 或者 engineered geothermal system, EGS)才能开采出来。赋存于干热岩中可以开采的地热能称为干热岩型地热资源，其热能来源于地球内部。有关形成机理并不统一，其中一种认为是放射性元素衰变产热。干热岩可以说是无处不在的能源，也被很多科学家称为是可以改变未来能源结构的清洁能源。

世界各大陆地下都有丰富的干热岩资源。不过，干热岩开发利用潜力最大的地方，还是那些新的火山活动区，或地壳已经变薄的地区，这些地区主要位于板块或构造体的边缘。从宏观的大地构造考虑，在地热梯度和热流值较高的地方最有利于干热岩地热能的开发和利用。所以，应选择板块碰撞地带，包括海洋板块和大陆板块的碰撞带，如日本群岛和美洲的安第斯陆缘弧。在大陆内部，大陆和大陆板块之间的碰撞带也是干热岩发育良好的部位，如印度板块和欧亚板块在喜马拉雅山和我国云南等地的碰撞部位。判断某个地方是否有干热岩利用潜力，最明显的标志是看地热梯度是否有异常，或地下一定深度(2000～5000m)的温度是否达180℃以上。值得注意的是，这个温度下限并不是绝对的，尽管目前这是有关标准中明确规定的。

据法国和德国合作的“Soultz干热岩项目研究”分析：1km^{3}的花岗岩，温度在200℃以上，只要下降20℃，就能提供5.4×10^{17}J的热量，相当于127.5^{4}t石油或10MW以上功率的电力，使用周期约20年。

根据中国地质调查局的数据，我国地壳3～10km深处陆域干热岩资源量为856万亿t标准煤，以其2%作为可采资源，全国陆域干热岩可采资源量达17万亿t标准煤，与美国的约在同一数量级。按照我国2016年全年能源消费总量大约为43.6亿t标准煤计算，干热岩的可采资源量可供我国使用3900年左右。尽管干热岩的地质资源量也存在不确定性，但是，相对来说，不确定性要小一些，这是因为干热岩地质资源量的影响因素比较少，主要是干热岩的温度和体积。正是由于巨大的资源量和开发利用潜力，欧美国家已经开展了几十年的研究。

干热岩发电概念是 20 世纪 70 年代由美国加利福尼亚大学的实验室研究人员提出，其基本思想是在高温但无水或无渗透率的热岩体中，通过水力压裂等方法制造出一个人工热储，将地面冷水注入地球深部的热储进行换热，然后将热水采出地面进行发电，大致过程如图 2.9 所示。

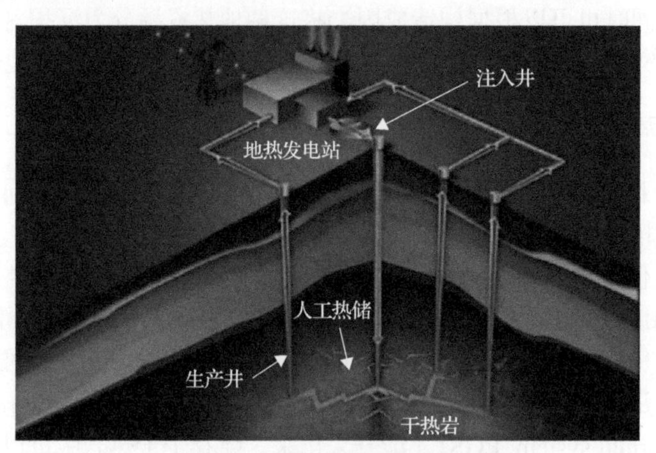

图 2.9　干热型地热资源发电

图片来源：http://zrzy.jiangsu.gov.cn/wxxw/gtzx/ztzl/kxpj/202004/t20200427_913508.htm

50 多年来，发达国家如美国、日本、冰岛、法国、德国和澳大利亚等先后投入巨资进行干热岩发电试验研究，结果表明，干热岩开发在技术上是可行的，不过，开采成本仍然很高，到 2021 年为止，在不考虑政府补贴的情况下，国际上还没有一个干热岩发电项目在经济上是可行的。目前我国也在开展干热岩发电的有关研究，但是进展比较缓慢。

干热岩发电不受季节、气候约束，这是干热岩发电相对于风力和光伏发电的重要优势。干热岩发电的成本是多少？相对于风力和光伏发电来说，干热岩发电的成本估计要复杂得多，这是因为干热岩发电成本受干热岩储层的温度以及深度的影响很大(流体到达地面的温度不同，因而发电效率不同)。如果不考虑钻井成本，只考虑地面发电设备，国内用于干热岩发电的设备的单位千瓦成本在 10000 元左右(美国在 15000～25000 元/kW)，这个价格比风力和光伏发电的等效功率成本(考虑等效可用系数)要低得多。但是，我们知道，风力和光伏发电不用钻井，而干热岩发电需要钻井，而且钻井成本占干热岩发电系统总成本的 1/2～2/3，也就是说，干热岩发电系统的总成本(包括钻井和地面发电设备等)在每千瓦 20000～30000 元，具体取决于干热岩储层的温度和深度等。

风力与光伏发电系统的成本相对干热岩来说比较容易确定，但是，进行成本的对比并不简单，这是因为干热岩、风力与光伏发电系统的等效可用系数差别很大，分别是 90%、20%、15%左右，不同的地区有一定的差异。以太阳能为例，一天 24h 大约只有 8h 有较强的阳光，没有太阳时，光伏发电站就不能发电，这就是光伏发电系统的等效可用系数只有 15%左右的原因。目前风力发电成本单位千瓦在 7000～8000 元，而光伏发电系统的成本(包括光伏组件、开发成本和工程成本)单位千瓦在 8000～10000 元。如果折算到 100%的等效可用系数，目前风力和光伏发电系统的等效功率成本分别是每千瓦

35000～40000 元、53000～67000 元，这比火力发电的成本高多了，这也是为什么风力和光伏发电项目现在还需要国家补贴的主要原因。如果折算到 100%的等效可用系数，干热岩发电系统的总成本仍然要比风力和光伏发电低。值得注意的是，干热岩发电后流体还可以用来供热、洗浴等梯级利用，如果考虑这一部分的经济效益，干热岩开发系统的经济性还可提高(李克文，2017)。

2.3.3　增强型地热系统

增强型地热系统是在干热岩资源的基础上提出的，即在干热岩热储中通过人工压裂产生大量裂缝，这些人工裂缝与天然裂缝沟通可以构建单个或多个裂缝网络，最终形成增强型地热系统，将储存于干热岩中的热能开采出来进行发电或者直接利用。这种地热发电与其他可再生能源的发电相比，过程中不产生废水、废气等污染物。

目前法国、澳大利亚、日本、德国、美国和瑞士都在进行开发和测试 EGS。美国的 EGS 发展带动了世界 EGS 研究的热潮，2012 年德国在莱茵盆地南部的兰道(Landau) EGS 地热电站 3MW 机组利用循环出的 160℃地热流体采用双工质成功发电，年运行超过 8200h，年利用率高达 93%。澳大利亚在库珀(Cooper)盆地成功循环出 175℃的热流体，但因为爆炸停止了一段时间。2012 年新钻成 4 号井，2013 年 4 月成功循环出 190～210℃的高温两相流，带动 1MW 机组实现了试生产。澳大利亚 Cooper 盆地的 EGS 项目原计划装机容量为 25MW，如果该项目成功了，将是世界上最大的 EGS 项目。Cooper 盆地的潜在装机容量当时估计为 5000～10000MW，遗憾的是，Cooper 盆地这个 EGS 项目由于种种原因现在完全废弃了。表 2.1 总结了全世界目前部分 EGS 项目的情况。

表 2.1　部分 EGS 项目概况(Feng et al., 2014)

国家	项目	温度/℃	地温梯度/(℃/km)	最大深度/km	发电机类型	装机容量/MW
美国	Desert Peak	196	178	1.1	双工质	11～50
法国	Soultz	200	100	5	双工质	1.5
日本	Hijiori	270	123	2.2	双工质	0.13
澳大利亚	Cooper 盆地	250	57	4.4	卡琳娜	25(未实现)
德国	Gross Choenebeck	149	35	4.2	双工质	0.75

2.3.4　传导型地热系统

传导型地热系统(conductive geothermal system)是指地球内部的热能从地球深处的热岩通过固体岩石/流体的传热作用(而不是流体流动)实现传递的地热系统。传导型地热系统通常被认为是一种“被动的”地热系统，热储的温度一般随深度的增加而增加。传导型地热系统一般可以分为三种：①平原地槽型；②造山带与前陆盆地型；③结晶基底型。

2.3.5 对流型地热系统

对流型地热系统(convective geothermal system)是地表水或者近地表水通过大型裂缝、断层或者其他多孔透水通道渗透到地下深处，并在地球深部与热岩接触产生热交换，然后水和(或)蒸汽等地热流体受驱动力的作用而上行，由此产生的对流循环系统。在对流循环中，泄出地表或从岩层流出的部分可以从大气源的地下水得到补充。在水热对流系统中，绝大部分热量(及质量)是由液态水和(或)蒸汽通过高渗透率岩体的对流过程传递的，已知大型水热对流系统都和断层广泛发育的地震活动区共生或者有一定的关联性。水热对流系统可以分为：蒸汽为主的对流系统和液态水为主的对流系统，以及两者共存的过渡型对流系统。

和传导型地热系统相比，对流型地热系统中温度不一定随深度的增加而增加。较深处热储的温度可能低于较浅处热储的温度，造成这一现象的原因有多种解释，普遍观点认为是地表或者近地表温度较低的水通过断层流到深部，对原本温度比较高的热储产生了冷却作用。另外一种观点认为岩石的横向非均质性也可能造成这种现象(Wang et al., 2020)。

2.3.6 地热温标

地热温标是指地热流体矿物质在一定温度压力条件下达到化学平衡的基础上建立的，是利用地下热水的化学组分浓度或浓度比计算地下热储温度的方法，其中能够计算地下温度的方法称为定量地热温标，只能得出相对温度的方法称为定性地热温标。文献中报道的地球化学地热温标有很多，下面就一些常用的地热温标进行简单的讨论。

1. SiO_2 浓度温标

该温标假设石英溶解度在一定温度条件下已经达到平衡，而且溶液上行冷却过程中不发生稀释和沉淀。具体应用该温标时可以分为如下几种情况。

(1)无蒸汽损失的石英温标：如果热水中的 SiO_2 是由热水溶解石英形成，并且这部分热水在其达到取样点时没有沸腾，则可以采用式(2.8)计算热储的温度：

$$T = 1309 / (5.19 - \lg C_{SiO_2}) - 273.15 \tag{2.8}$$

式中，T 为热储的估算温度，℃；C_{SiO_2} 为 SiO_2 浓度，mg/L。

(2)最大蒸汽损失的石英温标：假如溶解石英的这部分热水达到取样点时已经发生了沸腾闪蒸，则选用式(2.9)估算热储的温度：

$$T = 1522 / (5.75 - \lg C_{SiO_2}) - 273.15 \tag{2.9}$$

(3)热水溶解非晶质二氧化硅：采用该温标时需要明确非晶质二氧化硅的成分，通常为玉髓，这种情况下可以采用式(2.10)估算热储的温度：

$$T = 1032 / (4.69 - \lg C_{SiO_2}) - 273.15 \tag{2.10}$$

对于温标公式的选用，一般参考地温梯度的推算结果，研究表明，温度小于 110℃时，通常是玉髓控制着溶液中的 SiO_2 浓度；大于 180℃时，通常是石英控制着溶液中的 SiO_2 浓度；110～180℃时，石英和玉髓都可以和溶液达到平衡。

以河南清丰地区为例，在深度 1200～1900m 的热储中，实际测量的热储温度为 45～60℃，SiO_2 浓度及三种方法的计算结果见表 2.2，其中玉髓计算方法与实测结果比较接近，其他两种方法远高于实测值，因此可见温标公式选取的重要性。

表 2.2 SiO_2 浓度温标计算结果

井名	SiO_2 浓度/(mg/L)	石英/℃	玉髓/℃	无蒸汽石英/℃
QY1	26	77.94	41.96	73.60
QY3	34.24	87.90	53.90	84.94
TC2	38.52	92.33	59.29	90.03

2. Na-K-Mg 温标

矿物-流体化学平衡时，该方法给出的结果较为理想，其平衡反应公式为

$$\text{K–长石} + Na^+ \longrightarrow \text{Na–长石} + K^+ \tag{2.11}$$

$$8\text{K–长石} + 1.6H_2O + Mg^{2+} \longrightarrow 0.8\text{K–云母} + 0.2\text{氯化物} + 5.4\text{硅} + 2K^+ \tag{2.12}$$

矿物-流体化学平衡的计算方法为

$$S = (Na^+/1000) + (K^+/100) + (Mg^{2+})^{1/2} \tag{2.13}$$

$$Na\% = Na^+/10S \tag{2.14}$$

$$K\% = K^+/S \tag{2.15}$$

$$Mg\% = 100(Mg^{2+}/S)^{1/2} \tag{2.16}$$

以喜马拉雅康定地区地热水样为例(Guo et al., 2017)，如图 2.10 所示，换算后可将不满足平衡条件的水样排除，得出储层温度约为 280℃，实际综合估算温度为 250～280℃，平衡水样的阳离子温标结果基本准确。

当水样处于平衡状态时，可选用合适的温标公式进行计算，如钾镁地热温标：

$$T = 4410 / \left[13.95 - \lg(C_K^2 / C_{Mg})\right] - 273.15 \tag{2.17}$$

式中，C_{Mg} 为水中镁的浓度，mg/L；C_K 为水中钾的浓度，mg/L。

式(2.17)适用于浅层热储的地热温标计算，也适用于中低温地热田。

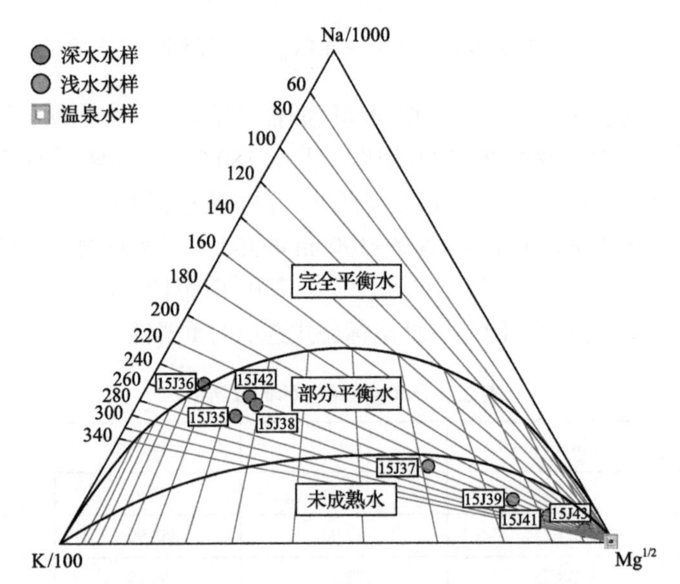

图 2.10　喜马拉雅康定地区地热水样 Na-K-Mg 水岩平衡计算三角图(Guo et al., 2017)

钾钠地热温标公式为

$$T = 1390 / \left[1.75 - \lg(C_{\mathrm{K}}^2 / C_{\mathrm{Na}})\right] - 273.15 \tag{2.18}$$

式中，C_{Na} 为水中钠的浓度，mg/L。

当浓度比在 20∶1～8∶1 时，式(2.18)的适用性比较大，一般建议用于 120℃以上地热田热储温度的估算。

总的来说，地热温标的种类非常多，这里不再逐一分析和讨论。由于不同的地热温标适用于不同的地热田类型，所以在实际应用过程中应根据地热田的具体条件选用合适的地热温标方法。

2.3.7　地表地热显示

地表地热显示(surface geothermal manifestations)又称地热漏泄显示(manifestation of geothermal leakage)。地球内热活动出露于地表并能够被我们直接感知的种种现象，具体表现为微温地面或放热地面、温泉、热泉、沸泉、湿喷气孔、间歇喷泉、干喷气孔和水热爆炸等(图 2.11)。

2.3.8　地热异常(区)

地热异常是指地表热流值显著高于地球平均热流值的情况，显然，地热异常区是指地表热流值显著高于地球平均热流值的地区。地热异常是地壳深部热流在上移过程中相对集中，并在地表或近地表所形成的异常现象。通常表现形式包括地温异常、热流值异常、物理异常、化学异常、地震异常、岩浆及火山活动异常等。

(a) 温泉

(b) 间歇喷泉

图 2.11　地表地热显示
图片来源：http://www.pexels.com

我国规定地温梯度超过 3.5℃/100m 即视为地热异常，地热异常区面积可能为几平方千米甚至更大。热流量在水平方向的变化很多情况下呈突变形式，而在垂直方向上的变化显得平缓一些。许多常见矿产，如石油、天然气、金属矿、盐丘及地热资源等都与地热异常有密切的关系。因此，地热异常可成为寻找一些重要矿产的线索。

由于各地区地热源、导热通道、热导率和渗透率不同，大地热流呈现出明显的非均匀性特征。一般可将地球表面热能划分为地热正常和地热异常两种差异显著的区域，正常区占地球表面的 99%以上，其热流密度变化范围是 30～80mW/m^2，平均值大约为 60mW/m^2，在地表以下 1km 深度内，垂向地温梯度一般小于 30℃/km。

1. 地表异常

地温、地温梯度和热流值异常是地热异常区存在的最直接的标志和显示，因此，在地热普查阶段首先要进行地温测量，并测定和计算区域的热流值，从而确定是否存在地热异常区，如果存在，圈定异常区的大小和范围。大地热流值基本上不受各类岩石热导率的影响，与地温梯度相比更能全面地反映各地区的热状况。通过温度、热流测量不仅可以了解深部地质构造的地球物理条件以及深部地层的地质特征，而且能够有效地确定地热异常区的范围，为地热勘探开发提供依据。地温异常在地表的表现形式非常普遍，其中以下地热异常现象比较常见，如图 2.12 所示。

(a) 温泉

(b) 喷气孔

(c) 水热爆炸

(d) 热水沼泽

图 2.12　地表异常

图片来源：http://www.pexels.com 和 https://www.usgs.gov/center-news/hydrothermal-explosions-yellowstone-national-park

喷气孔：除火山口以外，凡能喷出高温气体和蒸汽的孔洞均称为喷气孔，这是存在高温地热田的重要标志之一。喷气孔是火山活动后期或衰落阶段的特征，因而也叫火山喷气孔，喷出温度可从低于 100℃到 1000℃。高温火山喷气孔气体含大量氯化氢、氟化氢、一氧化碳、氧硫化碳、氢以及一些惰性气体；低温火山喷气孔中二氧化碳和硫质气体相对增加，板缘地热带内与火山无直接联系的高温水热区多见低温喷气孔，喷出气体以饱和态水蒸气为主，还常见有二氧化碳、硫化氢、硼酸及氨等。

温泉：指泉口热水的温度显著高于当地年平均气温而又低于或等于 45℃的地热水露头。

热水沼泽：某些地形低洼处，由于温、热泉水排泄不畅，或者温、热地下水面高于地表，表土被地热水浸润，呈过饱和状态，便形成热水沼泽。这种地热显示在地形比较开阔的水热活动区相当普遍，面积小的有几百平方米，大的有上万平方米。泉口周围的水温比较高，往外逐渐降低，沼泽内一般藻类繁生。

水热爆炸：这是高温地热区一种极其猛烈的水热活动，该活动是由饱和状态或过热状态的地热水因围压变化而产生突发性汽化(闪蒸)，体积急剧膨胀从而产生类似爆炸的现象，这种爆炸可以爆破其上覆松散地层，爆炸时带有巨大声响，大量的泥沙与汽水混合体射向空中，爆炸后地面遗留深度不等的坑穴，坑内及周边多见喷气孔、冒气地面、沸泉及硫华等。水热爆炸的能量直接来自浅层过热或超压水汽，一般与火山活动或岩浆活动无直接关系。高温水热区的地震、大气压突变及热补给量突增等均可触发水热爆炸活动。

2. 物理异常

物理异常是指某一区域的物理量(如重力、电阻率等)与其他地区显著不同的现象。地球物理特征可用于通过某些与热流密度有关的物理量的异常来发现和圈定地热异常区。在岩性基本不变的情况下，地层的视电阻率分布状况对于高温地热异常有良好的反映。例如，在冰岛大面积玄武岩出露区，高阻层下伏低阻层往往预示着地热异常区的存在，其原因在于下伏地层高温热液将促使流体的黏度减小，液体中的离子活性增加，离子的迁移率增大，从而造成电阻率骤降。因此，可通过岩石视电阻率的变化来勘探地热异常区。

重力是地球的一个重要的物理量，重力勘探是一种比较常用的勘探方法。重力的变化与基岩面起伏的关系十分明显，而且重力梯度带与热流的主要通道——断裂(断层)的关系非常密切。因此，可通过求取重力水平梯度异常的方法来研究断裂(断层)的情况，缩小地热异常靶区，节约勘探成本并提高勘探效率。一般情况下，高热流值位于重力高异常区。

磁力高的地区常常表明有火成岩存在，或是古老结晶、变质基底的浅埋。通过磁性体的定量计算，可以在推断地质结构的基础上，推断地热异常区的存在。磁性岩石在地温作用下失去铁磁性而变为顺磁性的等温度面，利用航磁资料可以计算居里等温面。界面上隆距地表越近，对地热田的形成越有利。居里面深度与地温梯度有一定的关系，一般来说，居里面越深，地温梯度越小，但并非线性关系。另外，岩石波速对构造破碎带储水层有着清晰的反映，可以利用大地微震的方法，通过不同时代地层之间存在的波速差异识别物性界面。这些特征可辅助分析地热异常区地下热流体赋存和运移的许多重要信息，有助于地热的高效勘探和开发。

2.4 小　结

本章介绍了一些与地热相关的岩石与流体的基本概念，包括孔隙度、润湿性、毛管压力、相对渗透率、双重介质，以及热储的基本概念，并做了适当的扩展。本章能够帮助读者更好地理解实际地热勘探开发过程中常见的物理量，无论是对热储的研究还是对实际勘探和开发利用都有重要意义。

参考文献

李克文. 2017. 关于可燃冰与干热岩的几个科学知识问题. 地热能, (6): 25-27.

李克文. 2018. 气润湿反转理论与应用. 北京: 石油工业出版社.

Brooks R H, Corey A T. 1966. Properties of porous media affecting fluid flow. Journal of the Irrigation and Drainage Division, 92(2): 61-90.

Feng Y, Chen X, Xu X F. 2014. Current status and potentials of enhanced geothermal system in China: a review. Renewable and Sustainable Energy Reviews, 33: 214-223.

Guo Q, Liu M, Li J, et al. 2017. Fluid geochemical constraints on the heat source and reservoir temperature of the Banglazhang hydrothermal system, Yunnan-Tibet Geothermal Province, China. Journal of Geochemical Exploration, 172: 109-119.

Horne R N, Satik C, Mahiya G, et al. 2000. Steam-water relative permeability//Proceedings of the World Geothermal Congress 2000, Kyushu-Tohoku, Japan, 28 May-10 June.

Li K W. 2010. More general capillary pressure and relative permeability models from fractal geometry. Journal of Contaminant Hydrology, 111(1-4): 13-24.

Li K W, Horne R N. 2001. An experimental and analytical study of steam/water capillary pressure. SPE Reservoir Evaluation & Engineering, 4(6): 477-482.

Li K W, Horne R N. 2004. Steam-water and air-water capillary pressures: measurement and comparison. Journal of Canadian Petroleum Technology, 43: 599-602.

Li K W, Horne R N. 2005. Computation of capillary pressure and global mobility from spontaneous water imbibition into oil-saturated rock. SPE Journal, 10(4): 458.

Li K W, Horne R N. 2008. Estimation of wettability in gas–liquid–rock systems. Geothermics, 37(4): 429-443.

Li K W, Horne R N. 2009. Experimental study and fractal analysis of heterogeneity in naturally fractured rocks. Transport in Porous Media, 78(2): 217-231.

Li K W, Sun W. 2015. Modified method for estimating geothermal resources in oil and gas reservoirs. Mathematical Geosciences,47(1): 105-117.

Mahiya G F. 1999. Experimental measurement of steam–water relative permeability. Stanford: Stanford University.

Wang X W, Mao X, Mao X P, et al. 2020. Characteristics and classification of the geothermal gradient in the Beijing–Tianjin–Hebei Plain, China. Mathematical Geosciences, 52(6): 783-800.

第3章　主要油田区热储温度的变化规律和地热资源量

3.1　简　　介

热储温度是地热田的关键参数之一，对于油田伴生地热的应用来说，油藏温度就是热储温度。在开发油田伴生地热的过程中，影响油藏温度的主要因素有：①油井或油田总的采液与回注速度；②回注水的温度；③油藏岩石/流体(油、气、水)的热导率；④油藏本身的地质结构；⑤油藏边、底水水体的大小与活跃程度；⑥油藏岩石的渗流特征参数，如渗透率等。

在研究和开发利用地热田的过程中，必须合理估算深部热储层的温度。当前对热储层温度进行合理估算的方法主要有三种，分别为直接测量法、地球化学温标法及地温梯度推算法(Espinosa-Paredes and Espinosa-Martínez, 2009)。矿物溶解度在很大程度上取决于温度，温度决定热水内溶解组分的比例(Espinosa Paredes et al., 2001; Espinosa-Paredes and Espinosa-Martínez, 2009)。

本章将主要介绍油田区热储(油藏)温度的影响因素和变化规律，也适当介绍其他地热田热储温度的一些影响因素和变化规律。

3.2　原始地层(热储)温度的影响因素

一般情况下，地层温度(简称地温)随着深度的增加而增高。根据地下温度的变化，常把地壳划分为三个地温带(从地表到地球深部)：变温带、恒温带、增温带。为了研究地层温度随深度的变化规律，一般采用地温梯度的概念：每10m或者每1000m地层温度的变化值。

地层温度不仅对油气的生成、运移和聚集等有重要作用，而且对油、气、水和岩石的物理性质也存在不可忽视的影响。实际资料表明，除了恒温带，地温场基本上都是不均匀的。即使在恒温带，尽管纵向上在某一深度范围内温度基本不变化，但是温度在水平方向上仍然有可能发生明显的变化。影响地温场的主要因素包括大地构造、基底起伏、岩浆活动、岩性、放射性元素含量、盖层褶皱、断层、地下水活动及烃类聚集等，其中区域地质构造和深部地壳结构对地温场的分布形态在大尺度空间起着主要控制作用，岩石物理性质、火山活动、岩浆作用、断裂作用及地下水活动等因素对小尺度区域或者局部地温场分布有着重要的影响。

显然，大气环境温度的周期性变化对地壳表层的温度会产生显著的影响，地球表面某点的温度主要与该点的阳光辐射强度及阳光和地面所构成的角度有关，即与该处的纬度和海拔有关，也与地球在太阳系运行轨道上所处的位置有关，即与季节有关。太阳辐射的强度变化及其对地表温度的影响还与当地大气层的吸收情况，如植被、雪被、地形和地表水体的分布等情况有关。

地球深部地层温度的影响因素比较多，也比较复杂，尽管已经有许多研究和报道，但是很难找到单一因素的普适性影响规律。总之，我们对地球深部地层温度的影响因素以及变化规律的了解和认识仍然有许多局限性。

3.2.1 地壳厚度

有较多学者认为，地壳甚至地幔厚度这样大尺度的物质不均匀性是地层温度的主要影响因素。韩湘君和金旭(2002)从统计角度对我国东北地区地热资源及热结构进行分析，认为该地区的地壳和上地幔的热结构引起了热流分布的变化，莫霍面起伏与地温场分布呈正相关关系，即隆起越高地温越高。但是，就全国大区域而言，这个结论并不具有普适性。例如，西藏地区地壳较厚，但仍有高地温异常。另外，华北平原、松辽平原不是隆起区，却有高温带。

3.2.2 断层与裂缝

一般来说，断层和裂缝对局部地温场具有较大的影响。陶士振和刘德良(2000)研究了郯庐断裂带及邻区温泉的形成因素，主要有地质热源体、区域构造、断裂和地下水循环状况、基底和盖层岩石热导率等。

断层只是地层温度或者地温场诸多影响因素之一，因此，很难以断层为线索来勘查高温地热。例如，华北平原地温场较高，而在东面的郯庐断裂带没有明显的地温高异常，目前所开发的沧县地热田在郯庐断裂带的西北 260km。

尽管我们不能只以断层为指导来寻找高温地热田，但是当分析局部区域如一个具体热储的温度分布规律时，一般情况下应该高度重视地层、裂缝的作用和影响，包括断层与裂缝本身的性质，如裂缝的渗透率特性、与地表水的连通情况等。

3.2.3 基底起伏

不少研究发现基底起伏形态与地温梯度曲线呈正相关关系。例如，周瑞良等(1989)对雄县地热田的研究表明，地温梯度可能与基岩凸起有关。如图 3.1 所示，剖面方向为

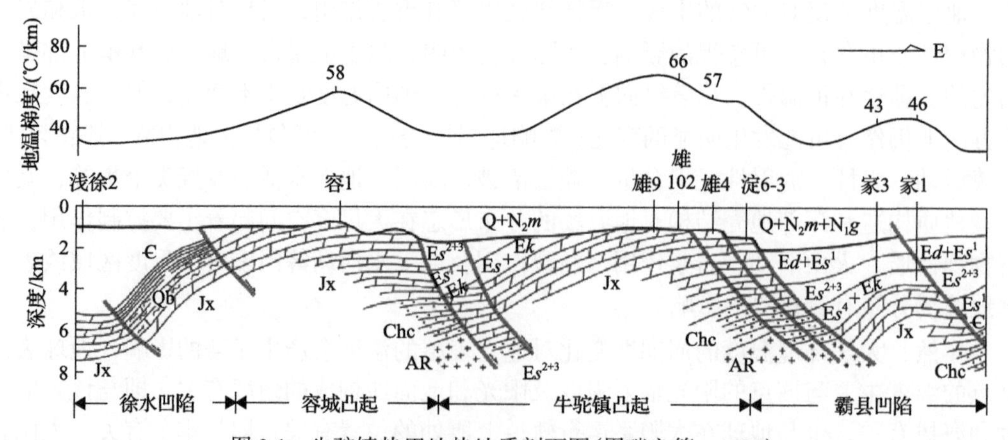

图 3.1 牛驼镇热田地热地质剖面图(周瑞良等，1989)

AR. 太古宇；Chc. 长城系；Jx. 蓟县系；Qb. 青白口系；*Ed*. 古近系东营组；*Es*. 古近系沙河街组；*Ek*. 古近系孔店组；N_1g. 新近系馆陶组；N_2m. 新近系明化镇组；Q. 第四系

东西向，剖面上覆盖层厚度相近，基底起伏与地层温度的高低具有高度的相似性。在雄县周围牛驼镇凸起雄 9 井处，基岩埋藏较浅，地温梯度达到最高 66℃/km，容城凸起容 1 井达到 58℃/km，霸县凹陷家 1 井为 46℃/km，而中间基底埋藏较深的部分，地温梯度比较低。

3.2.4　盖层

地热田盖层是指位于热储上部、热导率非常低的覆盖层，也可称为地热高阻层，可以减缓或者减少热量损失。和油气田的盖层类似，地热田的形成也需要盖层，不同的是，油气田的盖层要求渗透率很低，而地热田的盖层要求热导率很低。地热田盖层(简称为热盖层)是地热高异常的必要条件，但不是充分条件。也就是说，没有盖层，由于热能会损失掉，不能聚集，可能无法形成地热田。但是，有热导率很低的盖层，如果没有高温热源，照样不会形成地热田。

作者和毛小平等的模拟研究结果表明，第四系可作为热盖层，其厚度最好在 100～500m，太薄不足以起到阻止损失热能的作用。蒋林等(2013)通过保定-岐口剖面的地热正演模拟说明了保定西部太古宇出露，无新生界盖层，因而具有低温异常；同时说明了在沧县隆起，由于有了一定厚度的热盖层和基底的高导层，在浅部具有高温异常。

显然，具有低热导率的热盖层对热储的温度有着重要影响。热导率和厚度是控制热盖层封盖作用的两个主要因素，盖层的热导率越低、厚度越大，对热能的封盖作用越好，热储的温度也可能越高。

油气藏的盖层能否作为热储的盖层？对于这个问题，没有统一的答案。一般情况下，孔隙度/渗透率越低、含水饱和度越高，其他条件相同时岩石的热导率越高。作为油气藏的盖层要求是渗透率低，所以油气藏的盖层一般情况下不能作为热盖层。如果油气藏的低渗透盖层的上部还存在低热导率的热盖层，那么油气藏的热能可以得到保存，形成相对高温的油气藏。如前所述，这种情况下的油气藏也是热储或者热藏。

3.2.5　岩浆活动

世界上很多地热田处于岩浆活动比较强烈的地区，如冰岛、日本、印度尼西亚、肯尼亚及美国的一些地热田，都处于火山地带、岩浆活动频繁且强烈的地区。尤其是冰岛，位于北美和欧亚板块的边界地带，在地质年代上是比较年轻的国家，洋中脊两侧的两个板块每年以 2cm 的速度漂离。特殊的地质构造使冰岛成为世界上地热资源最丰富的国家之一，在从西南向东北斜穿全岛的火山带上，分布着 26 个温度达到 250℃的高温蒸汽田，约 250 个温度低于 150℃的中低温地热田。由于采用地热能，冰岛的供暖基本上实现零碳化，85%以上的冰岛人利用地热取暖，地热发电占总发电的 26%以上。

评价岩浆活动对现今地温场的影响，主要可以从以下两方面来考虑。一方面为岩浆侵入或喷出的地质年代，时代越新，散失的热能越少，所保留的余热就越多。高温岩浆余热对现今地温场的影响较强烈，并有可能形成高地热异常区。另一方面为岩浆体的大小与规模，几何形态及围岩的产状和热性质等，这些参数对岩浆体的冷却速率有很大的影响。以岩浆体的大小为例，冷却过程的延续时间与岩体半径的平方成正比，即岩体半径增加 1 倍，冷却时间延长 4 倍。

3.2.6 岩性

不同的岩石种类、不同的岩性，其热导率是不同的。即使是相同的岩性，在不同的地层时代，其热导率也有可能是不同的。岩石的热导率对地层温度及其分布有着显著的影响，所以岩石种类、岩性及其非均质性是影响地层温度与分布的关键因素之一。

在岩性均一的地层中，热导率可视为定值，温度-深度曲线基本上是一条平滑的直线，即地温梯度为定值。当地层中岩性差异较大即热导率差异较大时，温度-深度曲线可能是折线，在不同的地层地温梯度发生明显的变化，曲线的转折处与不同岩性段的分界面相对应。由此可知，如果有比较可靠的、测点比较多的温度-深度曲线，则可以根据温度-深度曲线的特征判断地层岩性的均质性情况。值得注意的是，钻井过程或者温度测井得到的温度-深度曲线的影响因素比较多，不一定能够代表地层真正的温度剖面，关于这一点，将在 3.3 节中有进一步的分析和讨论。

3.2.7 岩石放射性

关于地热能来源的机理，岩石放射性元素(主要是铀 238、铀 235、钍 232 和钾 40 等)生热是目前主要观点之一。放射性元素蜕变的过程是将质量转变为辐射能量的过程，而产生的辐射能又进一步转化成热能。如果是这样，岩石中放射性元素的浓度就会影响甚至控制地层的温度及其分布。

地球内部放射性元素主要集中在距离地表数百公里深度的地壳中，主要放射性元素铀、钍、钾在地壳所占比例可能是地幔、地核的 5～6 倍，岩石放射性生热产生的热量可以占到盆地地表热流的 25%～45%(邱楠生，2002)。

尽管有不少研究表明，岩石放射性生热是地热能的主要贡献或者对地热田的形成有重要影响，但是也有不少情况表明岩石放射性生热对地热能的贡献不大或者没有直接的影响。

3.3 原始地层温度的预测方法

3.3.1 地热温标法

在地下热水研究和开发利用中，热储温度是划分地热系统成藏类型和评价地热资源潜力的不可缺少的重要参数，但在通常情况下难以直接测量。地热温标法是提供这一参数的经济有效的手段。

地球化学地热温标细分为两种：阳离子化学温标和 SiO_2 浓度温标。阳离子化学温标在计算上以温度与 K^+、Mg^{2+}、Na^+ 及 Ca^{2+} 浓度的比值为条件；而 SiO_2 浓度温标则是依照水溶态石英矿物溶解度的控制情况进行计算。综合而言，地球化学地热温标就是地热流体与矿物二者在热储温度下达到化学平衡，随后地热流体温度持续降低，但以上“记忆”依旧会被保存。

地球化学地热温标在实际运用上只能给出估算温度，对地热田资源评价工作有一定意义。通过各种化学成分、气体成分、同位素组成而建立的地热温标类型有很多，常采用的方法包括 SiO_2 浓度温标、Na-K 温标、Na-K-Mg 温标和 Na-K-Ca 温标。由于不同的地热温标适用于不同的地热田类型，所以在选用时应根据具体的地热田的条件而确定。

采用地热温标的前提：一种气体或溶质和热储内矿物达到平衡，其实质就是水-岩平衡。换句话说，任何地热温标均需当水-岩反应呈平衡状态时方可采用。总而言之，地热温标方法的使用离不开三个基本条件：一是有足够反应物；二是水-岩反应实现平衡；三是水或气在运移至取样点时并未出现再平衡。

在第 2 章中，我们已经详细列出了一些常用温标的计算公式，并给出了具体的计算实例，这里就不再深入分析和讨论了。

3.3.2　钻孔测温法

目前原始地温的测量主要采用钻孔测温法，常用的有两种：①小孔径浅层钻孔测温法，一般的钻孔深度从几米到几十米，特殊情况也有几百米的；②大孔径深层或者行业标准孔径的钻井测温法，钻孔深度从几百米到几千米。前者测量速度快、成本低，主要用于大面积普查，而后者的钻井过程复杂、速度慢、成本高，主要用于勘探井或者生产井。

小孔径浅层钻孔测温法相对来说比较简单，钻孔工具及测温仪器可以安装在一辆皮卡车上，钻孔及测温都比较快。但是要测量到准确的浅层温度并不十分容易，有许多需要注意的事项，其中比较关键的是要注意钻孔内的温度和地层的温度一致。这要求钻孔和地层的温度场实现平衡，比较简单的方法是用黄泥封堵孔口，有利于岩石温度迅速达到稳态，24h 后读取地温数据。如果条件允许，也可以测量孔内温度随时间的变化，这些数据有可能用于实测温度的校正等。得到一定深度、一定面积内大量的小孔径浅层钻孔的测温数据后，可以根据一些经验公式或者数值模拟方法来估算深部热储的温度。

大孔径深层钻井测温法是直接测量和确定深部地层/热储温度的主要方法，甚至可以说是唯一方法。钻机钻进过程中，钻井液一般通过钻杆泵入井底，起到冷却钻头的目的，而后通过钻杆与井壁之间的环状空间返回地面泥浆池中，形成钻井液循环。循环的钻井液在深部地层段一般低于原始地温或井壁岩温，对井壁围岩产生冷却作用；而在浅部地层段，井液温度一般高于原始井壁温度，对井壁围岩产生加热作用。同时，钻具升降、旋转和钻头摩擦生热对围岩和井液产生一定的加热作用。此外，在一定压力下，钻井液在渗透性较高的地层会通过井壁围岩产生对流型热传递。钻井液渗漏时，通常会采取水泥浆堵漏措施，水泥的固结会产生附加热源。由于上述种种原因，钻探过程中或钻探结束后相当长的时间内，井孔内的钻井液温度在上部井段高于井壁围岩的地层温度，而在下部井段低于井壁围岩的地层温度。上下段的深度分界点处钻井液温度与原始地层温度相等，该深度点称为中性点。遗憾的是，没有比较好的方法和技术能够可靠地确定中性点的具体位置。

根据上述分析，钻井过程使用的钻井液会干扰井孔附近地层的温度场，因此，在停钻时间不足以让井温与围岩温度趋于平衡的情况下，测得的钻井液的温度并不能真实反映热储或者地层温度的实际状况。事实上，很多钻孔停钻后井孔中的温度达到平衡所需要的时间长达几个月，甚至更长时间。图 3.2 为停钻后钻孔内温度剖面随停钻时间的变化情况(Steingrimsson and Gudmundsson, 2006)。从图 3.2 中可以看出，钻孔内井底液体的温度要恢复到地层温度需要的时间是很长的，即使停钻关井 556h 后，两者仍然有一定的差别。

一般情况下，钻孔中在热储深度处测量的井底液体温度小于热储或者实际的地层温度。

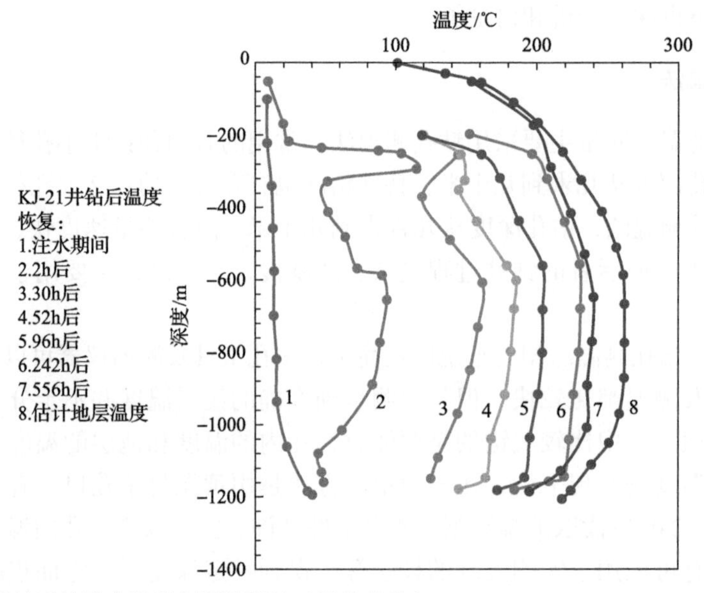

图 3.2　停钻后钻孔内温度剖面随停钻时间的变化(Steingrimsson and Gudmundsson, 2006)

由于钻孔内钻井液的实测温度并不等于原始热储或者地层温度，而停钻后钻孔中的温度达到平衡需要几个月甚至一年以上时间。所以，研究人员提出了许多根据钻孔中的实测温度等参数预测原始热储或者地层温度的方法。

3.3.3　Lachenbruch 和 Brewer 方法

Lachenbruch 和 Brewer(1959)提出了一种根据钻孔中的实测温度、岩石热导率及热流值等参数预测原始地层温度的方法。该方法假定钻进持续的时间为 t_o，此时间内从岩石中带走的热量速率为 q，则有

$$T(t)-T_i=\frac{q}{4\pi K_t}\ln\frac{t}{t-t_o} \tag{3.1}$$

式中，t 为从开钻起算的测温时间，d；$T(t)$ 为对应于测试时间 t 的钻孔内温度，℃；T_i 为原始地层温度，℃；K_t 为岩石热导率，W/(m·℃)。

当停钻后等待的时间足够长时或者$t \to \infty$时，则有$\ln\dfrac{t}{t-t_o} \to 0$。因此，以不同时间所测的温度为纵坐标，$\ln\dfrac{t}{t-t_o}$为横坐标作半对数图，得到的纵截距即为稳定的原始地层(热储)温度(Lachenbruch and Brewer，1959)。

尽管计算公式中有从岩石中带走的热量速率和岩石热导率两个参数，采用作图法求解时并不需要知道其具体的数值。

3.3.4 Horner方法及其改进方法

静态热储温度(static formation temperature，SFT)对于热流分析和地热资源潜力评估而言十分关键，但是难以直接测定。一般情况下，静态热储温度的估算都是基于钻井过程井底温度(bottom hole temperature，BHT)的实测数据，通过解析或者数值模拟方法求得。如前所述，钻井过程中井底温度的测量值与实际静态热储温度相差较大，且差距大小很大程度上取决于地层岩石性质与关井时间等。关井时间越长，井底温度越接近实际静态热储温度。但是，由于早期油田区地温数据不是重点参数，测量手段与仪器较为简单，为了节省钻井成本，其关井时间较短，静态热储温度的估算误差较大。另外，大多数解析估算方法都是基于常数线性和圆柱体热源模型。几种常用的模型一般包括Horner法(Dowdle and Cobb，1975)、Kutasov-Eppelbaum法(Kutasov and Eppelbaum，2005)、Manetti法(Manetti，1973)、Hasan-Kabir法(Hasan and Kabir，1994)和Brennand法(Brennand，1984)等。这些方法都存在一个共同问题，就是所需的计算参数较多(如关井时间、温度、循环液泥浆物性参数、井深结构、储层物性及套管材料等)，并且精度有限，因此在现场数据不足的情况下使用会有一定的限制。

Horner法在石油领域经常用来估算原始油藏温度(Dowdle and Cobb，1975)，该方法基于钻井过程中的热效应是常数线性热源，也可以用于原始热储温度的确定，其计算公式如下：

$$\mathrm{BHT}(t) = T_{\mathrm{HM}} - b_{\mathrm{HM}} \cdot \lg\left(\frac{t_{\mathrm{c}}+t}{t}\right) \tag{3.2}$$

式中，$\mathrm{BHT}(t)$为某一时间的井底温度；T_{HM}为静态热储温度；b_{HM}为拟合系数；$\lg\left(\dfrac{t_{\mathrm{c}}+t}{t}\right)$为无量纲Horner时间；$t_{\mathrm{c}}$和$t$为关井前的循环时间和关井(停钻)时间。

式(3.2)存在的一个问题是其边界与物理意义不一致，当时间趋近于无穷大时，井底温度$\mathrm{BHT}(t)$接近静态热储温度(SFT)，即T_{HM}。但是，当时间趋近于0或者某一特定值时，得不到有明确物理意义的井底温度$\mathrm{BHT}(t)$。因此，针对该问题，为了更好地提高模型的适应性，作者等(Liu et al., 2016a)对Horner模型做了以下修正：

$$\mathrm{BHT}(t) = a - b \cdot \lg\left(\frac{1}{1+c \cdot t}+1\right) \tag{3.3}$$

式中，a, b 和 c 是系数，a 实际上等于 T_{HM}，当关井时间趋于无穷大时可以通过式(3.3)计算求得，如式(3.4)所示：

$$\widehat{\mathrm{SFT}} = \lim_{t \to \infty} \mathrm{BHT} = a \tag{3.4}$$

修正后的式(3.3)的边界条件具有物理意义。当 t 趋近于无穷大时，可以得到 BHT 的最大值，也就是静态热储温度：

$$\mathrm{BHT}_{\max} = T_{\mathrm{HM}} = a \tag{3.5}$$

当 t 趋近于 0 时，最小值 BHT 也可以得到，即停钻时钻孔的井底温度：

$$\mathrm{BHT}_{\min} = a - b \cdot \ln 2 \tag{3.6}$$

根据式(3.3)，井底温度与时间的关系曲线形态由系数 c 来决定，如图 3.3 所示，该曲线可以表征的范围很大，分辨率也较好。

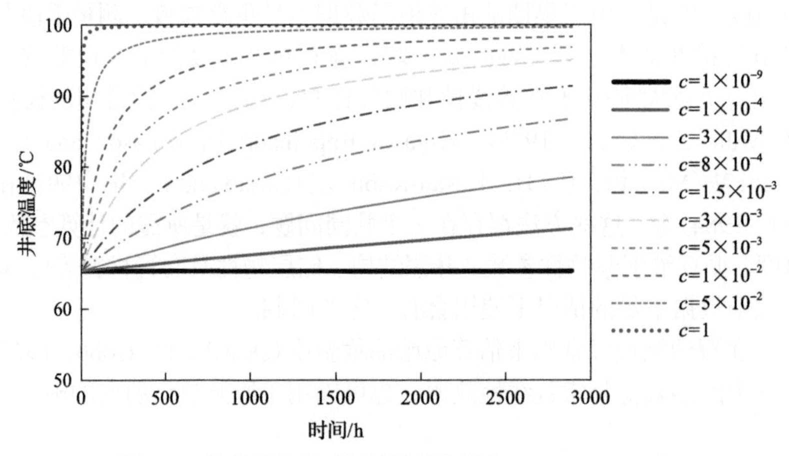

图 3.3　井底温度和时间的关系曲线(Liu et al.，2016a)

为了验证式(3.3)，作者等(Liu et al., 2016a)利用该方程估算的静态热储温度与实际参考值进行对比，结果如图 3.4 所示。可以看出，改进的 Horner 方法，即式(3.3)估算的静态热储温度是比较准确的。

采用数据量(或者数据点)的多少和采用预测方法的不同都会影响静态热储温度预测结果的准确性。Theil 不等系数(Theil inequality coefficient，TIC)是一种综合评价参数，用来整体评估某种方法的可靠性和准确性，TIC 的值介于[0,1]。对于某种方法，TIC 越接近零，就表示这种方法越准确越可靠。

作者等(Liu et al., 2016a)计算了多种方法，包括式(3.3)的 TIC 值，结果如图 3.5 所示，可以看出，式(3.3)代表的新方法是唯一一个 Theil 不等系数在所有数据中都小于 3%的，这表明该方法不仅可以利用少量数据估计出静态热储温度，而且精度较高，结果比较可靠。

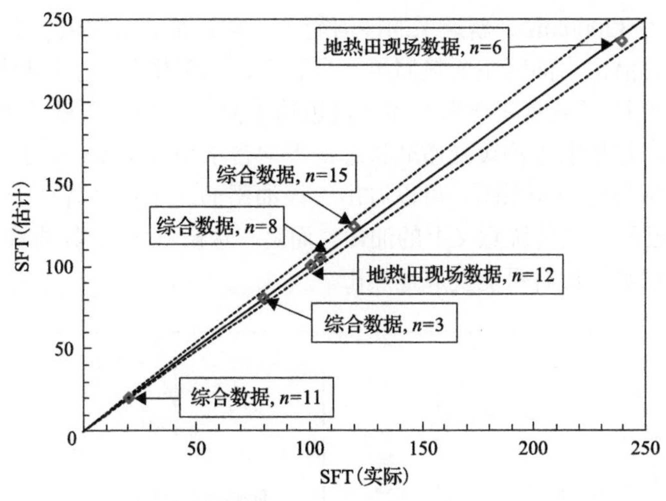

图 3.4　静态热储温度预测值与实际数据的对比 (Liu et al., 2016a)

n 代表每组数据的数据量

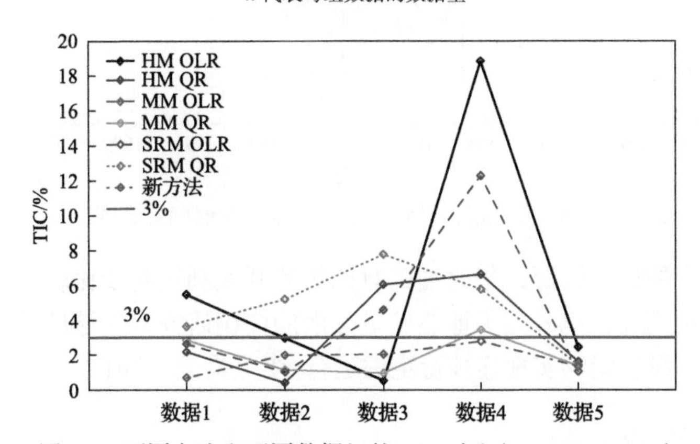

图 3.5　不同方法和不同数据组的 TIC 对比 (Liu et al., 2016a)

HM 为 Horner 方法；MM 为 Manetti 方法；SRM 为 Ascencio 方法；OLR 为线性回归模型；QR 为二次回归模型

3.4　中国主要油田区储层温度的变化规律与热储特征

中国的七大主要盆地都发现了大型的油气田，下面仅对油藏温度比较高的一些油田 (包括华北油田、大庆油田、辽河油田及胜利油田) 的储层温度变化规律与热储特征进行简单分析和讨论。

3.4.1　华北油田

华北油田位于河北省中部，构造位置属于渤海湾盆地冀中拗陷，冀中拗陷位于华北板块的东部，是发育在华北地台之上的一个中、新生代的断陷-拗陷区，属于渤海湾盆地内的一个二级负向构造单元。其区域构造位置东起沧县隆起，西邻太行山隆起，北接燕山褶皱带，南与邢衡隆起相连，拗陷整体构造形态为深凹高隆的狭长裂谷型断陷。华北油田的面积大约为 32000km^2，新近系的沙河街组、东营组、馆陶组、明化镇组，古生界和中、新元古界古潜山为油区主要热储层，具有丰富的常规和伴生地热资源。

华北油田在经历了早期高产稳产和产量迅速下降期之后，产量于 1990 年进入低速缓慢递减，现今产量依旧维持缓慢递减状态，平均含水率大于 95%。图 3.6 为任丘潜山油田产量、含水率与时间关系图。可以看出，该油田的产水量显著高于产油量。严格来讲，这样的油田已经不是传统意义上的油田，而是“水田”。由于其油藏温度比较高，经过一定的改造，这类油田有可能变成地热田。

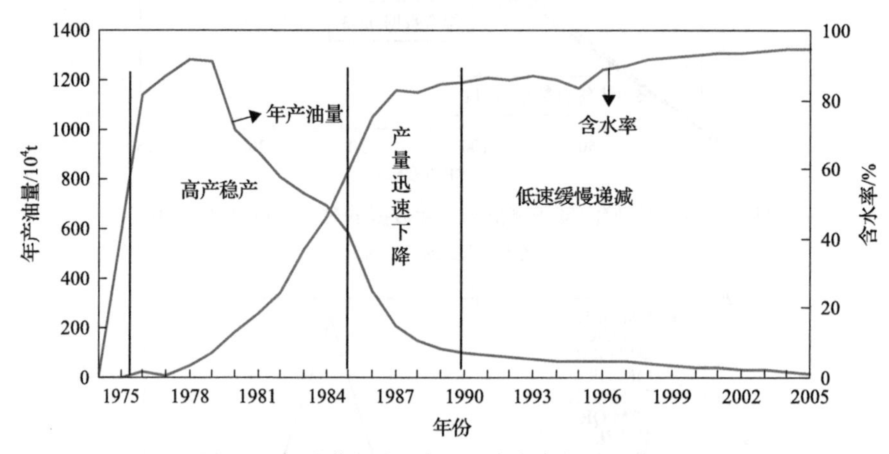

图 3.6　任丘潜山油田产量、含水率与时间关系图

由于具有丰富的地热资源，华北油田对地热的开发利用起步比较早，除了原油管道保温伴输等直接利用外，也开展了地热发电方面的应用研究。遗憾的是，地热发电由于种种原因终止了，没有能够实现连续稳定的运行(李克文等，2012)。

1. 地温场特征

冀中坳陷地热属中低温传导型地热资源，地温变化呈现高低相间、带状分布的特征，并与凸凹地质结构相对应。地温场延伸的方向以北北东—北东向为主，华北盆地深部的地温明显高于中国中西部和西部地区。

华北油田地层温度随深度的变化如图 3.7 所示，该油田的地层温度均较高且随深度增加基本呈线性增长的趋势。当埋深介于 0～1000m 时，地层温度介于 12.26～50℃；当埋深介于 1000～2000m 时，地层温度介于 38.47～102.68℃；当埋深介于 2000～3000m 时，地层温度介于 65.08～129.86℃；当埋深介于 3000～4000m 时，地层温度介于 66.63～148.88℃；当埋深超过 4000m 时，该油田的地层温度可能会超过 150℃。

华北油田冀中坳陷地温梯度的变化范围为 2.74～4.36℃/100m，平均为 3.35℃/100m，地热异常面积达到 2.75 万 km^2(图 3.8)，整体上高于渤海湾盆地的地温梯度(常健等，2016)。渤海湾盆地的地温梯度主体介于 2.5～4.0℃/100m，平均为 3.3℃/100m。靠近西部沿太行山东麓北京-保定-石家庄凹陷一带，属低地温场区，区内地温梯度小于 2.5℃/100m；牛驼镇-高阳-宁晋凸起构成的中央隆起带，属高地温场区，一般地温梯度为 3.2～6.0℃/100m；最高地温梯度值为牛驼镇凸起上的牛浅 1 井，达 10℃/100m 以上；沧县隆起

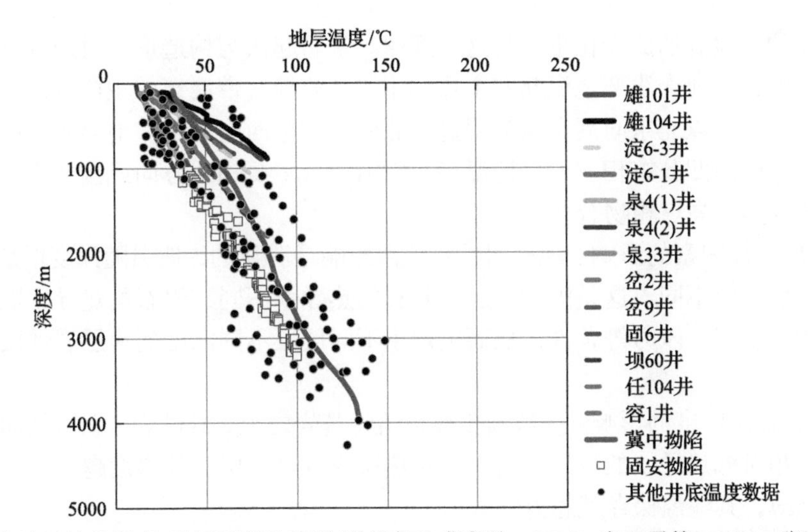

图 3.7 华北油田钻井深度-地层温度关系图(林世辉和龚育龄，2005；肖卫勇等，2001；张鹏等，2007)

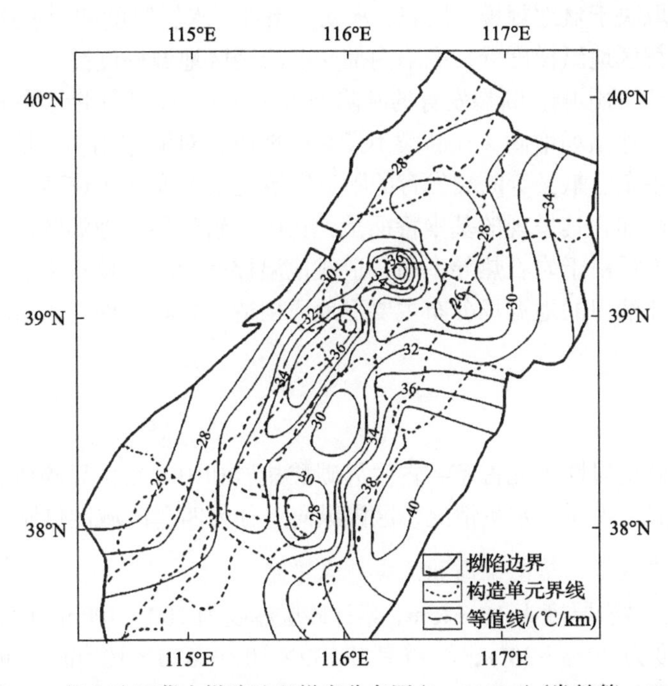

图 3.8 华北油田冀中拗陷地温梯度分布图(0～3000m)(常健等，2016)

属高地温场区，地温梯度在 3.1～8℃/100m，平均地温梯度在 3.4～3.6℃/100m，其中王草庄-大城-献县凸起带，地温梯度为 3.2～5.2℃/100m。

冀中拗陷古近系地热田热储分布面积广，横向无严格分界线。华北盆地地热异常区的数量和分布范围，在全国含油气盆地中居首位，冀中油区有 20 个基岩潜山地热田，开发潜力巨大。

影响华北油田地温场变化的主要因素一般认为有以下五个方面。

(1)基岩起伏与构造形态的影响。如前所述，基底起伏形态与地温梯度曲线呈正相关关系，华北油田地温场的变化也满足这一规律。基岩起伏与构造形态对地温场分布的影响是区域性的，对地壳浅部地温起着主导作用。地温异常带展布的主体方向反映了构造的基本轮廓，主体以北东向展布最为明显，北西向和东西向次之。地温异常高低相间分布与地质构造的凸凹分布相一致，地温高异常沿构造主要轴线方向或构造主断裂方向展布，最大值与构造高点相吻合。

(2)地层岩性因素的影响。地层岩性对地温影响是明显的，地温随深度增加，地温梯度又因岩性变化而不同。这是因为各层段岩石的热导率不同，岩石的热导率取决于岩石成分、结构、温度、压力等条件，从而决定了不同层位不同深度的地层岩性段的地温梯度不同。

(3)沉积盖层厚度的影响。一般新生界覆盖于基岩之上，其砂岩、泥岩剖面的热导率低于基岩，相对低热导率的岩层可看作是隔热层或者热盖层，其厚度越大，地温保存越好，厚度越薄，其地温保存就越差。

(4)水文地质条件的影响。地壳浅层地下水广泛分布，易于流动且热容量大，其影响地温梯度的程度取决于盆地规模、地貌、水动力条件、水层厚度和通道连续性等。燕山、太行山山前强交替区地温梯度低，拗陷内部交替滞缓区地温梯度高。

(5)断层、断裂的影响。断裂发育的断陷型沉积盆地中，由于断裂的通道作用有利于热的传导和对流，地温场增高，在断裂不发育的地段，对流作用弱，地温场偏低。与这一规律相一致，牛东、献县等断裂发育的附近区域地温梯度都比较高。

地温随深度增加，其呈现的基本特征是：在中、新生界中地温随深度的增加呈直线增加，当进入基岩后由于岩石热导率高，造成地温梯度变小，使得上、下地温梯度截然不同。总之，华北油田的地温场分布主要受地质构造、岩石物性、盖层和水文地质条件等因素控制。

2. 热储特征

冀中拗陷热储层岩性为元古宇—古生界碳酸盐岩和中—新生界碎屑岩。根据热储埋深和可利用的水温、水质、水量情况，区内纵向上分为四套区域性热储层。

1)新近系明化镇组、馆陶组高孔隙型砂岩热储层

明化镇组单层砂岩厚度为10～15m，累计砂层厚度为100～400m，砂岩占比为30%～45%，平均孔隙度为30%～33%，渗透率为139×10^{-3}～$570\times10^{-3}\mu m^2$。明化镇组热储层富水性较好。馆陶组沉积厚度为200～400m，最大厚度达600m以上，从凹陷边缘向凹陷中心厚度递增，有效孔隙度为20%～32%，渗透率一般为93×10^{-3}～$500\times10^{-3}\mu m^2$。该热储层富水性好，单井产水量在1000～2500m^3/d。另外，矿化度比较低，一般小于2.0g/L，可以作为饮用水。

2)古近系东营组、沙河街组中孔隙型砂岩热储层

古近系东营组、沙河街组主要为一套内陆湖相碎屑岩沉积。该组合经受上覆地层较强的压实作用，成岩性好，储层物性变差。据统计，含水砂岩的孔隙度为9.5%～28%，渗透率为1×10^{-3}～$470\times10^{-3}\mu m^2$，总体上属低孔低渗层，富水性差，绝大部分井的产液

量低于 100m^3/d，而且地下水矿化度高。

3) 下古生界奥陶系和寒武系府君山组裂缝型石灰岩、白云岩热储层

有石炭系—二叠系盖层的奥陶系热储层，溶洞率为 0.18%～0.20%；无石炭系—二叠系盖层的溶洞率很高，为 0.91%～0.95%。奥陶系有效孔隙度为 5%～6%，是本区富水性较好的储层之一，单井产水量为 300～2592m^3/d，井口水温为 46～83℃，矿化度变化较大，为 3.0～11.0g/L。

寒武系府君山组热储层的岩性为褐灰色白云岩，其储存空间属岩溶裂隙型。平均有效孔隙度大约为 6%，有效渗透率为 226×10^{-3}～1420×10^{-3}μm^2，富水性不是很好，单井产水量在 115～495m^3/d，井口水温为 59～82℃，矿化度比较低，为 3.0～5.46g/L。

4) 中、新元古界蓟县系雾迷山组和长城系高于庄组裂缝-溶洞型白云岩热储层

蓟县系雾迷山组热储层的岩性以藻白云岩为主，中部夹泥质白云岩，总厚度为 505～2624m。拗陷内均有分布，其溶蚀孔、洞很发育，平均孔隙度为 6.44%，有效渗透率为 130×10^{-3}～2347×10^{-3}μm^2，单井产水量为 100～4300m^3/d，井口水温为 52～112℃，矿化度为 2.83～35.4g/L。从各方面的指标来看，蓟县系雾迷山组是很好的热储层。

长城系高于庄组热储层的平均有效孔隙度为 12%(风化壳)，有效渗透率为 167×10^{-3}μm^2，单井产水量为 266～1075m^3/d，井口水温为 52～86℃，矿化度为 2.93～5.52g/L，该层相对来说是比较好的热储层。

值得注意的是，上述井口水温是在井筒没有采取保温措施情况下的数据，如果采取一定的保温措施，并且提高油井的日产液量，生产井井口的水温可以较大幅度的提高。

3.4.2　大庆油田

大庆油田位于松辽盆地北部，不仅有丰富的石油资源，也有十分可观的地热资源，是我国地热能富集区之一。盆地大体以松花江为界分为南北两部分，北部为大庆油田探区，面积为 11.6 万 km^2，地热能异常区(地温梯度≥3℃/100m)高达 7.98 万 km^2，占大庆油田探区总面积的 2/3 以上。由于其丰富的地热资源，大庆油田已经开展了大量的相关研究，也进行了地热的开发利用，主要是直接利用，还没有开展地热发电方面的应用。

1. 地温场特征

松辽盆地是一个以古生界和前古生界为基底的大型中、新生代含油气盆地。该盆地在整个东北地区地壳厚度最薄，其莫霍面深度为 29～33km。作为裂谷盆地，松辽盆地在地质历史上火山活动频繁，岩浆岩分布广泛，为热盆的形成创造了有利条件。由于地壳薄、莫霍面浅、地质历史上火山活动频繁等，该盆地单位时间内地幔热流体中流向地表单位面积内的热量比较高，热流值在 34～95mW/m^2，平均热流值为 79mW/m^2，最高达到了 95mW/m^2(吴乾蕃和谢毅真，1985)，高于盆地周边的其他地区，在全国也属于高热流区。从全球来看，松辽盆地的热流值远高于世界的平均大地热流值 63mW/m^2。

大庆油田部分井的深度-温度关系曲线如图 3.9 所示，可以看出，大庆油田地层温度

随深度的增加基本上呈线性增长趋势。油田区现今的地温较高，当埋深介于 0～1000m 时，地层温度介于 14.99～48.13℃；当埋深介于 1000～2000m 时，地层温度介于 53.25～97.76℃；当埋深介于 2000～3000m 时，地层温度介于 86.02～133.99℃；当埋深介于 3000～4000m 时，地层温度主要介于 109.91～154.08℃；当埋深大于 4000m 时，地层温度普遍均大于 150℃。

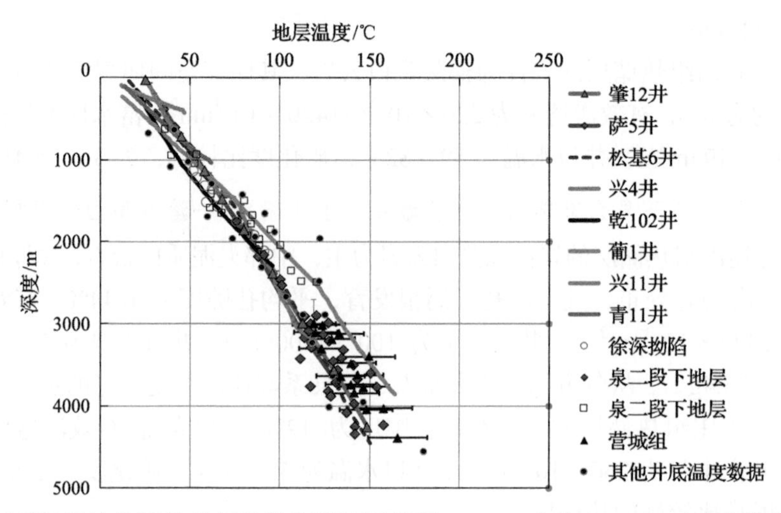

图 3.9　大庆油田钻井深度-地层温度关系图(吴乾蕃，1990；朱焕来，2011；翟志伟等，2011)

图 3.10 为松辽盆地北部的地温梯度等值线图，大庆油田地温梯度在 1.4～5.7℃/100m，绝大部分地温梯度超过 3.0℃/100m，从盆地边缘向盆地中心依次增大，呈北东向环状分

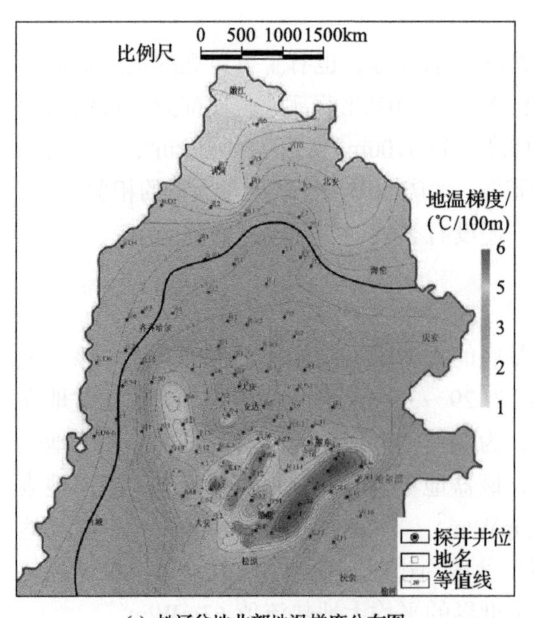

(a) 松辽盆地北部地温梯度分布图

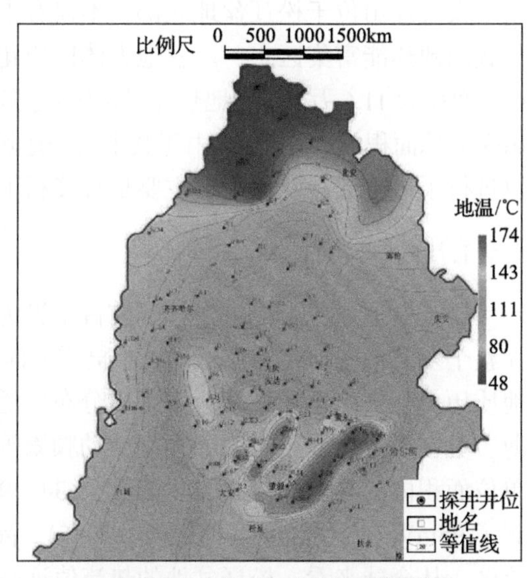

(b) 松辽盆地北部3000m埋深地温等值线图

图 3.10　大庆油田的地温场分布(汪集暘等，2015)

布，地温梯度最大值出现在中央拗陷区，平均地温梯度约为 3.68℃/100m，显示其具有非常高的地热场，有形成地热资源的良好热场背景。

2. 热储特征

松辽盆地基底为古生代变质岩系及火山岩，盆地的沉积盖层主要由侏罗系、白垩系、古近系、新近系和第四系组成。其中，白垩系发育齐全，沉积了一套湖泊相及河流相碎屑岩，夹有油页岩、化学岩等，碎屑岩以粉细砂岩为主，粗粒砂岩不多。就目前来说，松辽盆地的白垩系是我国陆相白垩系发育最完整的地区，沉积物厚度大，分布广泛，生物化石丰富，为油气的生成和储集创造了良好的条件。松辽盆地白垩系划分为登娄库组、泉头组、青山口组、姚家组、嫩江组、四方台组、明水组。

白垩系为松辽盆地发展的全盛期，沉积范围大，沉积厚度大，也是松辽盆地热储的主要发育层位。主要地热储层沉积层位为泉三、四段，青二、三段及姚家组，而泉一、二段与青一段为较好的隔水层。总的来说，大庆油田的油藏(热储)孔隙度、渗透率都比较高。例如，泉四段北部储层的孔隙度在 30%以内，渗透率为 100～300mD①；南部储层的孔隙度高达 35%，最大的渗透率甚至超过 7000mD。

纵向上可将松辽盆地地热水划分为三个水化学带：浅部水化学带包括古近系、新近系、第四系与上白垩统的地热水，矿化度为 1000～4000mg/L，水型为 HCO_3^--Na^+型；中部水化学带包括嫩江组、姚家组、青山口组和泉头组的地热水，矿化度为 4000～8000mg/L，水型为 HCO_3^--Na^+型，局部为 Cl^--Na^+型；深部水化学带包括登娄库组和侏罗系的地热水，矿化度为 6000～10000mg/L，水型为 HCO_3^--Na^+型和 Cl^--Na^+型。平面上看由于地下水动力条件和淋滤交替作用逐渐减弱，从东北向西南水矿化度由 4500mg/L 以上逐渐减小至 1500mg/L 以下。

泉头组地热水矿化度非常高，变化范围也比较大，为 3000～50000mg/L，水型为 HCO_3^--Na^+和 HCO_3^--Cl^--Na^+型，pH 为 7.3～8.5；青山口组地热水矿化度相对来说比较小，一般小于 1000mg/L，但是水型比较复杂，主要为 HCO_3^--Ca^{2+}· Na^+型和 HCO_3^--Na^+型，pH 为 7.5～8.2；姚家组地热水矿化度比较大，一般大于 1000mg/L，最高可达 8800～43700mg/L，水型为 HCO_3^--Na^+和 HCO_3^--Cl^--Na^+型，pH 为 8～9。

与华北油田相比，大庆油田的水质要差很多，华北油田有些储层的采出水矿化度比较低，甚至可以作为饮用水；而大庆油田的矿化度大部分都比较高，基本上无法直接作为饮用水。

3.4.3 辽河油田

辽河油田位于渤海湾盆地辽河拗陷内，面积大约为 25000km^2，其中陆地面积约 12000km^2，海域面积约 13000km^2。地热异常区比较多，地热资源量比较丰富。

1. 地温场特征

辽河油田位于渤海湾盆地东北部，是渤海湾盆地的一部分。辽河盆地内地热分布规

① 1D=0.986923×10^{-12}m^2。

律总体上与渤海湾盆地的其他地区相似，地温异常现象明显与前新生界基岩埋藏深度有关，即高温区与基岩隆凸的隆起带相吻合，低温区则分布于凹陷区，基岩的高凸深凹和相应盖层的高低温有比较好的对应关系。深凹陷带热流值比较低，为 42～50mW/m^2；而中央凸起、断垒隆起带、古潜山和盆地边缘的斜坡带热流值比较高，大于 75mW/m^2，平均大地热流值大约为 63mW/m^2，与华北平原大体相同。总的来说，辽河油田所在区域的热流值比较高，有利于地热田的形成(Wang and Wang，1986)。

作者等(Liu et al., 2016a)收集了辽河油田一些井的深度-温度数据(邓春来, 2008; 邓岳飞, 2009; 伍小雄, 2011; 赵启双, 2003；赵国瑞, 2011)，结果如图 3.11 所示。可以看出，大部分井的井底温度超过 100℃，有的井的井底温度高达 230℃。尽管各井的井底温度不同，但是地温梯度变化不大。其他一些油井也有这一现象，如表 3.1 所示的大民屯凹陷潜山油藏(王俊英，2012)。

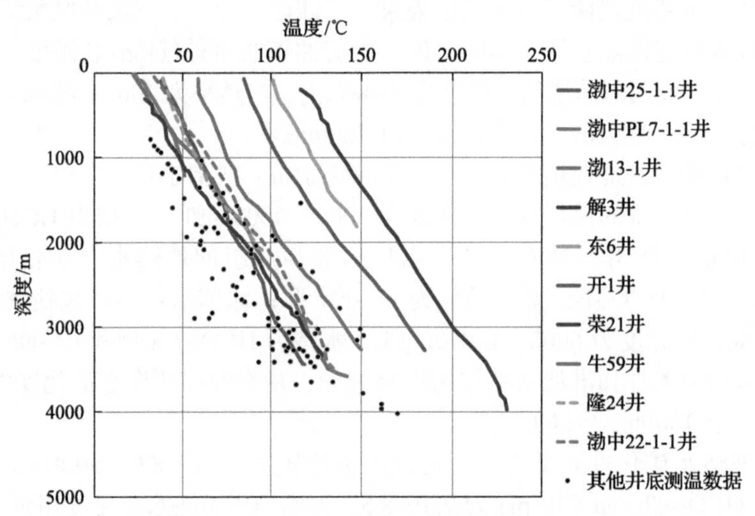

图 3.11　辽河油田部分井的深度-温度曲线(邓春来, 2008; 邓岳飞, 2009; 伍小雄, 2011; 赵启双, 2003；赵国瑞, 2011)

表 3.1　大民屯凹陷潜山油藏地层压力、地层温度统计表(王俊英，2012)

井号	井深/m	地层压力/MPa	压力系数	地层温度/℃	地温梯度/(℃/100m)
沈 625	3134.5	34.1	1.08	112	3.57
沈 169	3356.0	33.7	1.00	119	3.55
沈 223	3300.4	35.7	1.07	106	3.21
	3632.8	36.9	1.01	121	3.33
	3462.6	36.8	1.06	114	3.29
	3523.5	35.5	1.01		

2. 热储特征

基于储热介质的类型，辽河油田热储可分为三种类型：孔隙型热储、孔隙裂隙型热储和裂隙型热储。其中新近系主要为馆陶组，主要为孔隙型热储，因其埋藏较浅，热储温度较低，利用价值不高；古近系分为东营组、沙河街组热储，埋藏深度为 1500～3000m，深度适中，为孔隙裂隙型热储，温度普遍高于 50℃，利用价值比较高；前古近系主要为裂隙型热储，含水性和透水性较差，可利用的热水资源不多。

古近系地热资源主要分布在凹陷内，属于以热传导为主的正常增温型地热田。各热储段埋深由西北向东南不断加大，但大多在 3000m 以浅，具有很好的经济开发效益。其最有利的开发位置是凹陷的两侧及凹陷中的凸起部位或者是构造发育部位。主要可分为东营组、沙一二段、沙三段热储。东营组热储分布较广，仅次于馆陶组，受储层岩性和物性变化控制，其富水程度有所差别，热储的温度大部分在 40～60℃；沙一二段热储主要分布在凹陷两侧，大部分热储温度在 50～90℃；沙三段热储同沙一二段热储相似，也主要分布在凹陷两侧，以上段为主，温度在 80～100℃。

东营组热储岩性以粉砂岩为主，有少量的细砂岩。孔隙度一般为 21.1%～31.3%，平均为 25.7%；渗透率一般为 105×10^{-3}～$600\times10^{-3}\mu m^2$，平均为 $209\times10^{-3}\mu m^2$，储层单层厚度较小，一般为 1～3m，最大为 8m 左右。

沙一二段热储以浅灰色砂砾岩、含砾砂岩、不等粒粗砂岩为主。孔隙度一般为 8.2%～26.3%，平均为 18.6%；渗透率一般为 5×10^{-3}～$12763\times10^{-3}\mu m^2$，平均为 $1789\times10^{-3}\mu m^2$。该热储的孔隙度低于东营组热储，但有效孔隙比较多，连通性比较好，所以具有较好的渗透性，是本区最好的热储。

沙三段热储主要岩性为砂砾岩，由于其特殊的成因，物性变化较大，孔隙度最大为 27.2%，最小为 4.4%，平均为 15.7%；渗透率最大为 $105\times10^{-3}\mu m^2$，多数小于 $1\times10^{-3}\mu m^2$，平均为 $26\times10^{-3}\mu m^2$。与东营组和沙一二段热储相比，孔隙度和渗透率均较小。纵向上变化迅速，横向上不稳定，是相对较差的热储。

3.4.4 胜利油田

胜利油田在山东省境内，可供找油找气的勘探区域属于渤海湾盆地，主要有济阳、昌潍、胶莱、临清、鲁西南 5 个拗陷，总面积约 6.53 万 km^2。鲁西北地区是山东省地热资源最丰富的地区之一，总体上为以热传导为主的大地热流作用机制下形成的低、中温地热资源。

鲁西北地区位于山东省西北部，主要跨德州、济南和聊城，为济南都市圈的一部分。从地貌上看，属鲁西北平原；从地质构造上看，包括华北拗陷区山东部分的济阳拗陷和临清拗陷以及鲁西地块的阳谷-齐河凸起。

1. 地温场特征

从胜利油田地层温度随深度的变化(图 3.12)可以发现，该油田的地层温度均较高且随深度增加呈线性增长的趋势。对于胜利油田，当埋深介于 0～1000m 时，地层温度介于 5.2～52.58℃；当埋深介于 1000～2000m 时，地层温度介于 45.10～104.69℃；当埋深介于 2000～3000m 时，地层温度介于 68～127℃；当埋深介于 3000～4000m 时，地层温度主要介于 100～167℃；推测当埋深超过 4000m 时，地层温度可超过 150℃。

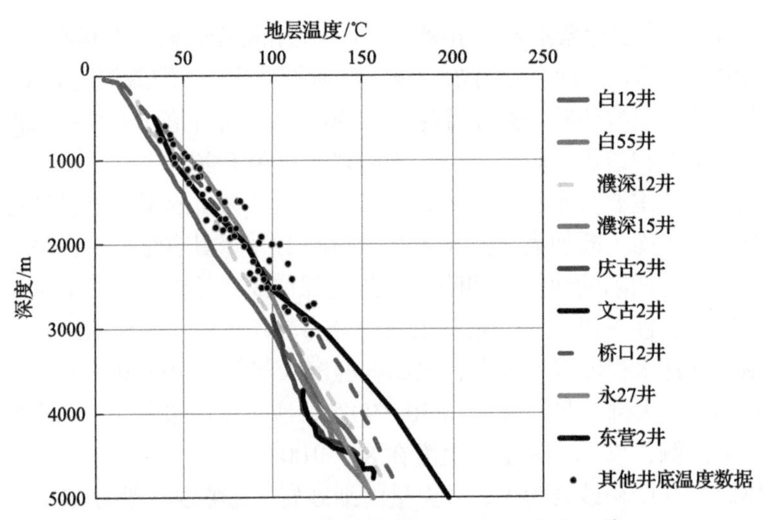

图 3.12　胜利油田钻井深度-地层温度关系图(龚育龄等，2003)

济阳拗陷的平均大地热流值约为 65.8mW/m^2，高于世界的平均大地热流值。济阳拗陷地温梯度变化范围为 3.4～4.2℃/100m(图 3.13)，平均为 3.55℃/100m，大于全球平均值(3.0℃/100m)，地热异常面积为 2.60 万 km^2。根据上述数据和其他特征，济阳拗陷具备形成规模地热藏的潜力。

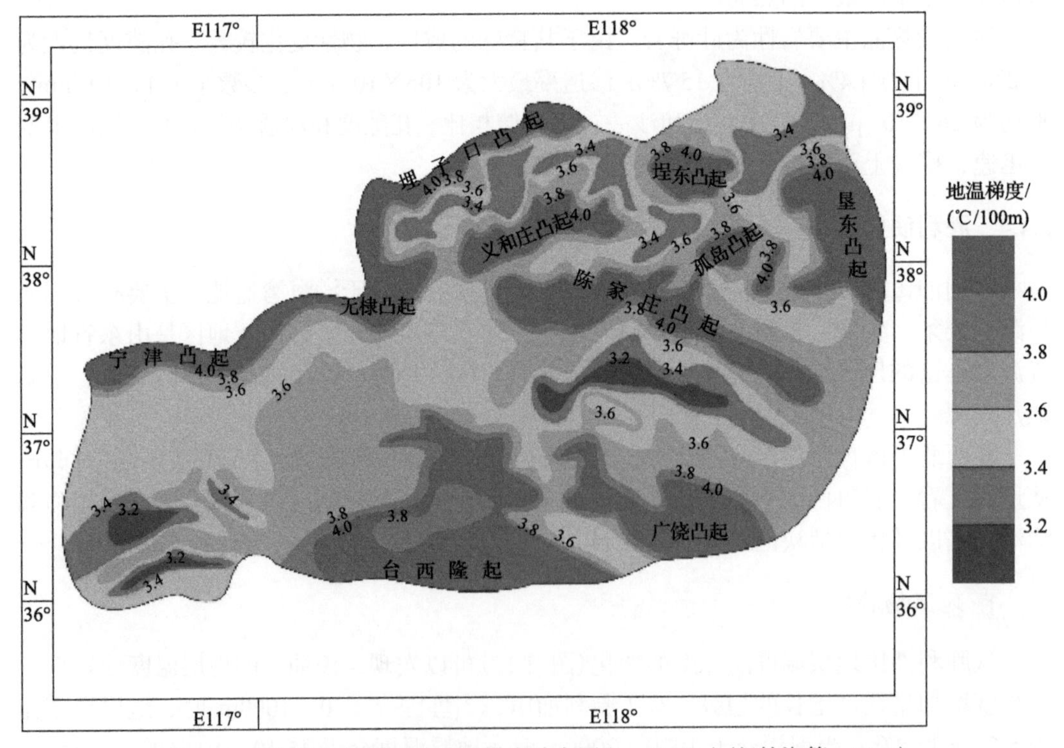

图 3.13　胜利油田济阳拗陷地温梯度分布图(0～3000m)(赵铭海等，2015)

济阳拗陷的地温梯度分布规律主要受凸凹相间的盆地构造控制，呈高低相间展布。高值区分布于基底隆起和低凸起或斜坡带上，义和庄、陈家庄、滨县、青城、广饶等凸起及孤岛地区，地温梯度一般高达3.9℃/100m以上，垦东潜山区地温梯度最高，大于4.0℃/100m。低地温梯度分布区与凹陷区相对应，低值中心基本与凹陷的沉积中心一致，地温梯度一般小于3.4℃/100m，最低处位于惠民凹陷的临邑洼陷，在3.2℃/100m以下。

2. 热储特征

依据地层时代、热储孔隙及空间分布，胜利油田热储系统可划分为新近系明化镇组热储、新近系馆陶组热储、古近系东营组热储、古近系沙河街组热储、古近系孔店组热储、白垩系—侏罗系热储、二叠系—石炭系热储、奥陶系—寒武系碳酸盐岩热储、太古宇泰山群变质岩系块状裂隙热储等9个热储层组。在2000m深度范围内，主要有新近系馆陶组热储、古近系东营组热储和奥陶系—寒武系碳酸盐岩热储3个热储层组。按热储层岩性特征及含水孔隙类型，又可分为古近系—新近系层状裂隙-岩溶型热水储层和寒武系—奥陶系层状裂隙-孔隙型热水储层两个类型。

除了济阳-广饶以南地区和若干凸起高点缺失馆陶组或其下段地层外，整个地区馆陶组基本是连续分布的。在地质剖面中，馆陶组由棕红色泥岩、砂岩和砂砾岩组成，一般具有下粗上细，砂岩下多上少的特点，砂岩层占地层的比值一般为40%～50%。馆陶组顶面埋深一般为800～1200m，局部地区最深为1300m；底面埋深为1000～2000m，其中凸起区为1000～1300m，几个凹陷区的沉积中心为1400～2000m。地层厚度和砂层累积厚度均有由南而北逐渐增厚的趋势。除地区最南部的中段，地层厚度较薄（100～200m），砂层厚度小于50m之外，其他地区地层厚度一般为300～400m。

馆陶组热水层有如下特点：①砂层特别是下部砂砾岩，分布较稳定，孔隙度较高，为25%～35%，是一个良好的热水层；②赋存于砂层中的热水，资源较丰富，除少部分地区之外，单井自流量每日为数百立方米，最大涌水量为1000～3000m^3/d；③水温较高，井深1000～1500m，井口水温为50～60℃，个别的超过75℃，由南向北、由中间向东西两侧逐渐升高；④除局部地段之外，热水矿化度一般不超过4g/L，可以饮用。因此，馆陶组中的热水，无论水量、水质和水温，均宜于直接利用，是本区可供普遍开发的热水层。在取水段1000～1500m深度内单井出水量为30～80m^3/h，以临清拗陷潜凹区富水性最好，埕子口-宁津隆起次之，鲁中隆块区和边缘斜坡带最差。热水水化学类型以Cl-Na型为主，其次为Cl·SO_4-Na型。

东营组主要分布在济阳-临清的拗陷区，在隆起区缺失。上部为灰绿色、灰白色砂岩及泥岩，以砂岩为主；中部为棕红色泥岩、砾岩，以泥岩为主；下部为灰白色、灰绿色细砾岩、细砂岩及泥岩，以砂砾岩为主。上、下部颗粒较粗，中部较细。由于顶部多遭受剥蚀，从凹陷中部向边缘直到凸起部位厚度逐渐减少，剥蚀程度越来越大，缺失地层越来越多。在潜凹盆地中心地带热储层厚度一般为50～150m，热储温度为55～85℃，单井涌水量为50～80m^3/h；在潜凹盆地边缘地带热储层厚度一般小于50m，单井涌水量小于50m^3/h。水化学特征和分布规律与馆陶组相近，但矿化度比馆陶组热储高。

奥陶系—寒武系碳酸盐岩热储主要分布在鲁中隆起区、埕子口-宁津隆起中西部、济阳拗陷和临清拗陷潜凸区，在鲁中隆起区一般隐伏在石炭系—二叠系之下，断拗区一般隐伏在新生界之下。顶界面起伏大，埋深一般为100～1800m，由南向北、由西向东逐渐增大。热储层主要是碳酸盐岩系石灰岩、白云岩类岩溶-裂隙空隙及岩石的古风化壳，岩溶-裂隙发育程度和古风化壳发育厚度具不均匀性。热储取水段在1000～2000m的深度内，水温一般为50～90℃，单井出水量一般为50～1000m^3/d，最高可达3000m^3/d以上。地热水矿化度一般为4～15g/L，水化学类型为SO_4·Cl-Ca·Na型、Cl·SO_4-Na·Ca型或SO_4-Na·Ca型。

3.4.5 中国主要盆地的地温梯度

根据上述分析和讨论，中国沉积盆地主要油田区的地层温度与埋深均有较好的线性正相关关系，且当埋深小于3000m时，温度普遍小于150℃，表明油田区水热型地热资源为典型的传导型中低温地热资源。另外，中国沉积盆地主要油田区的地温梯度与基底起伏形态呈正相关关系，基岩埋藏较浅的地方地温梯度高，基底埋藏较深的地方地温梯度比较低。

Allis等(2015)定义了热储的类型、开发利用的方式等，如图3.14所示。通过研究分析，认为在美国的沉积地层型储层(埋深分布在2000～4000m，地层温度超过150℃以及渗透性较好的储层)有潜力成为地热发电的重要增长点。基于此观点，上述中国沉积盆地主要油田区的热储也具有相应的发电潜力。

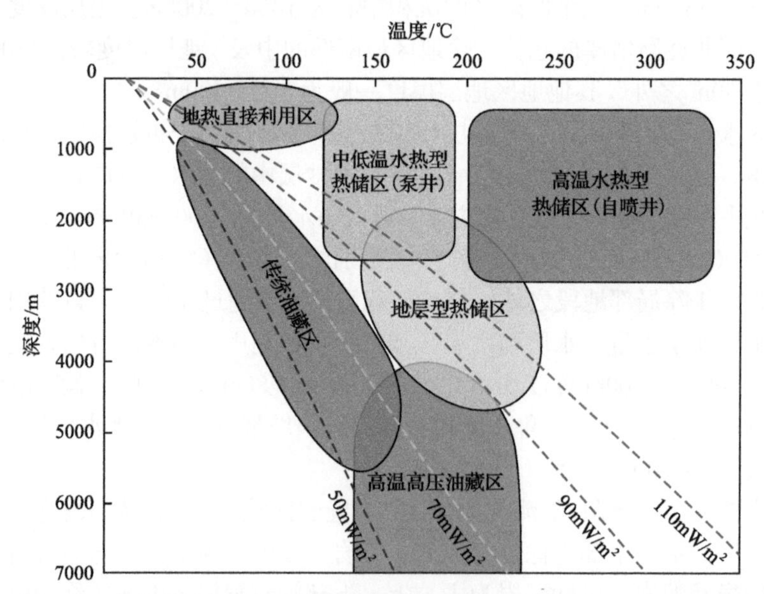

图3.14 典型的油气藏和地热藏在热体制下的对比图版(Allis et al., 2015)

刘昌为(2017)收集了中国七大盆地的地温梯度数据，如表3.2和图3.15所示，通过对比统计可知，东部盆地相较于中西部盆地具有更高的地温梯度，其中松辽盆地具有最高的平均地温梯度，渤海湾盆地次之。这两个盆地的平均地温梯度均大于3.0℃/100m，具有较好的地热场背景，具备形成大规模地热藏的潜力。鄂尔多斯盆地、四川盆地及柴达木盆地部分地区地温梯度超过3.0℃/100m，具备形成小规模地热藏的潜力。

表 3.2　七大盆地地温梯度数据对比统计表(刘昌为，2017)　(单位：℃/100m)

地温梯度	松辽盆地	渤海湾盆地	鄂尔多斯盆地	四川盆地	塔里木盆地	柴达木盆地	准噶尔盆地
最小值	1.4	2.5	2.0	1.6	1.7	1.71	1.16
最大值	5.7	4.0	3.4	3.4	3.2	3.86	2.76
平均值	3.8	3.3	2.93	2.28	2.23±0.3	2.86±0.46	2.13±0.37

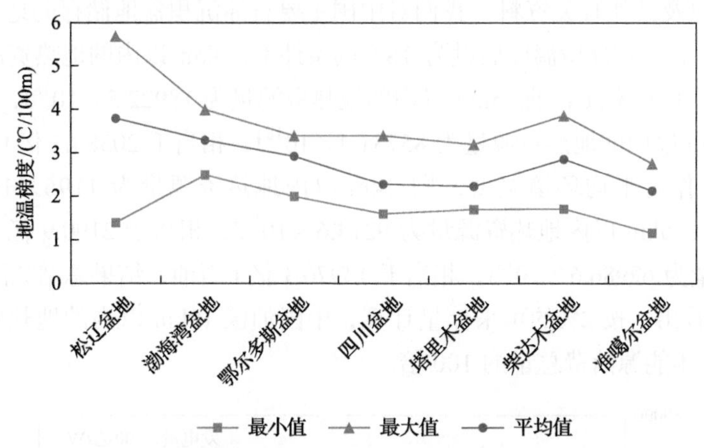

图 3.15　七大盆地地温梯度数据对比统计图(刘昌为，2017)

中国七大盆地的大地热流数据如表 3.3 和图 3.16 所示，东部四个盆地的大地热流值

表 3.3　七大盆地大地热流值数据对比统计表(刘昌为，2017)　(单位：mW/m^2)

大地热流值	松辽盆地	渤海湾盆地	鄂尔多斯盆地	四川盆地	塔里木盆地	柴达木盆地	准噶尔盆地
最小值	34	50	43	35.4	23.2	32.9	23.4
最大值	95	85	70	68.8	65.4	70.4	56.1
平均值	79	64	61.78	53.2	43±8.5	55.1±7.9	42.5±7.4

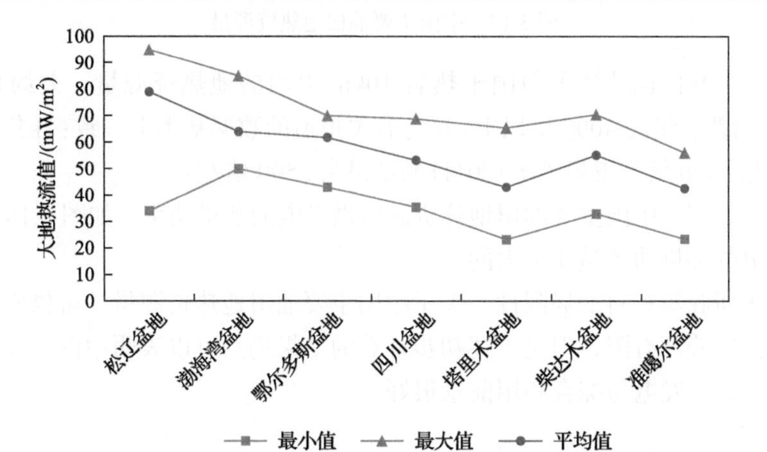

图 3.16　七大盆地大地热流值数据对比统计图(刘昌为，2017)

整体要高于西部三个盆地，其中东部松辽盆地具有最高的平均大地热流值，渤海湾盆地次之，两个盆地的平均热流值均高于世界平均大地热流值 63mW/m²，显示出这两个盆地具有较好的大地热流背景。此外，盆地区的大地热流分布普遍受盆地基底形态的控制，表现为隆起区为相对高值，拗陷区为相对低值。

3.4.6　中国主要油田的地热资源

根据上述以及其他有关资料，我们对中国主要石油沉积盆地储存的地热资源总量进行了初步计算。在平均环境温度假设为 18℃的条件下，3km 以内的地热资源量为 5688.3 $\times 10^{18}$J，相当于 1352 亿 t 石油，5km 以内的地热资源量为 18922.5$\times 10^{18}$J，相当于 4499.2 亿 t 石油；10km 以内的地热资源量为 85731.4$\times 10^{18}$J，相当于 20384.3 亿 t 石油。

若按 30℃作为平均环境温度，则 3km 以内地热资源量为 1196$\times 10^{18}$J，相当于 284.4 亿 t 石油；5km 以内地热资源量为 9214.6$\times 10^{18}$J，相当于 2190.9 亿 t 石油；10km 以内地热资源量为 62986.6$\times 10^{18}$J，相当于 14976.3 亿 t 石油，结果总结如图 3.17 所示。从图 3.17 可以看出，按 2%的可采储量计算，中国油区 10km 以内的地热资源量大约相当于中国 2010 年能源消费总量的 100 倍。

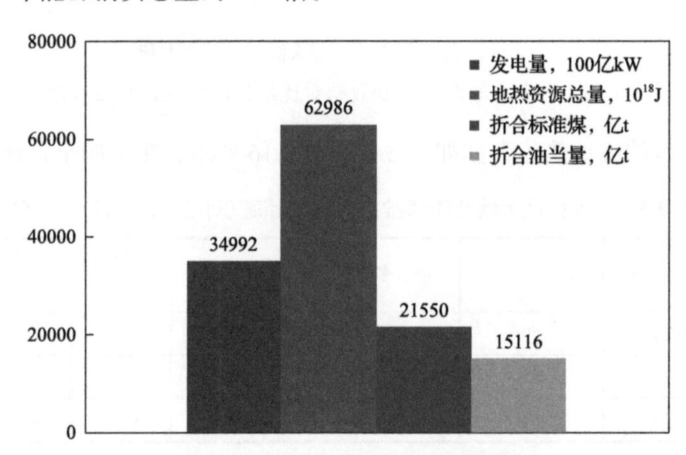

图 3.17　中国主要油田地热资源量

作为对比，我们也计算了中国干热岩 10km 以内的地热资源量，大约相当于中国 2010 年能源消费总量的 4000 倍以上，这与有关报道的数据基本上一致：汪集暘等(2012)的结果大约是 4400 倍，王贵玲等(2011)的结果为 5500 倍左右。

作者等也计算了中国主要油田地热资源可供发电的装机功率，如图 3.18 所示。华北油田可供发电的装机功率是非常大的。

尽管由于所收集资料的局限性，关于中国主要油田地热资源量、可供发电的装机功率这些计算的准确度有限，但是上述初步计算的结果仍然可以表明中国主要油田的地热资源量是巨大的，发电与综合利用前景很好。

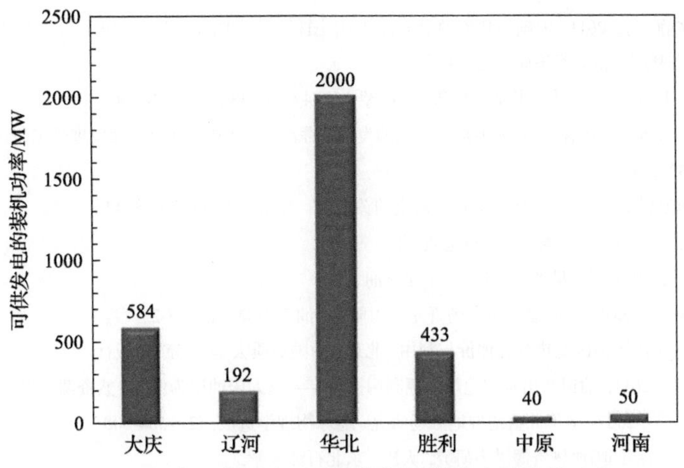

图 3.18　中国主要油田地热资源可供发电的装机功率

3.5　小　　结

本章主要分析和讨论了中国主要油田热储温度的影响因素及其变化规律，中国沉积盆地主要油田的地层温度与埋深均有较好的线性正相关关系，而主要油田的地温梯度与基底起伏形态呈正相关关系，基岩埋藏较浅的地方地温梯度高，基底埋藏较深的地方地温梯度比较低。

本章也提供了中国主要油田的地热资源量以及可供发电的装机容量，本章的有关数据和资料表明中国主要油田的地热资源量是巨大的，发电与综合利用前景很好。

参 考 文 献

常健, 邱楠生, 赵贤正, 等. 2016. 渤海湾盆地冀中拗陷现今地热特征. 地球物理学报, 59(3): 1003-1016.

陈墨香. 1988. 华北地热. 北京: 科学出版社.

陈墨香, 汪集暘. 1994. 中国地热资源. 北京: 科学出版社.

邓春来. 2008. 辽河油田地热资源评价及其配套技术研究. 北京: 中国地质大学(北京).

邓岳飞. 2009. 地下热水补给条件与开采潜力评价. 北京: 中国地质大学(北京).

龚育龄, 王良书, 刘绍文, 等. 2003. 济阳拗陷地温场分布特征. 地球物理学报, (5): 652-658.

韩湘君, 金旭. 2002. 中国东北地区地热资源及热结构分析. 地质与勘探, (1): 74-76.

蒋林, 季建清, 徐芹芹. 2013. 渤海湾盆地应用增强型地热系统(EGS)的地质分析. 地质与勘探, 49(1): 167-178.

李克文. 2011. 利用油气田伴生中低温地热资源发电的可行性研究. 地热能, (1): 25-27.

李克文, 王磊, 毛小平, 等. 2012. 油田伴生地热资源评价与高效开发. 科技导报, (32): 32-41.

林世辉, 龚育龄. 2005. 冀中拗陷现今地温场分布特征. 东华理工学院学报, (4): 359-364.

刘昌为. 2017. 油田区地热资源开发利用技术与方法研究. 北京: 中国地质大学(北京).

邱楠生. 2002. 中国西北部盆地岩石热导率和生热率特征. 地质科学, (2): 196-206.

陶士振, 刘德良. 2000. 郯庐断裂带及邻区地热场特征、温泉形成因素及气体组成. 天然气工业, (6): 42-47, 6.

汪集暘, 等. 2015. 地热学及其应用. 北京: 科学出版社.

汪集暘, 胡圣标, 庞忠和, 等. 2012. 中国大陆干热岩地热资源潜力评估. 科技导报, 30(32): 25-31.

汪集暘, 熊亮萍, 庞忠和. 1993. 中低温对流型地热系统. 北京: 科学出版社.

王贵玲, 刘志明, 蔺文静, 等. 2011. 中国地热资源潜力评估//中国科协, 中国地质学会. 第十三届中国科协年会第十四分会场——地热能开发利用与低碳经济研讨会, 天津.

王俊英. 2012. 辽河油田潜山储层气体钻井适应性研究. 内蒙古石油化工, 38(22): 152-154.

王社教, 闫家泓, 黎民. 2005. 石油行业开展地热能节能的发展前景//全国地热产业可持续发展学术研讨会论文集. 北京: 化学工业出版社: 232-238.

吴乾蕃. 1990. 松辽盆地地温场与油气生成、运移、富集的关系[J]. 石油学报, (1): 9-15, 48.

吴乾蕃, 谢毅真. 1985. 松辽盆地大地热流. 地震地质, (2): 59-64.

伍小雄. 2011. 辽河盆地地热资源定量评价. 大庆: 东北石油大学.

肖卫勇, 王良书, 李华, 等. 2001. 渤海盆地地温场研究. 中国海上油气地质, (2): 18-23.

阎敦实, 于英太. 2000. 京津冀油区地热资源评价与利用. 北京: 中国地质大学(北京)出版社.

翟志伟, 施尚明, 朱焕来. 2011. 油田产出水型地热资源利用探讨——以大庆油田为例. 自然资源学报, 26(3): 382-388.

张鹏, 王良书, 刘绍文, 等. 2007. 南华北盆地群地温场研究. 地球物理学进展, (2): 604-608.

赵国瑞. 2011. 辽河盆地西部凹陷地热资源潜力研究. 大庆: 东北石油大学.

赵铭海, 李晓燕, 宋明水, 等. 2015. 济阳拗陷东营组—馆陶组地热资源评价. 油气地质与采收率, 22(4): 1-5, 13.

赵启双. 2003. 辽河油区难采储量综合评价. 北京: 中国地质大学(北京).

周瑞良, 刘琦胜, 张晶, 等. 1989. 华北断陷盆地牛驼镇基岩高凸起型热田地质特征及其开发前景. 中国地质科学院 562 综合大队集刊: 21-36.

朱焕来. 2011. 松辽盆地北部沉积盆地型地热资源研究. 大庆: 东北石油大学.

Allis R, Gwynn M, Hardwick C, et al. 2015. Will stratigraphic Reservioirs provide the next big increase in U.S. geothermal power generate. Geothermal Resources Council Transactions.

Brennand A W. 1984. A new method for the analysis of static formation temperature test//Proceedings of the 6th New Zealand Geothermal Workshop, Auckland, New Zealand.

Dowdle W L, Cobb W M. 1975. Static formation temperature from well logs-an empirical method. Journal of Petroleum Technology, 27(11): 1326-1330.

Espinosa-Paredes G, Espinosa-Martínez E G. 2009. A feedback-based inverse heat transfer method to estimate unperturbed temperatures in wellbores. Energy Conversion and Management, 50(1): 140-148.

Espinosa-Paredes G, Garcia A, Santoyo E, et al. 2001. TEMLOPI/V. 2: a computer program for estimation of fully transient temperatures in geothermal wells during circulation and shut-in. Computers & Geosciences, 27(3): 327-344.

Hasan A R, Kabir C S. 1994. Static reservoir temperature determination from transient data after mud circulation. SPE Drilling and Completion, 9(1): 17-24.

Kutasov I M, Eppelbaum L V. 2005. Determination of formation temperature from bottom-hole temperature logs—a generalized Horner method. Journal of Geophysics and Engineering, 2(2): 90-96.

Lachenbruch A H, Brewer M C. 1959. Dissipation of the temperature effect of drilling a well in Arctic Alaska. Washington: US Government Printing Office.

Liu C, Li K W, Chen Y, et al. 2016a. Static formation temperature prediction based on bottom hole temperature. Energies, 9(8): 646.

Liu C, Li K W, Chen Y, et al. 2016b. Geothermal gradient in the oilfields in China//Proceedings of the 41st Workshop on Geothermal Reservoir Engineering, Stanford, CA, USA.

Manetti G. 1973. Attainment of temperature equilibrium in holes during drilling. Geothermics, 2(3-4): 94-100.

Steingrimsson B, Gudmundsson A. 2006. Geothermal borehole investigations during and after drilling//Proceedings at Workshop on Decision Makers on Geothermal Projects in Central America, El Salvador: 1-10.

Wang J, Wang J. 1986. Heat flow measurements in Liaohe Basin, North China. Science Bulletin, (10): 686-689.

第 4 章　地热资源评价方法

4.1　前　　言

目前，我国石油等能源资源的供应非常紧缺，而且国际油价波动强烈，这对我国的经济发展及人民生活造成了巨大压力。与此同时，我国乃至世界上许多油田的含水率已经达到或超过 90%，严格来讲这些油田已经不是传统意义上的油田，而是“水田”。如何提高开发这些“油田”的经济效益是摆在我们面前的一个重要课题。化石能源的大量使用造成全球大气中二氧化碳的浓度不断升高，温室效应不断加剧，使人类的居住环境受到严重的威胁，如何解决这一问题是目前国际上面临的一个重大挑战。

地热作为一种可再生的绿色能源是解决上述环境以及化石能源消耗问题的重要途径之一。我国许多油气田具有丰富的伴生和非伴生(常规)中低温地热资源，但大部分还没有有效开发和利用。油田中低温地热资源的高效开发和利用，尤其是地热发电，将有助于缓解石油供应的紧张局面，也有利于二氧化碳的减排；不仅具有经济效益，而且有利于改善环境，具有重要的社会效益。

地热资源计算一般是针对热储中储存的地热能和地热流体，计算其储存的热量(J)和地热流体量(m^3)，并根据勘查程度、经济价值不同，确定地热资源在不同勘查时期的基础资源量。

地热资源量的确定十分重要，例如，热储可供地热发电的功率为 100MW，由于地热资源量的评价不准确或其他原因使得实际安装的功率只有 20MW，这无疑会造成不必要的地热资源浪费。反之，如果热储可供发电的功率只有 20MW，而实际安装的功率为 100MW，这也会造成不必要的投资浪费或者地热发电站不能持续稳定地运行。因此地热资源量的确定对地热发电工程是否可行及其是否具有经济效益有重要影响。

然而，地热资源储量评价与石油、煤炭等矿产资源的储量评价有明显的不同。评价地热资源量的主要困难在于无法准确确定热储的几何边界，即使确定了热储的几何边界，边界内外仍然有地热能的交换，目前对这一部分地热能评价和计算仍有许多争论。目前评价地热资源的主要方法有热储体积法、热储体积法的改进方法、地表热流量法、类比法、岩浆热平衡法。本章首先介绍这些方法，然后对这些方法进行比较，为地热资源评价提供支撑。

4.2　地热资源的计算与评价方法

目前国内外对地热资源分类与评价的方法主要是依据热储的温度、地热水矿化度及埋深等参数。实际上，地热资源可按多种方式分类。按地热资源的赋存状态可分为水热型(可进一步划分为蒸汽型和热水型地热资源)、油区地热型、地压型和油气伴生地热资源；按成因可分为现(近)代火山型、岩浆型、断裂型、断陷盆地型和凹陷盆地型等；按温度可分为高温、中温和低温地热资源，其中大于 150℃的高温地热资源带主要出现在地壳表层各大板块的边缘，如板块的碰撞带、板块开裂部位和现代裂谷带，小于 150℃的中、低温地热资源则分布于板块内部的活动断裂带、断陷谷和凹陷盆地地区。

根据地热能赋存埋深和温度，地热资源可分为三类：浅层地热资源、水热型地热资源及增强型地热资源(干热岩地热资源)。浅层地热资源是指蕴藏于地表一定深度(一般小于 200m)范围内岩土体、地下水和地表水的热能，主要通过热泵进行利用；水热型地热资源是指蕴藏于地下水中，通过天然通道或人工钻井进行开采利用的地热能；干热岩地热资源是指埋深 3000m、温度大于 200℃，内部不存在流体或仅有少量地下流体的有较大经济开发价值的热储岩体。

对于浅层地热资源的评价和有关研究比较多，但是，对于中深层地热资源(水热型地热资源和干热岩地热资源)的评价比较少。不过，近几年的有关研究大幅度增加。对于水热型和干热岩地热资源的种类和品质还可以进一步细分，如图 4.1 所示。水热型热储可以根据孔渗条件分为有水优储和有水差储；干热岩热储可以分为无水优储、无水差储和无水无储。

可以看出随着深度的增加，虽然储层的温度增高，但是储层孔渗条件变差，开发难度增加。因此“温度高、水源充足、储层孔渗条件好”三个要素同时具备的地热系统才是有利于地热开发的“甜点”区。

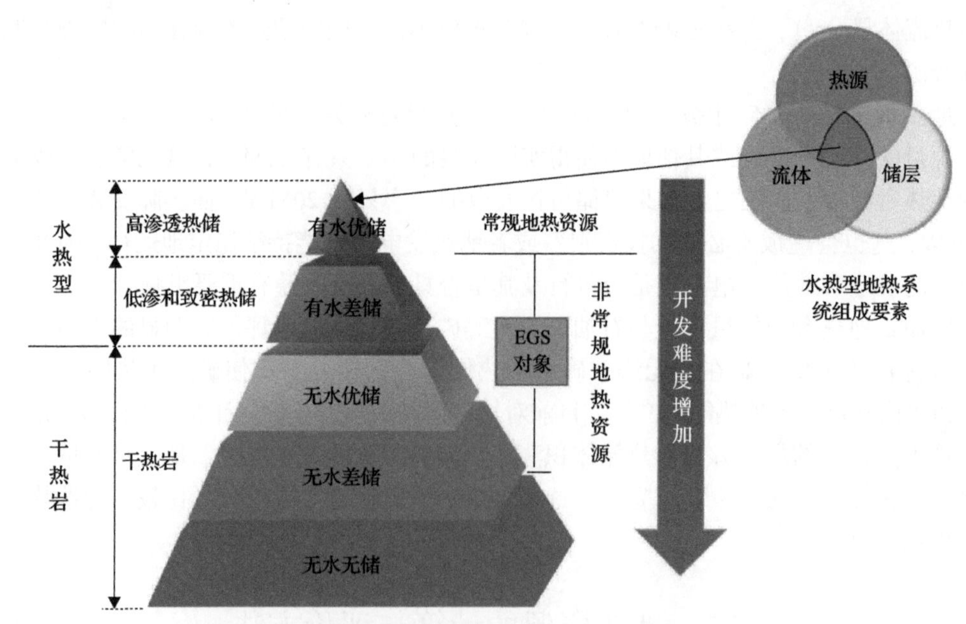

图 4.1　中深层地热资源品质的评价(何治亮等，2020)

在过去的几十年内，很多专家学者针对地热资源的资源量及其分布情况展开了相关研究，提出了相应的地热资源评价方法，下面对一些常用的方法进行分析和讨论。

4.2.1　地热资源量计算

1. 地热资源量的计算方法

目前地热资源量计算方法主要有热储体积法[《地热资源评价方法及估算规程》(DZ/T 0331—2020)简称为热储法]、地表热流量法、自然放热量推算法、水热均衡法、岩浆热平衡法、美国地质调查局方法，以下分别对这些方法进行简要介绍与分析。

1)热储体积法

热储体积法是国内外广泛使用的一种方法，所计算的热量为体积热，即在一定体积的岩石中所包含的热量。在实际应用中，可以根据地质性质把地层按一定的深度间隔分为一系列层系，再分别计算不同层系的地热资源量并求和，即可得到一定区域范围、一定深度内的总地热资源量。下面对不同地质条件下的热储体积法进行分析和讨论。

热储体积法分为常规地热田方法和油田伴生地热田方法。根据《地热资源评价方法及估算规程》(DZ/T 0331—2020)，适用于常规地热田的地热资源潜力的计算公式为

$$Q = Q_{\mathrm{r}} + Q_{\mathrm{W}} \tag{4.1}$$

$$Q_{\mathrm{r}} = AM\rho_{\mathrm{r}}C_{\mathrm{r}}(1-\phi)(T_{\mathrm{r}} - T_0) \tag{4.2}$$

$$Q_{\mathrm{L}} = Q_1 + Q_2 \tag{4.3}$$

$$Q_1 = A\phi M \tag{4.4}$$

$$Q_2 = ASH \tag{4.5}$$

$$Q_{\mathrm{W}} = Q_{\mathrm{L}}\rho_{\mathrm{W}}C_{\mathrm{W}}(T_{\mathrm{r}} - T_0) \tag{4.6}$$

式中，Q 为热储中储存的热量，J；Q_{r} 为岩石中储存的热量，J；Q_{W} 为水中储存的热量，J；Q_{L} 为热储中储存的水量，m^3；Q_1 为截至计算时刻，热储孔隙中热水的静储量，m^3；Q_2 为水位降低到目前取水能力极限深度时，热储释放的水量，m^3；A 为计算区面积，m^2；M 为热储层厚度，m；ρ_{r} 为热储岩石密度，$\mathrm{kg/m^3}$；C_{r} 为热储岩石比热容，J/(kg·K)；ϕ 为热储岩石的孔隙度；T_{r} 为热储温度，℃；T_0 为当地年平均气温，℃；ρ_{W} 为地热水密度，$\mathrm{kg/m^3}$；S 为弹性释水系数；H 为计算热储起始点以上水头高度，m；C_{W} 为水的比热容，J/(kg·K)。

热储体积法的适用性比较广，不但适用于非火山型地热资源量的计算，而且适用于与近期火山活动有关的地热资源量计算。不仅适用于孔隙型热储，而且适用于裂隙型热储。凡条件具备的地方，大都采用这种方法。

热储体积法看上去很容易，计算公式很简单，计算过程也不复杂。但是，实际上的难度相当大，主要原因有：①所需参数难以确定、获取；②非均质性严重，不同区块岩石、流体的特征参数不同，如焓值、热导率、温度与压力等参数；③裂缝、断层等地质特征难以准确描述，更难以估计有关参数，如裂缝的长度、宽度、是否闭合；④取样点

很少；⑤边界条件以及目标区域和周围的热交换情况难以甚至无法确定。

下面以花岗岩体(1km³)的地热资源量的计算为例说明热储体积法的应用过程，并了解干热岩所具有的地热能的丰富程度(图 4.2)。

图 4.2 花岗岩体(1km³)的地热资源量(Petty et al.，2013)

花岗岩的比热容大约为 1.25×10^{3}J/(kg·K)，密度为 3.0×10^{3}kg/m³，假设其初始温度为 200℃，如果将其温度降低 10℃，则 1km³ 花岗岩体的地热资源量可达 3.75×10^{16}J，可发电 1.04×10^{9}kW·h(发电效率按 10%计算)，相当于 14.06 万 t 标准煤、8.96 万 t 石油。如果将其温度降低 100℃，则 1km³ 花岗岩体的地热资源量可达 3.75×10^{17}J，可发电 1.042×10^{10}kW·h(发电效率按 10%计算)，相当于 140.6 万 t 标准煤、89.6 万 t 石油。

由上述数据可以看出，干热岩的地热能密度是十分可观的，而且和煤炭、石油相比，这样的地热能是清洁能源，其开发利用对于我国目前的碳达峰、碳中和政策的实现非常有利。

2) 地表热流量法

地表热流量法是根据地热田地表散发的热量估算地热资源储量，宜在勘查程度低、无法使用热储体积法的情况下使用。根据《地热资源评价方法及估算规程》(DZ/T 0331—2020)，地热资源量计算公式如下：

$$Q = \Phi t = (\Phi_1 + \Phi_2)t \tag{4.7}$$

式中，Q 为一定时间段内地热田散发的热量，J；Φ 为单位时间地热田散发的热量，W；t 为计算时间段，s；Φ_1 为单位时间通过岩石传导散发到空气中的热量，W；Φ_2 为单位时间温泉、热泉和喷气孔等散发的热量，W。

3) 自然放热量推算法

在天然状态下，地球内部的热量通过热传导、对流并以温泉、喷气孔等形式释放的热量称为自然放热量。以地表测量获得的放热量来推算地下储藏的热量，假定地下热量与自然放热量有成正比的倍数关系，一般从几倍到 1000 倍。这种方法比较粗略，但在进行地热资源规划时，仍不失为一种可用的方法。《地热资源评价方法》(DZ 40—85)规定用 10 倍，不仅在热量中计算了传导热和流体中的热量，还加入了喷气孔的热量、河流及温泉等形式的热量。计算公式如下：

$$\Phi_z = \Phi_d + \Phi_k + \Phi_h + \Phi_g + \Phi_p \tag{4.8}$$

式中，Φ_z 为计算区的总放热量，J/s；Φ_d 为从热传导求出的放热量，J/s；Φ_k 为从喷气孔求出的放热量，J/s；Φ_h 为从河流求出的放热量(应扣除温泉水流入河中的流量)，J/s；Φ_g 为从温泉求出的放热量，J/s；Φ_p 为从冒气地面求出的放热量，J/s。

式(4.8)完整地表示了一个地热区所要测量的内容，但一个地热区不一定都具有式(4.8)所表达的内容，因此，应该是有几项就测量几项。

放热量调查的内容和方法比较多，如对温泉、温泉河、热水塘、冒气地面和喷气孔等有不同的测量方法。此外，可以通过测温和岩石的热导率计算热流量，利用红外线温度测量地表温度计算热异常区的放热量，利用降雪测定放热量等。关于常见的温泉和河流的放热量调查方法如下。

温泉的放热量按式(4.9)计算：

$$\Phi = q_v C_w \rho_w (T_1 - T_0) \tag{4.9}$$

式中，Φ 为温泉的放热量，J/s；q_v 为温泉的流量，L/s；C_w 为温泉水的比热容，J/(kg·℃)；ρ_w 为温泉水的密度，kg/L；T_1、T_0 为温泉水的温度和非热异常区恒温层的温度，℃。

当温泉从河底涌出，不能直接测量放热量时，可在温泉出露点的上游和下游布置测线，分别测出河流上、下游的流量与水温，二者的放热量就是温泉的放热量，按式(4.10)计算：

$$\Phi = \rho_{w2} C_{w2} q_{v2} T_2 - \rho_{w1} C_{w1} q_{v1} T_1 - \rho_{w0} C_{w0} (q_{v2} - q_{v1}) T_0 \tag{4.10}$$

式中，Φ 为河流的放热量，J/s；ρ_{w1}、ρ_{w2}、ρ_{w0} 为上、下游及附近恒温层水的密度，kg/L；C_{w1}、C_{w2}、C_{w0} 为上、下游及附近恒温层水的比热容，J/(kg·℃)；q_{v1}、q_{v2} 为上、下游水的流量，L/s；T_1、T_2、T_0 为上、下游及附近恒温层的水温，℃。

实测某一地区各种形式的天然放热量不是一件容易的事。因此，在有些情况下采取测定地热水中氯离子的排出量来估算天然放热量。地面的全部天然放热量几乎都是由对流系统深部上升的地热流体带上来的热量。传导传热的热量几乎可以忽略不计。若知道热流体的流量和温度，就可以估计出排放热能的总量。用氯根焓图解法求出深部流体的温度及其氯根的浓度，而在地面测定氯根的排放量，两者氯根量的相除，即可得出为维持地面天然放热量，深部流体在单位时间内应该上升的总量，并按深部流体的温度进一步算出放热量。实践证明，这样得出的天然放热量只能代表开发地热时的最低产热率。通常还应乘以一个倍数，才能得到开采地热能的合理产率。这个倍数，有人主张 4～10 倍，也有人主张 10～100 倍，所以只是一个估计数。为了更简便地评价地热资源与天然放热量的相关性，日本有人采用“水量补给法”估算水热系统地热资源，即

$$\dot{V} = A \cdot U \cdot n \tag{4.11}$$

式中，$\dot{V}$ 为地热流体的年产率；A 为水热系统所在盆地的面积；U 为当年平均降水量；n 为年排放热流体的量与降水总量之比，一般为 0.10～0.33。

4) 水热均衡法

水热均衡法主要通过一汇水区(热水盆地或山间盆地)内的水、热均衡计算，了解地下深部水、热储存量和汇水区外水热补给情况。这种方法对山区裂隙水、山间盆地比较适用。

①水均衡法

汇水区水的流入量有：降水量 q_{vs}、深部的热水量及地下水补给量 q_{vr}。

汇水区水的流出量有：温泉水量 q_{vq}、河水流出量 q_{vh} 以及实际蒸发量 q_{vz}。
有式(4.12)的关系：

$$q_{vs} + q_{vr} = q_{vq} + q_{vh} + q_{vz} \tag{4.12}$$

即

$$q_{vr} = q_{vq} + q_{vh} + q_{vz} - q_{vs} \tag{4.13}$$

式(4.12)各物理参数的量纲均为 m^3/a。

②热均衡法

汇水区内的热流入量有：阳光照射量 Φ_y；大地热流量 Φ_d；热异常区热储存量 Φ_r。

汇水区内的热流出量有：向大气散发的热量 Φ_f；温泉等热显示点的放热量 Φ_q。
有式(4.14)的关系：

$$\Phi_y + \Phi_d + \Phi_r = \Phi_f + \Phi_q \tag{4.14}$$

即

$$\Phi_r = \Phi_f + \Phi_q - \Phi_y - \Phi_d \tag{4.15}$$

式(4.14)各项的量纲均为 J/a。

水热均衡法是建立在长期动态观测的基础上的，特别是在山区，热储厚度、分布及有关参数都不清楚的情况下可以使用此方法。

5) 岩浆热平衡法

岩浆热平衡法主要是针对干热岩地热资源的评价，以年轻的火成岩体为对象。在火山活动区，岩浆间歇性地向上运移到上地壳，大部分岩浆通过上地壳喷发到地表成为喷出岩，而部分岩浆则停留在上地壳成为侵入岩。侵入岩不仅能作为上覆地热系统的热源，其本身也能作为勘探和开发的对象。因此，年轻火成岩侵入体的数量、尺寸、位置、年龄与冷却史等参数可以用于估算一定区域范围内的地热资源量。

美国地质调查局采用这种方法评估了西部 10 个年轻火山系统的岩浆热储。其模式是：某一火成岩体从某一给定时间开始(假定最后一次喷发或侵入发生于某一时间，使岩浆的顶部顷刻间升至距地表百公里处)，初始温度为850℃，按传导传输机制冷却到某一温度，所采岩浆的热量多少取决于岩浆的侵入年代、岩浆体分布面积、厚度、深度和形状等因素。计算方法是先估算出岩浆体初始含有的总热量($Q_{总}$)减去自侵入以来逸出的热量($Q_{逸}$)，则现在储存在岩浆体内的热量为

$$Q_{存} = Q_{总} - Q_{逸} \tag{4.16}$$

岩浆体初始含有的总热量可用式(4.17)计算：

$$Q_{总} = V \cdot \rho \cdot [C \cdot (T_o - T_r)] + H \tag{4.17}$$

式中，ρ为岩浆密度，取平均值2.5g/cm^2；C为岩浆比热容，取平均值0.3cal/(g·℃)；T_o为岩浆温度，按酸性岩浆取850℃；T_r为参考温度，按10km处正常地温300℃；H为岩浆结晶潜热，以65cal/g计算；V为岩浆体积，根据面积乘以厚度计算。

在传热机制和岩体状况已定的情况下，$Q_{逸}$的计算仅取决于开始冷却以来的时间。这个时间可从最后一次喷出岩的同位素年龄来判断，而岩浆体侵入后会使围岩增温，最终达到稳定状态。

6)美国地质调查局方法

美国地质调查局方法是将热储体积法和蒙特卡罗模拟结合的一种地热资源评价方法，常常用来提供一个地热系统可能的发电量。该方法由各参数概率密度函数的结合组成，来获得热储地热资源量概率密度的分布函数和潜在的发电量。

正确利用该方法的关键是热储参数概率分布的确定，在每个开采阶段所获得的数据可以用来进一步修正热储的参数和发电量，通常这些参数是基于其他的热储数据而确定的。因此，指定热储参数时应利用实际的现场数据。

在早期的开发阶段，重要的热储参数仅仅是初步的估计，即用热储体积法和蒙特卡罗模拟计算的可能发电量不是很准确，具体时间分布较广。随着地热勘探开发的不断深入，热储的参数开始得到修正(如缩短参数的分布区间)，因而可以得到更准确的发电量，其数据的概率分布也更窄。

7)其他方法

①类比法

类比法又称比拟法，即利用已知地热田的地热资源量，去推算地热地质条件相似的地热田的地热资源量。

类比法是一种较简便、粗略的地热资源评价方法，先根据已经开发的地热系统生产能力，估计出单位面积的生产能力，然后把未开发的地热地区与之类比。这种方法要求地质环境类似，地下温度和渗透率等储层流体参数也类似。日本、新西兰等国家都采用过类比法评价新的地热开发区，效果比较好。然而类比法要求测出地热田的面积，也要求知道热储的温度，在没有钻孔实测温度的情况下，可用地热温标计算出热储温度。

类比法求得的资源量准确与否，主要取决于类比条件和标准区的选取。采用面积丰度来类比，计算公式为

$$Q=\sum_{i=1}^{n}(A_i\times\varepsilon_i\times\alpha_i) \tag{4.18}$$

式中，Q 为预测区热储中储存的热量，J；A_i 为预测区热储面积，m^2；ε_i 为类比标准区地热资源丰度，J/m^2；α_i 为类比相似系数。

类比相似系数根据式(4.19)计算：

$$\alpha_i=\frac{\text{预测区总分}}{\text{标准区总分}} \tag{4.19}$$

②水文地质学计算法

水文地质学计算法如静储量、动储量、弹性储量等都可用来进行地热资源评价，但其计算结果应该换算成热量。该方法未考虑热储岩石的热量，计算结果显著偏小。

早期较正规的地热资源勘查项目基本执行了《地热资源评价方法》(DZ 40—85)规定的方法，采用热储体积法计算地下热能，按回采率计算可采资源量。地热水资源量的确定，主要借用浅部地下水稳定流和非稳定流计算方法，计算结果往往同实际出入较大。

③统计模拟法(蒙特卡罗法)

通过建立地热仿真模型可以更加准确地估算目标地热田的体积，但前提条件是需要获得较为具体的地热田资料，且这一方法仅能用于已经开始开发的储层，并不适用于整个国家或者大面积区块的地热潜力评估(Stefansson，2005)。

蒙特卡罗法即所谓的统计模拟法，是利用多种分布不同的随机变量的抽样序列模拟给定问题的概率统计模型，得出问题数值解的近似统计值。以热储体积法的计算公式来说明蒙特卡罗法的基本原理。根据《地热资源评价方法》(DZ 40—85)，适用于常规地热田的地热资源量的计算公式见式(4.20)～式(4.22)：

$$Q_R=CAM(T_r-T_o) \tag{4.20}$$

$$C=\rho_r C_r(1-\phi)+\rho_w C_w\phi \tag{4.21}$$

$$Q_R=AM\left[\rho_r C_r(1-\phi)+\rho_w C_w\phi\right](T_r-T_o) \tag{4.22}$$

式中，Q_R 为地热资源量；A 为区块面积；M 为热储层厚度，应利用钻孔直接资料，并考虑地热田内热储厚度变化特征取平均值或分区给出；ϕ 为岩石孔隙度，应综合考虑物探钻井的实测数据及岩心实验室的测试数据；T_r 为热储平均温度，应尽量选用井温测量的实测数据；T_o 为基准温度，应选用热泵技术可达到的最低温度；ρ_r 为岩石的密度；C_r 为岩石的比热容，应综合考虑物探测井和岩心实验室测试结果；ρ_w 为水的密度；C_w 为水的比热容；C 为热储岩石和水的平均比热容。

式(4.20)的右端除了计算区域面积 A 外，其他 3 个参数都是独立的随机变量。针对任意随机的变量如热储层厚度 M，将测量值按由大到小的顺序排列开来，利用式(4.23)可求得大于等于某一实测值的频率 P：

$$P = \frac{m}{n+1} \tag{4.23}$$

式中，m 为大于等于实测热储层厚度的数据个数；n 为实测数据总数。

画出热储层厚度和频率的关系曲线(简称频率曲线)，据频率曲线可给出一定频率下的热储层厚度样本值。同样原理可求得其他两个随机变量一定频率下的样本值，代入式(4.20)后可得到地热资源量。如每个随机变量有 N 个样本值，则可给出 $3N$ 资源量，绘出资源量的频率曲线。蒙特卡罗法求得的资源量样本一般都近似为正态分布，其频率曲线必然存在拐点，相应的频率为 0～5，相对应的地热资源量为期望值，即这一数值出现的机会最大。

2. 地热可采资源量的计算

地热可采资源量是在当前开采经济技术条件下，能从热储中开采出来的那部分地热流体中携带的、可被经济利用的热量。可采系数是指可采资源量占地质资源量的比例，是地质资源量换算成可采资源量的关键参数。可采系数的大小，取决于热储岩性、孔隙裂隙发育情况及补给情况，在有补给情况下取大值，在无补给情况下取小值。根据《地热资源评价方法及估算规程》(DZ/T 0331—2020)，对于孔隙型层状热储层，可采系数取值为 0.0003～0.0005/a；对于岩溶型层状热储层，取值约为 0.0005/a；对于裂隙型层状热储层，取值为 0.0001～0.0002/a。

地热可采资源量受控的因素有很多，如热储类型、埋深、压力、岩性特征等，受控因素不同，地热可采资源量就不同。地热资源开发利用技术的提高也可能改变地热可采资源量。如提水设备能力的提高、换热能力的提高，都有可能增加地热可采资源量。另外，地热资源开发利用可能产生的环境和地质灾害问题有可能在一定程度上控制地热可采资源量。可见地热可采资源量是一个受控因素很多、不确定性较大的参数。

4.2.2　地热水资源计算

地热资源的埋藏通常较深，均需通过一定的流体把热量从地下带上来，地下水是地热能最好的载体。因此，在计算地热资源时必须先计算地热水的资源量。地热水与浅部地下水有着相似的储存特征和水动力特征，因此可借鉴地下水资源计算方法来计算地热水资源。

1. 地热水储存量的计算

地热水储存量的计算一般采用静储量法，即认为储层岩石中折算到地面的热水储量等于岩石中的孔隙体积加上可膨胀的体积，没有考虑储层流入或者流出的水量，计算公式如下：

$$V_{总} = M \cdot A \cdot \phi + B \cdot \Delta h \cdot A \tag{4.24}$$

这一方法考虑了热储层段内地热水的体积存储量和弹性存储量，该公式中地热田面积 A、热储层厚度 M 和孔隙度 ϕ 可按钻探、测井、实验室测试资料获取，Δh 为热储层顶

板算起的水头高度，B 为弹性释水系数，其计算公式为

$$B = \rho_w \left[\phi\alpha_w + (1-\phi)\alpha_r\right]M \tag{4.25}$$

式中，ρ_w 为地热流体的密度；α_w 为流体的压缩系数；α_r 为热储岩石的压缩系数；ϕ 为热储孔隙度。

该计算方法理论上是合理的，同时应有较强的区域可比性，公式中的弹性释水系数应该与热储层中各含水段的可压缩性能有关，不同含水岩组的承受压力降低时能释放出的水量也是不同的。深部地下热水承受的压力要比浅部地下水承受的压力大很多，其弹性释放量也较浅部地下水大。

2. 地热水可采资源量计算

地热水可采资源量与地热能可采量一样，是一个受控因素很多，可变性极大的量，同时也是地热资源计算中非常重要的参数，一般情况下可采用传统的地下水资源计算方法。

1）解析解法

在勘查程度比较低，可用资料比较少时，可采用解析解法估算地热井或地热田的地热流体可开采量。当热储可概化为均质、各向同性、等厚、各处初始压力相等的无限（或存在直线边界）的承压含水层时，可采用非稳定流泰斯（Theis）公式计算单井的开采量、水位（压力）随开采时间的变化，从而计算出在给定的压力允许下降值下地热流体的可开采量，对单井的地热资源进行评价。根据《地热资源评价方法及估算规程》（DZ/T 0331—2020），地热流体可开采热量可用式（4.26）计算：

$$Q_{wt} = \dot{V}_{wk} C_w \rho_w (T_r - T_0) \tag{4.26}$$

式中，Q_{wt} 为地热流体可开采热量，kJ/a；$\dot{V}_{wk}$ 为地热流体可开采量，m^3/a；C_w 为地热流体的比热容，J/(kg·K)；ρ_w 为地热流体的密度，kg/m^3；T_r 为热储温度，℃；T_0 为恒温层温度，℃。

2）统计分析法

对于具有多年动态监测资料的地热田，可用统计分析法建立统计模型预测地热田在定（变）量开采条件下压力（水位）的变化趋势，并确定一定降深或者降压条件下地热流体的可开采量，可采用相关分析、回归分析、时间序列分析等统计分析法。

3）补给量计算法

首先将地热田内热储层概念化，使其基本符合稳定流计算要求，然后计算地热田内水位下降到一定程度可获得的径流补给量，将其视为地热水可采资源量，采用达西公式计算。该方法应基本掌握地热水补排方向，设立合理的径流补给断面。

4）比拟法（类比法）

比拟法又称类比法，即利用已知地热田的地热水可采资源量推算地热地质条件相似

的地热田的地热水可采资源量，或者用同一地热田内已知地热水可采资源量的部分来推算其他部分的地热水可采资源量。与地热地质条件相似的已采地热田进行比拟，选取适当的比例系数，估算目标区块地热水可采资源量。比拟法应是在地热的储藏、分布条件相似的两者之间进行的，尤其要注意储层的温度是否基本相同，否则比拟的结果与实际情况可能会存在很大的差异。

5) 经验系数法

即开采系数法，地热远景区采用开采系数法。开采系数的大小，取决于热储岩性、孔隙裂隙发育情况及补给情况，在有补给情况下取大值，在无补给情况下取小值。地热流体可开采量的计算公式如下：

$$\dot{V}_{wk} = V_{ws}X \tag{4.27}$$

式中，$\dot{V}_{wk}$ 为地热流体可开采量，m^3/a；V_{ws} 为地热流体存储量，m^3；X 为开采系数，对于孔隙型层状热储层，开采系数取值为 0.0003～0.0005/a；对于岩溶型层状热储层，取值约为 0.0005/a；对于裂隙型层状热储层，取值为 0.0001～0.0002/a。

6) 动态分析法

利用已有的动态观测资料，分析地热开采区内地热水开采量与水位下降的关系，大致确定每下降 1m 的热水可采量，进而推测最大可能降深时的地热水可采资源量及可采年限，以此作为地热田地热资源评价的依据。该方法适用于已开发利用的地热田，得到的结果通常比较接近实际数据。

7) 数值解法

在地热田勘查程度比较高，并且有一定时期的开采历史，具有比较齐全的监测资料和一定的生产资料时，可以建立地热田的数值模型，用来计算/评价地热资源储量，并作为地热田管理的手段和工具。数值模型的求解方法主要包括有限差分法、有限单元法和边界元法等。在建立概念模型和数值模拟模型之前，应查明研究区的地质构造，掌握热储和盖层的岩性、空间分布，掌握地热水的补给条件、水动力特征，掌握地热田内温度的分布和变化规律，分析地热系统的热源及热传递方式。同时收集地热试井、回灌试验资料，掌握热储的渗透率、孔隙度、贮水系数等参数，测量热储和盖层的热导率、密度、比热容等参数。收集地热田的监测资料，包括地热田的开发历史、开采量，开采井和专门监测井的压力、温度和水化学变化情况。有关数值模拟的步骤和方法在本书的第 5 章有比较详细的介绍，这里就不再重复。

4.2.3　地热资源评价方法的优缺点分析

地热资源量的确定无疑十分重要，不同类型的地热资源可以采用相同的评价方法，如热储体积法(适用性比较广的方法)，也可能需要采用不同的评价方法，具体问题具体分析。常见的几种地热资源评价方法见表 4.1。

表 4.1　不同类型的地热资源评价方法

地热资源类型	评价方法
浅层地温资源评价方法	《浅层地温能勘察评价规范》(DZ/T 0225—2009)采用热储体积法计算热容量，再根据计算区可利用温度差评价该地区的浅层地温潜力资源
沉积盆地型地热资源评价方法	《地热资源评价方法及估算规程》(DZ/T 0331—2020)依据勘察阶段和勘察研究程度的不同，选择采用热储体积法、解析解法、类比法、数值解法和生产试验法等
隆起山地型地热资源评价方法	《地热资源评价方法及估算规程》(DZ/T 0331—2020)，依据勘察阶段和勘察研究程度的不同，选择采用热储体积法、解析解法、类比法、数值解法和生产试验法等
传导型地温资源评价方法	热储资源估算主要采取热储体积法估算
干热岩资源评价方法	采取热储体积法估算我国陆地地区干热岩资源储量估算

总体来说，地热资源量的计算方法比较多，常用的主要有热储体积法、地表热流量法、平面裂隙法、类比法及岩浆热平衡法，这些评价方法的优缺点见表 4.2。

表 4.2　地热资源评价方法的优缺点比较

方法	所需数据	优点	缺点
热储体积法	储层面积、厚度，平均比热容，温度	可适用于任何地质条件，计算所需的参数原则上可以实测或估计出来	结果可能偏低
地表热流量法	天然放热量，已开发地热田热产量	较接近合理数量，稳定	只适用于已有地热开发的地区
自然放热量推算法	地表测量获得的放热量	比较好地表达了一个地热区所要测量的内容	假定地下热量与自然放热量有成正比的倍数关系，这种方法比较粗略
水热均衡法	汇水区内水的流入量，汇水区内热水的流入量	建立在长期动态观测的基础上，特别是在山区，热储厚度、分布及有关参数都不清楚的情况下都可以使用	这种方法对山区裂隙水、山间盆地比较适用，适用范围小
平面裂隙法	平面裂隙模型	模型简单	地质条件要求非常特殊，无普适性
类比法	已开发地热系统生产能力	计算简便	结果粗略
岩浆热平衡法	主要针对干热岩地热资源评价		

在地热资源评价方法中，一般认为热储体积法较为可取，因为热储体积法计算所需的参数原则上可以实测或估计，因此目前热储体积法使用比较普遍，几乎适用于所有地质条件。

4.3　油田伴生地热资源的计算方法改进

传统的地热田主要分为蒸汽田和热水田，产出物为蒸汽及热水，而油气田的产出物为水或含油气的液体，一些油田部分地区油井采出液的温度可达 120℃左右。含油气盆地中往往含油气层就是热储层，油气田也是地热田。

地热资源评价中，传统的热储体积法只考虑了岩石、水两相的热量[式(4.1)]，而油田伴生地热资源中的流体含有油、水两相或油、气、水三相。阎敦实和于英太

(2000) 首先将油相加入到传统热储体积法公式中，使其可用于油藏地热资源的计算；Ciptomulyono (2007) 在传统热储体积法公式中将水和水蒸气分为两相进行计算。近几年来，李克文等根据《地热资源评价方法》(DZ 40—85) 中的热储体积法计算公式，提出了考虑油、气两相饱和度的计算地热资源的改进方法。

4.3.1　计算方法 1（常规地热田标准方法）

根据《地热资源评价方法》(DZ 40—85)，适用于常规地热田的地热资源量的计算公式见式 (4.20) ～式 (4.22)。

4.3.2　计算方法 2（油田伴生地热：考虑油气水饱和度）

根据《地热资源评价方法》(DZ 40—85)，传统的地热资源评价中只考虑了岩石、水两相的热量，而油田伴生地热资源中的流体含有油、水两相或油、气、水三相。因此，需要在传统热储体积法的基础上对其进行改进，加入油相和气相饱和度的参数。

作者等 (Li and Sun，2015) 通过考虑油、气两相饱和度对地热资源量的影响，改进了热储体积法，可分别算出岩石、地下水、原油及天然气的热资源量。改进后的公式如下：

$$Q_{\mathrm{R}} = A \cdot h \cdot (T_{\mathrm{r}} - T_{\mathrm{j}}) \left[\rho_{\mathrm{r}} \cdot C_{\mathrm{r}} \cdot (1-\phi) + \rho_{\mathrm{w}} \cdot C_{\mathrm{w}} \cdot S_{\mathrm{w}} \cdot \phi + \rho_{\mathrm{o}} \cdot C_{\mathrm{o}} \cdot S_{\mathrm{o}} \cdot \phi + \rho_{\mathrm{g}} \cdot C_{\mathrm{g}} \cdot S_{\mathrm{g}} \cdot \phi \right] \tag{4.28}$$

其中：

$$S_{\mathrm{w}} + S_{\mathrm{o}} + S_{\mathrm{g}} = 1 \tag{4.29}$$

式中，A 为区块面积，m^2；h 为区块平均厚度，m；T_{r}、T_{j} 为储层、常温层温度，℃；ρ_{r}、ρ_{w}、ρ_{o}、ρ_{g} 为储层岩石、地下水、原油、天然气密度，$\mathrm{kg/m^3}$；C_{r}、C_{w}、C_{o}、C_{g} 为储层岩石、地下水、原油、天然气比热容，J/(kg·℃)；S_{w}、S_{o}、S_{g} 为地下水、原油、天然气饱和度；ϕ 为储层平均孔隙度。

4.3.3　计算方法 3（油田伴生地热：考虑油气水饱和度及其变化）

方法 2 中考虑了油、气、水三相的情况，但未考虑到在开采过程中油、气、水相的饱和度变化。为此，在方法 2 的基础上，我们又考虑了油、气、水三相的饱和度变化，推导出了方法 3，其模型如下：

$$Q_{\mathrm{R}} = Q_{\mathrm{i}} - Q_{\mathrm{a}} \tag{4.30}$$

$$Q_{\mathrm{i}} = AhT_{\mathrm{r}}\overline{C}_{\mathrm{i}} \tag{4.31}$$

$$Q_{\mathrm{a}} = AhT_{\mathrm{a}}\overline{C}_{\mathrm{a}} \tag{4.32}$$

$$E = Q_{\mathrm{R}} \cdot \eta \tag{4.33}$$

其中：

$$\overline{C}_{\mathrm{i}} = \rho_{\mathrm{r}}C_{\mathrm{r}}(1-\phi) + \rho_{\mathrm{w}}C_{\mathrm{w}}\phi S_{\mathrm{wi}} + \rho_{\mathrm{o}}C_{\mathrm{o}}\phi S_{\mathrm{oi}} + \rho_{\mathrm{g}}C_{\mathrm{g}}\phi S_{\mathrm{gi}} \tag{4.34}$$

$$\overline{C}_{\mathrm{a}} = \rho_{\mathrm{r}}C_{\mathrm{r}}(1-\phi) + \rho_{\mathrm{w}}C_{\mathrm{w}}\phi S_{\mathrm{wa}} + \rho_{\mathrm{o}}C_{\mathrm{o}}\phi S_{\mathrm{oa}} + \rho_{\mathrm{g}}C_{\mathrm{g}}\phi S_{\mathrm{ga}} \tag{4.35}$$

$$S_{wi} + S_{oi} + S_{gi} = 1 \tag{4.36}$$

$$S_{wa} + S_{oa} + S_{ga} = 1 \tag{4.37}$$

式中，Q_i 为初始地热资源量；Q_a 为废弃时的地热资源量；$\bar{C}_i$ 为初始平均比热容；$\bar{C}_a$ 为废弃时的平均比热容；T_a 为废弃温度；S_{wi}、S_{oi}、S_{gi} 为初始含水、油、气饱和度；S_{wa}、S_{oa}、S_{ga} 为废弃时的含水、油、气饱和度。

此外，式(4.33)为地热发电量模型，η 为效率因子。

4.3.4 地热资源量计算结果及评价

以华北油田某区块为例，分别用上述三种方法对该区块在油、水两相以及气、水两相时的地热资源量、发电量及经济效益等多项参数进行计算及对比，计算时所选用的区块参数见表 4.3，其中废弃温度 T_a 为 50℃，S_{oa} 为 0%，效率因子为 12%。结果如图 4.3 和图 4.4 所示，从中可以看出，油、水两相系统与气、水两相系统的结论类似，方法 3(考虑了开发过程中饱和度变化的方法)所计算的地热资源储量低于方法 1 和方法 2 所计算的结果(方法 1 的计算结果即含水饱和度为 100%对应的结果)，未考虑饱和度变化的模型高估了地热资源量，尤其在初始含水饱和度较低时，高估的程度更加明显。

表 4.3 华北油田某区块基本参数表

参数	面积 A/km^2	厚度 h/m	孔隙度 ϕ/%	岩石密度 ρ_r /(kg/m^3)	岩石比热容 C_r /[J/(kg · ℃)]	原油密度 ρ_o /(kg/m^3)
数值	452	117	30	1956	857	850
参数	原油比热容 C_o /[J/(kg · ℃)]	地下水密度 ρ_w /(kg/m^3)	地下水比热容 C_w /[J/(kg · ℃)]	气的密度 ρ_g /(kg/m^3)	气的比热容 C_g /[J/(kg · ℃)]	
数值	2468	1000	4190	0.717	2227	

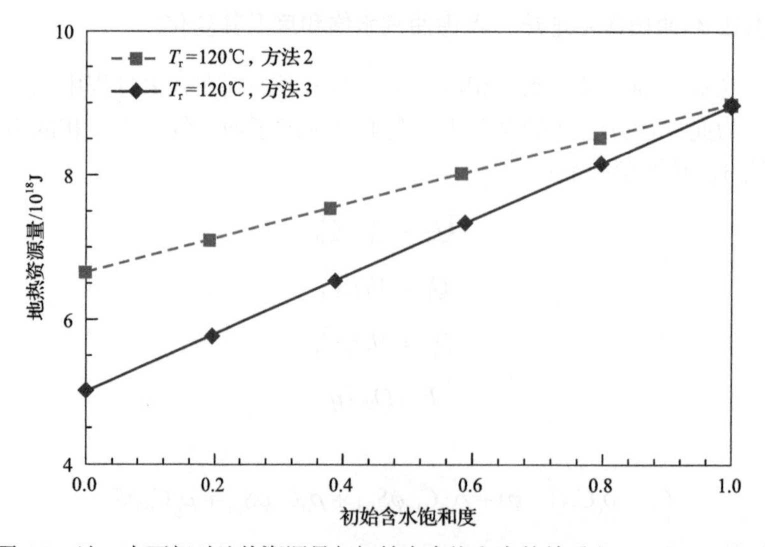

图 4.3 油、水两相时地热资源量与初始含水饱和度的关系(Li and Sun, 2015)

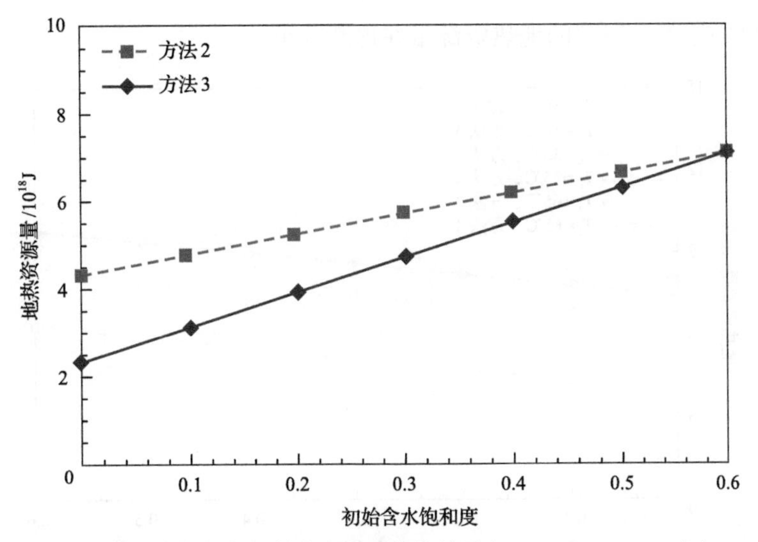

图4.4　气、水两相时地热资源量与初始含水饱和度的关系(T_r=120℃，ϕ=30%)(Li and Sun, 2015)

图4.5为气、水两相系统与油、水两相系统的对比图，其中T_r为120℃，T_a为50℃。可以看出，在同一储层温度和初始含水饱和度下，由油、水两相系统计算的地热资源量远大于气、水两相系统，这可能是由于气体的比热容比油相的要小。此外，气、水两相系统中地热资源量随初始含水饱和度的增长速率大于油、水两相系统。

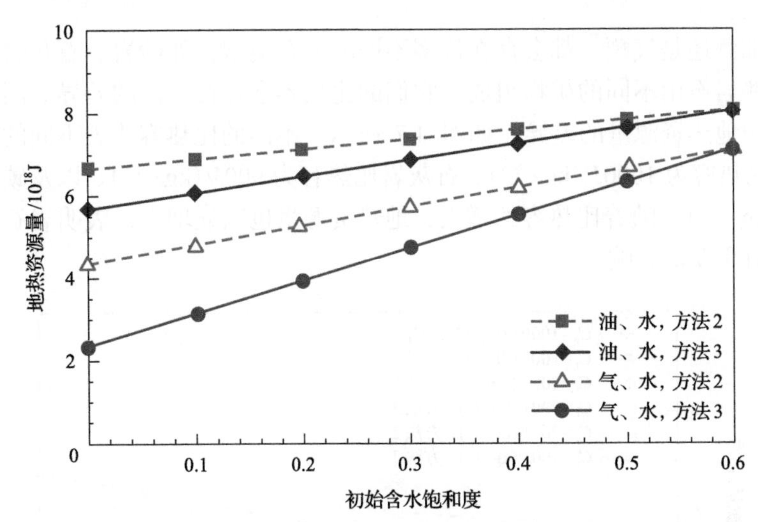

图4.5　气、水两相系统和油、水两相系统地热资源量与初始含水饱和度的关系对比(T_r=120℃，ϕ=30%)(Li and Sun, 2015)

以上的结论均是建立在废弃温度T_a为50℃的前提下，随着科技的日益进步，废弃温度T_a已经变得越来越小了。因此，为了研究废弃温度对于地热资源量的影响，选定了不同的废弃温度T_a对地热资源量进行计算，如图4.6所示。图4.6为仅存在油、水两相时地热资源量随初始含水饱和度的变化关系图，其中T_r为120℃，ϕ为30%，S_{oa}为40%。可以看出，随着废弃温度的增大，方法2与方法3的差距越来越明显。同时可以看出，随着废弃温度的增大，得到的地热资源量在逐渐减小。

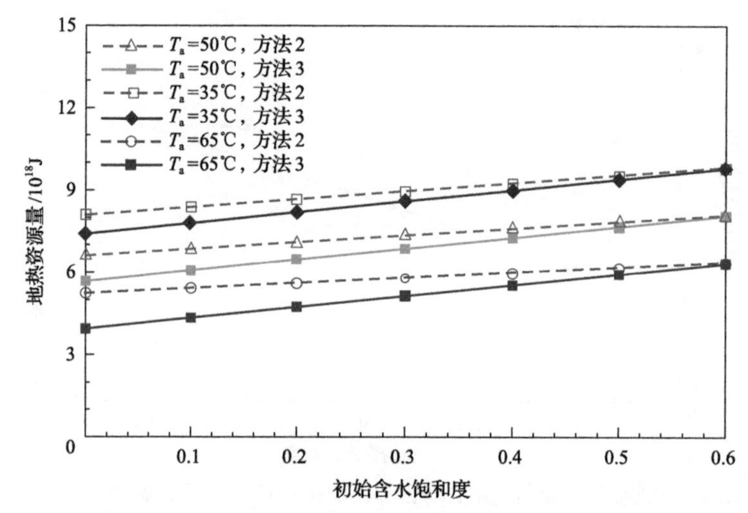

图 4.6 油、水两相时不同废弃温度下地热资源量与初始含水饱和度的关系
(T_r=120℃，ϕ=30%，S_{oa}=40%) (Li and Sun, 2015)

以上的结论均是建立在孔隙度为 30%的前提下，然而在不同的地热田或油气田中，孔隙度的变化较大，关于孔隙度对地热资源量计算的影响已经在 2.2.1 节中说明，此章不再做详细讨论。

无论是油藏还是气藏，都会存在许多不同的岩石类型，如砂岩、石灰岩、碳酸盐岩等。由于这些岩石由不同的矿物组成，它们的比热容会存在一定的差异。因此，对比不同岩石类型中地热资源量的差异，如图 4.7 所示。不同的比热容代表不同的岩石类型，其中，砂岩比热容为 1000J/(kg·℃)，石灰岩比热容为 900J/(kg·℃)，以及碳酸盐岩比热容为 760J/(kg·℃)。随着比热容的增大，地热资源量也明显增大，表明岩石类型对于地热资源量也有重要的影响。

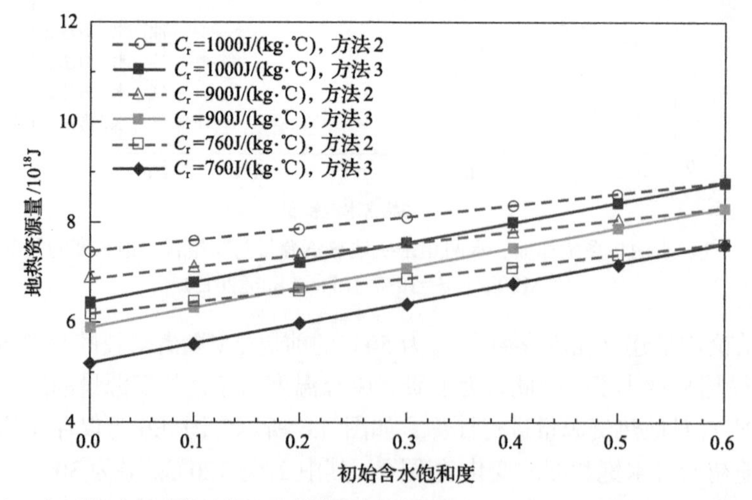

图 4.7 油、水两相时岩石类型对于地热资源量的影响(T_r=120℃，ϕ=30%) (Li and Sun, 2015)

上述结果表明，改进后的公式能更真实地描述油气田地热资源量，其计算结果比热储体积法的计算结果要低，热储资源量随着温度和含水饱和度的增加而增加。

根据地热资源计算方法 3，一个盆地或一个区域在一定深度范围内总的地热资源量采用式(4.38)进行计算：

$$Q_{\mathrm{r}} = \Delta x \Delta y \Delta z \sum_{k=0}^{L} \sum_{j=0}^{n} \sum_{i=0}^{m} (T_{\mathrm{r}} \bar{C}_{\mathrm{i}} - T_{\mathrm{a}} \bar{C}_{\mathrm{a}}) \tag{4.38}$$

式中，Q_{r} 为地热资源量，J；Δx 、Δy 、Δz 为研究区剖分各单元格的 X、Y、Z 方向的间隔，m；m、n、L 为 X、Y、Z 方向的剖面网格单元数。

除上述一些常量外，还需要两项参数：①研究区不同深度的地温平面图；②地名或井位，用于显示地理底图。对于非油田区地热资源量的计算，将含油与含气饱和度设定为零代入式(4.38)即可。

4.4　地热资源评价软件

在上述方法的基础上，毛小平等编制了相应的软件，与作者等合作，对中国某一盆地的地热资源进行初步的计算。根据盆地及周边地表形态与地下结构以及盆地不同深度的地温平面图等数据，可以确定有利的地热资源区域。

采用不同深度(1000m、2000m、3000m、4000m、5000m 和 6000m)的地温平面图进行数值化，该盆地及周边地表形态及地下结构如图 4.8 所示。

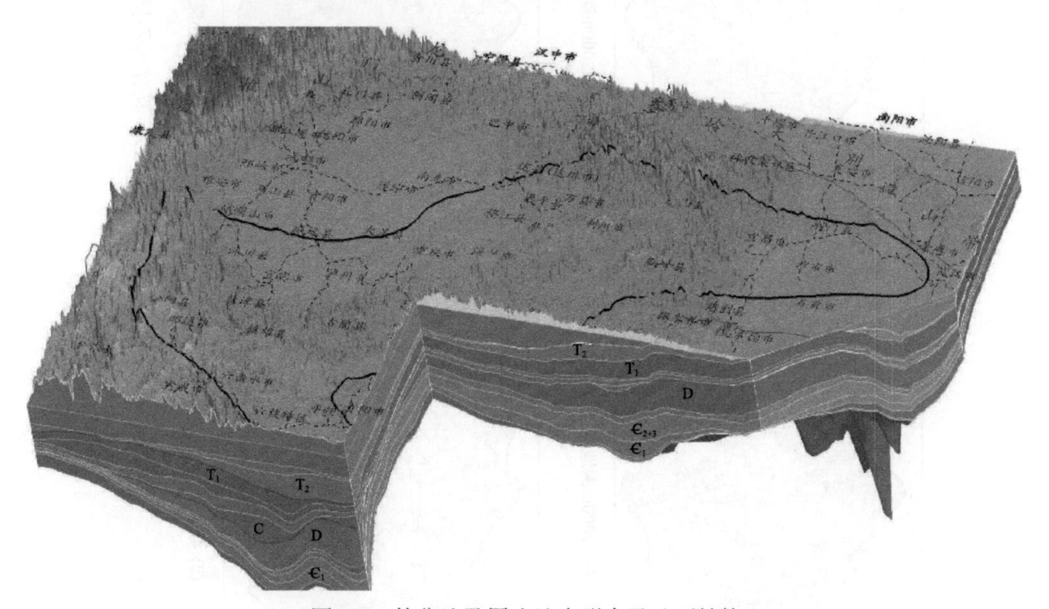

图 4.8　某盆地及周边地表形态及地下结构

以该盆地不同深度“现今地温平面图”作为输入进行地热资源量计算，得到该盆地不同深度的地温等值线图(图 4.9)。

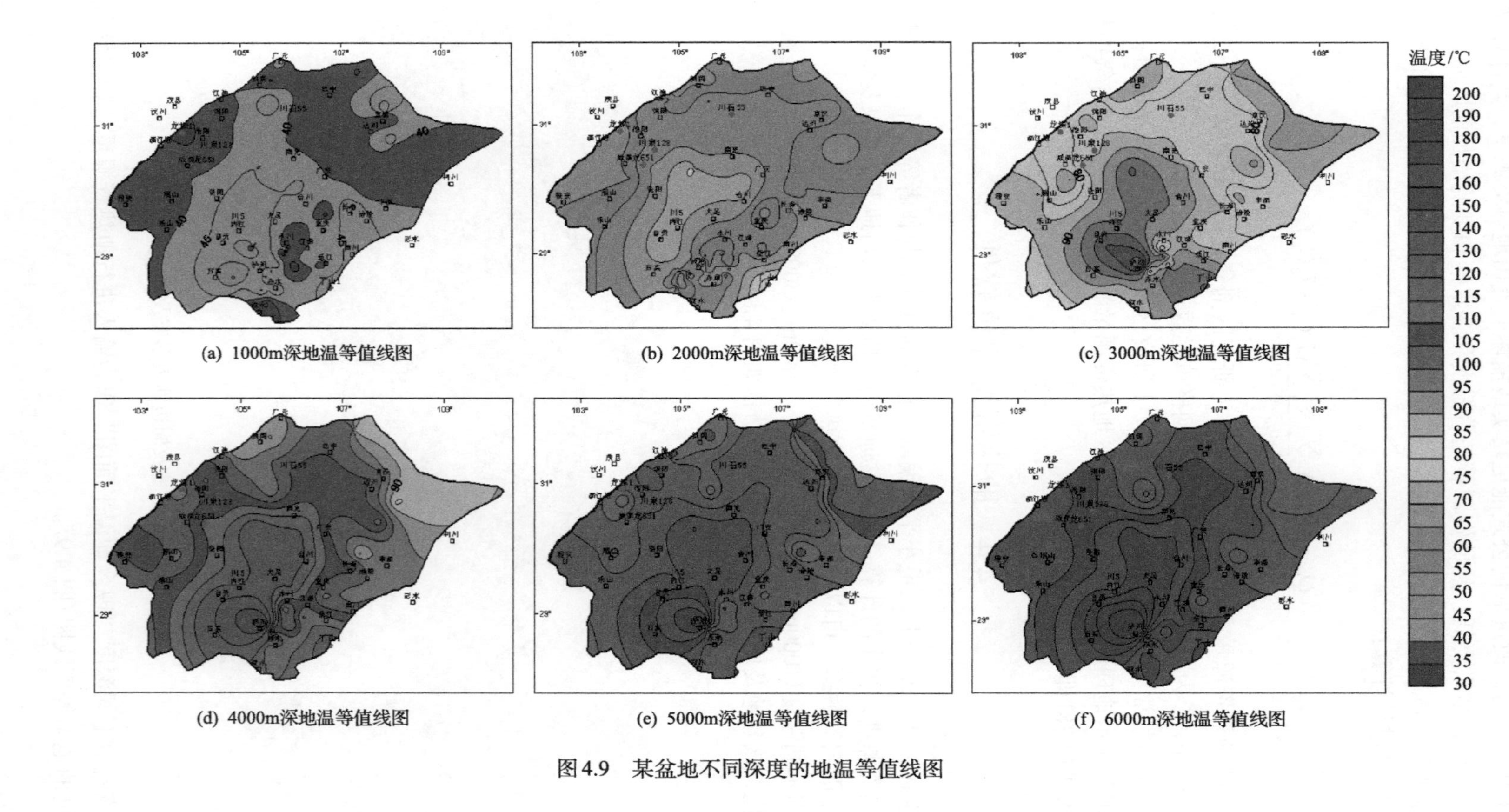

(a) 1000m深地温等值线图

(b) 2000m深地温等值线图

(c) 3000m深地温等值线图

(d) 4000m深地温等值线图

(e) 5000m深地温等值线图

(f) 6000m深地温等值线图

图4.9　某盆地不同深度的地温等值线图

根据模型结果，计算的某盆地总面积为 194041km²，按地表平均气温 18℃计算，从地表至 10000m 深度总的热资源量是 533289.06×10¹⁸J，相当于 126800.14 亿 t 石油。若按开采系数为 0.15，则相当于 19020 亿 t 石油。热资源密度为 2.748×10¹⁸J/km²，其中 3～10km 内的热资源密度为 2.498×10¹⁸J/km²。图 4.10 和图 4.11 是利用该软件得到的该盆地温度分别大于 120℃和 220℃的地热资源区域。

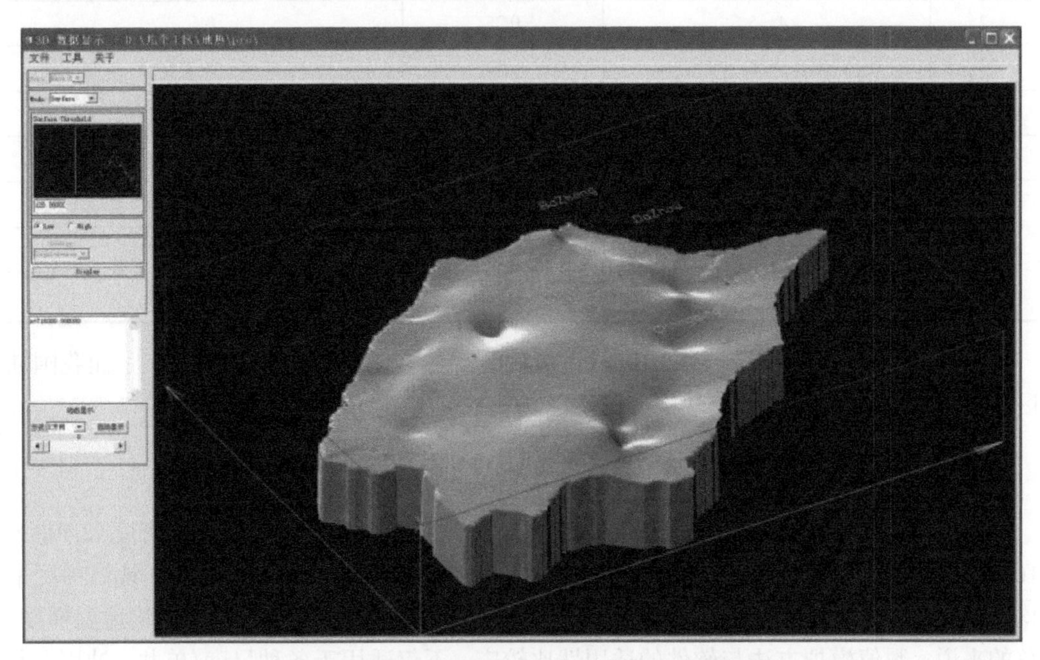

图 4.10　该盆地温度大于 120℃的地热资源区域

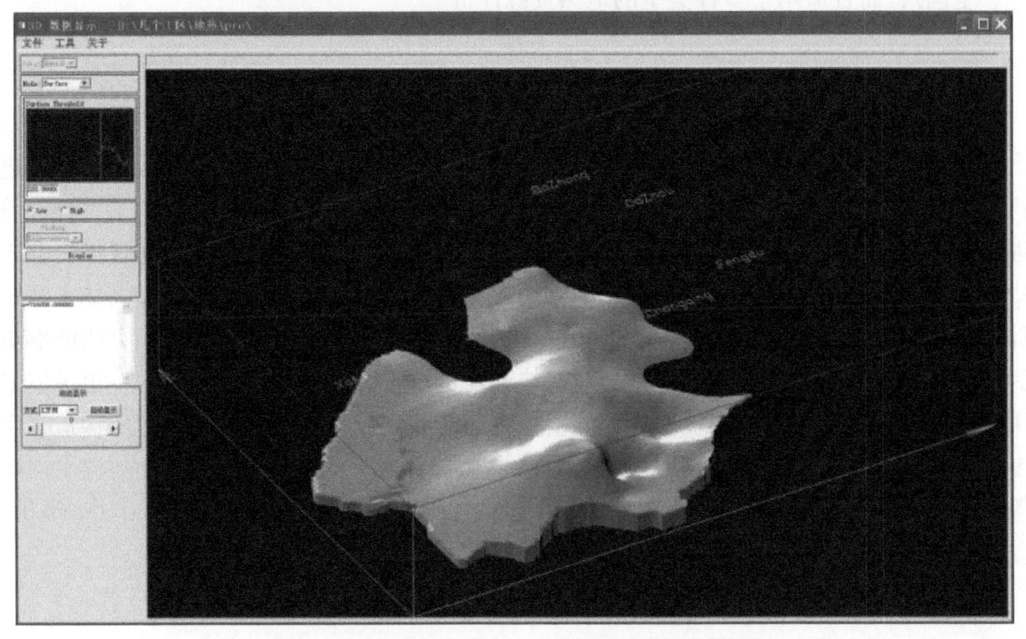

图 4.11　该盆地温度大于 220℃的地热资源区域

王贵玲等(2011)对我国陆区3～10km深处干热岩资源进行估算，估算结果见表4.4。

表4.4　我国陆区3～10km深处干热岩资源估算结果

序号	计算层位深度/km	热能/10^{25}J	换算成标准煤/10^5亿t
1	3～4	0.19	6.5
2	4～5	0.25	8.4
3	5～6	0.30	10.3
4	6～7	0.36	12.2
5	7～8	0.42	14.1
6	8～9	0.47	16.1
7	9～10	0.53	18.0
合计3～10km		2.52	85.6

由表4.4看出，我国陆区3～10km深度内合计热资源量Q_r为2.52×10^{25}J；而我国陆区面积约为9326410km^2，则热资源密度ψ为

$$\psi = 25200000\times10^{18}\text{J}/9326410\text{km}^2=2.702\times10^{18}\text{J/km}^2 \tag{4.39}$$

上述这个热资源密度和用该软件计算的某盆地3～10km的热资源密度(2.498×10^{18}J/km^2)相比结果基本一致。引起差别的原因可能在于该地区属低温盆地，地温梯度平均为21.8℃/km，最小值为14.4℃/km，最大值为32.4℃/km，低于全国的平均地温梯度。总的来说，数值模拟方法与软件的适用性比较广，不仅适用于各种尺度(单井、油田、盆地、全国)，而且适用于多种类型的地热资源评价。

4.5　小　　结

本章对常用的地热资源评价方法做了介绍，并对各种方法的适用条件及其优缺点进行了分析和讨论。此外，针对潜在资源量巨大的油田地热资源，本章也介绍了一种计算油田伴生地热资源量的方法，该方法充分考虑了油、气、水饱和度及其变化规律，并以华北油田某区块为例对该方法加以应用，结果显示未考虑饱和度变化的模型高估了油田伴生地热资源量，尤其在初始含水饱和度较低时，高估的程度更加明显。该方法能够更为准确地计算油田伴生地热资源量，对地热开发具有重要的指导意义。此外，也可以采用数值模拟方法去评价地热资源，数值模拟方法能够充分考虑研究区不同地质构造、深度、位置等特征，根据盆地及周边地表形态与地下结构以及盆地不同深度的地温平面图等数据，可以确定有利的地热资源区域。数值模拟方法不仅适用于各种尺度(单井、油田、盆地、全国)，而且适用于多种类型的地热资源评价。

参考文献

何治亮, 张英, 冯建赟, 等. 2020. 基于工程开发原则的干热岩目标区分类与优选. 地学前缘, 141(1): 85-97.

李克文, 王磊, 毛小平, 等. 2012. 油田伴生地热资源评价与高效开发. 科技导报, 30(32): 32-41.

王贵玲, 刘志明, 蔺文静, 等. 2011. 中国地热资源潜力评估//中国科协, 中国地质学会. 第十三届中国科协年会第十四分会场——地热能开发利用与低碳经济研讨会, 天津.

阎敦实, 于英太. 2000. 京津冀油区地热资源评价与利用. 武汉: 中国地质大学出版社.

中华人民共和国自然资源部. 2020. 地热资源评价方法及估算规程: DZ/T 0331—2020.

Ciptomulyono U. 2007. Geothermal potential estimation using its classification system, according to the national standardization agency of Indonesia//GRC Transactions: 69-73.

Li K W, Sun W. 2015. Modified method for estimating geothermal resources in oil and gas reservoirs. Mathematical Geosciences, 47(1): 105-117.

Petty S, Nordin Y, Cladouhos T. 2013. Preliminary results from the newberry volcano EGS demonstration//第二届中深层地热资源高效开发与利用会议, 北京.

Stefansson V. 2005. World geothermal assessment//Proceedings World Geothermal Congres, Antalya, Turkey, 24-29April.

第5章　地热开发的数值模拟

5.1　简　　介

本章将分析和讨论地热开发的数值模拟过程包括数学模型的建立、数值模拟方法的应用，以及一些常用的地热数值模拟软件。有关数值模拟的著作有很多，所以，本章只简单介绍和讨论数值模拟的基本原理和方法，并通过一些应用实例对有关软件的应用进行说明。值得注意的是，常用的商业性数值模拟软件不一定能够完全满足一些科研问题或者创新性研究的具体需求，因此，对于具体问题具体分析的编程还是十分必要的。

5.2　数值模拟基本理论与常用软件

5.2.1　连续介质假设

1. 连续介质的假设

在地层岩石中，除去孔隙部分以及存在于地下孔隙中的地下流体，其他剩余部分称为岩石基质。在微观条件下，岩石孔隙空间、流体及其流动不一定是连续的。例如，在亲水岩石中，当油(蒸汽)相处于残余油饱和度状态时，油相可能是不连续的，而水相可能是连续的。在油润湿的岩石中，当水相处于束缚水饱和度状态时，水相可能是不连续的，而油相可能是连续的。在地热系统(岩石-蒸汽-水)中，岩石一般是亲水的，当蒸汽相处于残余油饱和度状态时，蒸汽相可能是不连续的，而水相可能是连续的。

另外，在分子层面微观状态下，如果考虑单个分子的行为，则流体是不连续的。不过，在研究大量流体，尤其是液体分子的宏观运动时，一般情况下，不考虑单个分子的行为，这样，在进行岩石中有关流体流动的数值模拟时，也可以将流体视为连续介质，从而可以定义流体密度与时间、空间的连续函数。

当多孔介质中存在不连续相时，可以利用“特征体积单元(典型单元体)”(图 5.1)概念(Bear，1972，1979)把多孔介质(岩石)看作一个连续介质场，并将岩石中的流体视为连续流体，这样，有利于建立相关的数学模型和有关研究。

特征体积单元是以多孔介质中的一个数学点 $P(x, y, z)$ 为中心取体积单元 ΔV_i，该体积单元内的孔隙体积定义为 $(\Delta V_P)_i$，则体积单元的平均孔隙度 ϕ_i 为

$$\phi_i = \frac{(\Delta V_P)_i}{\Delta V_i} \tag{5.1}$$

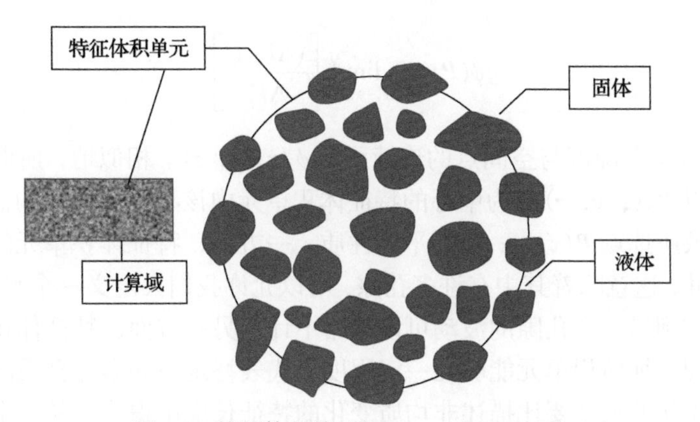

图 5.1　特征体积单元(Bear，1972，1979)

以 $P(x, y, z)$点为基准，取大小不同的体积单元ΔV_i $(i=1, 2, \cdots, N)$时可以得到一系列不同的孔隙度ϕ_i $(i=1, 2, \cdots, N)$。图 5.2 为一种可能的ϕ_i - ΔV_i关系曲线示意图，当ΔV_i减小到$\Delta V_{\min}$后，ϕ_i 可能大幅度波动，原因在于ΔV_i的大小接近单个孔隙的大小，当$\Delta V_i \to 0$时，收敛于 P 点，若 P 点位于孔隙内，则$\phi_i = 1$；若 P 点位于固体颗粒上，则$\phi_i = 0$。

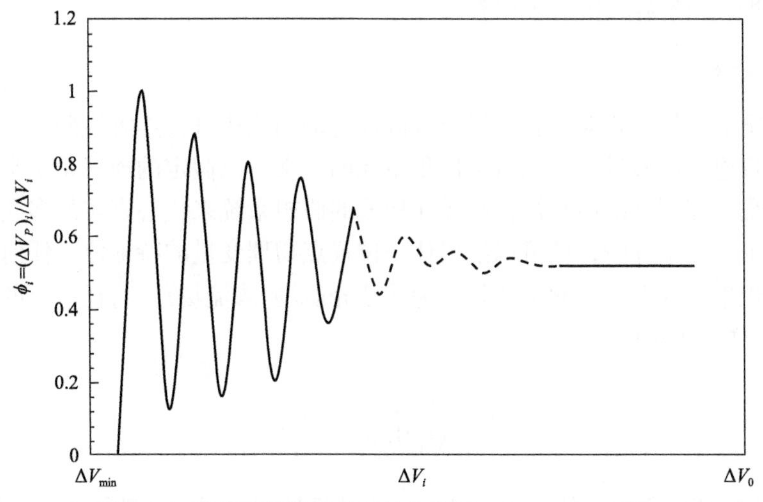

图 5.2　孔隙度随体积单元的变化(Bear，1972，1979)

当$\Delta V_i < \Delta V_{\min}$时，所给出的$\phi_i$随着$\Delta V_i$变化而急剧波动，因此，过小的体积单元意义不大。当$\Delta V_i$增大至一个较大值$\Delta V_{\max}$时，$\phi_i$的变化可能不大。但是，如果体积单元过大，则无法表征多孔介质的非均质性。在$\Delta V_{\min}$和$\Delta V_{\max}$之间，因为 P 点周围孔隙大小随机分布，所以ϕ_i浮动的趋势逐渐减小，只有很小幅度的波动，将趋于稳定时的特征体积单元的体积记为ΔV_0（$\Delta V_{\min} < \Delta V_0 < \Delta V_{\max}$）。此特征体积单元的体积须大于单个孔隙的体积，但在尺度上小于整个模型。P 点的孔隙度用以 P 为中心的特征体积单元的孔隙度定义，即

$$\phi(P)=\lim_{\Delta V_i\to\Delta V_0}\left[\frac{(\Delta V_P)_i}{\Delta V_i}\right] \tag{5.2}$$

式(5.2)代表了孔隙度与空间点的连续函数$\phi(x, y, z)$。相似地，所取P点的其他物理量，也应该以$P(x, y, z)$点为中心的特征体积单元内该物理场的平均值来定义。为了较为准确地反映所选点$P(x, y, z)$的平均性质，一方面，特征体积单元的尺寸需要大于单个孔隙的尺寸，这意味着其中有许多孔隙，可以允许我们去定义一个平均的总体性质，确保从一个孔隙到另一个孔隙的波动可以忽略不计；另一方面，特征体积单元的尺寸又要足够小，以便特征体积单元能够在一定程度上代表特定空间多孔介质的性质，也就是说，特征体积单元的尺寸要比描述非均质变化的特征长度小得多，从一个域到相邻域参数的变化可以近似地看成连续函数，从而可以使用微积分方法。同时，不会在宏观水平上产生显著的误差(任何测量器具能测量出误差)。

对于特征体积单元的具体尺寸要求或者确定方法，学术界尚未达成共识。De Marsily (1986)指出，特征体积单元的体积选择有很大的任意性。裂隙介质的特征体积单元尺寸可能很大，也许大到无法满足第二个连续假设的地步，即不引入任何测量器具能测量出误差的假设。这就是为什么在许多数值模拟的文献中，都有研究特征体积单元大小或者网格大小对模拟结果影响的有关内容。

2. 连续介质场

很多情况下不仅需要对多孔介质及其内部流动的流体进行连续性假设，而且对于介质场也应进行连续性假设。利用特征体积单元的定义，以假定的连续系统来代替真实的多孔介质系统，即用全部由特征体积单元构成的假想系统来代替真实的多孔介质系统。因此，在这个连续系统中，就可以给出任一位置点物理变量的特征值。任何物理量都定义在特征体积单元ΔV_0上，此系统就成为连续介质场(渗流场)。将任一点的渗流速度 v 定义为(薛禹群，1986)

$$v=\frac{1}{\Delta V_0}\int_{(\Delta V_P)_0}\boldsymbol{u}\mathrm{d}V_P \tag{5.3}$$

式中，ΔV_0为特征体积单元的体积；$(\Delta V_P)_0$为特征体积单元的孔隙体积；$\boldsymbol{u}$为流速矢量，孔隙中不同点的流速矢量是不同的。

实际平均流速(孔隙流速)$\bar{\boldsymbol{u}}$定义为(薛禹群，1986)：

$$\bar{\boldsymbol{u}}=\frac{1}{(\Delta V_P)_0}\int_{(\Delta V_P)_0}\boldsymbol{u}\mathrm{d}V_P \tag{5.4}$$

可得

$$v=\frac{(\Delta V_P)_i}{\Delta V_i}\frac{1}{(\Delta V_P)_0}\int_{(\Delta V_P)_0}\boldsymbol{u}\mathrm{d}V_P=\phi\bar{\boldsymbol{u}} \tag{5.5}$$

5.2.2　流动方程

1. 连续性方程

连续性方程是质量守恒原理在渗流过程中的具体应用，也是数值模拟方法中的基础方程之一，在单相渗流和多相渗流过程中均成立。下面先讨论多孔介质中单相渗流的情况。在完全饱和水(或者其他流体)的区域内取一边长为 Δx 、 Δy 、 Δz 的平行六面体(也称为一微元)，根据质量守恒原理，在不存在有质量的源(如生产井)或汇(如注入井)的情况下，单位时间内流入与流出这个微元的液体质量差应等于微元内液体质量的变化，则有(薛禹群，1986)

$$-\left[\frac{\partial(\rho v_x)}{\partial x}+\frac{\partial(\rho v_y)}{\partial y}+\frac{\partial(\rho v_z)}{\partial z}\right]\Delta x\Delta y\Delta z=\frac{\partial}{\partial t}(\rho\phi\Delta x\Delta y\Delta z) \tag{5.6}$$

式中， ρ 为液体密度； v_x 、 v_y 、 v_z 为渗流速度 v 在三个坐标轴上的分量； ϕ 为有效孔隙度。

式(5.6)左端代表单位时间内流入与流出这个均衡微元的总质量差，右端代表微元内液体质量的变化量。式(5.6)为单相渗流条件下的连续性方程。假设 Δx 、 Δy 、 Δz 为常数(该假设通常是可以实现的或者合理的)，式(5.6)可以简化为(Bear，1972，1979)

$$\frac{\partial(\rho v_x)}{\partial x}+\frac{\partial(\rho v_y)}{\partial y}+\frac{\partial(\rho v_z)}{\partial z}+\frac{\partial(\rho\phi)}{\partial t}=0 \tag{5.7}$$

如果有强度为 q 的汇源项(单位时间内单位体积含水层中流入或流出的流体体积，包括注、采液量。源取正值，汇取负值)，则有

$$\frac{\partial(\rho v_x)}{\partial x}+\frac{\partial(\rho v_y)}{\partial y}+\frac{\partial(\rho v_z)}{\partial z}+\frac{\partial(\rho\phi)}{\partial t}=\rho q \tag{5.8}$$

在多孔介质不饱和，含水率为 θ ，无源汇项的情况下，则有(Bear，1979)

$$\frac{\partial(\rho v_x)}{\partial x}+\frac{\partial(\rho v_y)}{\partial y}+\frac{\partial(\rho v_z)}{\partial z}+\frac{\partial(\rho\theta)}{\partial t}=0 \tag{5.9}$$

对于两相或两种液体共存条件下的不混相渗流，下标 w 和 nw 分别表示润湿相(在地热流体系统中通常为水相)和非润湿相(在地热流体系统中通常为蒸汽)，则 S_{nw} 、 S_{w} 分别为非润湿相和润湿相的饱和度； ρ_{nw} 、 ρ_{w} 分别为非润湿相和润湿相的密度； q 为源汇项。因此，两相渗流条件下非润湿相和润湿相的连续性方程分别为

$$\frac{\partial(\rho_{\mathrm{nw}}\phi S_{\mathrm{nw}})}{\partial t}+\nabla\cdot(\rho_{\mathrm{nw}}v_{\mathrm{nw}})=\rho_{\mathrm{nw}}q_{\mathrm{nw}} \tag{5.10}$$

$$\frac{\partial(\rho_{\mathrm{w}}\phi S_{\mathrm{w}})}{\partial t}+\nabla\cdot(\rho_{\mathrm{w}}v_{\mathrm{w}})=\rho_{\mathrm{w}}q_{\mathrm{w}} \tag{5.11}$$

$$S_{\mathrm{nw}}+S_{\mathrm{w}}=1 \tag{5.12}$$

上面的连续性方程是在采用直角坐标的情况下的数学表达式，如果采用柱坐标或者其他坐标系统，则连续性方程可以采用相应形式的数学表达式，这里不再详细讨论。

2. 达西定律

在多维条件下，达西定律可以表示为如下形式：

$$v=kJ=-k\mathrm{grad}H \tag{5.13}$$

式中，k 为渗透率，在均质多孔介质中，k 是常数，对于非均质多孔介质，采用 $k=k(x, y, z)$ 表达式，式(5.13)仍然成立；在水动力学中，J 为水力坡度，表达式为 $J=-\mathrm{grad}H$，H 为水头。在直角坐标系中则可写成

$$v_x=-K\frac{\partial H}{\partial x},\quad v_y=-K\frac{\partial H}{\partial y},\quad v_x=-K\frac{\partial H}{\partial z} \tag{5.14}$$

一般情况下，包括在热储工程中，可以用液体压强代替式(5.14)中的水头 H，假设 z 表示垂直方向，则式(5.14)可以改写成

$$v_x=-\frac{k}{\mu}\frac{\partial p}{\partial x},\quad v_y=-\frac{k}{\mu}\frac{\partial p}{\partial y},\quad v_z=-\frac{k}{\mu}\left(\frac{\partial p}{\partial z}+\rho g\right) \tag{5.15}$$

式中，μ 为液体动力黏滞性系数(或称黏度)；k 为渗透率，在各向异性介质中它是一个二秩张量 $\boldsymbol{k}$，它和渗透系数 K 有下列关系：

$$K=\frac{\rho g}{\mu}k \tag{5.16}$$

式中，g 为重力加速度。

在各向异性介质中，渗透系数不再是标量而是一个二秩张量 $\boldsymbol{K}$，用下标 1，2，3 分别代表 x，y，z 方向，则在三维、二维空间可以分别表示为

$$\boldsymbol{K}=\begin{bmatrix}K_{xx} & K_{xy} & K_{xz}\\ K_{yx} & K_{yy} & K_{yz}\\ K_{zx} & K_{zy} & K_{zz}\end{bmatrix}=\begin{bmatrix}K_{11} & K_{12} & K_{13}\\ K_{21} & K_{22} & K_{23}\\ K_{31} & K_{32} & K_{33}\end{bmatrix} \tag{5.17}$$

$$\boldsymbol{K}=\begin{bmatrix}K_{xx} & K_{xy}\\ K_{yx} & K_{yy}\end{bmatrix} \tag{5.18}$$

其中，$K_{i,j}=K_{j,i}$，当坐标轴和渗透系数张量的主方向一致时，则有

$$\boldsymbol{K}=\begin{bmatrix} K_x & 0 & 0 \\ 0 & K_y & 0 \\ 0 & 0 & K_z \end{bmatrix} \tag{5.19}$$

此时渗透系数主值(主渗透系数) $K_x=K_{xx}$，$K_y=K_{yy}$，$K_z=K_{zz}$，相应的达西定律有下列形式：

$$v=\boldsymbol{K}\cdot\boldsymbol{J} \tag{5.20}$$

式(5.20)是达西定律在各向异性的多孔介质的矢量表达式，其标量表达式可以写为如下形式：

$$v_i=K_{ij}J_i=-K_{ij}\frac{\partial H}{\partial x_j} \tag{5.21}$$

式中，i，j=1，2，3（$x_1\equiv x$, $x_2\equiv y$, $x_3\equiv z$，下同）。值得注意的是，Einstein 求和约定是上述表达式的基础，即当等式右端某一指标(下标或上标)在等式左端不出现时，就表示对该指标求和，如 $b_i=a_{i,j}$，即 $b_i=\sum_j a_{i,j}$；$b=a_{i,j}$；即 $b=\sum_i\sum_j a_{i,j}$。因此，式(5.21)在三维直角坐标系中的展开表达式为

$$v_x=-K_{xx}\frac{\partial H}{\partial x}-K_{xy}\frac{\partial H}{\partial y}-K_{xz}\frac{\partial H}{\partial z} \tag{5.22}$$

$$v_y=-K_{yx}\frac{\partial H}{\partial x}-K_{yy}\frac{\partial H}{\partial y}-K_{yz}\frac{\partial H}{\partial z} \tag{5.23}$$

$$v_z=-K_{zx}\frac{\partial H}{\partial x}-K_{zy}\frac{\partial H}{\partial y}-K_{zz}\frac{\partial H}{\partial z} \tag{5.24}$$

式(5.21)表明，在各向异性介质中 x、y 方向的渗流一般与所有三个分量有关。当所取坐标轴和某点渗透系数张量的主方向一致时（$K_x=K_{xx}$，$K_y=K_{yy}$，$K_z=K_{zz}$），则有

$$v_x=-K_x\frac{\partial H}{\partial x},\quad v_y=-K_y\frac{\partial H}{\partial x},\quad v_z=-K_z\frac{\partial H}{\partial z} \tag{5.25}$$

在地热系统的数值模拟中，一般采用压力代替水头，式(5.25)则可以表示为

$$v_x=-\frac{k_x}{\mu}\frac{\partial p}{\partial x},\quad v_y=-\frac{k_y}{\mu}\frac{\partial p}{\partial y},\quad v_z=-\frac{k_z}{\mu}\left(\frac{\partial p}{\partial z}+\rho g\right) \tag{5.26}$$

当各向同性介质中同时有两种不混溶的流体流过时，一般假设两种不混溶流体(以下标 1 和 2 分别表示流体 1 和流体 2)分别满足达西定律，此时 k_1 和 k_2 分别为介质对于流体 1 和流体 2 的有效渗透率。在两相不混溶渗流条件下，达西定律可以采用如下的表

达式：

$$
\begin{cases}
v_{1x} = -\dfrac{k_1}{\mu_1}\dfrac{\partial p_1}{\partial x} \\
v_{1y} = -\dfrac{k_1}{\mu_1}\dfrac{\partial p_1}{\partial y} \\
v_{1z} = -\dfrac{k_1}{\mu_1}\left(\dfrac{\partial p_1}{\partial z} + \rho_1 g\right)
\end{cases}
\quad
\begin{cases}
v_{2x} = -\dfrac{k_2}{\mu_2}\dfrac{\partial p_2}{\partial x} \\
v_{2y} = -\dfrac{k_2}{\mu_2}\dfrac{\partial p_2}{\partial y} \\
v_{2z} = -\dfrac{k_2}{\mu_2}\left(\dfrac{\partial p_2}{\partial z} + \rho_2 g\right)
\end{cases}
\tag{5.27}
$$

若考虑毛管压力，则同一空间点上流体 1 的压强 p_1 和流体 2 的压强 p_2 的差值就是毛管压力 p_c；如果不考虑毛管压力，则 $p_1= p_2=p$。一般来说，如果渗透率比较低，则需要考虑毛管压力的作用，而可以不考虑重力的影响。如果渗透率很高，则可以不考虑毛管压力的作用，但是可能需要考虑重力的影响。

达西定律在一定条件下才可以使用，一般情况下，当雷诺数不超出 1～10 时，可以采用达西定律。当流速增大导致雷诺数大于 10 时，达西定律不再适用了。

5.2.3 热量运移方程及温度场控制方程

地热开发和油田开发的一个主要差别是地热井的产液量(热水或者蒸汽)一般情况下远远大于油井的产液量(油和水)，这是地面上的差别。在地下，地热开发(尾水回灌)和油田注水开发的一个主要差别是热储内的温度将随生产过程有比较大的变化，通常是热储的平均温度随着开采时间的增加而降低。但是，油藏内的温度随着生产过程的变化大部分情况下不是十分显著，这是因为油井的产量一般比较低，注入的冷水大多数情况下在注入过程中能够被周围地层加热到基本等于油藏的温度，即在数值模拟过程中可以不考虑温度的变化。这就是为什么一般在进行有关注水开发采油的数值模拟时不需要采用能量守恒方程，而在进行有关地热开发的数值模拟时需要考虑能量守恒方程，否则无法考虑热储温度的变化。下面在能量守恒定律的基础上简单讨论热储内热量的运移和有关控制方程。

单相渗流条件下(如岩石被水 100%饱和)，储层孔隙中的热传递一般通过下面几种方法：对流、传导、机械弥散和耗散，有关方程分析如下。

1. 热对流作用

时间为 dt 时，特征体积单元内热能的变化值 ΔQ 的表达式如下：

$$\Delta Q = -\text{div}(\rho h_w V)\text{d}x\text{d}y\text{d}z\text{d}t \tag{5.28}$$

式中，ρ 为水的密度，kg/m^3；h_w 为水的热焓，J/kg；V 为渗流速度，m/s。

2. 热传导作用

根据 Fourier 热传导定律，特征体积单元热通量 I_p 的表达式如下：

$$I_p = -\lambda_p \text{grad}T \tag{5.29}$$

式中，λ_p 为热传导系数，W/(m·K)。

3. 热机械弥散作用

这种弥散作用是由于介质内不同区域单位时间内通过的流量不稳定引起的，热机械弥散作用导致的热通量 I_v 可以表示为

$$I_v = -\lambda_v \text{grad}T \tag{5.30}$$

式中，λ_v 为弥散系数，W/(m·K)。

将式(5.29)和式(5.30)相加，可得到总的热通量 I 为

$$I = -\lambda_p \text{grad}T - \lambda_v \text{grad}T = -(\lambda_v + \lambda_p)\text{grad}T \tag{5.31}$$

假设 $\lambda = \lambda_v + \lambda_p$，$\lambda$ 为热扩散系数，单位为 W/(m·K)。根据能量守恒定律，单相液体(这里假设是水)渗流条件下，热量的传递过程满足式(5.32)(Bear, 1972)：

$$\frac{\partial}{\partial t}(\phi \rho h_w) + \text{div}(\rho h_w V) = \text{div}(\lambda \text{grad}T) + W\rho(h_Q - h_w) + \varepsilon + k_s(T_s - T) \tag{5.32}$$

式中，ϕ 为孔隙度；λ 为热扩散系数，$\lambda = \lambda_v + \lambda_p$，W/(m·K)；$h_Q$ 为源汇项的热焓，J/(kg)；k_s 为水岩热交换系数，W/(m^3·℃)；T_s 为岩石温度，℃；T 为水的温度，℃；W 为源汇项单位时间单位体积的流入流出体积，1/d；ε 为热量耗散速率，J/(m^3·d)。

$k_s(T_s - T)$ 代表了流体和岩石之间的热量交换，水温的升高或降低取决于岩石和水的温差，热储中水的温度一般低于岩石的温度，尤其是注水井附近，水温可能升高。已知：

$$h_w = C_w T \tag{5.33}$$

$$h_Q = C_Q T_Q \tag{5.34}$$

$$C_Q = C_w \tag{5.35}$$

式中，C_w 为水的比热容，J/(kg·℃)；C_Q 为源汇项的比热容，J/(kg·℃)；T_Q 为源汇项的温度，℃。

将式(5.33)和式(5.34)代入式(5.32)可得

$$\rho C_{\mathrm{w}}\phi\frac{\partial T}{\partial t}+\rho C_{\mathrm{w}}\mathrm{div}\boldsymbol{V}=\mathrm{div}(\lambda\mathrm{grad}T)+\rho C_{\mathrm{w}}W(T_{\mathrm{Q}}-T)+\varepsilon+k_{\mathrm{s}}(T_{\mathrm{s}}-T) \tag{5.36}$$

由于水的黏滞力引起的热量耗散速率 ε 数值很小，故可忽略 ε ，即 $\varepsilon=0$。现假定储层岩石中水与周围岩石之间的热动平衡可以瞬时完成，并忽略由于水本身温度、密度的差异引起的自然对流作用，即 $k_{\mathrm{s}}(T_{\mathrm{s}}-T)=0$ 。此时，温度场热量运移控制式(5.36)可简化为

$$\rho C_{\mathrm{w}}\phi\frac{\partial T}{\partial t}+\rho C_{\mathrm{w}}\mathrm{div}\boldsymbol{V}=\mathrm{div}(\lambda\mathrm{grad}T)+\rho C_{\mathrm{w}}(T_{\mathrm{Q}}-T) \tag{5.37}$$

该方程的定解条件简单讨论如下。

1)初始条件

空间层面储层岩石中水的温度场的初始条件表达式如下：

$$T(x,y,z,t)|_{t=t_0}=T_0(x,y,z,t_0) \tag{5.38}$$

式中，$T(x,y,z,t)|_{t=t_0}$ 为初始温度分布；$T_0(x,y,z,t_0)$ 为温度场的初始温度。

尽管上述温度场的初始条件表达式比较简单，但是，在实际的数值模拟工作中，确定热储中温度的初始分布并不简单，甚至是非常困难的。值得注意的是，初始温度场的准确性、可靠性直接影响数值模拟结果的准确性和可靠性。

2)边界条件

温度场边界条件的确定也是十分困难的，热储的数值模拟中主要采用定温(已知温度边界)和定流(已知热通量或者热流值)两种边界条件，简单讨论如下。

①定温边界条件

如果边界 $\boldsymbol{\Gamma}_1$ 上的温度或温度随时间变化的函数已知，边界条件可表示为

$$T(x,\ y,\ z,\ t)|_{\boldsymbol{\Gamma}_1}=T_1(x,\ t,\ z,\ t),\quad (x,\ y,\ z)\in\boldsymbol{\Gamma}_1,\ \ t\geqslant 0 \tag{5.39}$$

式中，$T_1(x,\ t,\ z,\ t)$ 为边界 $\boldsymbol{\Gamma}_1$ 上的温度已知函数。

②定流边界条件

如果边界 $\boldsymbol{\Gamma}_2$ 上某一时段通过单位面积上的热通量已知，边界条件可表示为

$$\lambda\left.\frac{\partial T}{\partial n}\right|_{\boldsymbol{\Gamma}_2}=\beta(x,\ y,\ z,\ t)\quad (x,\ y,\ z)\in\boldsymbol{\Gamma}_2,\ \ t\geqslant 0 \tag{5.40}$$

式中，$\beta(x,\ y,\ z,\ t)$ 为边界 $\boldsymbol{\Gamma}_2$ 上已知的热通量函数；n 为边界 $\boldsymbol{\Gamma}_2$ 上的外法线方向。

对各向异性介质，边界条件可表示为

$$\lambda_{xx}\frac{\partial T}{\partial x}\cos(n,\ x)+\lambda_{yy}\frac{\partial T}{\partial y}\cos(n,\ y)+\lambda_{zz}\frac{\partial T}{\partial z}\cos(n,\ z)|_{\boldsymbol{\Gamma}_2}=\beta(x,\ y,\ z,\ t),\quad (x,\ y,\ z)\in\boldsymbol{\Gamma}_2 \tag{5.41}$$

式中，$\cos(n,x)$，$\cos(n,y)$，$\cos(n,z)$为边界外法线方向与坐标轴夹角的余弦。

在热储实际的数值模拟工作中，经常为采用什么样的边界条件合适而犹豫不决。很多情况下或者是大部分情况下，采用不同的边界条件，得到的模拟结果是不同的，甚至有很大的差别。如何选用合适的边界条件一方面取决于当时所拥有的数据和资料，另一方面也取决于数值模拟工作者本身的经验以及在某一特定靶区的数值模拟经验。对于深层热储的数值模拟，在数据和资料比较充分的前提下，采用定流边界条件在很多情况下比较合适。

5.2.4　常用数值模拟软件

目前热储数值模拟软件比较多，常用的主要有 TOUGH 系列软件、Visual MODFLOW、GMS (groundwater modeling system)、FEFLOW、CMG Stars 及 COMSOL Multiphysics 等软件。

TOUGH 是非饱和地下水流及地热流传输(transport of unsaturated groundwater and heat)的简称(Pruess，2003)。TOUGH2 是 TOUGH 的后续版本。TOUGH2 应用比较广泛，在地热工程、核废料处置、地下水动力学、环境评价和修复及二氧化碳地质埋存中均有大量的应用范例。目前 TOUGH2 和有关的代码被 30 多个地区和国家采纳。

Visual MODFLOW 是一款在美国地质调查局软件 MODFLOW 的基础上研发的地下水模拟软件，由加拿大 Waterloo 水文地质公司研究开发，采用了比较先进的现代可视化技术，这使之成为目前国际上最具影响力的地下水流和溶质运移可视化模拟软件之一。

GMS 即地下水模拟系统，由美国 Brigham Young 环境模拟研究中心等机构在已有地下水模拟软件的基础上共同合作研究开发的，该软件以概念模型和网格模型为基础，软件界面综合了 MODFLOW、SEAM3D、MODPATH、MT3DMS 等可视化三维地下水模拟软件包，其主要优点有：数值模拟前后端处理功能全面、用户界面友好、建模便捷直观、图形图像处理能力强大，是国内外目前功能最为完善的地下水模拟软件之一。

FEFLOW 软件在 1979 年由德国 WASY 水资源规划系统研究所研究开发，其作为有限元地下水数值模拟的代表，有利于用户进行模型建立、分析复杂三维地质体地下水流动态以及溶质运移情况，该软件是迄今为止功能最齐全的地下水水量和水质计算模拟软件之一。其主要优势表现在模拟非饱和带和饱和带地下水流及其温度分布等方面。

CMG Stars 软件是由加拿大计算机模拟软件集团于 1978 年开始研发的提高采收率过程的模拟软件。它可用于多组分多相流体的数值模拟。CMG Stars 能够模拟有或无分散的固体颗粒在流体中的运动，以及通过复杂地质情况的流动，包括天然的以及人工的裂缝。CMG Stars 是一个用途比较广泛的数值模拟工具，可用于模拟热采、岩石力学(压裂、地层沉降、岩石破裂)、分散组分(聚合物、凝胶、微粒、乳状液、泡沫、调剖、断塞注入)等方面的渗流过程。对于油田伴生地热的有关数值模拟，该软件是比较合适的。

COMSOL Multiphysics 是一款应用广泛的通用型数值模拟软件，该软件起源于 MATLAB 的 Toolbox，主要应用于多物理场(包括渗流场)建模与仿真解决方案。COMSOL Multiphysics 软件是以有限元法为基础，通过求解偏微分方程(单场)或偏微分方程组

(多场)来实现真实物理现象的仿真，被称为“第一款真正的任意多物理场直接耦合分析软件”。软件的优势在于多物理场耦合方面，软件可以在几何构建的基础上使用偏微分方程组描述物理现象，能够很好地计算、模拟、仿真各种物理、化学及渗流力学等现象。

使用COMSOL Multiphysics软件可以满足地质建模三维化、可视化及解释分析的要求，用户可以随意组合不同的专业模块，而且组合的模块数量基本上不受限制。该软件应用简便、快捷，而且专业能力很强，它是主要针对偏微分方程，以此为研究对象的大型模拟仿真软件，在地热领域已有大量应用。

上述软件各有优缺点，具体选用哪一款软件对具体的项目进行数值模拟取决于所要研究的对象性质、研究的目的和要求、所掌握的资料以及用户本身的经验和偏好等。

5.3 数值模拟过程与方法

5.3.1 数值模拟过程与步骤

数值模拟过程并不是十分复杂，值得注意的是，一定要搞清楚涉及的一些基本概念、基本定律及其适用的条件与范围。数值模拟的一般过程与步骤如下。

(1)明确数值模拟的任务、要求和目的，确定数值模拟的区域、区块、地层或者层位，搞清楚需要解决的主要问题、需要求取的参数、需要的时间跨度以及对模拟结果的准确性或者不确定性，以便选择合适的数值模拟软件、适当的模型种类(二维区域模型、二维剖面模型、准三维模型、三维模型)和相应的数学方程。如前所述，在进行注水开发采油时，由于油藏温度的变化不大，因此一般在进行有关注水开发采油的数值模拟时不需要采用能量守恒方程。而在进行有关地热田开发的数值模拟时需要考虑能量守恒方程，因为在地热开发过程中热储温度的变化比较显著。

(2)收集有关资料，包括水文、地质、岩石流体特性参数、历史产量与动态等资料，搞清楚目标区块是否做过数值模拟或者相关的工程计算，如果做过，应该找到相关数据和资料。同时，需要查阅国内外有关的参考文献和报告，尤其是与将要进行数值模拟的区域或者储层有一定相似性的文献和报告。现在的搜索引擎非常先进，加上有些学者愿意分享自己的研究成果，有时能够找到非常有用的数据文件等可供参考，从而节约大量的时间，更重要的是，有利于做一些对比性分析。

(3)在分析已有数据和资料的基础上，确定储层(如热储或者油藏)的边界性质，选择合适的边界条件，建立相应的地球物理等概念模型和数学模型。

(4)选择(或者编制)合适的数值模拟软件，确定数值模拟的计算方法，是采用有限差分法还是有限元法等。然后，进行相应的网格设计和合理剖分。如果网格过细，则网格的总数很大，导致计算时间很长。如果网格过粗，尽管计算时间比较合适，但是数值模拟结果的可靠性可能大幅度下降，不确定性大幅度增加。对于非稳定流问题，上述两种数值方法都要确定时间步长和总的计算时段数。

(5)确定数值模拟过程中所有参数的具体数值和有关资料(包括有关参数的初值、边值、含水层厚度等)，并赋值到相应的格点或节点、单元上，形成数值模拟软件可以读取的数据文件。

(6)运行数值模拟软件或者有关程序，得到相应的数值模拟结果，并绘制有关曲线、图表等。

(7)将上述有关模拟结果与观测数据或者历史数据进行相应的比较，如果误差比较大，则可以对有关参数进行调整，重复上述步骤，直到误差比较小为止，也可以采用历史拟合的方法对有关参数进行调整。

(8)考虑进行敏感性分析，即将有关参数的数值人为地进行变化，进行相应的数值模拟，分析数值模拟结果的变化规律。

(9)分析数值模拟的结果，编写报告。

上述数值模拟的过程与步骤并不是严格规定的，也不是固定的，完全可以根据具体的实际情况进行调整和改变。

5.3.2　地质概念模型和网格设计

如前所述，明确数值模拟的任务、要求和目的并收集有关资料后，首要任务是建立研究区域的地质概念模型。地质概念模型(以下简称为概念模型)是对实际研究对象(如热储或者油藏)中问题域内物质(岩石与流体等)及其地质或者地球物理特征的概念性描述，是对实际问题的抽象化模拟。完全反映储层数据几乎是不可能的，一般都需要对研究对象进行一定程度简化。

在有关资料收集齐全后，建立概念模型的第一步是确定模型的边界，从而可以明确计算区域的大小。这一工作十分重要，因为它不仅影响数值模拟的计算量和计算时间，更重要的是还影响数学模型建立的正确与否。计算区域应尽可能是一个比较完整的地质单元，以便在数值模拟过程中能比较准确地反映该地区的几何形态和地质特征。

目前的建模技术比较先进，大部分情况下建立的是三维地质模型，具有如下特征：①比较高的确定性，有关地质资料可导入三维模型中，几乎所有资料以相对准确的数据形式赋值在网格单元上；②比较好的可视性，地质体以三维几何的形式存在，能够从各种视角进行观察，在图形软件的帮助下可以透视、切割或选取任意平面；③比较方便的可修改性，概念模型第一次建立后并不意味着模型已经完全定型，如果有新的数据、资料或实际地质情况发生变化，也可以对概念模型进行修改。图 5.3 是清丰地区某热储的概念模型，区域深度为 2000m(郭欣，2021)。

清丰地区从上到下的地层分布为第四系(Q)、明化镇组(N*m*)、馆陶组(N*g*)、侏罗系—白垩系(J—K)、石炭系—二叠系(C—P)、奥陶系(O)。其中，奥陶系为主要的热储层，储层厚度约为 500m，断裂较为发育，利于水的流动。在建立如图 5.3 所示的概念模型之前，可以对各地层分别建立概念模型，然后合并成一个总的概念模型。

数值模拟中，连续的研究区域是由节点和有关网格(有限差分网格或有限单元)组成的离散域所代替。数值方法一般分为有限差分法和有限元法两种，其网格的结构是不同的。

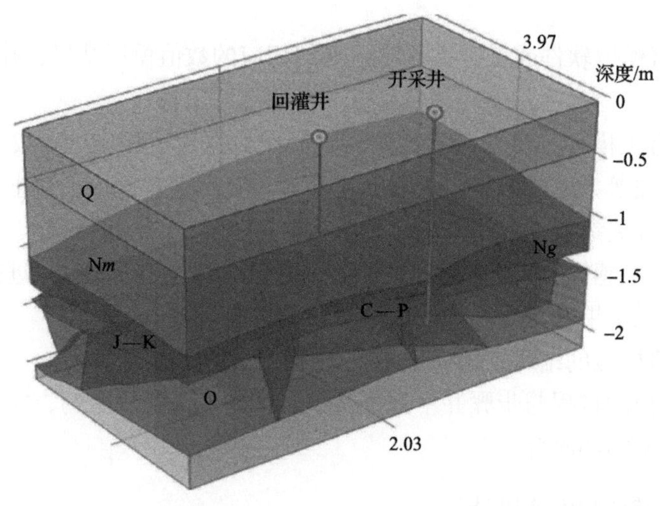

图 5.3 清丰地区某热储的概念模型(郭欣，2021)

有限差分网格通常用(i，j，k)去标记行、列、层内的位置，节点/格点可以采用规则的间距，即 Δx、Δy、Δx 都是常数，但并不需要彼此相等。很多情况下，需要用不规则(不等距)的网格，以便在一些需要精细刻画的区域采用比较密的网格，例如在生产井的附近、断层或者裂缝的附近区域需要采用比较小的、比较密的网格。

有限元模型的数据输入比有限差分模型的要复杂一些，有限元模型首先要根据所选择的网格单元形状(三角形、四边形、六面体等)将计算的渗流区域剖分成许多单元网格。然后，对每个节点、单元依次进行编号。图 5.4 是清丰地区某热储概念模型的网格剖分(郭欣，2021)。

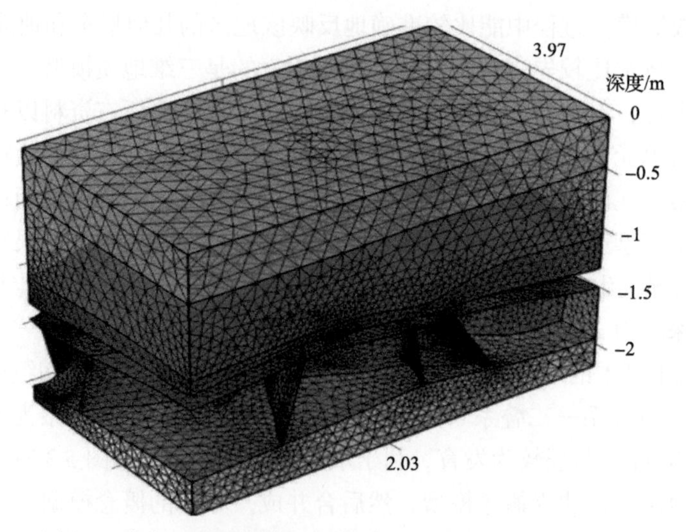

图 5.4 清丰地区某热储概念模型的网格剖分(郭欣，2021)

5.3.3　参数赋值

参数赋值对于数值模拟来说十分重要，一句有名的行话是："输入的是垃圾，输出的必然也是垃圾"，即 "garbage in, garbage out"。

收集到的储层数据几乎总是不够的，难以给每个节点、每个单元赋值。这种情况下，一般采用对研究区内的测量数据进行插值，常用的插值方法有线性插值、Kriging 方法等。Kriging 方法是一种统计插值法，这种方法和其他方法的不同之处在于它考虑了变量的空间结构，并以该值的标准均方差进行插值误差的估计。作为赋值的一个实例，图 5.5 是清丰地区某热储概念模型赋值孔隙度后的三维分布图(张鸿阳，2021)。

图 5.5　清丰地区某热储概念模型赋值孔隙度后的三维分布图(张鸿阳，2021)

在储层中存在多相(两相或者三相)渗流时，孔隙度、渗透率、温度和压力等参数的赋值相对来说比较容易，而毛管压力、相对渗透率的确定和赋值比较困难。作者在教学和咨询过程中，经常被问及为什么采用数值模拟得到的产量(如产油量、产水量等)通常都大于实际的测量值或者生产数据。可能的原因是输入相对渗透率的方法有问题，造成相对渗透率的赋值偏大。一些数值模拟软件的数据模板中提供的相对渗透率曲线大致如图 5.6 所示。

在第 2 章中介绍过，相对渗透率是某一相的有效渗透率除以岩石的绝对渗透率，但是，在有些情况下，为了方便对比或者其他原因，将相对渗透率定义为某一相的有效渗透率除以束缚水饱和度下油相(或者非润湿相)的有效渗透率，即 $k_o(S_{wc})$ (k_o 为油相有效渗透率，S_{wc} 为束缚水饱和度)。为了和相对渗透率的标准定义进行区分，这种相对渗透率也称为"归一化相对渗透率"。图 5.6 中的相对渗透率曲线是这种特殊处理后的相对渗透率，其特点是在束缚水饱和度条件下油相(或者非润湿相)的相对渗透率等于 1.0。采用标准定义的相对渗透率曲线如图 5.7 所示，其特点是在束缚水饱和度条件下油相(或者非润湿相)的相对渗透率肯定小于 1.0。

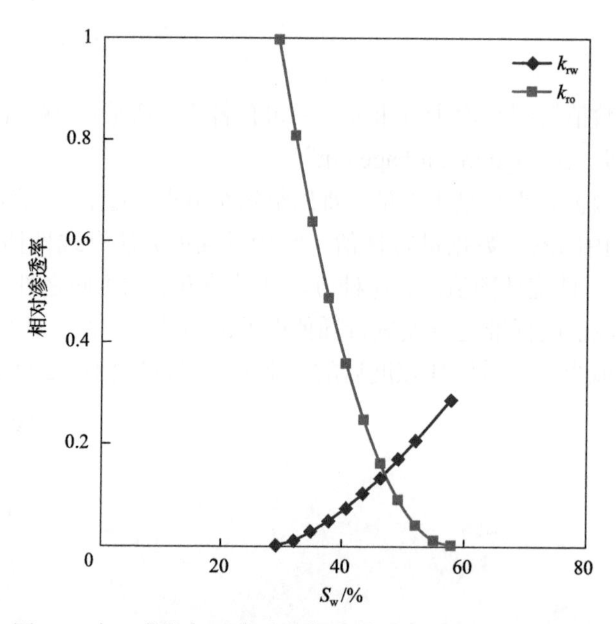

图 5.6　归一化的相对渗透率曲线(李克文和秦同洛，1989)

k_{rw} 为水的相对渗透率；k_{ro} 为油相相对渗透率

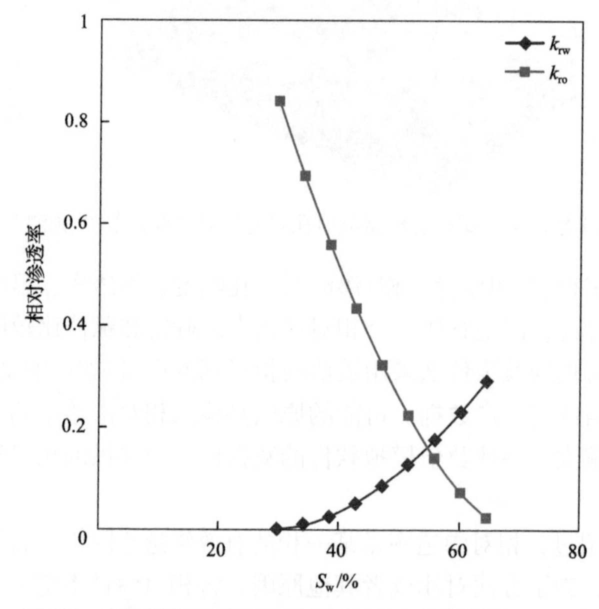

图 5.7　实测的相对渗透率曲线(李克文和秦同洛，1989)

那么，在具体的数值模拟过程中应该用哪一种相对渗透率数据，是采用如图 5.6 所示的相对渗透率曲线还是如图 5.7 所示的相对渗透率曲线？一般情况下，根据前述流动方程，应该采用如图 5.7 所示的相对渗透率曲线即标准定义的相对渗透率。

由于束缚水饱和度条件下油相(或者非润湿相)的有效渗透率总是小于岩石的绝对渗透率，所以，图 5.6 中的归一化相对渗透率总是大于图 5.7 中标准定义的相对渗透率。由此可知，如果数值模拟器中输入的是图 5.6 中的归一化相对渗透率，则得到的产量有可能大于实际测量值或者实际的生产数据。

当然，如果流动方程或者表征储层中渗流规律的数学模型中的相对渗透率采用的是归一化的定义，那么这种特殊情况下则应该采用如图 5.6 所示的归一化相对渗透率数据。在一些自己编制的数值模拟软件或者非商业化的软件中，有可能出现这种情况。

如果你得到的相对渗透率数据是如图 5.6 所示的曲线，怎么办？此时，应该将归一化的相对渗透率乘以 $k_o(S_{wc})/k$，此处 k 为岩石的绝对渗透率。然后，再将这样处理和计算得到的标准定义的相对渗透率数据输入相应的数值模拟软件中。

5.3.4　边界配置

边界条件设置与选择的正确与否直接决定了概念模型及数值模拟结果的可靠性，因此，必须尽可能正确选择边界与确定有关边界参数以使数值模拟结果更加符合实际情况。

选择边界类型和确定边界条件之前，应该尽可能分析目标研究区块的地形地貌，储层的地质特征、构造特征、水化学特征和流体动力学特征，如果条件允许，应该尽量采用天然边界或者水动力学系统(单元)的边界。

对于前述清丰地区的概念模型(图 5.3)，其顶部盖层厚度大，隔水性能较好，确定为隔水边界，因此，顶底面使用无流动边界条件。该概念模型中地层与四周的水力联系较好，因此，可以使用水头边界条件。由于地层四周与周围围岩均有热量传递，如果采用定温度边界条件，显然不合适，因此使用温度开放、定热流边界条件。

5.3.5　数值模拟的一些注意事项

当储层中流体的流动是多相渗流时，一般需要输入相对渗透率的数据。从发表的文献来看，有的输入了毛管压力数据，而相当一部分没有输入毛管压力。那么，在什么样的情况下应该或者不应该输入毛管压力数据？简单来说，如果储层的渗透率很高，则不用输入毛管压力数据。如果储层的渗透率很小，则需要输入毛管压力数据。但是，并没有一个具体的渗透率上限或者下限。另外，如果储层中存在裂缝(大部分实际热储中是这样的)，由于裂缝的渗透率很高，而基质的渗透率相对来说总是比较小的，在这种情况下，如果裂缝与基质之间液体质量交换占相当重要的比重和作用，即使作为基质的岩石的渗透率很高，通常也需要考虑毛管压力的作用。关于是否考虑毛管压力的作用，最好的办法是进行敏感性分析，即分别在考虑和不考虑毛管压力的前提下进行相应的数值模拟，分析结果的差异性是否很大。如果数值模拟的结果差别很大，则可能需要考虑毛管压力的作用。

如果储层比较大，而且非均质性很强或者多于一个水动力学系统，则需要考虑采用多套(多条)毛管压力和相对渗透率数据(曲线)。

是否考虑重力的作用则是相反：如果储层的渗透率很高，则可能需要考虑重力的作用；如果储层的渗透率很小，则不需要考虑重力的作用。

成功运行软件并得到相应的数值模拟结果后，应该尽可能多与实际测量数据以及文献中类似研究的结果进行对比分析。然后，多做一些关键参数的敏感性分析，如前述多相渗流条件下毛管压力的敏感性分析。另外，还可以做有关参数的极限值分析，以便发现数值模拟结果可能出现的一些问题和错误。下面针对上述所谓的参数极限值分析方法进行简单的讨论。

为了说明什么是参数极限值分析方法，以图 5.3 的概念模型为例。该模型中设置了一口注入井和一口生产井，可以用来研究不同注入流量条件下生产井中流体沿井筒的温度变化。一般情况下(假设没有采取任何保温措施)，从井底到地面井口，流体的温度随着深度的减小而降低。数值模拟得到的井筒中流体的温度剖面将符合上述规律。但是，在没有实际测量的温度数据情况下，如何进一步检验数值模拟结果的可靠性？生产井井筒中流体上升过程中温度降低的主要原因是井筒中流体的温度高于井筒周围岩石的温度，从而产生热损失。根据传热规律，如果井筒中流体的流速或者流量无限大，则生产井中的流体在井口的温度将等于井底的温度；如果井筒中流体的流速或者流量趋近于零，则生产井井筒中的流体在井口的温度将等于地面的环境温度。据此，可以设置流量为零或者非常大，检验井筒中温度的变化是否符合上述规律。如果符合，证明数值模拟结果有可能是可靠的；如果不符合，则需要查找原因，直到符合为止。

在取得自己认为可靠的数值模拟结果并完成上述建议的数值模拟的有关工作后，还可以多和同行，尤其是现场工程师进行交流，有时可以得到一些重要的启示，甚至避免一些错误。

数值模拟取得的数据和结果往往非常多，如何整理、分析、展示这些模拟结果是需要认真考虑的，尤其是初学者更应该注意，一个比较简单的办法是参考比较高水平的论文或者报告的数据处理和绘图方式。一个值得注意的小问题是图的大小尽可能相同、类似图件的图标的取值范围尽量相同，并且最好是整数区间。如图 5.8 所示，(a)的图标是从 20℃到 60℃，而(b)的图标从 15℃到 60℃，这样就不容易进行视觉性的对比和分析。

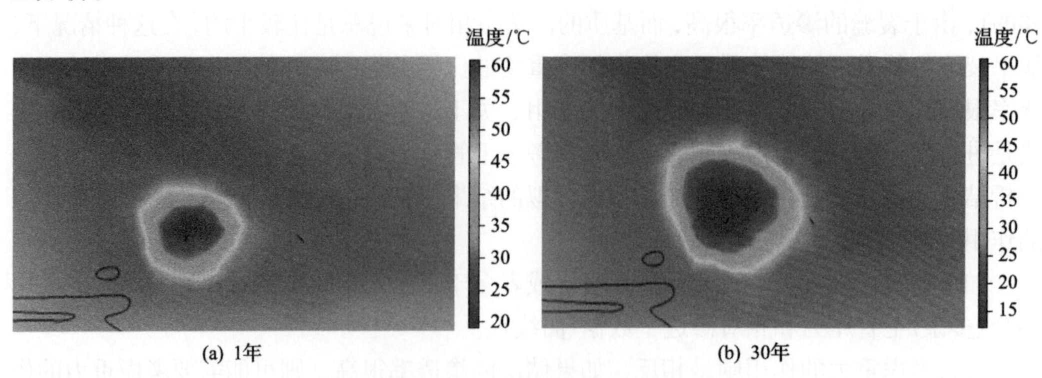

图 5.8　储层某深度处温度随时间变化的情况

5.4 不需要输入相对渗透率实验数据的数值模拟方法

5.4.1 数值模拟的不确定性和存在的问题

数值模拟结果的不确定性是目前存在的一个主要问题，减少数值模拟和油藏工程计算中的不确定性一直是一个巨大的挑战，预测结果不确定性的一个来源是输入值具有误差和不确定性。例如，相对渗透率数据的差异可能导致很大的不确定性。小范围的非均质性(如交错层理)导致相对渗透率变化可能对储层动态有着非常大的影响。另外，在很多情况下，相对渗透率的实验数据也可能有误差或具有不确定性。McPhee 和 Arthur(1994)报道了一个对比研究，发现 5 个不同实验室采用同样的均质岩心、同样的实验流程测得的残余油饱和度相差 20%，且端点水相相对渗透率相差很大。如果实验室应用自己的分析过程和标准，残余油饱和度的不符合率增加到大约 34%，相对渗透率的不符合程度更大。由于实验数据可能带来比较大的不确定性，因此，相对渗透率通常作为一个可调参数或者采用自动历史拟合方法获得，而不采用实验数据。然而，为了拟合产量或者其他生产数据而单独调整相对渗透率可能会导致其曲线变得奇形怪状，不符合实际情况甚至违背渗流规律。

为了解决数值模拟结果的不确定性问题，已经有不少研究和报道。Papatzacos 和 Skjæveland(2002)报道了一个多孔介质中的单组分两相渗流理论，该理论将润湿性和毛管压力作为热动力学描述的积分项，并没有使用相对渗透率的概念。

毛管压力和相对渗透率(或有效渗透率)是数值模拟中两个重要的输入参数。即使在很早之前就发现了两者之间存在相互关系，但毛管压力和相对渗透率的实验数据仍然经常作为数值模拟的两个单独的输入参数。

已经有很多学者研究了如何通过毛管压力计算相对渗透率。Purcell(1949)提出了一种新的方法计算渗透率，即采用压汞毛管压力曲线推导出孔隙大小分布来计算渗透率，该方法建立了渗透率和毛管压力的关系。Gates 和 Leitz(1950)指出该关系可适用于多孔介质中的多相流流动，并可以用来计算相对渗透率。Burdine(1953)将该模型引入迂曲度。Corey(1954)及 Brooks 和 Corey(1966)总结了之前的工作，并改进了这种方法，把毛管压力曲线表示为润湿相饱和度的幂律方程。Honarpour 等(1986)综述了油田驱替情况下关于相对渗透率和毛管压力关系的文献。Land(1968，1971)建立了自吸情况下相对渗透率与毛管压力的相关关系。

研究从毛管压力数据推导相对渗透率的原因是实验测定相对渗透率非常困难，并且影响相对渗透率测量结果的因素非常多(Chang et al., 1997; Masalmeh, 2003)。

5.4.2 利用毛管压力计算相对渗透率的方法

作者等(Li and Horne, 2006)已经证明：在许多情况下，两相流体流动中的相对渗透率可以利用毛管压力数据比较准确地计算出来。Brooks-Corey 模型(1966 年)使用比较普遍。然而，Purcell 模型(1949 年)用来解释湿相相对渗透率可能更好(Li and Horne，2006)。作者等(Li and Horne，2006)通过一系列对比分析和研究得到的结论是：润湿相的相对渗透率应该利用 Purcell 模型计算，非润湿相相对渗透率应该采用 Brooks-Corey 模型计算。据此，润湿相相对渗透率可由式(5.42)计算：

$$k_{rw} = k_{rw}^*(S_w^*)^{\frac{2+\lambda}{\lambda}} \tag{5.42}$$

式中，k_{rw}^* 为润湿相的端点相对渗透率；k_{rw} 和 S_w^* 为润湿相相对渗透率和标准饱和度；λ为孔隙大小分布系数。

式(5.42)是将下面的毛管压力模型代入到 Purcell 模型中推导出来的：

$$p_c = p_e(S_w^*)^{-1/\lambda} \tag{5.43}$$

式中，p_e 为毛细管门槛压力。

在水驱的情况下，润湿相的标准饱和度可由式(5.44)计算得到：

$$S_w^* = \frac{S_w - S_{wr}}{1 - S_{wr}} \tag{5.44}$$

式中，S_w 和 S_{wr} 为特定的饱和度和润湿相的残余油饱和度。

对于非润湿相，相对渗透率可由 Brooks-Corey 模型计算得到，公式如下：

$$k_{rnw} = k_{rnw}^*(1 - S_w^*)^2\left[1 - (S_w^*)^{\frac{2+\lambda}{\lambda}}\right] \tag{5.45}$$

式中，k_{rnw}^* 为非润湿相的端点相对渗透率；k_{rnw} 为非润湿相的相对渗透率。式(5.45)是将式(5.43)代入到 Burdine 模型中得到的。

值得注意的是，不同的情况要使用不同的相对渗透率模型，具体情况要具体分析，下面通过一个例子进行分析和讨论。

束缚水岩石中的气-油流动是一个三相渗流系统，但是，其中作为束缚水的水相是不流动的，因此，也可以认为是特殊两相渗流系统。一般情况下，水相为强润湿相，油和气为非润湿相。这种情况下，气相的相对渗透率可由式(5.45)计算。由于油相为非润湿相，所以油相的相对渗透率不能由式(5.42)计算。这与没有束缚水的气-油两相流的情况是不同的，因为此时作为润湿性的油相相对渗透率可由式(5.42)计算。根据作者等(Li and Horne, 2006)建立的物理模型，当束缚水存在时，应该考虑迂曲度对油相相对渗透率的影响，这种情况下，可以采用式(5.46)计算油相的相对渗透率：

$$k_{ro} = k_{ro}^*(S_o^*)^{\frac{2+3\lambda}{\lambda}} \tag{5.46}$$

式中，k_{ro}^* 为原始含水饱和度下油相端点相对渗透率；k_{ro} 和 S_o^* 为油相的相对渗透率和标准含油饱和度，其中：

$$S_w^* = \frac{S_o - S_{or}}{1 - S_{or} - S_{wi}} \tag{5.47}$$

式中，S_o 和 S_{or} 为在束缚水岩石中气-油流动情况下的含油饱和度和残余油饱和度；S_{wi} 为束缚水饱和度。

5.4.3　不需要输入相对渗透率实验数据的数值模拟方法及验证

如前所述，数值模拟结果的不确定性是一个很大的问题，造成模拟结果不确定性的主要原因是输入参数的误差和不确定性。如果能够减少数值模拟输入参数的数量，特别是避免误差大、高度不确定性参数的输入，则可以降低数值模拟结果的不确定性。

如前所述，只要有了可靠的毛管压力数据，就可以利用相应的 p_c-k_r 模型计算出两相渗流系统中的相对渗透率(Li and Horne, 2006)。根据这一方法，在进行两相流的数值模拟时，不必将相对渗透率作为一个单独的参数输入到模拟器中，只需将毛管压力数据输入，相对渗透率数据可利用前述 p_c-k_r 模型获得(Li and Horne, 2006)。这样做的好处很多，主要有如下几点。

(1)减少了一个关键的输入参数，可以减少数值模拟结果的不确定性。

(2)测量全程饱和度的相对渗透率通常很费时，且费用很昂贵，在很多情况下也不是十分准确，而毛管压力的测量相对来说既快又便宜，且实验数据的精度比较高。

(3)与分别向模拟器输入这两个参数相比，油藏工程师利用毛管压力获得相对渗透率的方法更加有效、可靠，并且更具有一致性。

(4)通过实验建立的毛管压力与岩石特性(渗透率等)的相关关系比相对渗透率与岩石特性的相关关系要好一些，更加有利于数值模拟过程中的敏感性分析。

(5)与一般调节相对渗透率曲线的方法不同，通过改变毛管压力曲线的方式拟合生产数据可能更具物理意义，这是因为可以利用基于毛管压力和岩石特性之间建立起来的 J 函数。

为了验证上述不输入相对渗透率实验数据进行数值模拟的方法，作者等(Li and Horne, 2006)使用了 Pedrera 等发表的重力驱油数据。图 5.9 表示垂直放置的岩心在重力驱替下油相驱替效率的实验数据，以 OOIP 为单位。1m 长的岩心的渗透率为 7000mD，孔隙度为 41%。Pedrera 等所做的重力驱替实验是在不同润湿性的气-油-水-岩石系统中进行的，水相处于束缚水状态，是不流动的。下面讨论的是强水湿的情况，润湿系数为 1.0，束缚水饱和度为 21%。

测量得到的毛管压力-原油饱和度关系如图 5.10 所示，为了利用毛管压力数据计算相对渗透率，将式(5.45)所表示的 Brooks-Corey 模型与图 5.10 中的实验数据进行拟合，可以看出模型的拟合效果很好。拟合得到的门槛压力 p_{em} 为 0.00259MPa，λ 大约为 7.36。

利用式(5.46)和式(5.47)以及通过拟合得到的 p_{em} 和 λ 值可以计算出气/油的相对渗透率，结果如图 5.11 所示。值得注意的是，油相相对渗透率的实验数据是比较分散的，且没有可用的气相相对渗透率数据。从图 5.11 中可以看出，毛管压力实验数据计算得出的油相相对渗透率基本上是实验数据的平均值。

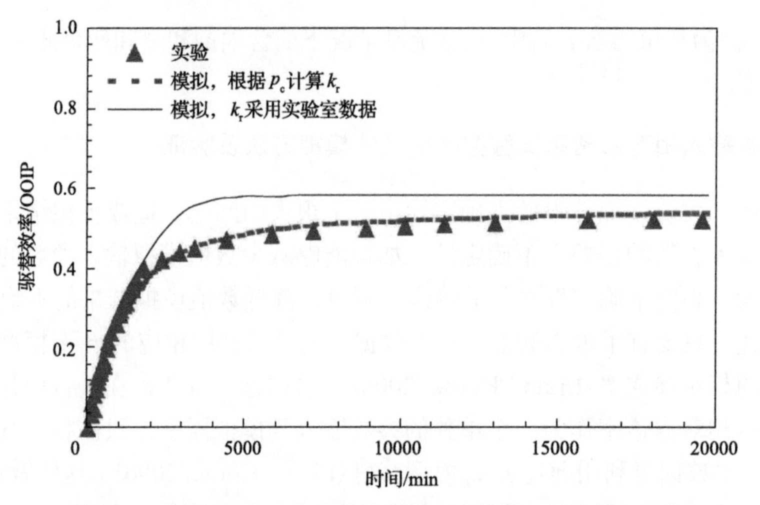

图 5.9　重力驱替中油相驱替效率的实验数据和数值模拟数据

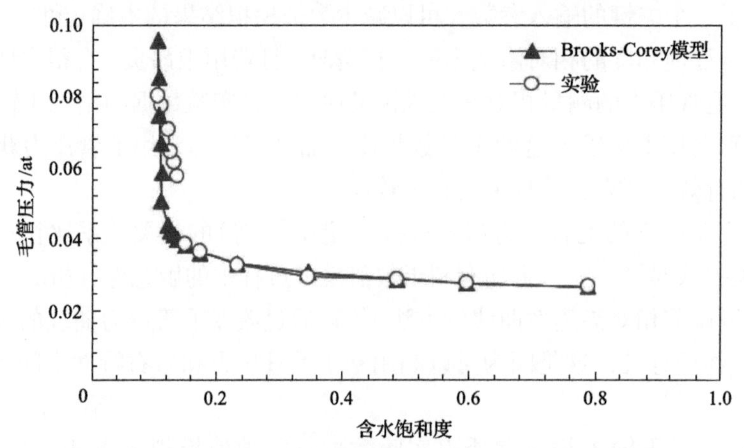

图 5.10　毛管压力的实验数据与 Brooks-Corey 模型的拟合结果

1at=9.80665×10^{4}Pa

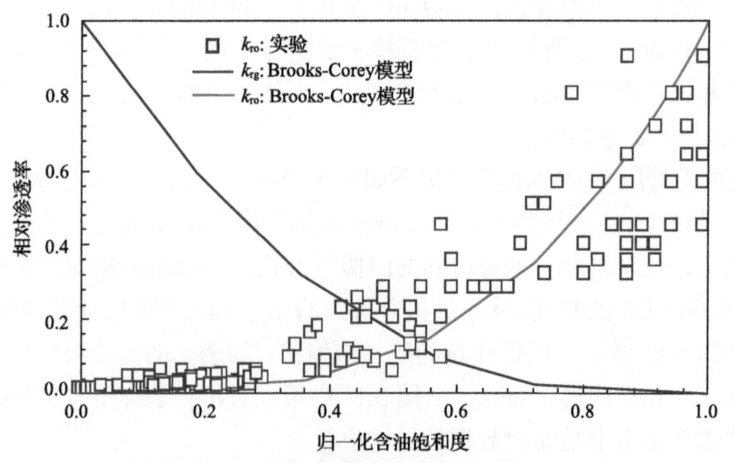

图 5.11　气相/油相对渗透率的实验和计算数据

k_{rg}为气相相对渗透率

由此可知，利用毛管压力实验数据可以比较精确地计算出气和油的相对渗透率。将这些利用模型计算得到的相对渗透率数据（而不是相对渗透率的实验数据）作为输入值，采用数值模拟得到的油相驱替效率，如图 5.9 所示。在该研究中使用的模拟软件为 Eclipse 100，岩心在一维的垂直方向上细分为 100 个网格。从图 5.9 可以看出，利用数值模拟得到的油相驱替效率与实验数据基本相同。这一结果证明：不使用相对渗透率的实验数据，而使用毛管压力计算得出的相对渗透率数据进行数值模拟的方法是可行的，而且还能够减少模拟结果的不确定性。如果是自己编制数值模拟程序或者可以修改所用的商业软件时，则可以把采用毛管压力计算相对渗透率的步骤嵌入到程序中，这样在数据输入模块只需要输入毛管压力数据，而不需要输入相对渗透率数据。

如果采用相对渗透率的实验数据，可能导致数值模拟结果与实际数据偏差较大，有关结果讨论如下。Pedrera 等（2002）测定的相对渗透率的实验数据是非常分散的（图 5.11）。当使用这些相对渗透率的实验数据进行数值模拟时，数值模拟的油的驱替效率与实验数据有着显著的不同。

在重力驱替的数值模拟中，气相的相对渗透率被假定为 1.0，这可能不正确。然而，气相的流度远比油相的大，所以，气相相对渗透率对数值模拟结果的影响可能不大。为了验证这个推测，在气相相对渗透率为 0.1～1，利用前述方法分别进行数值模拟，结果如图 5.12 所示。图 5.12 中的 k_{rg} 表示气相相对渗透率的端点值。从图 5.12 可以看出，气相相对渗透率的端点值对数值模拟结果的影响不大，尤其是当气相相对渗透率的端点值大于 0.5 时。

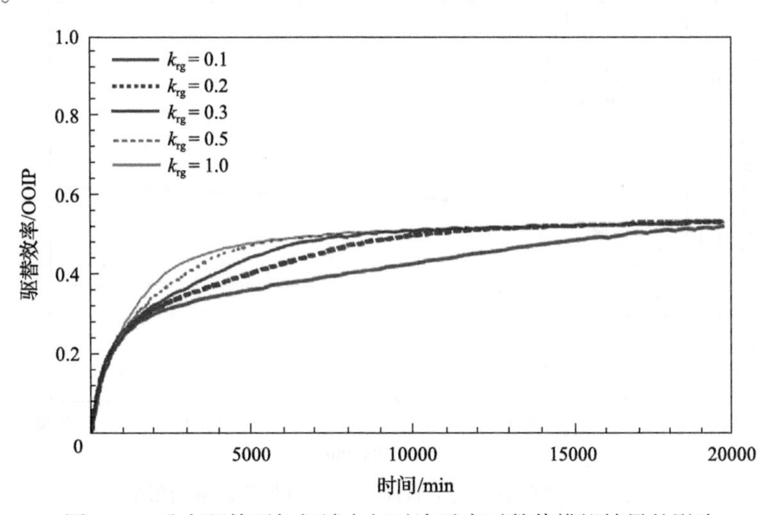

图 5.12　重力驱替下气相端点相对渗透率对数值模拟结果的影响

在重力驱油过程中，重力是驱动力，而毛管压力是阻力，因此，阈压 p_{em} 可能对油相驱替效率起着十分重要的作用，一般情况下，阈压越大，驱替效率越低。为了检验该渗流规律，用式（5.44）计算不同阈压、相同孔隙分布（λ=7）的毛管压力曲线。阈压范围为 0.1～2.0 倍 p_{em}（p_{em} 为 0.00259MPa）。图 5.13 表示采用这些数据计算得到的毛管压力曲线。根据式（5.43）、式（5.46）、式（5.47），相对渗透率不是阈压的函数，也就是说，阈压对相对渗透率没有任何影响。因此，图 5.13 中的毛管压力曲线对应的相对渗透率曲线只有一条，不同阈压、重力驱油条件下的数值模拟结果如图 5.14 所示。其他的岩石及流体参数与图 5.9 中数值模拟相同。可以看出，重力驱油时阈压对油相驱替效率的影响是非常显著的，油相驱替效率随着阈压的降低而增加。这一结果一方面证明了准确测量阈压是非常重要的，另一方面也说明采用不输入相对渗透率实验数据进行数值模拟的方法是可行的。

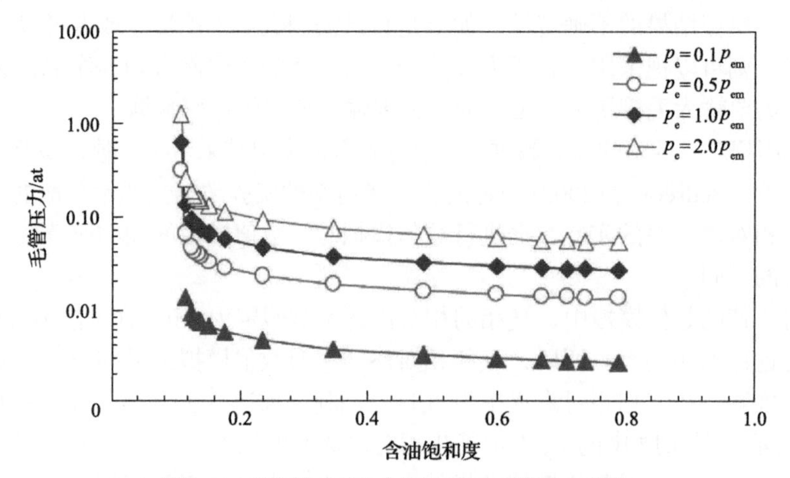

图 5.13　不同阈压下对应的不同毛管压力曲线

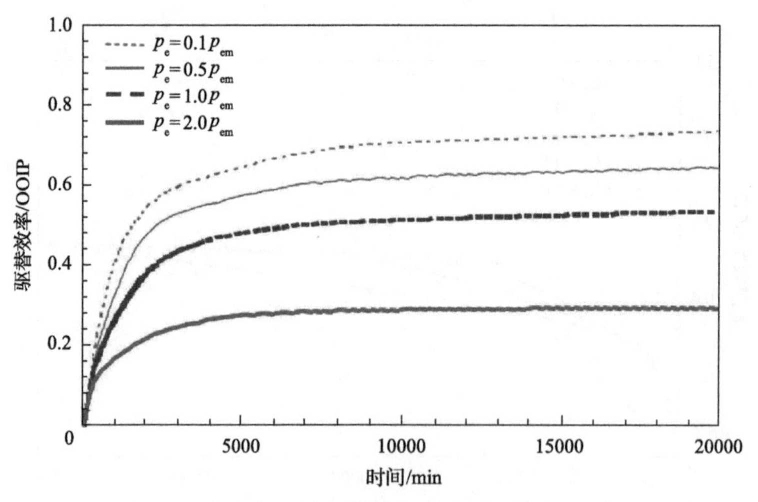

图 5.14　岩心中不同毛管压力对重力驱替效率的影响

5.4.4　饱和度函数输入方法分析与讨论

毛管压力、相对渗透率、电阻率指数都是饱和度的函数，它们与含水饱和度的函数关系统称为“饱和度函数”。不过，这里只简单分析和讨论前两个。

由于测量相对渗透率的费用很高，用于测量相对渗透率的岩心数量是一个重要的需要考虑的因素。尽管 Mohammed 和 Corbett(2002)提出了一种方法，但是仍然很难从技术和经济的角度决定测量相对渗透率的数量。如前所述，许多两相渗流系统的相对渗透率能够用毛管压力数据计算出来，因此，从理论上来讲，并不需要进行相对渗透率的测量，或者说用于测量相对渗透率的岩心数量理论上可以为零。然而，在条件允许的情况下，可以适当进行一定数量的相对渗透率测量，其目的是利用这些相对渗透率的实验数据来验证采用毛管压力数据计算相对渗透率的模型和方法。

在进行数值模拟时，经常采用一些经验公式分别计算毛管压力和相对渗透率数据，而不是采用前述关联方法，即先得到毛管压力数据，然后再用式(5.43)和式(5.47)计算相对渗透率。显然，采用这种关联方法计算相对渗透率更能够表征岩石中的多相渗流。

这一章节中提到的不用输入相对渗透率实验数据的数值模拟方法在测量相对渗透率困难的情况下十分有用，如低渗油藏、地热藏(热储)和凝析气藏(Al-Wahaibi et al., 2006; Khuzhayorov and Burnashev, 2001)。如果岩心渗透率十分低，就需要花大量的时间和成本测量相对渗透率。在地热藏中，因为蒸汽和水在压力变化时不仅有相态的改变，还有相间的质量交换，所以测量蒸汽-水的相对渗透率十分困难(Sanchez and Schechter, 1990; Horne et al., 2000)。同样地，在凝析气油藏中，由于质量交换和相态随压力的变化问题，很难测量凝析气藏的相对渗透率曲线(Gravier et al., 1986; Chen et al., 1995)。

这一章节中提到的不用输入相对渗透率实验数据的数值模拟方法也适用于没有样品或者时间上来不及测量相对渗透率的情况，如随钻过程中的实时数值模拟。

单相渗流条件下的网格粗化技术是十分简单明了的(Renard and de Marsily，1997)，即使在近井区域(Durlofsky et al., 2000; Ding,1995)。然而，在多相渗流条件下，网格粗化技术目前还有许多困难与挑战(Coll et al., 2001; Abtahi and Torsaeter, 1998)。在大部分情况下，渗透率较好地实现了网格粗化或者说网格粗化过程中较好地考虑了渗透率，但是，饱和度函数(尤其是毛管压力和相对渗透率)并没有较好地实现网格粗化。前面讨论的毛管压力和相对渗透率之间的相关关系以及一些数值模拟结果说明在网格粗化过程中可能只需要考虑毛管压力，这是因为当得到网格粗化后的毛管压力后，可以计算出相应的相对渗透率。然而，在许多数值模拟中，经常忽略毛管压力的作用，甚至在低渗和非均质性强的储层中也根本不输入毛管压力数据。根据渗流力学理论，如果忽略毛管压力或者将毛管压力假定为零，则相对渗透率与流体饱和度呈线性关系。但是，我们知道，大多数情况下并不是这样。由此可知，在低渗和非均质性强的储层中进行数值模拟是应该考虑毛管压力的。

另外，因为很好建立毛管压力和岩石/流体性质之间的函数关系(如 J 函数)，毛管压力曲线的网格粗化(或者标配)相比渗透率曲线的简单一些。如果这样做，多相渗流条件下的网格粗化可能节省大量的计算时间，不确定性也可能会明显减少。同时，也有可能避免得到奇形怪状的相对渗透率曲线。

一些特殊的储层岩石或者多孔介质中的毛管压力曲线可能不能够用 Brooks-Corey 模型[式(5.45)]来表示。在这种情况下，就必须先确定合适的毛管压力模型，然后再找到可以通过毛管压力计算相对渗透率的数学模型。总之，只要有了采用毛管压力数据计算相对渗透率的关系模型，就可以采用不用输入相对渗透率实验数据的数值模拟方法。

需要说明的是，我们并没有说准确测量不同类型岩石的相对渗透率不重要。相反，准确测量相对渗透率仍然非常重要。原因之一是我们需要用实验数据来验证毛管压力和相对渗透率之间的关系模型。值得注意的是，用来进行测定相对渗透率的岩心数量可以大幅度减少。

尽管上述的实例采用的是油气两相，但是对于蒸汽-水的两相流体的流动过程的数值模拟，不需要输入相对渗透率实验数据的数值模拟方法也是可以应用的。

5.5　热储数值模拟实例

为了研究华北油田在地热发电过程中储层温度场的变化规律，作者等对华北油田留北区块地热发电时的开发过程进行了数值模拟研究，采用的软件包括 GoCad（前处理）、斯坦福大学的通用数值模拟软件 GPRS（用于历史拟合等）以及 CMG Stars（热储的数值模拟）等。在该项数值模拟中，假设注采平衡。下面对这项数值模拟研究的目的、过程与结果进行分析和讨论，以便读者对此有一些基本的认识和了解。

5.5.1　留北区块油田伴生地热数值模拟的目的和任务

华北油田的油藏温度比较高，例如留北区块的油藏温度超过 120℃，产出液的地面温度有的甚至高于 100℃。这样的储层既是油藏，也是热储，这些伴随着原油存储在油藏中的热能一般称为油田伴生地热。油井不仅生产原油，也产出热能，这些伴随着原油生产到地面的热能可以用于发电和供暖等。为了保持油藏的地层压力和处理生产井产出的水，一般都配置有注水井或者回灌井。如果要利用油田伴生地热发电，一般需要通过压裂等措施大幅度提高油井的产液量，相应的回灌量也需要大幅度增加。由于回灌水的温度比较低、流量比较大，所以，油藏温度可能快速降低，这对于采用油田伴生地热发电是不利的。因此，需要研究回灌量、回灌水温度对油藏温度的影响，得到合适的回灌量和回灌水温度等参数。

区块有 23 口井，其中注水井 7 口，生产井 16 口，网格数为 55000，具体如图 5.15 所示。其他基本参数见表 5.1，储层孔隙度及渗透率模型分别如图 5.16 和图 5.17 所示，油水相对渗透率曲线如图 5.18 所示。

表 5.1　基本模型参数

项目	数据
原始地层压力/MPa	30
原始地层温度/℃	120
残余油饱和度/%	37
地层岩石热导率/[W/(m·K)]	5
地层水热导率/[W/(m·K)]	0.65
地层油热导率/[W/(m·K)]	0.135

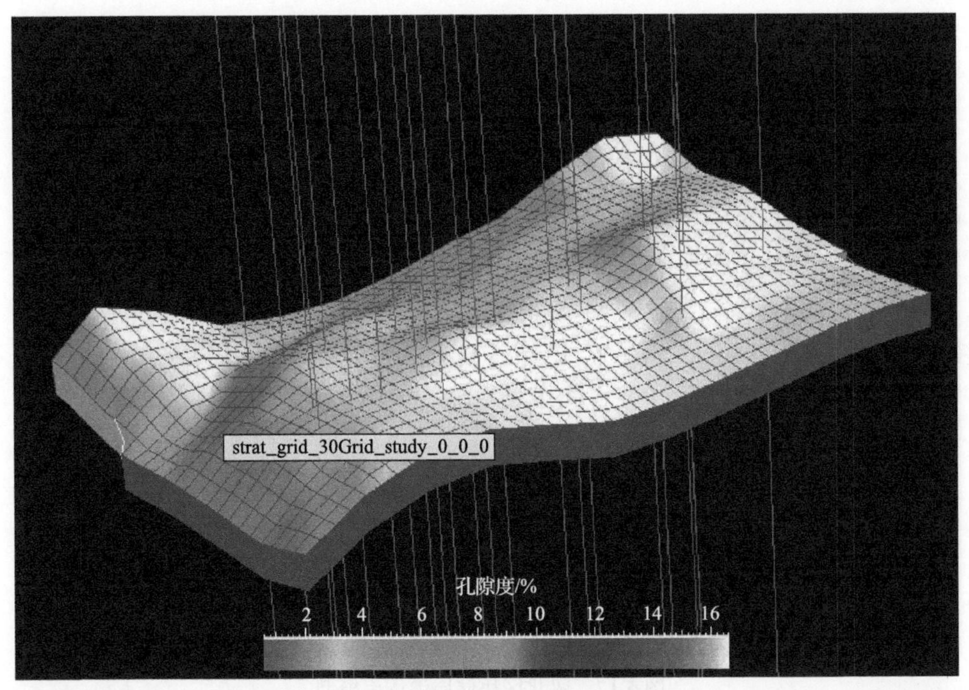

图 5.15　留北区块网格划分示意图

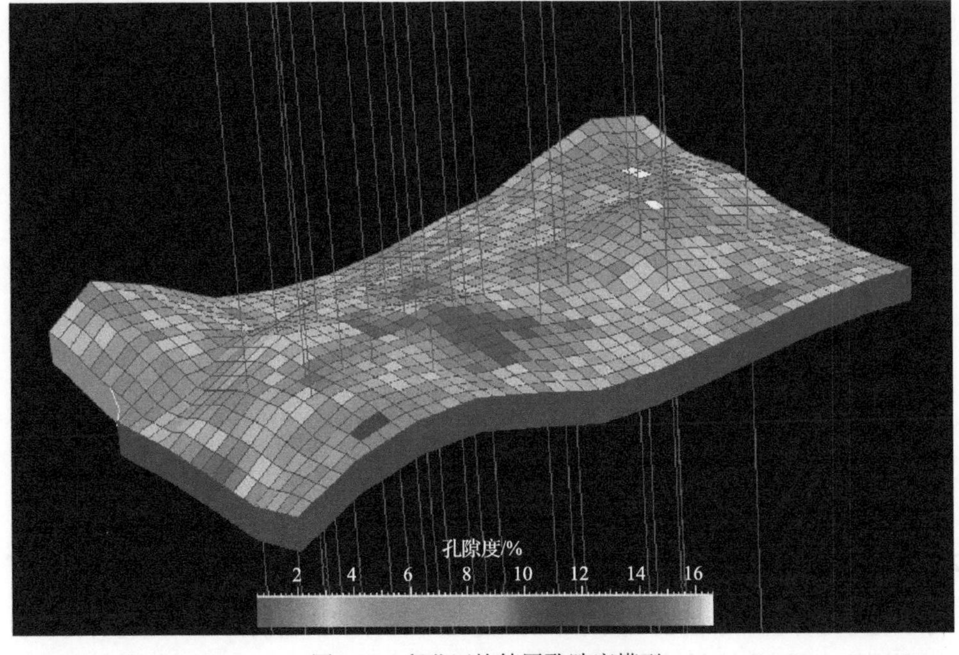

图 5.16　留北区块储层孔隙度模型

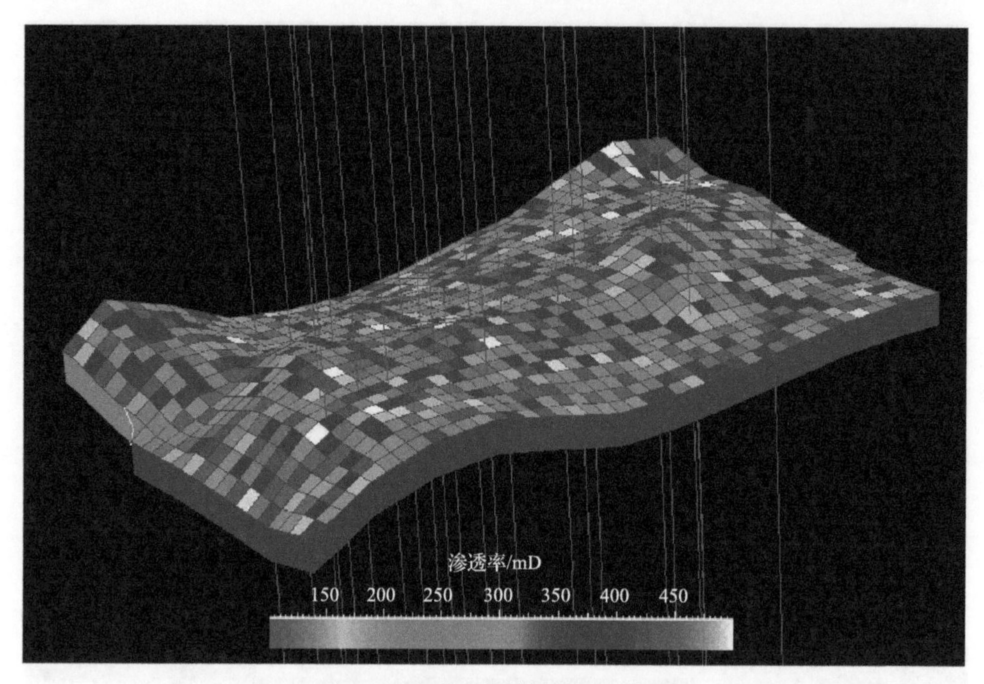

图 5.17　留北区块储层渗透率模型

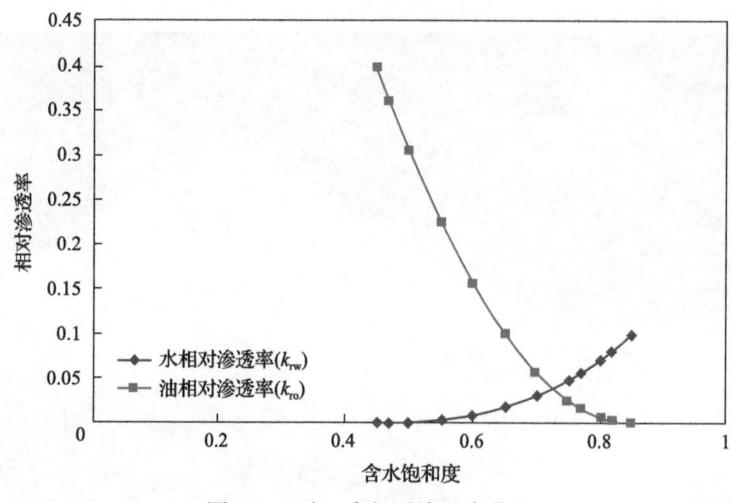

图 5.18　油、水相对渗透率曲线

5.5.2　数值模拟方案的设置

为了更好地分析注水温度、热导率的敏感性，设计了多组模拟方案进行对比。表 5.2 为模拟不同注水量(此处所讨论的注水量为单井注水量，区块注水量为 7 口注水井注水量之和，下同)和不同的注入温度的 18 组模拟方案。

表 5.2　模拟不同注水量和不同的注入温度

序号	注入温度/℃	单井注水量/(m^3/d)
1	20	500
2	20	1000
3	20	2000
4	20	3000
5	20	3500
6	20	8000
7	35	500
8	35	1000
9	35	2000
10	35	3000
11	35	3500
12	35	8000
13	50	500
14	50	1000
15	50	2000
16	50	3000
17	50	3500
18	50	8000

5.5.3　生产数据及井温等数据的历史拟合

根据收集到的裂缝间距、生产历史及温度压力的测量数据，对留 51 井进行双孔双渗模型下的数值模拟，并对生产动态及温度场进行拟合(在压力限定为实测压力数据的前提下)，拟合调整参数主要为裂缝间距及密度。拟合前 X、Y、Z 三个方向的间距分别为 3m、3m、4m，拟合后，分别为 7.83m、12.79m、21.25m。拟合的结果如图 5.19～图 5.22 所示。

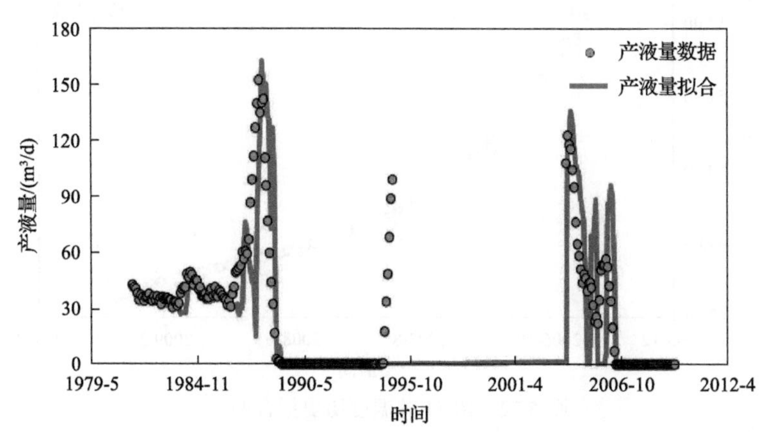

图 5.19　留 51 井产液量历史拟合曲线

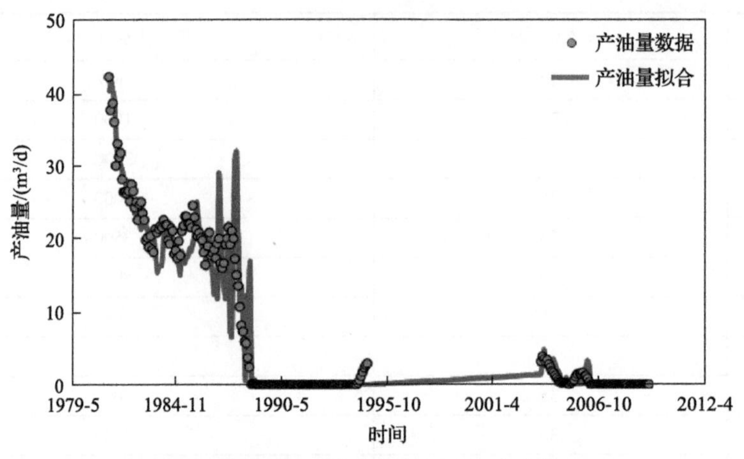

图 5.20　留 51 井产油量历史拟合曲线

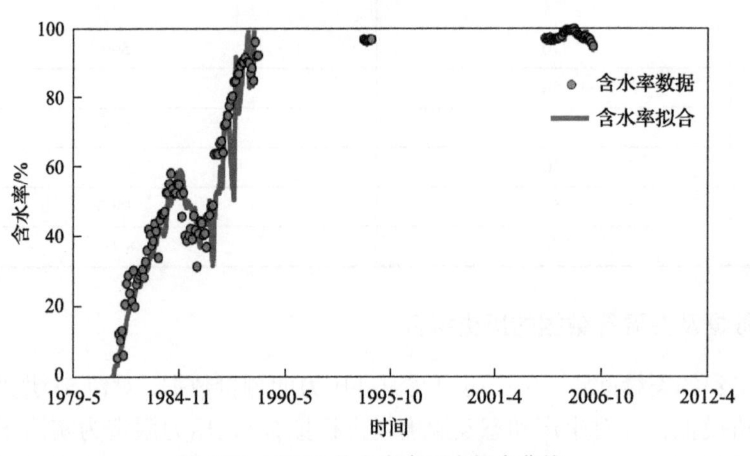

图 5.21　留 51 井含水率历史拟合曲线

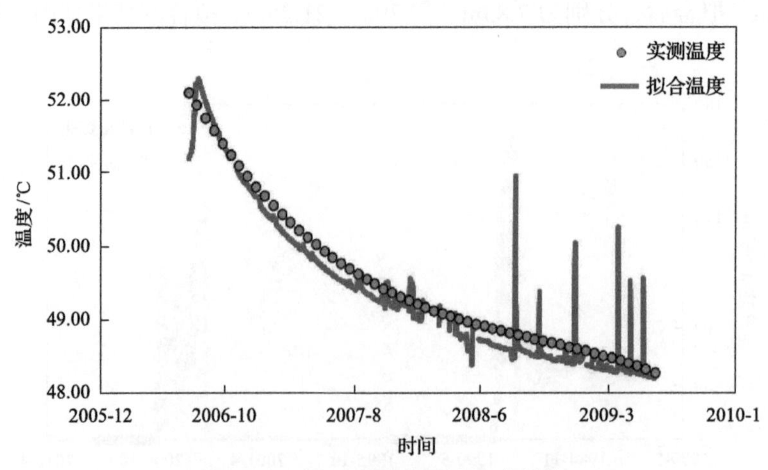

图 5.22　留 51 井温度历史拟合曲线

从图5.19～图5.22中的拟合结果来看，建立的有关概念模型及数值模拟方法可以较好地拟合产液量、产油量、含水率及生产井的温度数据。

5.5.4　数值模拟结果

在对有关生产数据成功进行历史拟合后，对留北区块全油藏进行了多种方案的数值模拟，下面是对有关数值模拟结果的分析和讨论。

图5.23表示采出液回注温度为20℃时，不同单井注水量条件下油藏(热储)平均温度随开发时间下降的情况。

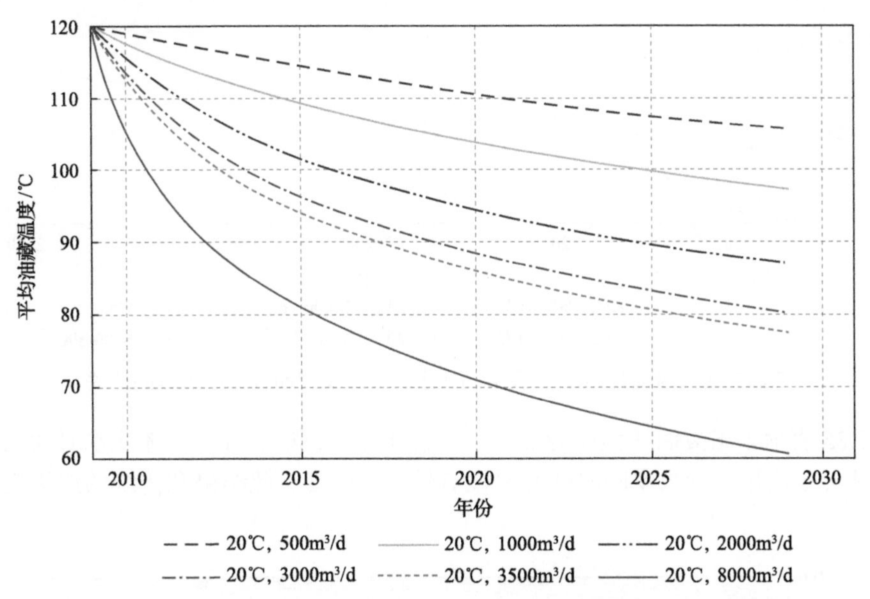

图5.23　注入温度为20℃，在不同注水量下平均油藏温度与注水时间的关系

从图5.23可以看出，随着冷水的持续注入，油藏的平均温度会稳定下降。在同一注入温度下，随着注水量的增加，油藏平均温度的下降趋势变快。当油藏原始温度为120℃，注入温度为20℃，注水周期为10年时，以注水量为500m^3/d持续注入，油藏温度下降在10℃以内。以注水量为1000m^3/d持续注入，热藏温度下降在20℃以内。以注水量为2000～3500m^3/d持续注入，油藏温度下降在30℃左右，油藏温度到达其温度下限90℃。当注水量达8000m^3/d，油藏温度下降幅度在45～50℃。

当注水周期为20年时，以注水量为500～1000m^3/d持续注入，油藏温度下降在20℃左右。以注水量为2000～3500m^3/d持续注入，油藏温度下降在30～40℃。当注水量达8000m^3/d，油藏温度下降幅度高达60℃。

一般来说，地热发电站的设计使用寿命至少为20年，目前通常的要求是热储(油藏)的平均温度每年下降不超过1℃。根据上述分析，在注入温度为20℃时，注水量以不超过1000m^3/d为宜。显然，回灌温度越高，合适的注水量也越大。根据相应的数值模拟结果，当注入温度为50℃时，注水量以不超过2000m^3/d为宜，具体情况这里就不再详细讨论。

图 5.24 表示采出液回注温度为 20℃时，不同注水量条件下累积产油量与注水时间的关系。从图 5.24 可以看出，产油量的增加也是可观的。

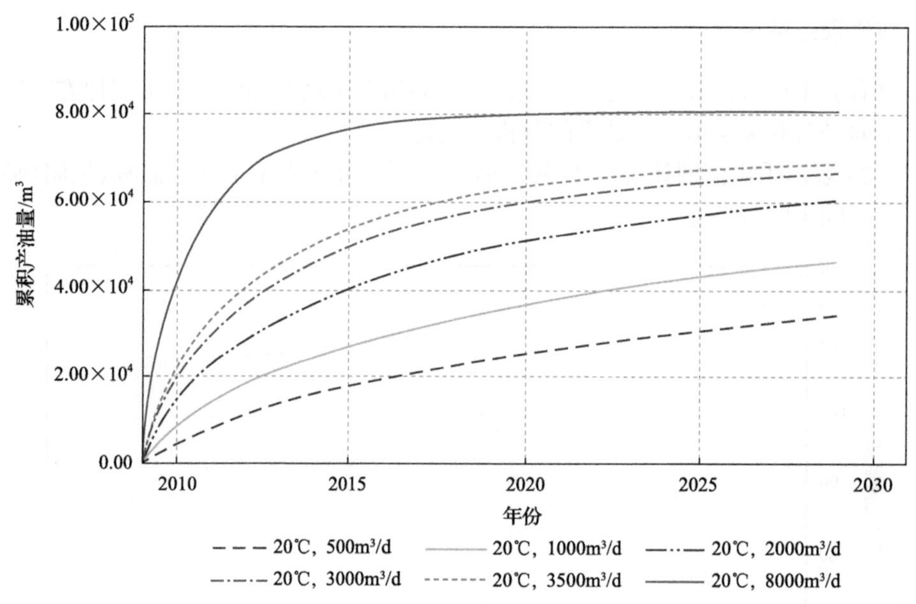

图 5.24　注入温度为 20℃，在不同注水量下累积产油量与注水时间的关系

图 5.25 表示采出液回注温度为 20℃时，注水量不同时，含水率随注水时间的变化情况。如图 5.25 所示，含水率随时间几乎没有较大的改变，此结果和传统的渗流机理是吻合的。

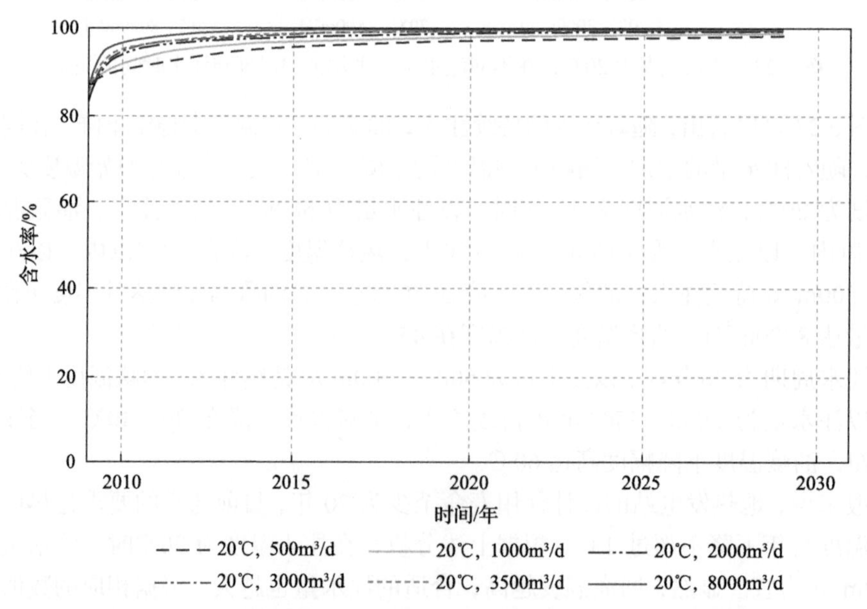

图 5.25　注入温度为 20℃，在不同注水量下含水率与注水时间的关系

5.6 小　结

本章分析和讨论了数值模拟的基本原理、数学模型的建立，数值模拟方法的应用以及一些常用的适合于地热开发的数值模拟软件，探讨了数值模拟过程中应该注意的一些事项。同时，介绍了一种不需要输入相对渗透率实验数据的数值模拟方法，采用这种方法有可能降低数值模拟结果的不确定性。最后，对采用数值模拟方法研究留北区块油田伴生地热开发过程的影响因素以及油藏温度的变化规律进行了探讨，有利于读者进一步了解和认识数值模拟的基本过程、步骤和结果的分析等。

参 考 文 献

郭欣. 2021. 清丰地区岩溶热储的开发技术对策研究. 北京：中国地质大学(北京).

李克文，秦同洛. 1989. 测定油水相对渗透率曲线的稳态法. 石油勘探与开发, 16(4): 41-46, 18.

薛禹群. 1986. 地下水动力学原理. 北京：地质出版社.

薛禹群，谢春红，李勤奋. 1989. 含水层贮热能研究——上海贮能试验数值模拟. 地质学报, (1): 73-85.

张鸿阳. 2021. 渤海湾盆地清丰地区热储温度的变化规律研究. 北京：中国地质大学(北京).

Abtahi M, Torsaeter O. 1998. Experimental and numerical upscaling of two-phase flow in homogeneous and heterogeneous porous media//SPE 50572, Presented at the 1998 SPE European Petroleum Conference. The Hague. Oct. 20-22.

Al-Wahaibi Y M, Grattoni C A, Muggeridge A H. 2006. Drainage and imbibition relative permeabilities at near miscible conditions. Journal of Petroleum Science and Engineering, 53(3-4): 239-253.

Bear J. 1972. Dynamics of fluids in porous materials. New York: Elsevier Science.

Bear J. 1979. Hydraulics of groundwater. New York: McGraw-hill.

Brooks R H, Corey A T. 1966. Properties of porous media affecting fluid flow. Journal of the Irrigation and Drainage, 92(2): 61-88.

Burdine N T. 1953. Relative permeability calculations from pore size distribution data. Journal of Petroleum Technology, 5(3): 71-78.

Caldwell R H, Heather D I. 2001. Characterizing uncertainty in oil and gas evaluations//SPE 68592, SPE Hydrocarbon Economics and Evaluation Symposium, Dallas, Texas. April 2-3.

Chang Y C, Mohanty K K, Huang D D, et al. 1997. The impact of wettability and core-scale heterogeneities on relative permeability. Journal of Petroleum Science and Engineering, 18(1-2): 1-19.

Chen H L, Wilson S D, Monger-McClure T G. 1995. Determination of relative permeability and recovery for North Sea gas-condensate reservoirs//SPE 30769, 1995 SPE Annual Technical Conference & Exhibition, Dallas, TX. 22-25 October.

Coll C, Muggeridge A H, Jing X D. 2001. Regional upscaling: a new method to upscale waterflooding in heterogeneous reservoirs for a range of capillary and gravity effects. SPE Journal, 6(3): 299.

Corey A T. 1954. The interrelation between gas and oil relative permeabilities. Producers Monthly, 19: 38-41.

De Marsily G. 1986. Quantitative Hydrogeology: Groundwater Hydrology for Engineers. Pittsburgh: Academic Press.

Ding Y. 1995. Scaling up in the vicinity of wells in heterogeneousfield//SPE 29137, the 1995 SPE Symposium on Reservoir Simulation, San Antonio, Texas, February12-15.

Durlofsky L J, Milliken W J, Bernath A. 2000. Scaleup in the near-well region. SPE Journal, 5: 110.

Gates J I, Leitz W J. 1950. Relative permeabilities of California cores by the capillary pressure method//Presented at the API meeting, Los Angeles, California, May 11.

Gravier J F, Lemouzy P, Barroux C, et al. 1986. Determination of gas-condensate relative permeability on whole cores under reservoir conditions. SPE Formation Evaluation, 1(1): 2609-2615.

Hagoort J. 1980. Oil recovery by gravity drainage. Society of Petroleum Engineers Journal, 20(3): 139-150.

Hastings J J, Muggeridge A H, Blunt M J. 2003. A new streamline method for evaluating uncertainty in small-scale, two-phaseflow properties. SPE Journal, (1): 32-40.

Honarpour M, DeGroat C, Manjnath A. 1986. How temperature affects relative permeability measurement. World Oil, 202(5).

Horne R N, Satik C, Mahiya G, et al. 2000. Steam-water relative permeability. Proceedings World Geothermal Congress.

Khuzhayorov B K, Burnashev V F. 2001. Modelling the multiphase flow of an oil-gas-condensate system in porous media. Journal of Petroleum Science and Engineering, 29(1): 67-82.

Land C S. 1968. Calculation of imbibition relative permeability for two-and three-phase flow from rock properties. SPE Journal, 8(2): 149-156.

Land C S. 1971. Comparison of calculated with experimental imbibition relative permeability. SPE Journal, 11(4): 419-425.

Li K W, Horne R N. 2006. Comparison of methods to calculate relative permeability from capillary pressure in consolidated water-wet porous media[J]. Water Resources Research, 42(6): W06405.1-W06405.9.

Masalmeh S K. 2003. The effect of wettability heterogeneity on capillary pressure and relative permeability. Journal of Petroleum Science and Engineering, 39(3): 399-408.

McPhee C A, Arthur K G. 1994. Relative permeability measurements: an inter-laboratory comparison//European Petroleum Conference, London, United Kingdom, October 1994.

Mohammed K, Corbett P. 2002. How many relative permeability measurements do you need?//Proceedings of the 2002 International Symposium of the Society of Core Analysts, California, USA. September 22-25.

Papatzacos P, Skjæveland S M. 2002. Relative permeability from capillary pressure//SPE 77540, Presented at the 2002 SPE Annual Technical Conference and Exhibition, San Antonio, TX, USA. September 29 to October 02.

Pedrera B, Bertin H, Hamon G, et al. 2002. Wettability effect on oil relative permeability during a gravity drainage//the SPE Annual Technical Conference and Exhibition San Antonio, Texas, September.

Pruess K. 2003. TOUGH Symposium. Geothermics, 2004, 33(4): 399-400.

Purcell W R. 1949. Capillary pressures-their measurement using mercury and thecalculation of permeability. Journal of Petroleum Technology, 1: 39-48.

Renard P, de Marsily G. 1997. Calculating equivalent permeability: a review. Advances in Water Resources, 20(5-6): 253-278.

Sanchez J M, Schechter, R S. 1990. Comparison of two-phase flow of steam/water through an unconsolidated permeable medium. SPEREE 293-300 Aug.

Spiteri E J, Juanes R. 2006. Impact of relative permeability hysteresis on the numerical simulation of WAG injection. Journal of Petroleum Science and Engineering, 50(2): 115-139.

第6章 亚燃烧理论与技术

6.1 简　介

油田区地热资源的一个主要特点是热储温度比较低，大部分在 150℃以下，采到地面的液体温度就更低。这样温度的热流体可以用来发电，但是发电效率不是很高。如果能够采用一些先进技术大幅度提高作为热储的油藏温度，不但可以提高发电效率，还有可能提高原油的采收率，从而改善油田开发的经济效益。这就是本章要介绍的主要内容：可以大幅度提高油藏温度的亚燃烧理论、方法与技术。

亚燃烧方法是火烧油层(in-situ combustion)技术或者中低温氧化的一种，主要过程是把空气注入油藏中，空气中的氧气在催化剂的作用下与油藏中的少量原油发生反应，生成二氧化碳等气体，并利用产生的高温以及催化剂的作用将稠油进行有效的、可控的裂解降黏。

稠油亦称重质原油或高黏原油，其 API 度小于 20。中国稠油资源非常丰富，陆上稠油、沥青资源约占石油资源总量的 20%以上。国内大部分含油气盆地都是稠油与常规油共存着的。目前，已在 12 个盆地发现了 70 多个稠油油田。由于稠油具有黏度高、流变性差、凝固点高等特性，难以用水驱开采等常规方法进行开发利用。近几十年来稠油的开发取得了巨大的进步，但是仍然存在许多技术挑战。稠油开采面临的困难主要来自两个方面：一是原油在油层的渗流阻力太大，无法从油藏流入井底；二是即使原油能成功采出到地面，由于环境温度较低(一般都低于油藏温度)，地面原油的黏度较大，难以直接进行集输，需要采取比较经济的措施(如提高输送管道的温度等)降低原油黏度。

与常规火烧油层技术一样，亚燃烧技术主要用于稠油的开发。近几十年来稠油的开发取得了巨大的进步，但是仍然存在许多技术挑战。稠油的种类很多，而且出现了一些新的类型，例如塔河油田，原油在油藏内黏度不是很高，能够有效地流动，然而在井筒内由于举升过程中温度的降低，原油黏度急剧升高，甚至变成固体无法流动。目前这类原油的开发主要还是采用井筒掺稀工艺，遗憾的是稀油资源已经难以满足生产需要。如果能够将产出的稠油现场制备成所需的稀油，那么既能解决稀油资源短缺的问题，又能替代现有的高质量的稀油。其他稠油的开发主要还是采用蒸汽吞吐、蒸汽驱或改进的蒸汽驱(蒸汽辅助重力驱替采油技术，steam assisted gravity drainage，SAGD)。高压注空气、中低温氧化等火烧油层方法也受到了重视，在美国，高压注空气采油实际上已经有几十年的生产历史(陈衍飞，2010)。

稠油在油藏条件下与空气(氧气)混合可发生氧化反应生成烟道气体，这些气体(一氧化碳、二氧化碳、氮气等)一方面可以溶解于稠油中，降低稠油黏度，另一方面又可以起到膨胀驱替的作用，氧化反应产生的高温能够对原油进行裂解，降低其黏度，温度的升高本身也能降低原油的黏度，这些机理协同作用，从而大幅度提高采收率。

Hyne 等(1982)对加拿大稠油和沥青砂的研究发现，在 200～325℃的温度下，水和热的综合作用不仅会使原油发生物理变化，还会发生一些复杂的化学反应，包括脱硫(硫碳键断裂)、脱氮、加氢、开环以及水煤气转换等，总称为水热裂解反应。这些裂解反应可以大幅度降低原油的黏度，提高原油等油藏内流体的流动能力，有利于提高原油的采收率和开发效果。

催化剂对于稠油的裂解反应有重要的促进作用，现有的催化剂对于地层条件、原油性质等都有比较严格的要求。开发更高效、适用范围更广的催化剂成为一个重要的研究方向(Castanier et al.，1992)。水溶性金属盐作为催化剂对水热裂解反应有一定的促进作用(Clark et al.，1990)。油溶性的环烷酸盐对原油的水热裂解反应也有促进作用(樊泽霞等，2006)。然而，通常采用的水溶性或油溶性催化剂，溶解于水相或油相中，不能与另一相充分接触，从而影响催化效果。如果完全不采用催化剂，仅仅通过水热裂解反应从水中获得氢，难以满足稠油改质降黏的需要(李美蓉等，2006)。

随着油气田开发进入中后期，油井综合含水率上升，油田开发难度加大，成本上升，如何保持油田高效生产成为开发面临的主要课题之一。目前，注天然气和 CO_2 气体的方法已经比较成熟且有一定规模的现场应用，但这两种方法往往受到气源或成本的限制。

另外，根据 2005 年的统计数据(图 6.1)，中国有效井总数为 164076 个，废弃油井数为 76881 口，废弃率达 31.9%(李景明等，2008)。根据资料显示，中国废弃油井数目仍在不断增加，2010 年废弃油井数目达到 9.2 万口左右(魏伟等，2012)，在短短 5 年内，废弃油井增加了 1.5 万口。

一次采油和二次采油的平均采收率仅为 20%～35%，即使技术不断发展和更新，油藏的平均采收率也不大可能超过 50%，所以废弃油井中仍然有大量的油气资源。如何开采出来这些被废弃的油气资源，目前仍然是一个巨大的科学和技术挑战。

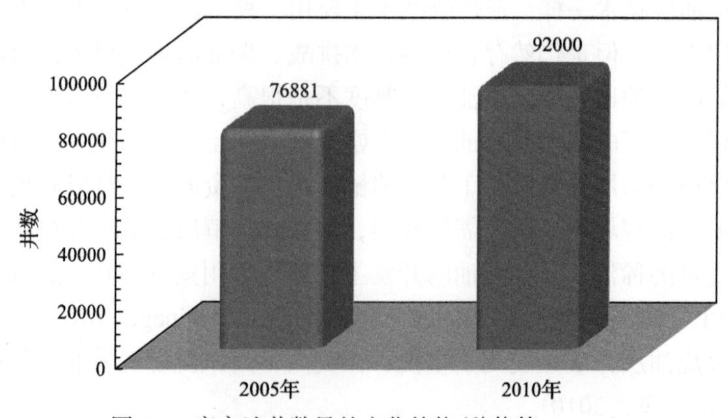

图 6.1　废弃油井数量的变化趋势(魏伟等，2012)

本章主要介绍火烧油层，包括亚燃烧技术的一些基本原理、实验方法与数值模拟，同时，简单介绍一些相应的实验和数值模拟结果，为本书后续的油热电联产方法和技术打下一定的基础。

6.2　火烧油层提高采收率的基本原理

6.2.1　火烧油层方法的基本概念

火烧油层方法的主要过程如下：把空气(或者氧气)注入油藏内部，空气中的氧气与原油发生氧化反应，产生 CO_2、少量的 CO 等气体，与空气中原有的氮气等气体形成烟道气。原油和氧气之间的这种化学反应是放热化学反应，可以产生高温(在一定条件下可达 600℃)。在高温以及其他有利环境中，部分大分子量重组分原油(稠油)的长链断裂，产生轻组分原油。由于可溶解于原油的气体产生、高温的形成及重质组分原油的裂解等作用，油藏内原油的黏度大幅度降低、流动性大幅度提高，最终大幅度改善原油的开采效果。这种提高原油采收率的方法称为火烧油层方法。

火烧油层方法也称火驱、地下燃烧方法、就地燃烧方法(in-situ combustion)等，是三次采油技术的一种。

原油与氧气的氧化放热化学反应的速率取决于原油性质、岩石-流体性质、油藏初始温度和压力等参数。从某种意义上看，火烧油层方法也是一种间接的烟道气驱，但是其驱油机理比烟道气驱要多而且更加复杂。火烧油层提高采收率的主要驱油机理如下。

(1) 氧化反应形成的烟道气溶解于原油，产生膨胀驱替效应。

(2) 氧化放热反应产生的高温使油藏内原油的黏度大幅度降低。

(3) 高温、催化等条件下重质组分裂解成轻组分，使原油的黏度大幅度降低。

(4) 氧化反应形成的烟道气可以维持油层压力或提高油层压力。

(5) 烟道气和油藏原油之间的重力分离作用形成高效的重力驱油效应。

(6) 原油气化产生的驱动效应。

(7) 高温高压条件下超临界蒸汽驱动效应。

(8) 高温高压条件下烟道气与原油之间的混相驱效应。

对于某一具体的火烧油层过程，上述驱油机理不一定都存在。对不同的油藏来说，各项驱油机理的作用和效果也可能不同。

火烧油层方法也可用在轻质油或者废弃油藏的开发，但在这种情况下裂解降黏对于开采的作用没有在稠油开发中的大，主要是利用生成烟道气体产生膨胀驱替作用的机理(Yannimaras et al.，1991)。

实验室研究表明，火烧油层可使采收率提高到 90%以上；现场试验表明，采收率可达 50%。世界上已经有不少油田作过火烧油层这方面的现场试验，有的油田也采用该项技术开发了几十年，但是并没有像水驱那样大规模推广。造成这种现象的原因是多方面的，包括对采油井井口设备的严重腐蚀，维持和控制地下燃烧并实现均匀有效驱替方面存在技术上的困难等。另外，早期的一些火烧油层现场试验出现了要么烧不着，要么把原油基本上全烧光的现象。

向油层注入空气以后，在油层温度条件下会发生缓慢的氧化反应(低温氧化反应)，反应放出的热量会引发自燃现象，其反应机理与日常生活中常见的煤炭自燃现象基本上相同。滞燃期是指注气井近井地带的温度超过 210℃所需要的时间，其长短与氧化动力学方式有关。通常，当油藏温度高于 70～80℃时，自燃可以很快发生，有时只需要几个小时；当油藏温度为 50～70℃时，自燃在 2～3 周发生；当油藏温度为 30℃时，自燃也能发生，但滞燃期可能需要 100～150 天。温度越高，黏度越小，自燃越容易发生，滞燃期越短。

6.2.2 催化裂解的三个反应阶段

早期对高压注空气提高采收率的机理解释比较简单，不能很好地解释油藏中所观察到的燃烧前缘的现象。Mamora 和 Brigham(1995)指出可能存在两个温度范围明显不同的过程：高温氧化(high temperature oxidation，HTO)和低温氧化(low temperature oxidation，LTO)过程，二者热焓和耗氧率均不相同。LTO 一般低于 350℃，而 HTO 多高于 400℃。后来 Kisler 和 Member(1997)发现在二者之间还可能存在一个耗氧和生成热均下降的过渡带，即中温氧化(medium temperature oxidation，MTO)。总的来说，LTO 和 HTO 是燃料生成和消耗的反应过程(Adagulu and Akkutlu，2006)。

LTO 从注空气开始就一直进行。当氧消耗在高温燃烧区不完全，并且燃烧前缘的空气通道没有足够的燃料时，这一反应过程就会发生。LTO 会导致部分含氧化合物的产生，如羧酸、醛、酮、醇和氢过氧化物与水等。因此排放气体中的无碳氧化物或低浓度的碳氧化物都标志着 LTO 的存在。在 LTO 中有相当一部分氧气被消耗掉，却没有相应数量的碳氧化物产生。大量的氧气被用在了部分氧化反应中，部分氧化能改变流体的性质，对于驱替过程至关重要，主要是黏度和沸点范围增加。还有学者指出 LTO 能加强燃料沉积，改变燃料性质以及焦化砂质的性质(Dabbous and Fulton，1972)。

在 HTO 中氧化产物主要是充分氧化的 CO_2 和 CO。Mamora(1993)在其模型中只加入了 LTO 和 HTO，大部分人还是将燃烧过程分为三个阶段：LTO、MTO 和 HTO。

6.2.3 催化剂的作用

决定燃烧反应的影响因素一直备受关注，大量研究发现可以通过添加催化剂来促进火烧油层过程中有关化学反应的进行。在许多火烧油层的反应路径中，金属盐是一个很重要的催化剂。用它们加强氧化反应和碳氢化合物的裂解，影响生成燃料的数量和特性。但是，催化剂具体的反应机制目前并不是十分清楚。

关于金属盐添加剂的研究始于 20 世纪 70 年代末，Burger(1972)试图通过研究油和金属盐氧化的动力学过程来了解亚燃烧反应过程，得出了两个结论：①在较低温度下发生了氧化反应；②具有高温顶峰的区域面积增大。Fassihi 和 Brigham(1984)在低温反应中发现了一个更大的 Arrhenius 常量。Racz(1985)提出用含铁催化剂对原油进行高温驱替，发现在有铁盐存在的条件下，温度在 140～200℃区间的耗氧率明显增加。Shallcross 等(1991)通过加入水溶性添加剂改善了催化裂解的实验效果。Rios 和 Brigham(1988)用 10 多种金属添加剂进行了催化裂解实验，发现氯化亚铁和氯化亚锡可导致氧化率显著增加，而硫酸铜和硫酸镉对于氧化没有明显影响。Holt(1992)使用硝酸铁和硝酸锌对轻质油和重质油分别进行了催化裂解反应，发现催化剂对稠油的裂解起到了明显的促进作用。Agrawal 和 Sidqi（1996）用硝酸铁做催化剂对沙特焦油做了催化裂解实验，结果表明裂解降黏效果显著加强。

He（2005）研究表明，黏土中金属盐的离子交换对稠油的催化裂解起到了明显的作用。实验中用到的油样有：Cymric 轻质原油、重质原油、液体石蜡及各种烷烃。对产出的气体进行分析，并对不同性质的催化剂比较。也对化学性质比较活跃的黏土和表面惰性的硅砂在加催化剂和不加催化剂情形下进行比较。在所有情况下，催化剂都起到加强燃烧的作用。在存在催化剂的实验中，需要的激化能量较少，耗氧量增加，获得较低的温度极限和更加复杂的氧化反应。

在填砂管道实验中，Cymric 轻质原油（API 度为 34）燃烧不稳定，但是在加入金属盐添加剂后变得稳定。根据这些研究结果，金属盐可以扩大催化裂解候选井的范围。

原油的组成是燃烧成功的关键因素，如果油很轻，就没有足够的燃料沉积下来以维持稳定燃烧，而过多地沉积会导致需氧量增加，耗损的油量过多。不同的原油在燃烧实验中的现象也不同：最高温度不同、燃烧开始时间不同、激化能量和空气需求量不同。

根据上述分析和讨论，催化剂的作用十分重要，因此，对于具有特定原油的油藏，筛选合适的催化剂是一个艰巨的技术挑战，目前比较好的办法是采用室内实验对催化剂进行筛选。

6.3　亚燃烧的基本原理

6.3.1　亚燃烧方法的基本概念

亚燃烧方法是一种在催化剂的作用下通过低温氧化反应高效裂解原油从而大幅度降低原油黏度的技术，不仅可以适用于地球深部油藏的高效开发和提高原油采收率，也可以适用于地面稠油的催化裂解降黏。前面已经简单介绍过，亚燃烧方法可以看作是火烧油层技术的一种，亚燃烧与常规火烧油层（黄建东等，2001；Watts et al.，1997）的主要区别是亚燃烧过程中没有明火，温度要低得多。亚燃烧催化裂解也需要注入空气或者氧气。但是，不是所有的注空气方法都能看作是亚燃烧方法。亚燃烧方法与传统的注空气或中低温氧化方法也有一定的差别，主要表现在催化剂的利用和温度范围的控制等方面。利用特定的催化剂，有可能将长的碳链从中间断裂或者均匀断裂，而不是像一般的中低温氧化过程中对碳链断裂的位置没有选择或根本没有计划进行控制。很明显，将长的碳链从中间断裂要比从一端断裂的降黏效果好得多，焦化的现象也将显著减少。另外，亚燃烧催化裂解的起始反应温度与常规的火烧油层方法相比也明显降低。

6.3.2　亚燃烧的机理

亚燃烧的机理是在特殊催化剂的作用下，在尽可能低的温度条件下通过催化裂解反应将原油中长的碳链（C—C 键）从中间断裂或者均匀断裂，从而大幅度降低原油（或者稠油）黏度，将高黏度的稠油变成低黏度的轻质原油。

从机理上来看，要实现亚燃烧，主要是要选择合适的催化剂，而遗憾的是，目前关于催化剂的微观作用机理并不是十分清楚。从宏观上来看，要判断是否实现了亚燃烧，可以从燃烧反应后焦炭的多少、原油轻质组分的多少和组分的分布情况进行分析和确定。

在稠油的化学组分中，通常还有 S、O、N 等杂原子。一般情况下，C—C 键、C—H 键等的化学键能较大，热稳定性较高，难以断裂。而 C—S 键的键能最小(参看表 6.1)，热稳定性比较差，因此，比较容易断裂。所以，存在于稠油的有机硫组分成为催化裂解反应中的关键物质。为了实现稠油的高效裂解，关键在于设法打断诸如 C—S 键这样的杂基支链。

表 6.1　稠油中存在的各种化学键键能

化学键	键能/(kJ/mol)	化学键	键能/(kJ/mol)	化学键	键能/(kJ/mol)
H—H	436.26	$C_{环戊烷}$—$C_{环戊烷}$	335.4	$C_{炔}$—$C_{伯}$	367.6
$C_{伯}$—H	416.58	$C_{环戊烷}$—$C_{伯}$	349.22	$C_{炔}$—$C_{仲}$	371.96
$C_{仲}$—H	417.59	$C_{环戊烷}$—$C_{仲}$	353.58	C—N	305
$C_{芳}$—H	420.86	$C_{环戊烷}$—$C_{环己烷}$	340.51	C═N	615
$C_{伯}$—$C_{伯}$	331.76	$C_{环己烷}$—$C_{伯}$	351.23	C—S	272
$C_{伯}$—$C_{仲}$	336.07	$C_{环己烷}$—$C_{仲}$	355.58	N—H	391
$C_{伯}$—$C_{叔}$	340.43	$C_{芳}$—$C_{芳}$	502.33	S—H	367
$C_{伯}$—$C_{季}$	344.74	$C_{芳}$—$C_{伯}$	359.1	C—O	360
$C_{仲}$—$C_{仲}$	340.43	$C_{芳}$—$C_{仲}$	363.46	H—O	464
$C_{仲}$—$C_{叔}$	344.78	$C_{烯}$—$C_{烯}$	587.58	N—H	389
$C_{仲}$—$C_{季}$	349.14	$C_{烯}$—$C_{仲}$	355.96		
$C_{烯}$—$C_{伯}$	351.61	$C_{炔}$—$C_{炔}$	805.37		

为了便于理解，假设 C—S 键在稠油某一组分的长链上是相对均匀分布的，如果在高温、催化等条件下这些 C—S 键都能够断裂，那么这种断裂就是比较均匀的裂解。例如，需要将碳链比较长的烷烃 C15 断裂成三个，理想的情况是均匀断裂成三个戊烷 C5，而比较糟糕的情况是断裂成两个甲烷 C1，一个 C13。显然，前一种裂解反应从降黏效果来看比后一种要好很多，前一种比较均匀的裂解可以看成亚燃烧。关键的问题是采用的催化剂能不能起到合适的、高效的催化作用。

对于催化剂的作用，假设稠油的催化裂解反应过程中有两种催化剂，一种可以或者比较容易靠近 C—S 键，而另一种催化剂因为某种原因不能靠近 C—S 键或者离 C—S 键的距离很远，显然，前一种催化剂的催化效果要好一些。如前所述，如何选择合适的、有效的催化剂，基本上只能靠室内实验进行评价和筛选。

传统的水溶性催化剂由于其极性与原油的差别很大，水相(溶解有催化剂)基本上不能和油相(稠油)混溶，可能造成催化剂难以接近 C—S 键，因而无法作用于 C—S 键。另外，也可能由于水相和油相的混溶性比较差或者根本不能混溶，水相中的催化剂无法接触原油，不能有效地发挥催化剂的催化作用，从而影响裂解降黏效果。其他一些用于稠油裂解的催化剂也可能由于分子本身的极性与稠油的差别很大，或者由于其体积大小等原因，对稠油裂解的催化作用有限或者无法实现比较均匀的裂解。

值得注意的是，稠油井下的催化裂解环境与地面炼油厂相比有较大的差别。例如，稠油的聚集状态和流动状态不同。地面炼油厂中的原油是在流动过程中与固定床催化剂接触的，接触面积大、接触时间长、催化效率比较高。而进行稠油井下催化降黏时，稠油与催化剂是类似静态接触的，接触面积小、催化效率比较低。稠油井下油藏内催化裂解的这些特征对催化剂的要求更高、更复杂及更具特殊性。

为了解决上述问题，作者及其团队经过多年的理论和实验研究，研发了可用于稠油高效改质降黏的新型催化剂，包括碳基纳米催化剂(李克文等，2014)。由于碳基纳米催化剂的粒径非常小以及其分子极性与稠油比较相近，可以作用于C—S键，促使其断键，从而实现有效的稠油裂解降黏(图6.2)。在催化剂的选择方面，从已有的文献报道可以看出，某些特定金属及金属氧化物的应用较为普遍，然而加入金属类催化剂可能会污染原油。如果采用碳基纳米催化剂，这种污染的可能性和程度要小很多，或者基本上没有。

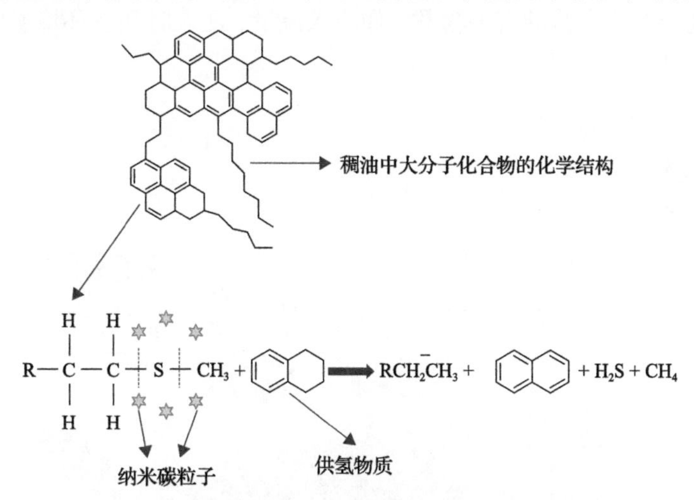

图6.2　采用碳基纳米催化剂进行亚燃烧实现稠油裂解降黏的原理(李克文等，2014)

6.4　高压注空气的燃烧实验

装有原油(稠油)、水、细砂、催化剂等化学剂的填砂管(或者容器)高压注空气燃烧实验是研究不同条件下的温度剖面特征、火驱前缘动态、催化剂的催化裂解效果、燃烧效应以及火驱效率等的有效措施和方法。本节将主要分析和讨论高压注空气燃烧实验条件下催化剂对稠油裂解降黏效果的影响，主要内容来自作者及其团队的有关科研成果(陈衍飞，2010)。

6.4.1　高压注空气燃烧实验装置

科研需要的仪器设备不一定都能够从市场上买到，越是创新性强的研究，越是这样。

实验装置的设计对于科研来说非常重要，好的设计不仅可以有利于科研过程中新的发现，而且还有利于科研效率的提高。

作者及其团队(陈衍飞，2010)为了研究催化剂对稠油裂解降黏效果的影响，自主研发了一套高压注空气燃烧实验装置。该实验装置的流程图如图 6.3 所示，主要包括两个最高承受温度为 700℃、耐压为 50MPa 的高温高压不锈钢反应釜(圆柱状)，加热保温系统，恒流泵，烟道气体分析仪，以及数据采集系统等，并装备 20MPa 的泄压安全阀，以保证实验设备和人员的安全。压缩空气和氮气由气瓶提供，通过针形阀控制流量。温度和压力由数据采集系统自动记录。包裹有石棉布的电阻丝加热带的一端连接到温控仪上，另一端从头至尾缠绕在反应釜外，然后放在保温层中加以固定。实验驱出的油气混合物在冷凝器中冷凝后分离，液体油样用于后续的组分分析，气体通入烟道气体分析仪分析并记录结果。燃烧实验前或者过程中需要的液体(如盐水、溶解有催化剂的水溶液等)可以采用恒流泵通过中间容器注入高温高压反应釜内，在有些情况下可以提前和油、砂混合。

一般的注空气燃烧管实验装置中只有一根管道，图 6.3 的实验装置中设计了两个燃烧管(反应釜)，这样的设计至少有两个好处，一是一次可以做两个实验，从而提高科研效率；二是有利于对比实验的有关参数，如注入流量、注入时间及环境温度尽可能相同，这样可以提高对比实验的可对比性。

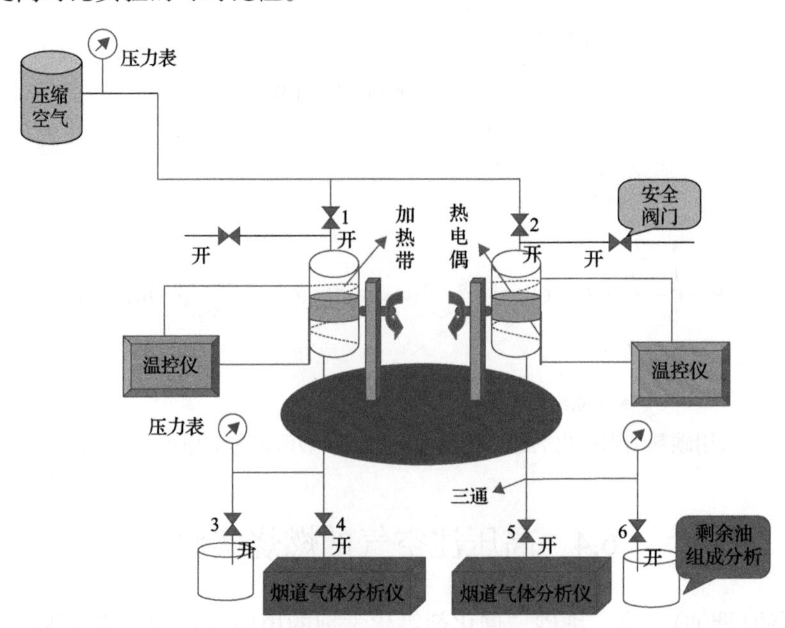

图 6.3　高压注空气燃烧实验装置的流程图(陈衍飞，2010)

图 6.4 是高压注空气燃烧实验装置的照片。尽管自主研发的实验装置没有商业化的设备美观、漂亮，但是除了前述可以满足创新性科研需求的优点外，还有不少优点。例如，一旦实验设备出了故障，不但容易找出问题，而且还能够比较快地买到相应的零配件并修理好。在过去物流不是很发达的时代，修理好一台进口的仪器设备花费一个月甚至几个月的时间都是常有的情况。即使现在物流很发达，由于各种各样的原因，修复仪器设备还是需要花费很长的时间。

图 6.4　高压注空气燃烧实验装置的照片(陈衍飞，2010)

高压注空气燃烧实验的操作流程大致如下：用恒流泵注水，对设备进行试漏，检查装置各部分密封性。试漏结束后，按特定比例拌制油砂混合物，搅拌至均匀状态；将油砂混合物填入高压反应釜后密封，并将反应釜外部用石棉包裹，起到保温作用；温控仪初始温度设定为 60℃，待压力稳定不变，每隔 1h 读取一次温度和压力(可以采用数据采集卡自动读取，每隔 3min 记录一次数据)。若压力无明显变化，就升高温度，观察变化情况；待反应釜内压力有明显变化时开始气体成分分析，此后每隔 0.5～1h 记录一次气体成分，具体时间间隔视具体情况而定。

6.4.2　催化剂对不同原油的催化裂解作用

该实验的主要目的是研究催化剂对不同原油的催化裂解作用，因此，采用不加石英砂的静态裂解实验。稠油 A 在常温常压下黏度很高，流动性很差，几乎呈固体状(图 6.5)，实验初始条件见表 6.2。试漏结束后将拌制好的原油/催化剂(I)混合物填入反应釜，以 10MPa 的初始压力注入高压空气，然后在密闭条件下梯度升温，实验采取了有无催化剂对比的方式，即一个反应釜中加催化剂而另一个反应釜中不加催化剂，其他实验条件都相同。

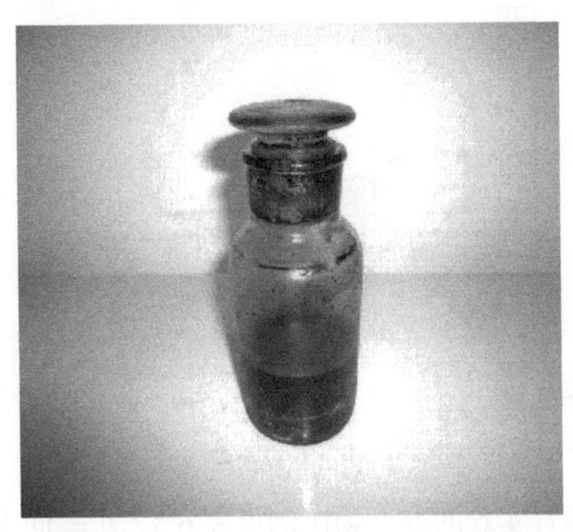

图 6.5　催化裂解前的稠油(陈衍飞，2010)

表 6.2　稠油 A 静态裂解实验初始条件

原油/mL	催化剂 I /g	初始温度	压力/MPa
10	0.8	室温	10

实验测得的两个反应釜中的加热温度和压力随时间的变化如图 6.6 所示，温度是外部加热带与反应釜之间的温度值，以下均相同。实验结束后，将原油从反应釜中取出来，发现加催化剂的反应釜中原本常温下不能流动的稠油在裂解降黏后能够在室温下流动，稠油黏度大幅度下降，说明发生了催化裂解并得到了较好的降黏效果，而不加催化剂的反应釜中的原油在室温下仍然不能流动。

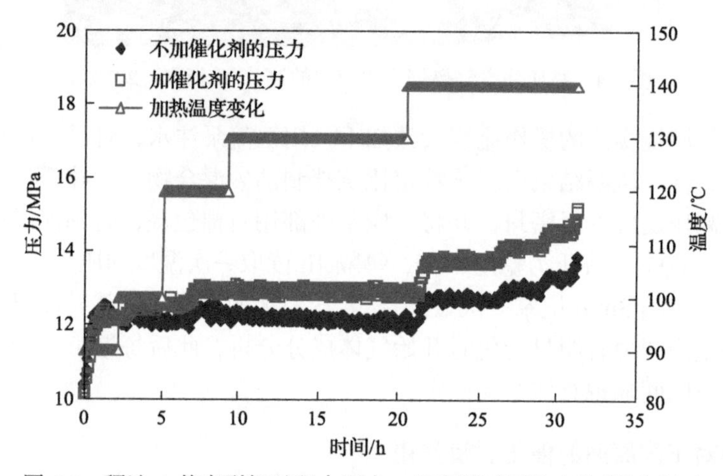

图 6.6　稠油 A 静态裂解过程中压力、温度随时间的变化(催化剂 I)

为了进一步证明加催化剂反应釜中的原油确实发生了裂解，将上述实验中裂解降黏前与裂解降黏后的原油组分进行分析，结果如图 6.7 所示。可以看出，催化裂解后，原油中轻质组分增加(C8—C20)，重组分降低(C21—C30)，这些结果再次证明了催化裂解反应的存在。

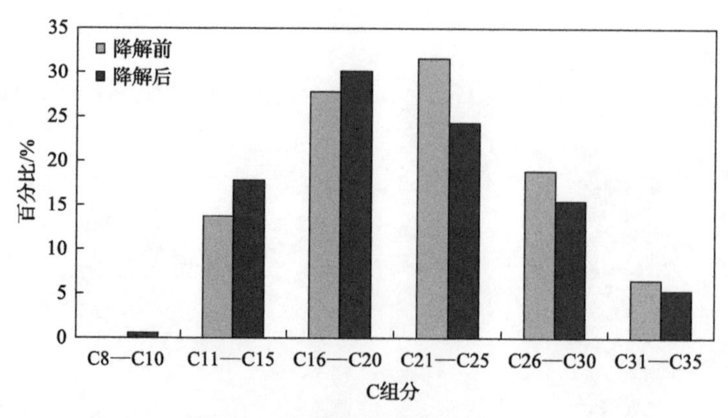

图 6.7　A 油样裂解前后组分对比

稠油 B 在不加石英砂的情况下进行静态裂解实验的混合物比例见表 6.3，步骤同上，温度、压力变化见图 6.8。

表 6.3　稠油 B 静态裂解实验初始条件

原油/mL	催化剂 I/g	初始温度	初始压力/MPa	升温方法
18	0.8	室温	8	梯度升温法

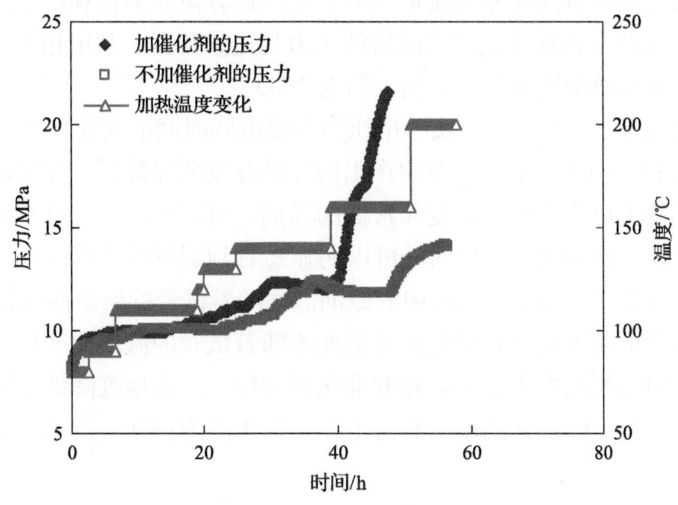

图 6.8　稠油 B 静态裂解过程中压力、温度随时间的变化

可以看出，加催化剂的反应釜在 130℃左右压力上升比较剧烈，说明发生了显著的氧化裂解反应。而不加催化剂的反应釜在 160℃以后才出现比较明显的压力上升现象，而且没有比加催化剂的反应釜上升明显。

虽然两组实验中，稠油都得到了催化裂解。但从压力和温度随时间的变化可以看出，稠油 B 的催化裂解反应中，压力上升变化较为明显，比稠油 A 剧烈。这说明催化剂对于稠油 B 可能起到了更好的催化裂解降黏作用。稠油 A 和 B 是分别取自不同的油田，原油特性差异比较大，对比图 6.6 和图 6.8 可知，同一种催化剂对于不同性质的原油的催化裂解作用可能有比较大的差别。

6.4.3　催化剂和高岭土协同作用下的催化裂解效果

上述实验结果表明催化剂 I 有比较好的催化裂解降黏作用，因此，接着对稠油 B 进行填砂动态裂解实验，主要目的是研究加石英砂和高岭土对催化裂解反应的作用。石英砂和高岭土比例等数据见表 6.4。仪器试漏完毕后，将石英砂和拌制好的油砂混合物依次填入反应釜后密封，先注入一定量的氮气，然后以初始 2MPa 的压力注入压缩空气。室温下梯度升温，压力和温度稳定后继续升温，并观察变化。当温度升至 300℃以上时，先打开反应釜出口端阀门，使裂解后的部分油样流出末端阀门后，再打开入口端阀门，以初始压力注入压缩空气。关闭阀门后继续高温裂解 1h 后，再以同样的步骤把降黏后的油样驱出。重复 4～5 次后持续通空气，直至没有原油产出为止，最后逐渐降温，停止实验。

表 6.4　稠油 B 动态驱替实验油砂混合物比例

原油/mL	石英砂/mL	高岭土/g	催化剂 I/g	水/mL
18	40	4	0.8	4

为了便于控制空气的注入量，在注入氮气的过程中测定了反应釜两端的压差与相应的流量，利用氮气突破后的压差与流量数据，可以计算该原油饱和度条件下的气体有效渗透率。图 6.9 为两个容器中氮气突破后的压力与流量数据。利用相关实验数据计算两个反应釜中的气体有效渗透率基本相同，约为 2.2D。

本实验总共进行了 31h 左右，实验中压力与温度随时间的变化如图 6.10 所示，驱替出的油样见图 6.11。加催化剂反应釜中产出的原油黏度明显降低，在室温下从原来的不可流动的固体状变为可流动的、黏度非常低的稀油，可以晃动，并且不粘连管壁，体积约为 15mL。将试管倾斜放置的目的是可以明显地看到裂解后产出的原油可流动性，图 6.11 左边加催化剂条件下裂解后试管中的原油液面随着试管的倾斜而倾斜，而图 6.11 右边不加催化剂条件下裂解后试管中的原油液面不随着试管的倾斜而变化。这些结果说明加催化剂反应釜中的原油发生了非常好的催化裂解反应，大幅度降低了原油的黏度。未加催化剂反应釜中驱出的油样黏度虽有所下降，但仍然为稠油，流动性差，粘连管壁，体积约为 11mL。

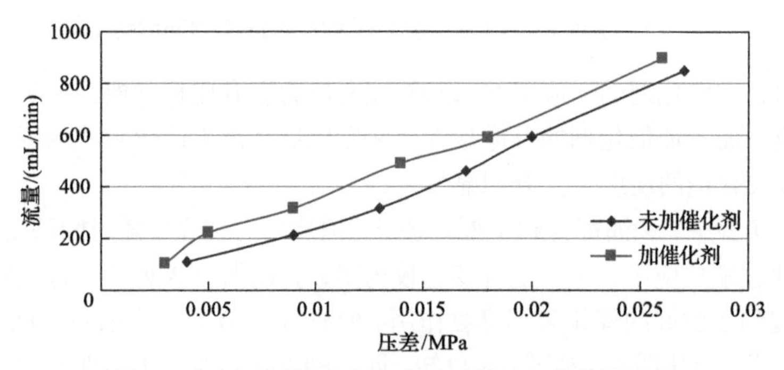

图 6.9　两个反应釜中氮气突破后压差与流量的关系

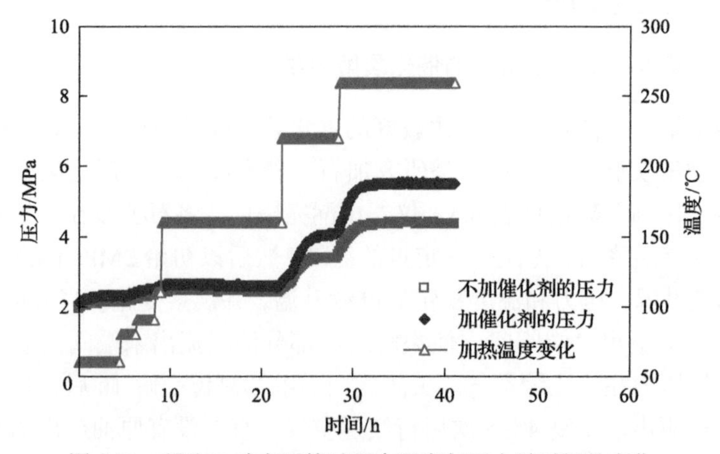

图 6.10　稠油 B 动态驱替过程中温度与压力随时间的变化

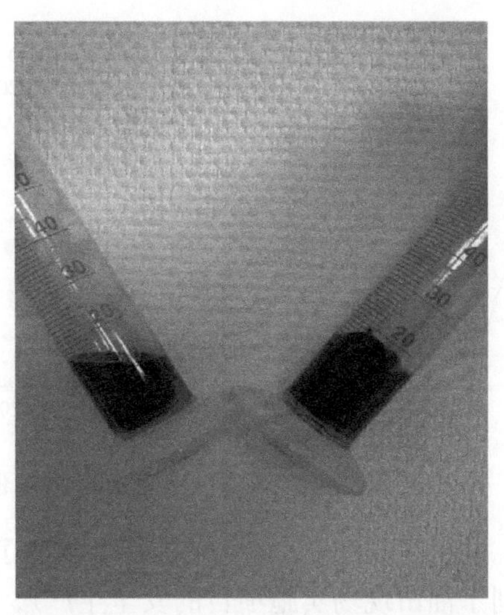

图6.11　稠油B催化裂解反应后驱替出的油样(左：加催化剂Ⅰ；右：未加催化剂Ⅰ)

驱替效率定义为驱出原油的体积与初始原油体积的比值，此次实验结果表明：加催化剂条件下的驱替效率约为83%，不加催化剂条件下的驱替效率为61%，由此可知，加催化剂显著增加了动态实验中的驱替效率(提高了22个百分点)。

相关实验已经证明高岭土在裂解降黏中能起到与催化剂协同的促进作用，而加砂能够增加原油与催化剂的接触面积，有利于催化裂解反应的进行。对比加砂前后的实验结果，可以看出，不加砂条件下反应釜中的初始压力为8MPa，温度在130℃左右时压力发生了明显的变化；加砂条件下反应釜中的初始压力为2MPa，温度在150℃以后压力才发生明显变化，并且前者为不加砂，后者为油砂黏土混合物。这说明压力越高，催化裂解反应可能越容易进行，即初始注入压力对于裂解反应的进行也有重要作用。

稠油B裂解反应过程中产生的烟道气成分的监测结果如图6.12和图6.13所示，时间以注入压缩空气的那一刻为起点。由图6.12可知(未加催化剂)，注入空气后3.5h左右二氧化碳浓度开始超过氧气浓度，6h左右二氧化碳浓度达到顶峰(10%～11%)，氧气浓度最低(1%～2%)，这是氧化反应的结果。图6.13(加催化剂)表明注入空气后2.5h左右二氧化碳浓度开始超过氧气浓度，并在3.5h左右二氧化碳浓度达到峰值(11%～12%)，

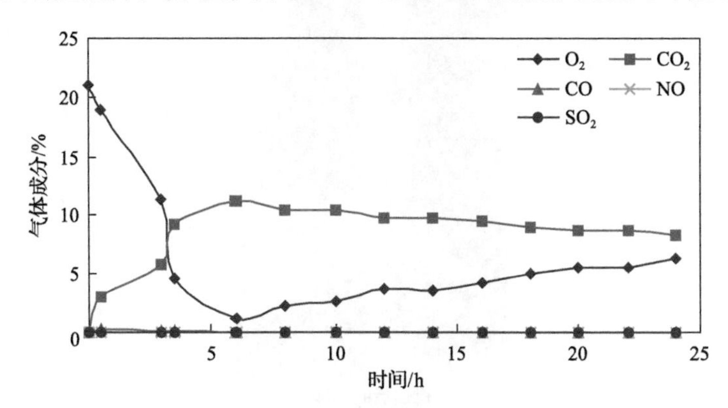

图6.12　稠油B裂解反应过程中气体成分的变化(未加催化剂Ⅰ)

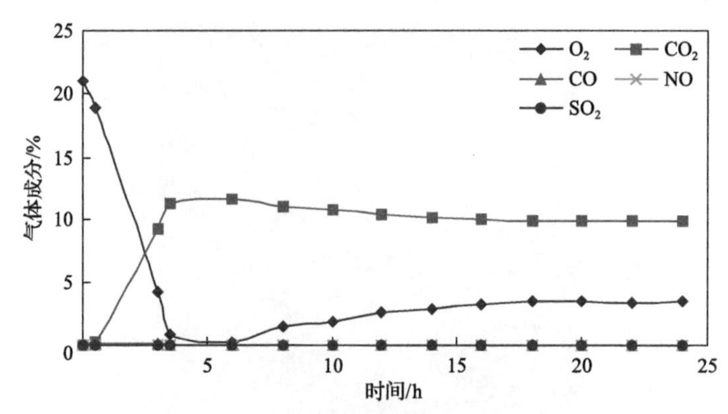

图 6.13　稠油 B 裂解反应过程中气体成分的变化(催化剂 I)

氧气浓度最低(小于 1%)。由此可以看出，催化剂的存在加速了原油裂解反应的进行，降低了氧气的最小浓度(有利于油田现场实施项目的安全生产)，二氧化碳浓度达到峰值的时间提前了约 2.5h，这些实验结果显示了所选催化剂良好的催化裂解效果。

燃烧后的剩余油砂混合物和干砂状态如图 6.14 所示，加入催化剂反应后的油砂混合物看起来比不加催化剂的油砂混合物要湿润一些，并且没有结焦现象。而后者由于没有催化剂，出现了严重的焦化现象，图 6.15 是未加催化剂反应釜中产生的焦块样品。He(2005)也报道了稠油发生裂解反应时可能出现焦化现象。焦化现象是应用催化裂解方法降低稠油黏度应该避免的主要问题之一，因为实际工程应用中产生的焦状物会造成油层堵塞，产生严重的后果。由此可知，选择合适的催化剂十分重要，好的催化剂可以促进裂解反应，防止焦化的产生，这也是亚燃烧的目标之一。

6.4.4　催化剂加入方式的对比实验

大部分火烧油层的实验研究是将催化剂与原油、砂子在实验前混合，但是这种方法显然无法在实际的火烧油层工程中采用，如何将催化剂注入油层与原油充分接触是火烧

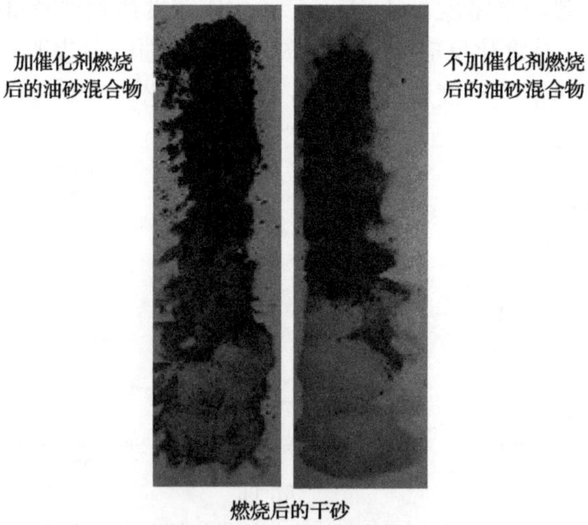

加催化剂燃烧后的油砂混合物

不加催化剂燃烧后的油砂混合物

燃烧后的干砂

图 6.14　燃烧后的填充物

图 6.15　未加催化剂反应釜中形成的结焦产物

油层技术或者稠油裂解降黏技术在实际应用中需要解决的一个关键问题(李士伦等，2005；桑德拉和尼尔森，1987；Drici and Vossoughi，1987)。目前，解决这一问题的可能方案如下：①如果选择的催化剂为固体颗粒，可以在压裂过程中，随压裂液、支撑剂一起送入油层；②将催化剂溶解在水中制成溶液泵入油层；③催化剂随注蒸汽过程注入油层。可以看出，上述三种可能的输送催化剂到油层的方法都是注入的方式。

前述实验中采用的催化剂都是采用拌制方式提前加入，而现场应用中需要将催化剂注入井下，为考察其可行性及有效性，需要采用实验方法对比研究两种不同的催化剂加入方式：注入方式(溶于水中)和拌制方式，分析两种不同加入催化剂方式在反应过程、裂解降黏效果和驱油效率等方面的异同，确定不同催化剂加入方式对催化降黏效果的影响。

催化剂加入方式对比实验中拌制方式的油砂混合物比例见表 6.5，其实验操作流程同前所述。注入方式流程如图 6.16 所示，将调配好的催化剂乳状液(0.8g 催化剂和 20mL 水等)加入带隔板的中间容器中，待反应釜加热温度升至 70～80℃时，用恒流泵加压，将催化剂注入反应釜，流量控制在 1.0mL/min，后续操作与前面的相同。

表 6.5　催化剂加入方式对比实验中拌制方式的油砂混合物比例

稠油 A/mL	石英砂/mL	高岭土/g	催化剂 I /g	水/mL
15	45	4	0.8	20

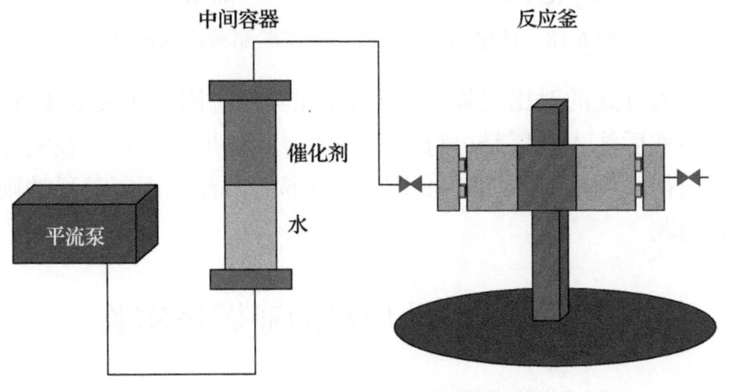

图 6.16　注入催化剂的流程示意图

该实验过程中压力和温度随时间的变化如图 6.17 所示。可以看出，注入方式比拌制方式更早地出现了裂解反应。温度在 120～170℃上升过程中，注入方式的压力首先到达顶峰，约为 21MPa。拌制方式在随后的 1h 内也达到顶峰，约为 24MPa。

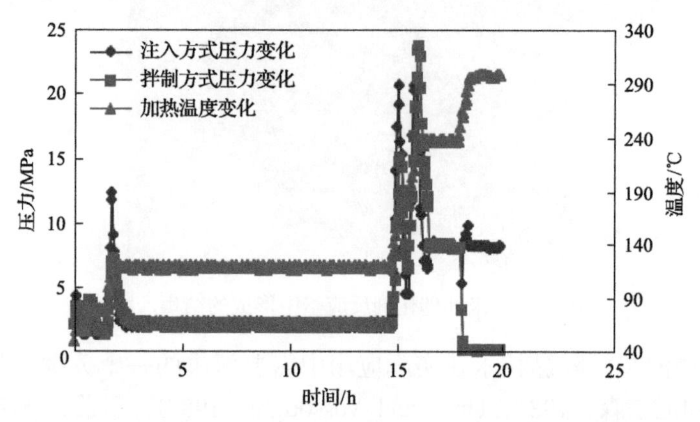

图 6.17 催化剂加入方式对比实验中压力、温度随时间的变化

上述实验结果说明两种加入方式都能达到催化裂解的效果，注入方式发生氧化裂解反应的初始时间比拌制方式提前，缩短了所需反应时间。这两种方式驱替出的油样如图 6.18 所示，产出的原油在常温下从催化裂解前的固体变成黏度非常低的可流动的液体。注入方式比拌制方式驱替出了更多的水(大约为 20mL)；注入方式比拌制方式驱出原油要多出 1mL 左右(前者大于 10mL，后者小于 10mL)。

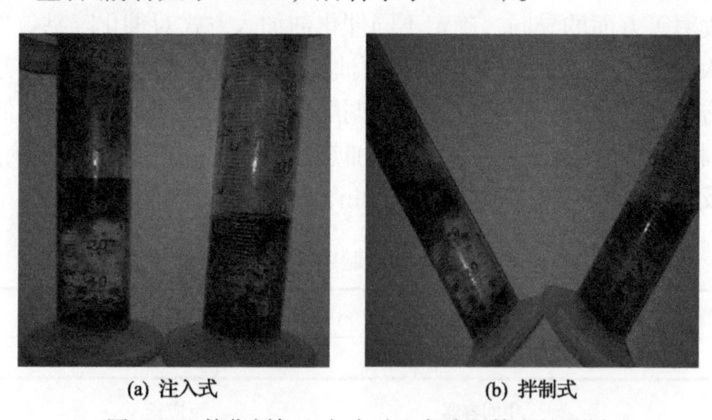

(a) 注入式　　(b) 拌制式

图 6.18 催化剂加入方式对比实验驱替出的油样

上述催化剂加入方式的对比实验结果表明，在实际应用催化裂解或者亚燃烧技术时，将催化剂溶入水中然后注入油层是可行的，当然，其效果还有待于在实际生产应用中做进一步的验证。值得注意的是，如果采用催化裂解技术在地面制备稀油则基本上没有催化剂注入方式的问题。

6.5 微波辅助加热的亚燃烧实验

目前稠油开采通常采用蒸汽吞吐、蒸汽驱及火烧油层技术，主要机理是高温降黏和稠油裂解降黏。其中，温度和催化剂的协同作用非常重要。对于采用催化剂进行稠油裂解降黏的主要问题是：①需要的温度很高；②裂解后的小分子烃类可能产生聚合重新变成大分子烃类，从而造成原油黏度的快速恢复。

为了解决上述问题，作者及其团队(李克文等，2014)，经过多年的理论和实验研究，研发了可用于稠油高效改质降黏的新型纳米催化剂以及低温微波裂解降黏技术。该方法和技术的主要优点有：催化剂用量少，可低于 0.5%；催化效率高，降黏效果好，当温度在 150～250℃时，降黏率高达 95%；裂解反应温度低，当温度低于 150℃时仍然有显著的裂解降黏效果。随着温度的升高，裂解反应程度增大，降黏率增加；裂解降黏反应时间短，2h 左右。

本节将主要分析和讨论微波辅助加热的亚燃烧实验，包括微波加热的原理、实验装置、微波辅助加热稠油裂解降黏的结果等，主要内容来自作者及其团队的有关科研成果(李克文等，2014)。

6.5.1　微波辅助加热的原理与优势

微波通常是指频率为 300MHz～300GHz 的电磁波，是无线电波中一个有限频带的简称，其波长在 1mm～1m。通常，当微波频率为 2450MHz 时，微波已具备足够的穿透能力，比较适合实验室条件下的反应要求(Mutyala and Fairbridge，2010)。

微波加热是一种依靠物体吸收微波能并将其转换成热能，促使自身整体同时升温的加热方式。它是通过物质(可以吸收微波)内部偶极分子高频往复运动，产生“内摩擦热”从而使样品温度升高。微波在介质内部具有较强的穿透能力，因此不需要任何热传导过程，就能使吸收了微波的物质实现同时升温并且具有加热速度快、受热均匀等优点。

微波加热通常具有“热效应”和“非热效应”，前者使反应物分子运动加剧而温度升高，后者则是来自微波场对离子和极性分子的洛仑兹力作用。微波加热能量大约为几个焦耳每摩尔，不能激发分子进入高能级，但可以通过在分子中储存微波能量即通过改变分子排列的焓或熵效应来降低活化自由能。在微波催化下许多反应速度往往是常规反应的数十倍，甚至上千倍(Ovalles et al.，2002)。

微波加热还具有另一个显著特征：选择性加热。样品对微波的反应可以分为四种情况：微波穿透、微波反射、微波吸收及部分微波吸收。产生选择性加热的根本原因是各种介质的介电常数不同。介电常数又称电容率，是表征电介质或绝缘材料电性能的一个重要参数。由于各种介质的介电常数不同，所以各种物体吸收微波的能力有很大差异。一般来说介电常数大的介质更容易采用微波加热，介电常数太小的介质就很难用微波加热。另外，有关研究表明(Chemat et al.，1998)，微波的这种选择性加热特性十分依赖于被加热对象(如催化剂颗粒)的大小以及微波的频率。

通常情况下，原油样品吸收微波能量的能力较弱，因此不能直接通过微波加热达到裂解反应所需的温度(Hascaki et al.，2009)。如果向油样中混入能够有效吸收微波能量的材料，如碳(Monsef-Mirzai et al.，1992)或金属氧化物(Abernethy，1976)，便可以实现对稠油的有效加热从而产生催化裂解反应。在催化剂(添加剂)的选择方面，某些特定金属及金属氧化物的应用较为普遍(Hascakir and Akin，2006)，然而加入金属类催化剂不可避免会污染原油。

稠油中各种有机化合物在热处理过程中的稳定性，取决于组成分子中各原子结合键的形成及键能的大小，键能大的热稳定性高，键能小的热稳定性差。温度升高时，键能较小的化学键首先断裂成自由基。较小的自由基能在短时间内存在，因而可与别的分子碰撞，又生成新的自由基。较大的自由基比较活泼而不稳定，只能瞬时存在，并很快再断裂成小的自由基(Yu，2010)。

如前所述，稠油中的C—C键、C—H键等化学键能较大，热稳定性较高，难以断裂，为了实现稠油裂解，关键在于设法打断键能比较小的，诸如C—S键这样的杂基键。传统催化剂由于其分子极性和原油的差别大、与原油混溶性差等原因，可能无法作用于C—S键上。为了解决上述问题，作者及其团队(李克文等，2014)研发了一系列碳基纳米催化剂。与常规的催化剂(如金属及金属氧化物)相比，碳基纳米催化剂具有分子极性和原油的差别小、与原油混溶性好、粒径非常小等特点，完全可以作用于C—S键上，促使其断键，从而实现裂解降黏(李克文等，2014)。另外，碳本身的介电常数比较大，因此，碳基纳米催化剂是高温载体，添加后稠油的介电损耗变大，更易于吸收微波热量，催化剂颗粒周围原油的温度迅速上升，可以在周围形成许多局部高温点，温度达到甚至可能超过沥青质及胶质的热裂解温度，导致沥青质、胶质及一系列长链烃类化合物裂解成小分子，烃类小分子化合物含量上升，最终使得裂解后的原油黏度大幅度降低。

从理论上看，碳的介电常数较高，能够很好地吸收微波能量。在微波作用下，这些纳米颗粒既是高温载体又是催化剂，既有较强的微波吸收能力，又有较好的催化能力，最终实现稠油的高效裂解降黏。但是，在当时的学术界，几乎没有以碳纳米材料作为催化剂用于稠油裂解的相关研究。

6.5.2　微波辅助加热提高原油采收率的研究概况

由于稠油具有黏度高、流变性差、凝固点高等特性，目前广泛使用的稠油开采技术是热力开采技术(如蒸汽吞吐、蒸汽驱和火烧油层方法)，其主要问题是不能解决地面集输面临的问题，即随着温度的降低，原本变稀的原油，其黏度常会发生反弹。化学降黏工艺和掺稀降黏工艺也是常用的方法。化学降黏工艺存在的问题主要有水溶性降黏工艺使油井含水上升、产油下降，油溶性降黏工艺成本高，环境污染等。掺稀降黏工艺效果比较好，存在的主要问题是浪费了高品位的稀油以及稀油资源的短缺，有些油田所产稀油全部被用来“掺稀”，甚至还不够。

稠油裂解降黏改质作为提高原油(稠油)采收率的一个重要方法越来越受到人们的重视，是一种具有良好发展前景的提高采收率的新技术。但是，稠油井下的催化改质环境与地面炼油厂相比有较大的差别。例如，稠油的聚集状态和流动状态不同。地面炼油厂中的原油是在流动过程中与固定床催化剂接触的，接触面积大、接触时间长、催化效率比较高。而进行稠油井下催化降黏时，稠油与催化改质剂是类似静态接触的，接触面积小、催化效率比较低。催化裂解降黏近几年也有较多的研究并有较大的进展，主要问题是需要高温、较长的反应时间及黏度反弹。

稠油之所以黏度较高，根源在于其内部沥青质及胶质等高分子化合物在各种相互作用力下形成的胶束结构。因此设法将沥青质、胶质等大分子变为小分子是稠油降黏改质的必要途径(Mutyala and Fairbridge，2010)。为达到这样的效果，微波辅助加热裂解稠油技术应运而生。

在石油工业领域，与微波有关的技术和应用受到越来越多的关注。究其原因，正是因为微波具有不同于传统热处理方法的特殊能量传播途径。具体表现为：将能量直接传递给可以吸收微波的物质；能量利用效率高；加热速度快且加热比较均匀等特点(Bjorndalen and Islam，2004)。

关于微波加热提高稠油采收率的相关方法和技术已经有不少报道，目前主要还是室内实验研究，现场试验比较少。Bosisiot 等(1977)首先做了室内微波抽提砂岩样品中沥青质的实验。实验中，所用微波频率为 2450MHz，功率为 100W，利用微波能量由砂岩样品中采出沥青质后，对采出的沥青质和气体分别进行质谱和色谱分析，发现沥青质中各成分分子量的平均值比常规加热采出的沥青质低，并产出了少量气体。作者认为，在微波作用下，砂岩样品的温度高达 300～500℃，使沥青质发生了高温热裂解的化学反应，因此从砂岩样品中产生出了轻质油和气体。

Cambon 等(1978)使用频率为 2450MHz 的微波对加拿大某地区焦油砂进行加热产出稠油的研究，结果表明在蒸馏产物中，稠油产量高达 86%。Warren 等(1987)对加拿大萨斯喀彻温省某一水驱油藏进行了微波加热(频率为 915MHz)的数值模拟研究，与计算得到的未加热产油增量(18%)相比，微波加热促使累积产油量增加约 27%。Jeambey(1989)采用不同频率、强度、波形的交变电磁场作用于油页岩，发现样品中烃类物质的物理、化学性质发生了较大的变化，高分子烃类数量减少，而低分子烃类数量增大，并且只有当微波作用的频率与高分子烃类化合物的共振频率接近时，高分子烃类才能发生断裂生成小分子烃类。因此，采用频率范围宽的微波对稠油进行连续作用，可以使稠油中更多的高分子烃类发生共振，从而提高稠油的开采程度。

Depew 等(1990)利用实验证明了微波能使稠油催化裂解过程产生更多的轻质组分。Sahni 等(2000)对水平井及垂直井内的电介质加热过程进行数值模拟研究，一根 60kW 的微波天线放置在井下，由于微波的作用累积产油量增加了 80%。Ovalles 等(2002)对三个不同油藏中的稠油进行数值模拟研究，结果表明微波加热促使稠油黏度降低，原油产量大幅增加。

Hascakir 和 Akin(2006)将不同剂量的各种铁粉加入 API 度为 12.4 的稠油中，微波加热可以使油样的黏度从 2400cP[①]降至 120cP。同时，还发现相对于加热时间，金属添加剂的浓度对降黏效果的影响更为重要。后来，Hascakir 等(2009)选取土耳其东南部某稠油作为实验对象，发现在微波加热过程中，高矿化度的水能够提高原油采收率。另外，当铁粉添加剂浓度为 0.5%(最佳浓度)时，两组油样的降黏率分别为 88%和 63%，效果比较明显(Hascakir et al.，2010)。

根据上述文献中的一些研究成果，加入某些特定的催化剂(多为金属及金属氧化物)并结合一定的微波作用，能够有效降低稠油黏度，提高稠油采收率。

① 1cP=10^{-3}Pa · s。

6.5.3　微波辅助稠油裂解降黏的实验装置与实验步骤

稠油裂解实验中采用的微波发生器是普通的加油微波炉，其额定频率为 2450MHz，最大输出功率为 800W。反应试管为特制的带体积刻度的圆柱形玻璃容器，容积为 35mL，最高承受温度为 250℃，耐压为 150psi①(大约为 1MPa)。将微波炉进行适当的改造后，热电偶从微波炉顶部穿入，紧贴于反应试管外壁，并用保温材料缠紧。裂解实验过程中，温度随反应时间的变化数据利用 LabView 程序采集，并读入计算机，该实验装置的流程如图 6.19(a)所示，该装置的照片如图 6.19(b)所示。

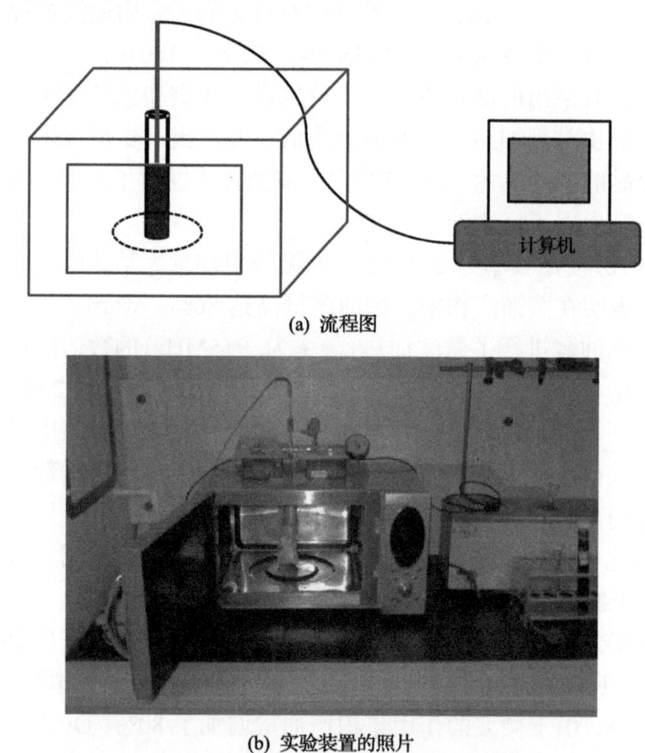

(a) 流程图

(b) 实验装置的照片

图 6.19　微波加热稠油裂解实验装置

裂解实验前后，稠油样品的黏度变化采用高温高压锥板式旋转流变仪进行测定。锥板式旋转流变仪所需样品的体积比较少，适合于这种稠油体积很少的裂解降黏实验。

实验所使用的稠油样品来自新疆某油田，有关实验设计以及相应的信息见表 6.6。四组实验的稠油样品按照预定比例拌制均匀，其中样品 1、2 分别加入碳基纳米催化剂 A、B；作为纳米催化剂的对比实验组，样品 3、4 分别加入石墨质微米催化剂 C、D，且催化剂 A、B、C、D 的粒径逐渐增大。四组样品中催化剂与供氢剂含量完全相同，根据有关研究成果，将剂量分别定为 0.5%和 2%。将添加有催化剂、供氢剂的稠油混合均匀后，将稠油样品倒入反应试管中。确定试管的气密性良好后将其安装到微波炉内，注意采取

① 1psi=6.89476×10^3Pa。

适当的措施以固定玻璃试管。

表 6.6　裂解实验样品制备信息

样品编号	催化剂	催化剂粒径	催化剂浓度/%	供氢剂浓度/%
1	A	21nm	0.5	2
2	B	70～80nm	0.5	2
3	C	5.8～7.1μm	0.5	2
4	D	40～51.5μm	0.5	2

实验步骤简述如下：首先检查反应试管的气密性是否良好，按照预定比例将反应混合物(稠油样品、一定含量的催化剂、供氢剂等)搅拌均匀，并倒入反应试管内，拧紧橡胶塞(套有耐高温高压的橡皮圈)，将热电偶紧贴试管外壁，并由保温材料裹紧。打开微波炉进行加热，采用梯度升温法，即样品在微波炉中加热 2min，暂停 4min，如此循环 10 次，微波累积加热 20min。加热过程中每隔 20s 记录一个温度数据，暂停过程中每隔 1min 记录一个温度数据，待反应结束，整个过程利用 LabView 采集温度数据。裂解实验完毕后取出样品，放入 150℃恒温油浴中 24h。之后观察油样流动性的变化，并测定裂解前后油样黏度及族组分的变化，同时持续观察油样黏度反弹情况。

6.5.4　催化剂种类对微波辅助稠油裂解降黏效果的影响

上述四组样品在微波加热过程中的温度-时间变化曲线如图 6.20 所示，可以看出：样品 1 升温最快，反应温度最高，达到 142℃，说明催化剂 A(粒径为 21nm)吸收微波热量的能力最强。样品 2 中催化剂 B(粒径为 70～80nm)吸收微波热量的能力略逊于催化剂 A，实验过程中最高温度为 134℃。样品 3、4 中催化剂 C(5.8～7.1μm)、D(40～51.5μm)吸收微波热量的能力较弱，实验过程中最高温度分别为 125℃、107℃，尤其在实验后期温度上升趋于平缓，说明催化剂吸收热量的能力基本达到极限。

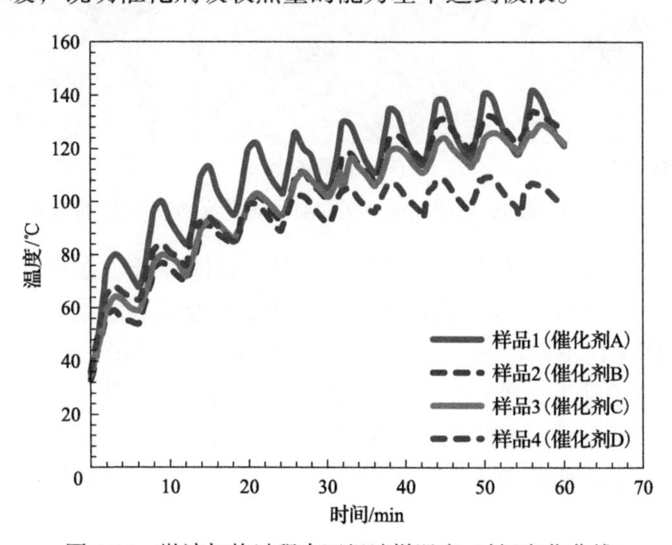

图 6.20　微波加热过程中四组油样温度-时间变化曲线

稠油裂解反应是一个吸热过程，即在实验过程中温度越高，越有利于裂解降黏。虽然从温度-时间变化曲线上并不能准确分析出不同种类(粒径)催化剂降黏效果的优劣差异，但却可以初步确定出哪一种催化剂吸收微波的能力较强。对比可得，前两组粒径较小的碳基纳米催化剂吸收热量的能力较强，而随着粒径的增大，后两组石墨质微米催化剂吸收能力较弱。

如图 6.21 所示，微波裂解实验之前的稠油样品在室温下的流动性极差，将试管倾斜45°时油样几乎没有任何流动趋势，基本上是固体状，由此可知其黏度较高。裂解实验之后，油样流动性变化相当明显，将样品在室温中保存，随着时间的推移，油样的流动性仍良好。直至裂解实验后 20 天左右，黏度逐渐开始反弹。不过，黏度反弹的力度不是很大。值得注意的是，裂解后的油样在 20 天后才开始反弹已经是非常不错的了。

稠油样品流动性的显著变化可以初步证实微波辅助加热纳米催化稠油裂解降黏方法具有良好的降黏效果，同时，油样能够保持 20 天左右的持续流动性，也证明了碳基纳米催化剂在微波辅助加热的条件下对于稠油黏度的改善并不是瞬时的、短时的，而是具有一定的持久性，有效推延了黏度反弹的时间。

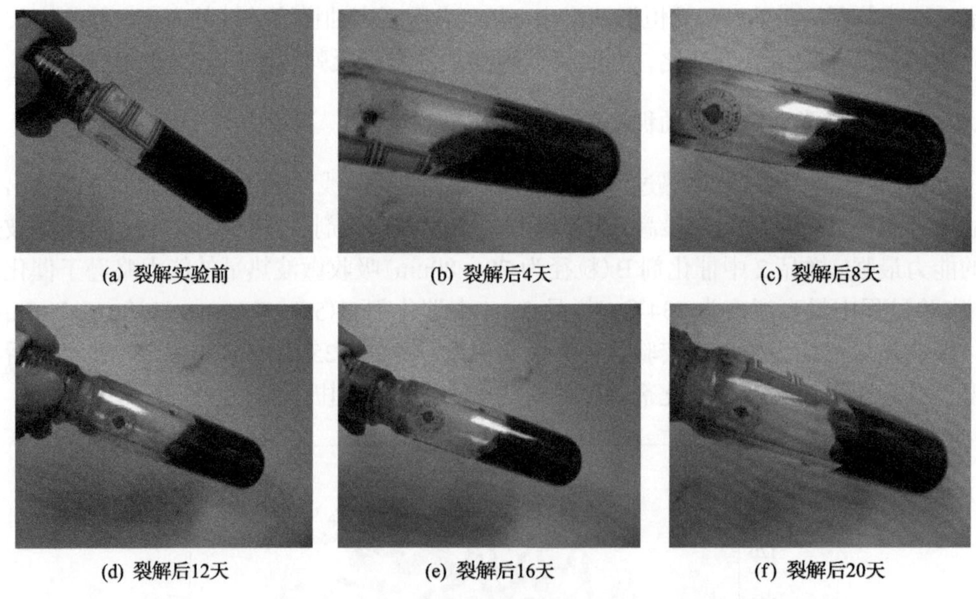

(a) 裂解实验前　(b) 裂解后4天　(c) 裂解后8天

(d) 裂解后12天　(e) 裂解后16天　(f) 裂解后20天

图 6.21　微波辅助加热稠油裂解实验前后油样流动性变化(催化剂 A)

上述流动性只能显示黏度大幅度降低了，但是具体降低了多少并不知道。为此，分别在 30℃、50℃、70℃条件下测定四组实验样品以及未裂解油样(共五组)的黏度随剪切速率的变化情况，不同温度下黏度-剪切速率变化曲线如图 6.22 所示。由图 6.22 可以看出，在 30℃条件下，催化剂 A 的降黏效果最为明显，催化剂 B 次之，催化剂 C 及催化剂 D 降黏效果不佳。由此说明，在温度比较低的条件下(小于 150℃)，催化剂 A 就已经能够很好地促进稠油中大分子基团裂解为小分子，有效降低稠油的黏度，改善稠油的品质。

在 50℃条件下测试的黏度结果仍然可以看出催化剂 A 与催化剂 B 的降黏效果，但

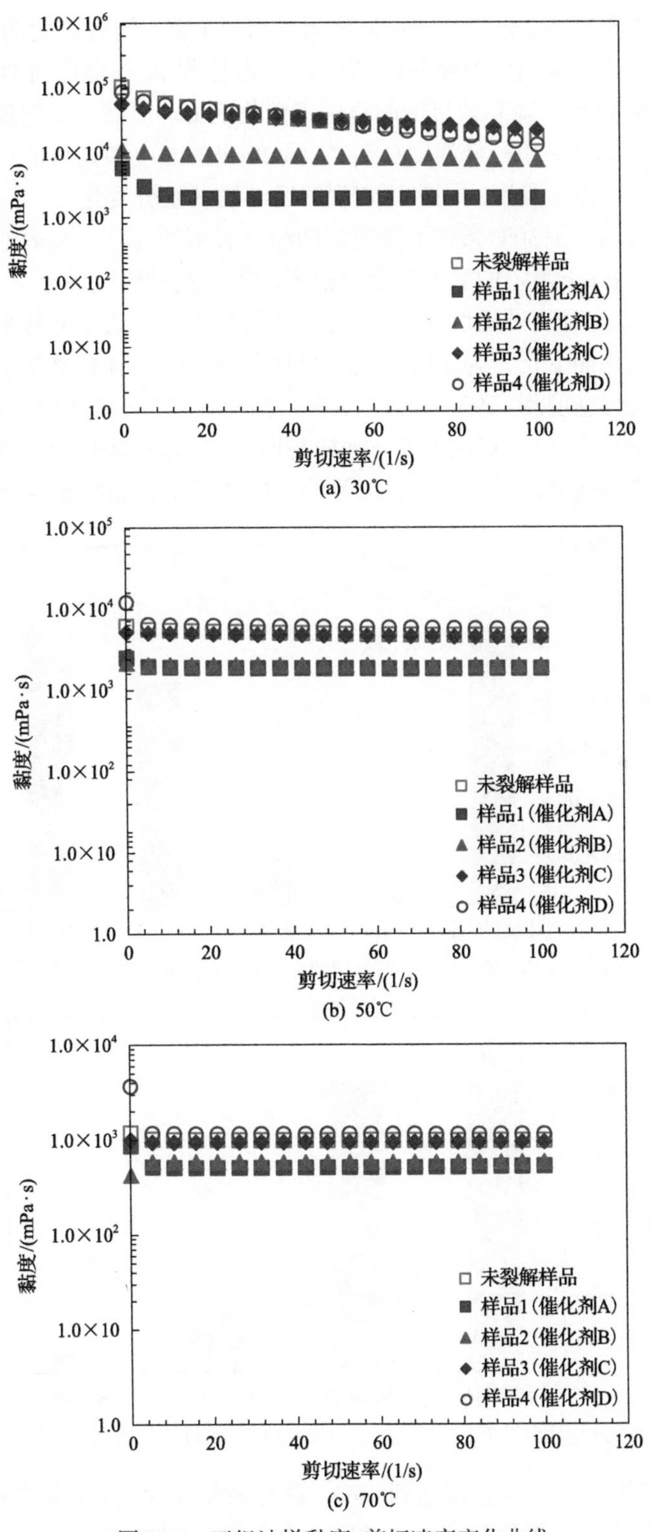

(a) 30℃

(b) 50℃

(c) 70℃

图 6.22　五组油样黏度-剪切速率变化曲线

是，由于未裂解稠油的黏度也随着测试温度的升高而下降，因此催化剂 A 和 B 降黏幅度看起来有所减小。当黏度测试温度升到 70℃时，催化剂 A 与催化剂 B 的降黏幅度看起来继续减小，催化剂 A 的降黏效果依旧略优于催化剂 B。显然，上述现象是合理的。考察稠油裂解降黏的效果采用较低温度(或者室温)测定的黏度数据可能更加有说服力，当然，最好的办法是在测定黏度的同时测定裂解后油样的组分变化。

由上述分析可知，在 30℃条件下测定的四组已裂解油样与未裂解油样的黏度对比最明显，以在 30℃条件下测定的黏度数据讨论不同催化剂的降黏效果可能比较合理(针对 30℃、50℃及 70℃三种测试温度而言)。大多数稠油在低温状态下是非牛顿流体，即黏度随剪切速率的变化而变化，为了使对比实验具有可比性，有必要在某一固定的剪切速率条件下对油样进行黏度测定(Gao and Li，2012)。取剪切速率为 $10s^{-1}$(当剪切速率大于 $10s^{-1}$，黏度数据基本稳定)，对比未裂解油样与四组裂解油样的黏度，如图 6.23 所示。随后以未裂解油样为基准，对比四组已裂解油样的降黏率，如图 6.24 所示。

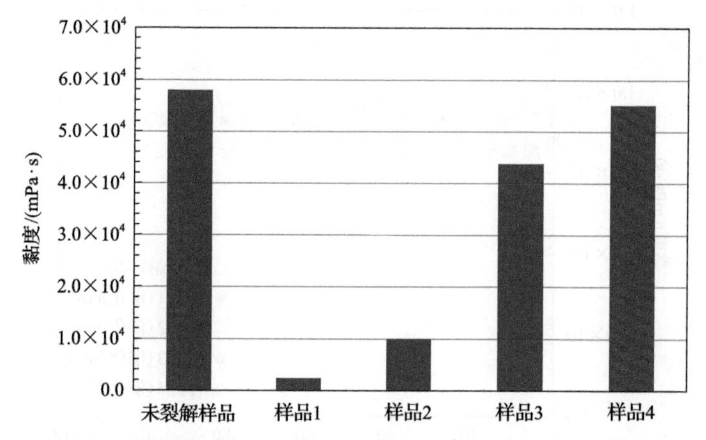

图 6.23 在同一温度(30℃)、相同剪切速率($10s^{-1}$)条件下五组油样的测试黏度

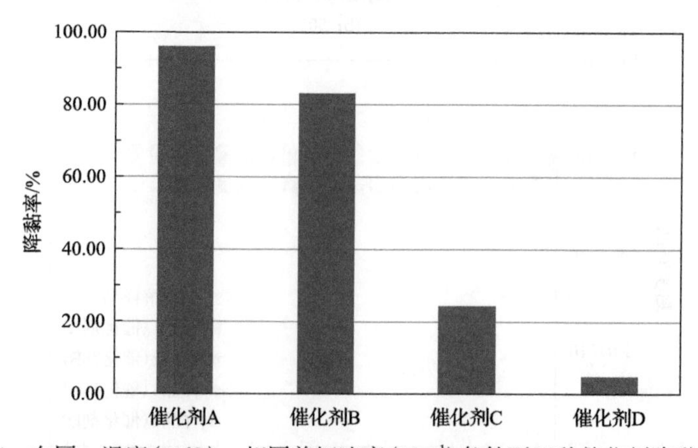

图 6.24 在同一温度(30℃)、相同剪切速率($10s^{-1}$)条件下四种催化剂降黏率对比

可以看出，催化剂 A 的降黏率达到 96%，降黏效果最为显著；催化剂 B 的降黏率约为 83%，降黏效果次之；催化剂 C、D 的降黏率分别为 20%和 5%，降黏效果一般。降黏率从大到小排序为催化剂 A＞催化剂 B＞催化剂 C＞催化剂 D。

总的来说，在选择合适的催化剂情况下，采用微波辅助加热进行稠油裂解降黏的方法是可行的、有效的。

6.5.5　微波辅助稠油裂解降黏的规律与机理

裂解后原油的黏度大幅度降低是稠油催化裂解反应的宏观表现，其微观表现是裂解后轻质组分的含量增加，重质组分的含量降低。为了证明这一点，利用柱色谱法测定了裂解降黏反应前后油样的族组分变化，见表 6.7。可以看出，采用催化剂 A 时，裂解反应后油样中轻质组分即饱和烃+芳香烃的量增加了约 11%，而重质组分即非烃+沥青质的量减少了约 4%。添加催化剂 A 的稠油裂解反应得到的轻质组分增幅以及重质组分的降幅是所有催化剂中最大的，因此，催化剂 A 的降黏效果最为明显。其余三组样品裂解后的轻质组分的增幅与催化剂粒径的相关关系比较显著，即随着催化剂粒径的变小而逐渐增大。由此可知，裂解反应前后油样族组分的对比结果与前述温度随时间的变化关系以及降黏率等对比结果是吻合的。

表 6.7　反应前后油样族组分对比

反应体系	饱和烃/%	芳香烃/%	非烃/%	沥青质/%	饱和烃+芳香烃/%	非烃+沥青质/%
未裂解样品	24.05	31.62	13.78	24.05	55.68	37.84
样品 1（催化剂 A）	30.75	35.25	14.25	19.50	66.00	33.75
样品 2（催化剂 B）	30.15	33.68	15.44	18.53	63.83	33.97
样品 3（催化剂 C）	30.26	31.05	17.89	18.95	61.31	36.84
样品 4（催化剂 D）	30.08	30.48	17.53	19.32	60.56	36.85

稠油催化裂解降黏反应前后油样的族组分变化能够解释降黏率下降的原因，但是，不能从机理上解释为什么碳基纳米催化剂粒径越小，对稠油的降黏效果越显著。为此，采用透射电子显微镜(transmission electron microscope, TEM)测定了不同粒径催化剂的外观物质结构。

在本研究中，选择了两种具有代表性的碳基纳米催化剂以及另外两种普通催化剂(石墨、微米级)进行对比实验。为了探究催化剂颗粒微观纳米结构的差异，获取四种催化剂的透射电镜图像，如图 6.25 所示。催化剂 A 和 B 是亚 100nm 炭黑纳米颗粒，具有许多堆积在一起的石墨化碳层，但其有序度不足以形成结晶石墨。这种颗粒具有足够高的导电性，通常用作导电添加剂来提高电池电极的导电性。这些纳米粒子仍然有相当一部分 sp3 碳键，在催化中更为活跃。催化剂 C 和 D 是多个微米尺寸的石墨颗粒，可以看到它们的层状形态。石墨具有很高的导电性，但基面通常没有催化活性。边缘平面可能提供催化位点，但具有较小的表面积。

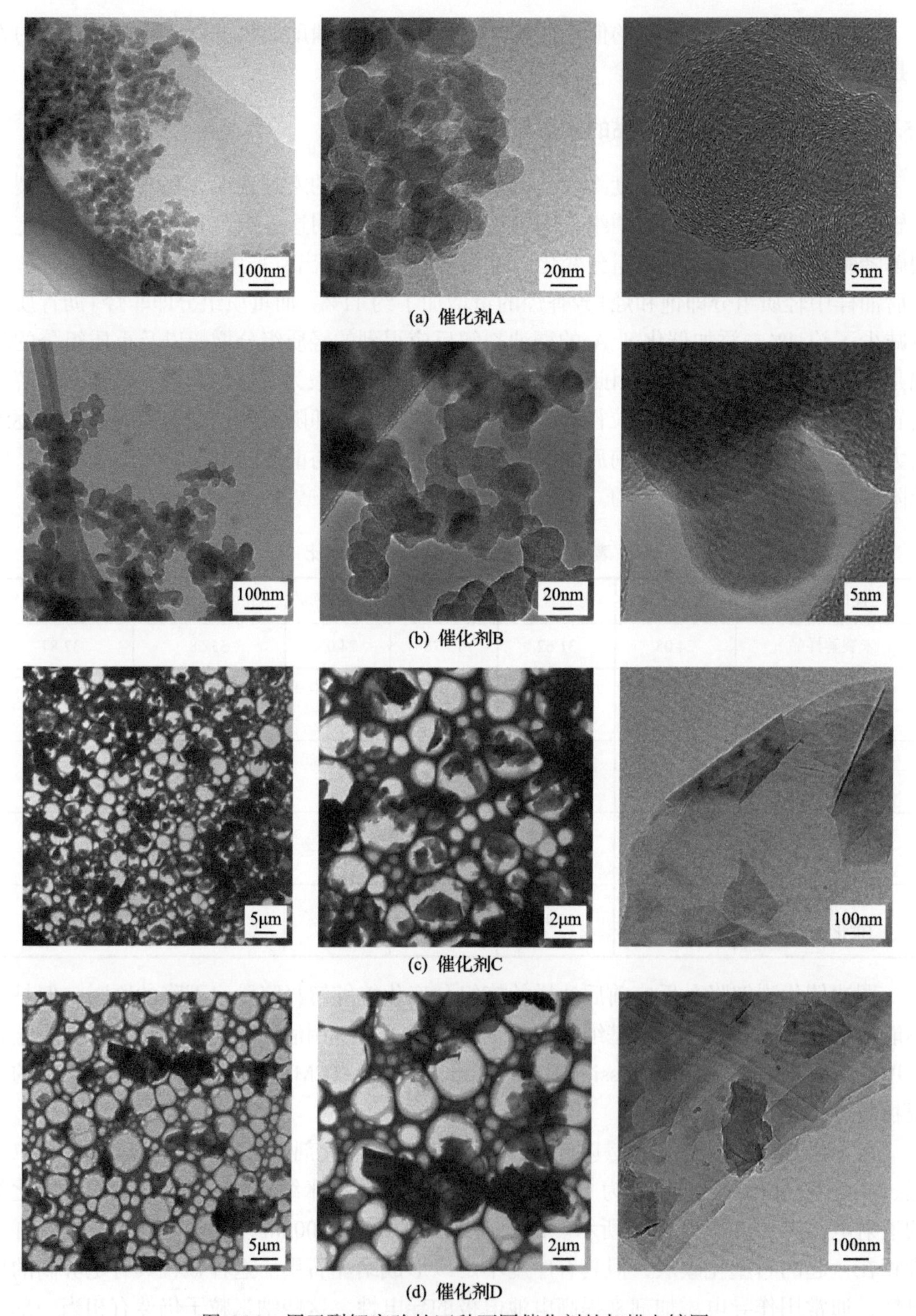

图 6.25　用于裂解实验的四种不同催化剂的扫描电镜图

催化剂 A，粒径 21.0nm，这些炭黑纳米粒子在催化方面更活跃。催化剂 B，粒径 70.0～80.0nm，这些炭黑纳米颗粒也有许多石墨化的碳层堆积在一起，但没有达到形成结晶石墨的高度。催化剂 C，粒径 5.8～7.1μm，这是多个微米级的石墨颗粒，可以看到它们的层状形态。石墨具有很高的导电性，但基面通常没有催化活性。边缘平面可能提供催化位点，但具有更小的比表面积。催化剂 D，粒径 40.0～51.5μm，也是多微米级的石墨颗粒，催化活性不高根据结构信息，显然与大粒径催化剂C和D相比，纳米催化剂A和B具有更好的微波吸收能力和催化活性。最后，纳米催化剂A和B可能通过改质实现重质原油黏度的进一步降低。

图6.26表示在微波辅助加热条件下稠油裂解后的降黏率与催化剂颗粒大小的关系以及不同催化剂的TEM图片。可以看出，当催化剂的颗粒直径下降到纳米级后，稠油的裂解降黏效果显著改善，并且降黏率随着颗粒直径的减小而增加。TEM图片显示的催化剂结构上的差别可以解释这一现象背后的机理。

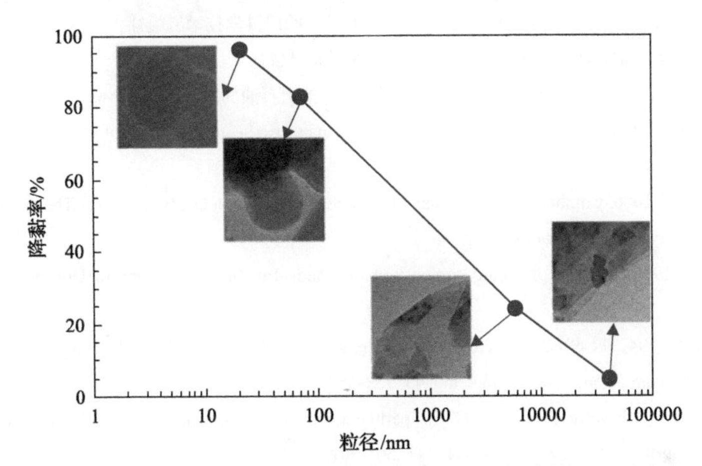

图6.26　降黏率与催化剂颗粒大小的关系以及相应的TEM图片

尽管上述实验结果不能证明在微波辅助加热条件下稠油催化裂解反应过程中长链的断裂是完全均匀的，但是能够在不到1h的时间、温度低于150℃的情况下实现96%左右的大幅度降黏率，这不仅充分证明了催化剂A的高效催化效果，而且也说明了这种裂解反应是一种亚燃烧，即稠油催化裂解反应过程中重质组分中长链的断裂相对来说是比较均匀的。

6.6　小　结

本章简要介绍了火烧油层方法，包括亚燃烧方法的基本原理，也分析和讨论了高压注空气的燃烧实验以及微波辅助稠油裂解降黏的实验装置、实验过程与一些实验数据。

高压注空气的燃烧实验结果说明拌制方式与注入方式都能达到基本相同的催化裂解降黏效果，注入方式甚至具有一些优点，如发生氧化裂解反应的初始时间比拌制方式提前了，缩短了所需反应时间。同时说明，在实际应用催化裂解或者亚燃烧技术时，可以将催化剂溶入水中然后注入油层。

稠油高效改质降黏的新型碳基纳米催化剂以及低温微波裂解降黏技术具有催化剂用量少(少于0.5%)、催化效率高、降黏效果好(可达96%)、裂解反应温度低(低于150℃)等优点。催化剂对稠油的降黏效果取决于催化剂的粒径，粒径越小，降黏率越高。

参 考 文 献

陈衍飞. 2010. 亚燃烧催化裂解过程中催化剂影响的实验研究. 北京: 北京大学.

樊泽霞, 赵福麟, 王杰祥, 等. 2006. 超稠油供氢水热裂解改质降黏研究. 燃料化学学报, 34: 315-318.

黄建东, 孙守港, 陈宗义, 等. 2001. 低渗透油田注空气提高采收率技术. 油气地质与采收率, 8(3): 79-82.

李景明, 王红岩, 赵群. 2008. 中国新能源资源潜力及前景展望. 天然气工业, 28(1): 149-153.

李克文, 侯玢池, 王磊. 2014. 一种基于纳米催化与微波加热的稠油裂解降黏方法: CN 105277425 A.

李美蓉, 向浩, 马济飞. 2006. 特稠油乳化降黏机理研究. 燃料化学学报, 34(2): 4.

李士伦, 张正卿, 冉新权. 2005. 注气提高石油驱替效率技术. 成都: 四川科学技术出版社.

桑德拉 R, 尼尔森 R F. 1987. 油藏注气开采动力学. 北京: 石油工业出版社.

魏伟, 张金华, 王红岩. 2012. 中国石油地热开发利用模式及前景. 中国石油勘探, 17(1): 79-82.

Abernethy E R. 1976. Production increase of heavy oils by electro-magnetic heating. Journal of Canadian Petroleum Technology, 15(3): 91-97.

Adagulu G D, Akkutlu I Y. 2006. Combustion front behavior in porous media with catalytic agents//The SPE/DOE Symposium on Improved Oic Recovery, Tulsa, Oklahoma, USA, April.

Agrawal V K, Sidqi A. 1996. A study of in-situ combustion on Saudi Tar. Stanford: Stanford University Petroleum Research Institute.

Bjorndalen N, Islam M R. 2004. The effect of microwave and ultra-sonic irradiation on crude oil during production with a horizontal well. Journal of Petroleum Science and Engineering, 43: 139-150.

Bosisiot R G, Cambon J L, Chavarie C, et al. 1977. Experimental results on the heating of Athabasca tar sand samples with microwave power. Journal of Microwave Power, 12(4): 301-307.

Burger J G. 1972. Chemical aspects of in-situ combustion-heat of combustion and kinetics. Society of Petroleum Engineers Journal, 12(5): 410-422.

Cambon J L, Kyvana D, Chavarie C, et al. 1978. Traitement du sable bitumeneux par micro-ondes. The Canadian Journal of Chemical Engineering, 56(6): 735-742.

Castanier L M, Baena C J, Holt R J, et al. 1992. In situ combustion with metallic additives//The SPE Latin America Petroleum Engineering Conference, Caracas, Venezuela, March.

Chemat F, Esveld D C, Poux M, et al. 1998. The role of selective heating in the microwave activation of heterogeneous catalysis reactions using acontinuousmicrowave reactor. Journal of Microwave Power and Electromagnetic Energy, 33: 88-94.

Clark P D, Clarke R A, Hyne J B, et al. 1990. Studies on the effect of metal species on oil sands undergoing steam treatment. AOSTRA Journal of Research, 5: 40-45.

Dabbous M K, Fulton P F. 1972. Low-temperature oxidation kinetics and effects on the in-situ combustion process//Presented at SPE-AIME 47th Annual Fall Meeting, San Antonio, Tex., Oct. 8-11.

Depew M C,Tse M Y, Husby H, et al. 1990. High power pulsed microwave catalytic processes: a new approach to hydrocarbon oxidation and sulfur reduction//Proceedings of the 11th Canadian Symposium on Catalysis, Halifax, NS, Canada, 15-18 July 1990.

Drici O, Vossoughi S. 1987. Catalytic effect of heavy metal oxides on crude oil combustion. SPE Reservoir Engineering, 2(4): 591.

El Harfi K, Mokhlisse A, Chan M B, et al. 2000. Pyrolysis of the morroccan tarfaya oil shales under microwave irradiation. Fuel, 79: 733-742.

Fassihi M R, Brigham W. 1984. Reaction kinetics of in-situ combustion. SPE Journal, 24(4): 399-416.

Gao Y, Li K W. 2012. New models for calculating the viscosity of mixed oil. Fuel, 95: 431-437.

Hascaki B, Acar C, Akin S. 2009. Microwave-assisted heavy oil production: an experimental approach. Energy Fuels, 23: 6033-6039.

Hascakir B, Akin S. 2006. Effect of metallic additives on upgrading heavy oil with microwave heating. World heavy oil conference. Beijing, China, 12-15 Nov 2006.

Hascakir B, Babadali T, Akin S. 2010. Field-scale analysis of heavy-oil recovery by electrical heating. SPE Reservoir Evaluation & Engineering, 13 (1): 131-142.

He B. 2005. Improved in-situ combustion performance with metallic salt additives//SPE Western Regional Meeting. Irvine, California.

Holt R J. 1992. In situ combustion with metallic additives. Stanford: Stanford University.

Hyne J B, Greidanus J W, Verona D, et al. 1982. Aquathermolysis of heavy oil//Presented at the 2nd International Confernece in Heavy Crude and Tar Snds, Caracas, Venezuel, February 7-17, 1982.

Jeambey C G. 1989. Apparatus for recovery of petroleum from petroleum impregnated media. US Patent 4, 187: 711.

Kisler J P, Member D C S. 1997. An improved model for the oxidation processes of light crude oil. Chemical Engineering Research and Design, 75 (4): 392-400.

Kumar V K, Gutierrez D, Moore R G, et al. 2006. Air injection and water flood performance comparison of two adjacent units in buffalo field-economic analysis//the SPE Eastern Regional Meeting, Canton, Ohio, USA, October.

Mamora D D, Brigham W E. 1995. The effect of low-temperature oxidation on the fuel and produced oil during in situ combustion//Field Application in Situ Combustion Practices: Past, Present and Future Applications.

Mamora D. 1993. Kinetics of in-situ combustion. Stanford: Stanford University.

Monsef-Mirzai P, Ravindran M, McWhinnie W R, et al. 1992. The use of microwave heating for the pyrolysis of coal via inorganic receptors of microwave energy. Fuel, 71: 716-717.

Monsef-Mirzai P, Ravindran M, McWhinnie W R, et al. 1995. Rapid microwave pyrolysis of coal methodology and examination of the residual and volatile phases. Fuel, 74 (1): 20-27.

Mutyala S, Fairbridge C. 2010. Microwave applications to oil sands and petroleum: a review. Fuel Processing Technology, 91: 127-135.

Ovalles C, Fonseca A, Alvaro V, et al. 2002. Opportunities of downhole dielectric heating in Venezuela: three case studies involving medium, heavy and extra-heavy crude oil reservoirs//The SPE International Thermal Operations and Heavy Oil Symposium, Calgary, Alberta, Canada, Nov 4-7.

Racz D. 1985. Development and application of a thermo catalytic in situ combustion process in hungary//European Meeting on Improved Oil Recovery, Rome, Italy.

Rios D L, Brigham W E. 1988. The effect of metallic additives on the kinetics of oil oxidation reactions in in-situ combustion. Stanford: Stanford University.

Sahni A, Kumar M, Knapp R, et al. 2000. Electromagnetic heating methods for heavy oil reservoirs//Presented at the 2000SPE/AAPG Western Regional Meeting, Long Beach, California, June19-23.

Shallcross D C, Rios C F, De Los, et al. 1991. Modifying in-situ combustion performance by the use of water-soluble additives. SPE Reservoir Engineering, 6 (3): 287-294.

Warren G M, Memioglu E, Bakiler C S. 1987. Case study: enhanced oil recovery potential for the Garzan field, Turkey//Proceedings of 5th SPE Middle East Oil Show, SPE 15752, March 7-10.

Watts B C, Hall T F, Petri D J. 1997. The Horse Creek air injection project: an overview. SPE Rocky Mountain Regional Meeting. Casper, Wyoming, May 1997.

Yannimaras D V, Sulfi A H, Fassihi M R. 1991. The case for air injection into deep light oil reservoirs//6th European Symposium, on IOP, Stavanger, Norway.

Yu Y. 2010. Experimental study on the reduction of heavy oil viscosity by aquathermolysis. Beijing: Peking University.

第7章　储层改造技术的理论基础

7.1　简　　介

目前，国内外石油天然气工程中压裂技术已经很成熟，地热开发领域也多采用石油天然气工程中的压裂技术，但由于热储的特殊性，采用的支撑剂、压裂液需要耐高温，同时需要考虑特殊的地质条件(地层岩性、裂缝、断层、地应力)才能达到预期效果。目前地热田的主要开发手段是水力激发，主要通过向储层注入高压流体使热储原有裂隙扩展延伸，从而达到增大储层换热性能的目的。水力激发又包括水力压裂和水力剪切。地热田的水力激发与石油、天然气中的压裂有很多相似之处，其目的均是通过向岩体中高压注水提高储层渗透性，从而达到最大限度地采油或提热的目的。但对于地热田的水力激发，一个重要的问题就是如何在热储岩体里造成多发性裂缝网络，在地热储层体系里形成尽可能多的热交换面积，使地热能够更高效地开采出来。所以，水力压裂和水力剪切在压裂原理上有着本质不同，地热田激发主要是水力剪切破坏，有别于石油、页岩气开发中的拉伸破坏(张力，2014)。水力剪切是通过使岩体发生彼此间位移后，在裂隙面表面摩擦力的作用下，激发压力释放后仍然维持裂隙面的张开。水力压裂则不同，岩体不会形成彼此滑动，因此，当注水压力下降后，裂隙面会重新闭合，所以石油与天然气水力压裂需要通过支撑剂来维持裂隙面张开。对于干热岩提取热量而言，剪切破坏的优点在于使岩体形成的裂隙面足够大而缝宽维持较小，流体在裂隙面中穿过时流速不会过快，这样就可以使流体从注入井流动到生产井的过程中充分地与储层换热达到理想的开发温度，此外，该种方式也可以减少短路循环或过早形成热突破从而延长热储的热开采年限。

激发过程具体如下：首先钻进能够到达该深度范围内地下结晶质岩层中的深井，采用水力压裂等井下作业措施在高温岩体中形成具有高渗透性的裂缝体系，即“人造”一个“热储”，然后在地面上从一口(或几口)井中将冷水注入，经裂缝换热构造加热后再从另一些井中抽出至地面，利用产生的地热蒸汽等进行发电。注入井、生产井及地下热储层共同组成一个高温热流体的闭合式回路系统，此系统也称为增强型地热系统(EGS) (图7.1)。

自1973年美国开展Fenton Hill干热岩试验项目以来,世界上许多国家也相继开展了一系列EGS研究开发项目，如英国的Rosemanowes、日本的Hijori、瑞士的Basel、澳大利亚的Cooper Basin、法国的Soultz和德国的Landu等，其中最为成功的是法国Soultz建立的欧洲示范性EGS电厂，是世界第一个成功将EGS用于发电的项目，证实了EGS有望成为一种可持续、可再生和清洁的发电技术。

综观压裂技术发展历程，伴随石油行业的整体发展，可划分四个大的发展阶段：第一阶段从20世纪40年代后期到70年代中期，致力于压裂施工技术发展并规模应用；第二阶段从70年代后期到80年代，压裂技术理论发展并完善；第三阶段为90年代，压裂监测技术快速发展，压裂应用领域不断拓展；第四阶段从进入21世纪后至今，水平井压裂技术突破，并在非常规天然气开发中凸显出更大生命力。

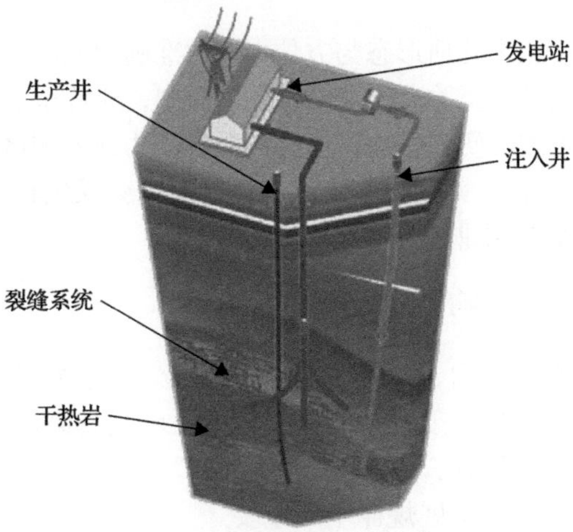

图 7.1　EGS（Tester et al., 2006）

干热岩地热开发工程技术以油气钻完井技术为基础，但针对干热岩地热开发中的一些特殊问题需要采取一些特殊措施，例如井下仪器、工具和材料等要具有较高的抗温能力，套管要具有高温稳定性，需要研究特殊的井眼稳定技术和井口钻井液冷却设备等。此外，压裂作业到生产后的热交换也是 EGS 是否成功的关键。需要考虑地层和流体多场耦合作用及影响规律，而裂隙渗流与热交换机制、热交换效率模型是热交换技术的核心基础问题。

本章主要是针对地热田压裂过程中有别于传统石油与天然气开采的压裂方法和技术进行阐述，对压裂过程中需要注意的一些技术问题和基本概念进行解释说明，希望读者对地热田水力激发及人工造储技术有一个清晰的把握。

7.2　热储岩石力学与水力压裂裂缝扩展

在压裂与人工造储工程技术领域，岩石力学是重要的基础理论之一。美国国家科学院把岩石力学定义为“岩石力学行为的理论与应用科学，它是研究岩石在外部力场作用下响应的力学分支”，在地质、钻井、完井、压裂和油气生产等多个领域都需要专题研究与应用。

在储层改造中，裂缝起裂与扩展受地应力场直接控制。岩石力学是压裂理论的力学基础。早在 1957 年，Hubbert 和 Willis（1957）就提出地下应力及对水力裂缝的影响，他们的研究表明地壳中存在不断增大的垂向与水平方向的应力差，改变了当时在设计中应力各向同性的传统认识，并基于弹性力学理论，提出了构造应力场对水力压裂井壁破裂压力以及裂缝延伸方向的影响。Kehle（1964）根据地下岩层和井壁周围的应力状态，假设岩层为均质的且具有各向同性特征，提出了经典的破裂压力的计算公式，并且提出了可以根据水力压裂数据反求地应力：

$$P_{\mathrm{b}} = 3\sigma_{\min} - \sigma_{\max} + f_{\mathrm{t}} \tag{7.1}$$

式中，P_b 为地层破裂压力；σ_{min}、σ_{max} 为构造应力场中最小、最大主应力；f_t 为岩石抗拉强度。

由于三向主应力控制压裂几何形态与方位，因此准确把握地层岩石力学特征，构建原位应力场，对于压裂优化设计至关重要。在矿场试验中，通常需采集大量岩心，开展储隔层岩石力学参数和地应力测试研究，也可通过测井、压力注入测试等手段获取相关资料。

在不同压裂时机条件下，实施压裂作业，裂缝形态会发生较大变化，因此，动态地应力场构建对于提高压裂效果非常重要。

7.2.1 地应力对水力压裂的影响

地壳或岩石圈中存在的应力，包括由上覆岩体或岩层重力引起的应力和构造运动引起的应力两部分。在漫长的地质变迁过程中，地壳运动呈现高活跃性，岩石多次发生变形造成地下三向主应力是不等的，如图 7.2 所示（$\sigma_1 > \sigma_2 > \sigma_3$）。因此，研究三向主应力的分布，对于认识裂缝形态与扩展规律十分重要。

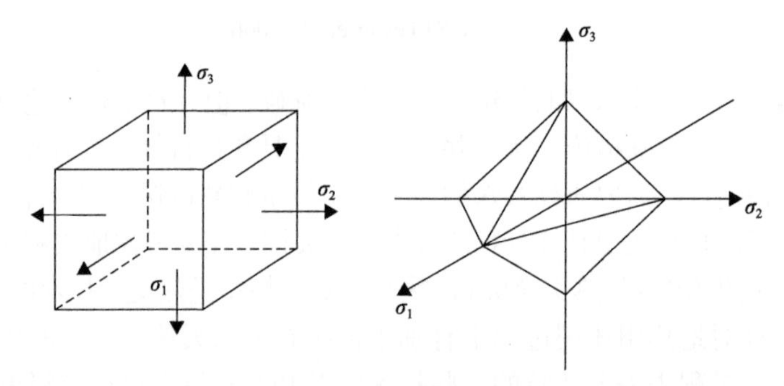

图 7.2　三向主应力示意图（蔡美峰等，2002）

1. 裂缝方向与形态取决于应力分布

三向主应力决定了压裂裂缝的形态，岩石破裂后，压裂裂缝方向总是垂直于最小主应力。Hubbert 和 Willis（1957）研究表明，在构造应力松弛地区（特征为正断层），最小主应力是水平应力，形成垂直裂缝；对于构造应力活跃地区（特征为逆断层），最小主应力应为垂向并且等于垂向应力，形成的裂缝形态为水平裂缝，如图 7.3 所示。

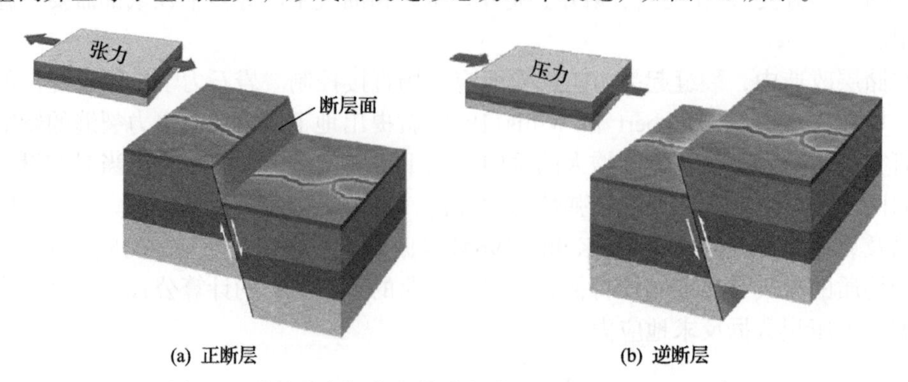

图 7.3　裂缝形态与应力关系（Hubbert and Willis，1957）

矿场中可以根据压裂时注入压力大致判断裂缝形态类型，注入压力远小于垂向应力时，形成的裂缝为垂直裂缝；注入压力大于垂向应力时，裂缝为水平缝。垂向应力来自上覆岩石重量，对于某一特定深度 H 处垂向应力可用式(7.2)表示：

$$\sigma_{\mathrm{v}}=\int_{O}^{H}\rho(h)g\mathrm{d}h \tag{7.2}$$

式中，ρ 为上覆岩石密度；g 为重力加速度。

2. 储隔层应力差对裂缝高度扩展起控制作用

水力裂缝的扩展以及其几何形态主要受地应力状态控制。对于垂直裂缝，尤其是缝高，主要取决于层间应力差。一般情况下，砂岩储层上下遮挡层为泥页岩，其应力大于砂岩储层。当裂缝在砂岩内产生后，根据杠杆原理，裂缝高度到达界面后总是试图向邻近层扩展(图 7.4)，砂泥岩两者应力差存在阻止裂缝向高应力隔层延伸。只有两者应力差小到不足以限制裂缝扩展时，其他如沉积面的滑移(Warpinski and Teufel, 1992)、断裂韧性(Thiercelin et al., 1998)等因素才起作用。

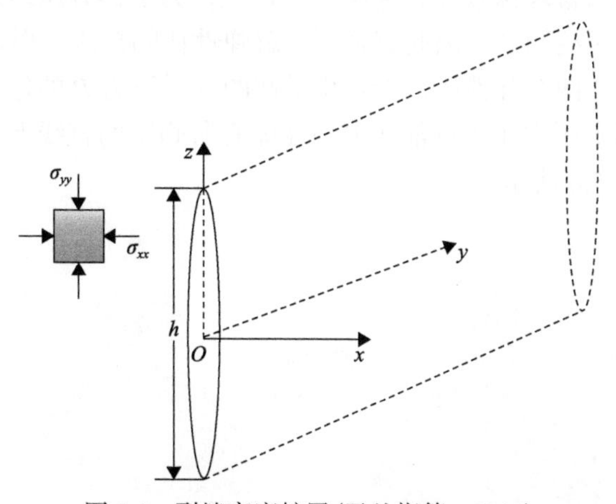

图 7.4　裂缝高度扩展(尹丛彬等，2017)

Simonson 等(1978)对裂缝高度进行了研究，裂缝高度与裂缝内净压力 P_{net} 和储隔层应力差 $\Delta\sigma$ 的比值相关，其中 h_{f} 和 h_{fo} 分别为缝高和初始缝高。当净压力远小于储隔层应力差(＜50%)时，裂缝可以控制在储层内延伸，并且净压力在裂缝扩展过程中呈增加趋势；当净压力远大于储隔层应力差时，隔层对裂缝高度难以控制，裂缝呈径向扩展且净压力随之减小。

3. 闭合应力是裂缝延伸判断的关键参数，也是支撑剂选择的重要依据

对于垂直裂缝，最小主应力(闭合应力)的确定对优化压裂设计和指导支撑剂优选十分重要(图 7.5)。

对于低孔低渗砂岩、页岩和碳酸盐岩地层，可用式(7.3)计算最小主应力 σ_{h}：

$$\sigma_{\mathrm{h}}=\frac{\nu}{1-\nu}\left(\sigma_{\mathrm{v}}-\alpha p\right)+\alpha p \tag{7.3}$$

式中，σ_{v} 为垂向应力；ν 为泊松比；α 为 Biot 系数；p 为孔隙压力。

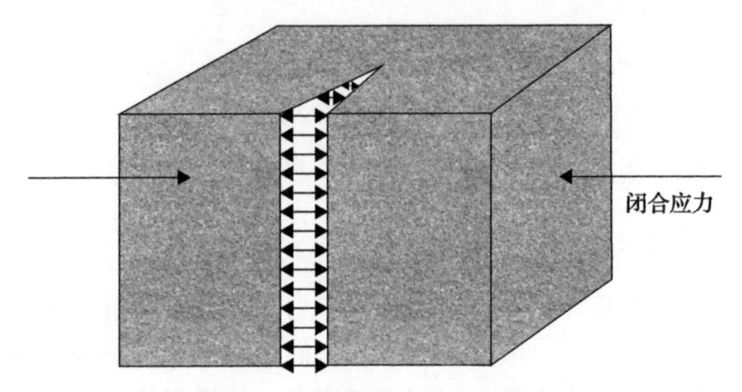

图 7.5　裂缝闭合应力示意图

7.2.2　储层岩石变形对水力压裂裂缝的影响

对于热储来讲，通常埋深较深，地层压力较大，为了提升压裂裂缝的流动能力会泵入一些支撑剂，防止裂缝闭合，因此有必要了解弹性体间挤压变形理论。

假设有球 1 和球 2 两个弹性体，受互相平衡的一对压力 P 的作用，此时压力作用方向垂直于球面，且两个压力作用点都在由两球球心所确定的直线上。两球在压力作用下互相挤压变形，如图 7.6 所示。

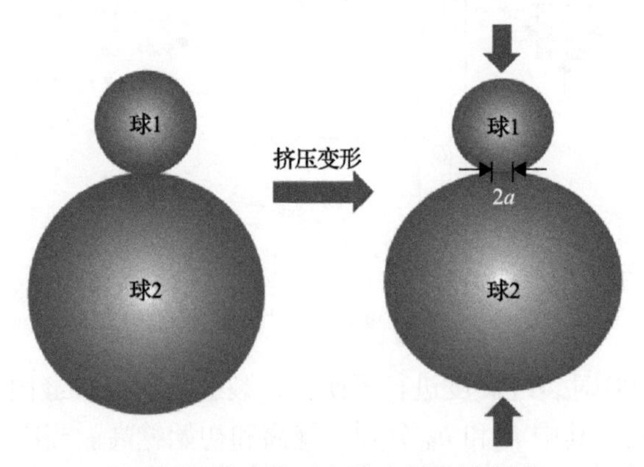

图 7.6　两球间的受力挤压变形示意图(高媛萍，2012)

武际可等(2001)认为图 7.6 中两球的接触面边界是以 a 为半径的圆，且满足以下关系式：

$$a=\left(\frac{3}{4}PC_E\frac{R_1R_2}{R_1+R_2}\right)^{\frac{1}{3}} \tag{7.4}$$

其中：

$$C_E = \frac{1-\nu_1^2}{E_1} + \frac{1-\nu_2^2}{E_2} \tag{7.5}$$

武际可等(2001)推导出图 7.6 中两球心间距离的减小量α满足以下关系式：

$$\alpha = \frac{\frac{3}{4}PC_E}{\left(\frac{3}{4}PC_E\frac{R_1R_2}{R_1+R_2}\right)^{\frac{1}{3}}} \tag{7.6}$$

式中，P为球两端受到的压力，N；C_E为定义的一个参数，MPa^{-1}；R_1为球 1 的半径，mm；R_2为球 2 的半径，mm；ν_1为球 1 的泊松比，无量纲；ν_2为球 2 的泊松比，无量纲；E_1为球 1 的弹性模量，MPa；E_2为球 2 的弹性模量，MPa；α为两球心间距离的减小量，mm。

现在对图 7.6 中的情况进行扩展，当$R_2 \to \infty$时，球 2 表面趋于平面，可演化为球在平板上的挤压变形问题，如图 7.7 所示。

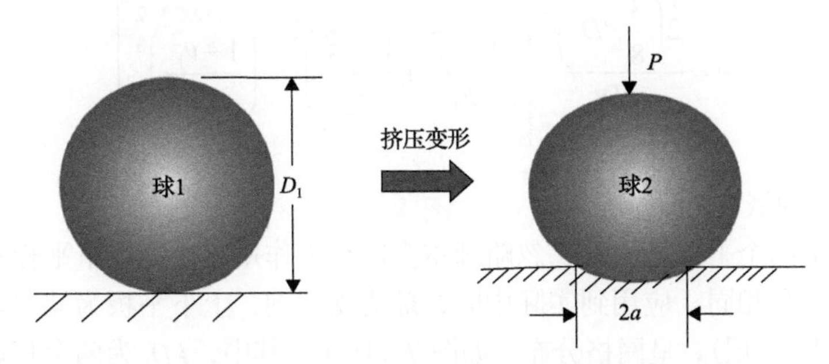

图 7.7　球与平板间的受力挤压变形示意图(高媛萍，2012)

将已知条件$R_2 \to \infty$代入式(7.4)，可以推导出图 7.7 中接触面边界的半径表达式为

$$a = \left(\frac{3}{8}PC_E D_1\right)^{\frac{1}{3}} \tag{7.7}$$

将已知条件$R_2 \to \infty$代入式(7.6)，可以得出两球心间距离的减小量α满足以下关系式：

$$\alpha = \frac{2\left(\frac{3}{8}PC_E D_1\right)^{\frac{2}{3}}}{D_1} \tag{7.8}$$

式中，D_1为球 1 的直径，mm。

两球心间距离减小由两个因素造成：变形和嵌入。对于图 7.7 中的模型而言，这两个因素是：球 1 半径的减小量（其大小为球 1 直径的减小量即变形量的一半，但是为了方便，下文直接称为变形量）、球 1 对平板的嵌入量。当平板的弹性模量无穷大，即 $E_2 \to \infty$ 时，球 1 不会嵌入到平板中，只会在压力的作用下变形，即此时两球心间距离的减小量为球 1 的变形量，设为 β，于是有

$$\beta = \frac{2\left(\frac{3}{8}PD_1\frac{1-\nu_1^2}{E_1}\right)^{\frac{2}{3}}}{D_1} \tag{7.9}$$

式中，β 为球 1 的变形量，mm。

式(7.9)表明：球 1 的变形量只与它受到压力的大小、球 1 的直径、球 1 的弹性模量、球 1 的泊松比有关，而与其所接触的物体的参数无关。由此，式(7.9)可用来表示单独一个球受到一对相互平衡的压力作用时的变形量。

结合式(7.8)、式(7.9)，可以计算出图 7.7 中嵌入量的表达式：

$$h = \frac{2\left(\frac{3}{8}PD_1\right)^{\frac{2}{3}}}{D_1}\left[\left(\frac{1-\nu_1^2}{E_1}+\frac{1-\nu_2^2}{E_2}\right)^{\frac{2}{3}}-\left(\frac{1-\nu_1^2}{E_1}\right)^{\frac{2}{3}}\right] \tag{7.10}$$

式中，h 为球 1 的嵌入量，mm。

当球受上下两个平板挤压时，忽略球本身的重力作用，假设上下平板对球作用的压力相同，接触面积相同。应用到实际中时，球为支撑剂，上下平板为储层。支撑剂均匀地铺设在储层上（单层），呈网格分布，如图 7.8 所示。其中，kD_1 为两个相邻的支撑剂球心间的距离，k 为间距系数。如果支撑剂颗粒间是紧挨着的，那么 $k=1$；如果支撑剂颗粒间有间隙，那么 $k>1$。

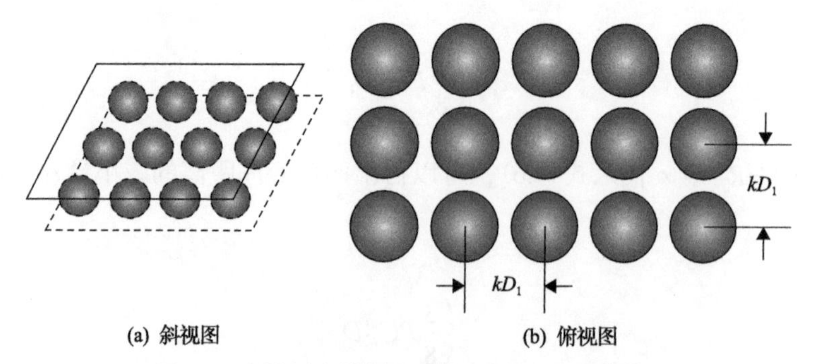

图 7.8　支撑剂在储层中的铺排规律（单层模型）

对于图 7.8 中的单个支撑剂而言，它的挤压变形情况如图 7.9 所示，假设储层的上覆压力为 p_0，压裂液的流体压力为 p_i，闭合压力为 p。

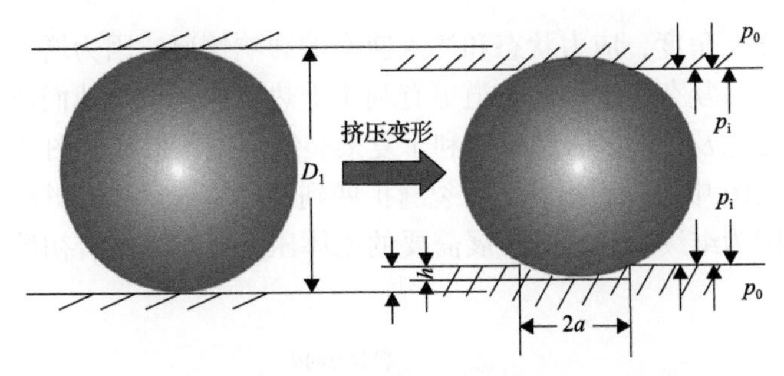

图 7.9　单个支撑剂在储层中的变形示意图(单层模型)

忽略集中力与分布力之间的不同，式(7.7)～式(7.10)中的压力 P 等效为

$$P = p(kD_1)^2 \tag{7.11}$$

其中：

$$p = p_0 - p_i \tag{7.12}$$

将式(7.11)代入式(7.8)、式(7.9)、式(7.10)，得到：

$$\alpha = 2D_1\left(\frac{3}{8}k^2 pC_E\right)^{\frac{2}{3}} = 1.04D_1(k^2 pC_E)^{\frac{2}{3}} \tag{7.13}$$

$$\beta = 2D_1\left(\frac{3}{8}k^2 p\frac{1-\nu_1^2}{E_1}\right)^{\frac{2}{3}} = 1.04D_1\left(k^2 p\frac{1-\nu_1^2}{E_1}\right)^{\frac{2}{3}} \tag{7.14}$$

$$h = 1.04D_1(k^2 p)^{\frac{2}{3}}\left[\left(\frac{1-\nu_1^2}{E_1}+\frac{1-\nu_2^2}{E_2}\right)^{\frac{2}{3}} - \left(\frac{1-\nu_1^2}{E_1}\right)^{\frac{2}{3}}\right] \tag{7.15}$$

式(7.13)为单侧缝宽减小量(值为缝宽减小量的一半)，式(7.14)为支撑剂变形量，式(7.15)为支撑剂嵌入量。当 $p_0 \leqslant p_i$ 时，支撑剂既不会变形也不会嵌入储层中，一般来说压裂液刚开始注入储层中造缝时会处于这种状态；当井底压力逐渐降低、压裂液中的流体逐渐滤失时，上覆压力渐渐大于流体压力，即 $p_0 > p_i$，此时支撑剂与储层之间在闭合压力的作用下会出现挤压变形和嵌入现象。只有当 $p_0 > p_i$ 时才可以用式(7.13)、式(7.14)、式(7.15)分别计算单侧缝宽减小量、支撑剂变形量、支撑剂嵌入量。

7.2.3　水力压裂裂缝扩展方式对地热开发的影响

Abe 和 Horne(2021)通过实验及数值模拟研究了裂缝扩展方式，他们发现当压裂的裂缝扩展到初始裂缝后，在初始裂缝中的正应力和剪应力分布并不对称，水力压裂裂缝沿着与初始裂缝倾角较大的底端进行扩展。Abe 和 Horne(2021)进一步研究了裂缝网络复杂程度受裂缝交叉角度、应力状态和注入速率的影响情况。因为增加了流体的换热面积及储层的渗透率，复杂裂缝网络通道更有利于干热岩的开发。他们研究发现合适的裂缝方向、高的应力比及低的注入速率有利于复杂裂缝网络的形成。图 7.10 是模拟 100s 后的结果。从图 7.10 中可以看出，压裂裂缝扩展到初始裂缝后没有继续沿着初始裂缝的方向变形，这是因为继续驱动裂缝扩展需要的流体压力要小于沿着初始裂缝扩展的流体压力。

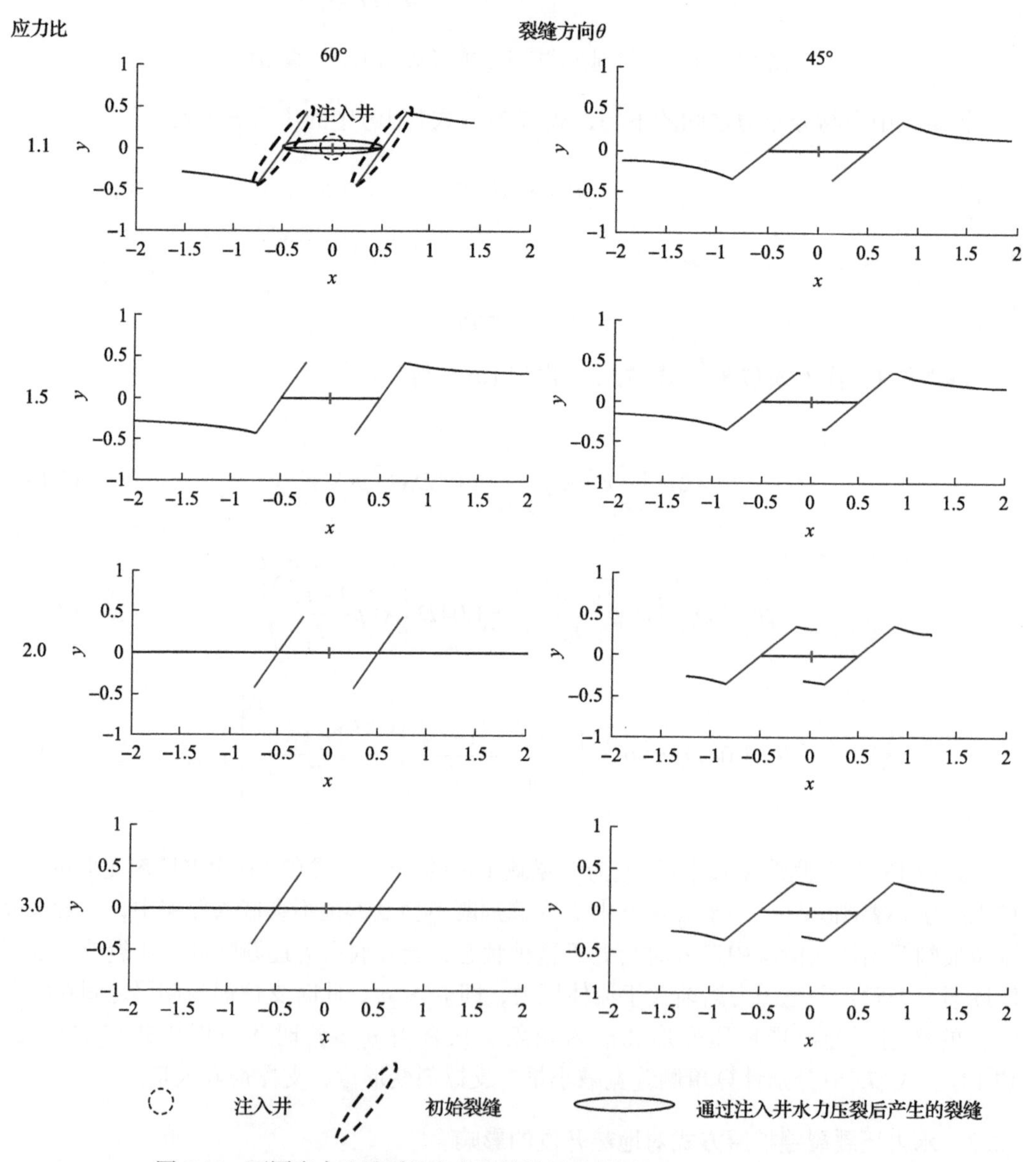

图 7.10　不同应力比及裂缝方向裂缝扩展示意图(Abe and Horne, 2021)

其中，45°裂缝方向示意图如图 7.11 所示，大角度端为 135°角所在的底端。

Abe 和 Horne(2021)发现主要有三种裂缝扩展方式如图 7.12 所示。图 7.12 中的曲线

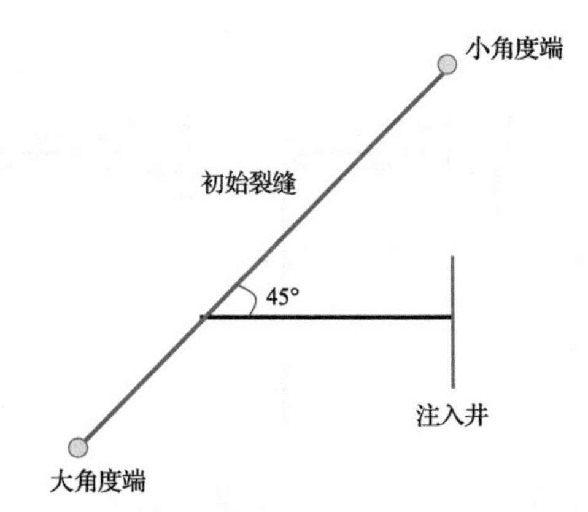

图 7.11　45°裂缝方向示意图(Abe and Horne, 2021)

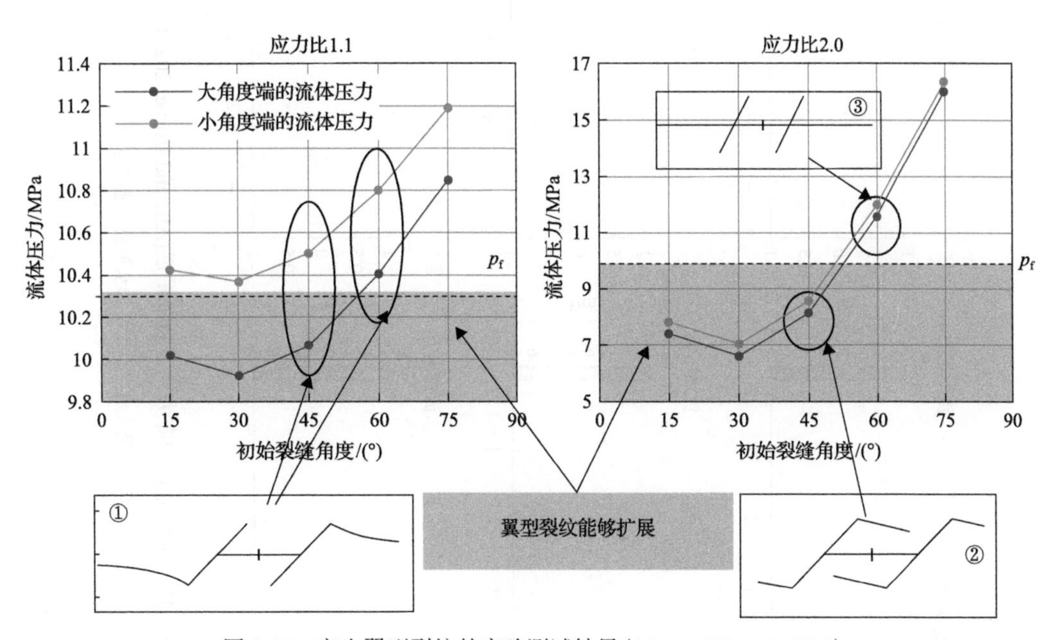

图 7.12　产生翼型裂纹的实验测试结果(Abe and Horne, 2021)

显示了形成翼型裂纹所需的流体压力。低于 10.3MPa 流体压力意味着翼型裂纹可以从该侧产生。①应力比 1.1，裂缝角度 45°的初始裂缝中，大角度端产生翼型裂纹所需的流体压力要小于实际的流体压力，而小角度端产生翼型裂纹所需的流体压力大于实际的流体压力，这样翼型裂纹将会在大角度端扩展(如图 7.12 框①所示)；②应力比 2.0，裂缝角度 45°的初始裂缝中，大角度端和小角度端产生翼型裂纹所需的流体压力均小于实际的流体压力，这样翼型裂纹将会在小角度端和大角度端分别扩展(如图 7.12 框②所示)；③应力比 2.0，裂缝角度 60°的初始裂缝中，大角度端和小角度端产生翼型裂纹所需的流体压力均大于实际的流体压力，这样翼型裂纹不会产生，但该压力足以扩展水力裂缝(如图 7.12 框③所示)。这样，通过简单的近似研究就能够模拟裂缝扩展模式。

由图 7.13 可以看出，低的注入流量和高的应力比更有利于形成复杂裂缝网络，进而增大换热面积。

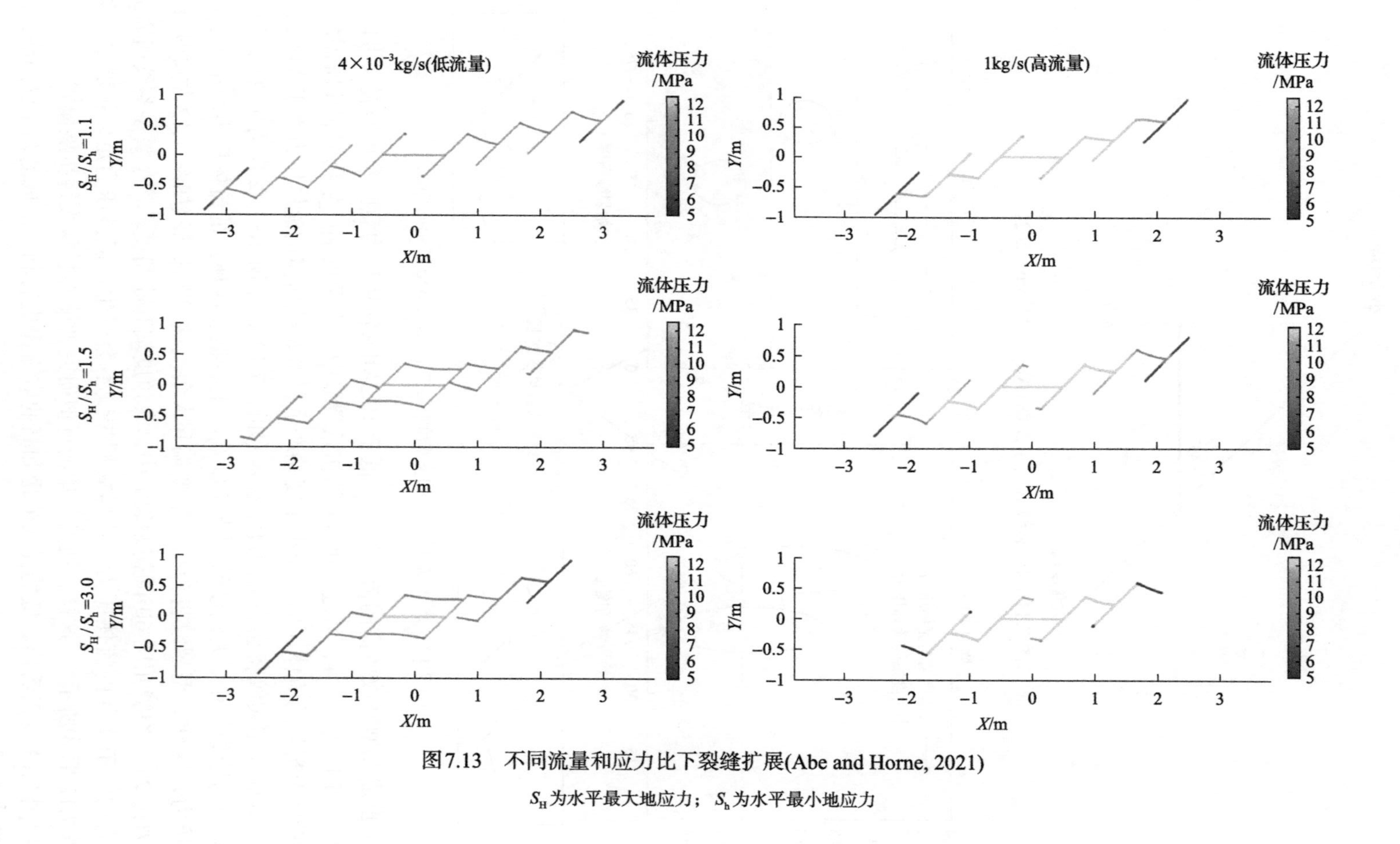

图 7.13　不同流量和应力比下裂缝扩展(Abe and Horne, 2021)

S_H 为水平最大地应力；S_h 为水平最小地应力

7.2.4　温度对岩石力学性质的影响

与常温下岩石相比，温度升高，使得岩石内部结构发生物理或化学性质的改变，同时也将对岩石的力学性能产生影响。地热资源的开发利用需要了解岩石在温度作用下力学性质的变化规律，这样才能采取相应的水力激发措施。20 世纪 70 年代以来，国内外学者从各个角度和层次，对岩石在温度作用下的基本力学性质(包括弹性模量、抗压强度、泊松比、断裂韧性等)进行研究，得到了岩石的力学特性随温度的变化规律及岩石的破坏机理(苏承东等，2008；林祥和张振义，2009；孙天泽，1996；郑慧慧等，2008；张连英等，2006, 2008；康健等，2005)。

弹性模量的变化对计算岩石热应力及变形特征等具有重要作用。徐小荷等在温度 20～600℃区间分别对石英岩、菱铁矿、白云岩及灰色花岗岩测试了不同温度下岩石的弹性模量的变化，得出几种岩石的弹性模量随温度的升高逐渐减小，但减小规律各不相同(图 7.14)。

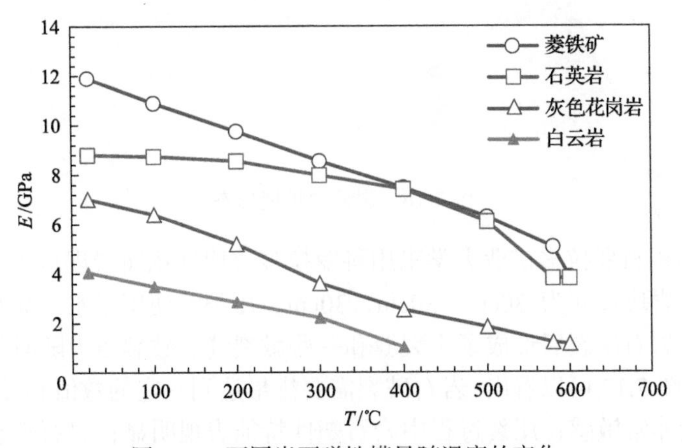

图 7.14　不同岩石弹性模量随温度的变化

许锡昌(1998)通过试验初步研究了花岗岩在 20～600℃高温状态下主要力学参数随温度的变化规律，指出了弹性模量随着温度升高而减小(图 7.15)。

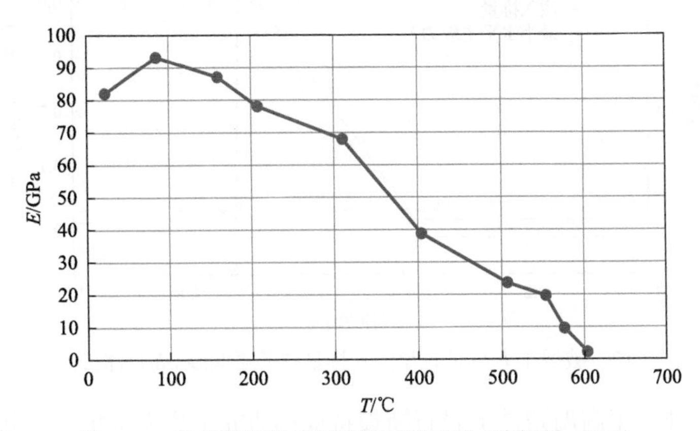

图 7.15　花岗岩弹性模量随温度的变化(许锡昌, 1998)

除了研究温度对岩石力学的影响外，国内外针对干热岩压裂技术的研究，主要包括干热岩裂缝扩展的微观力学、水力压裂室内物理模拟、热-力-水耦合的数值模拟和EGS油藏的热能开采研究以及现场压裂试验与裂缝监测(Riahi et al.，2014)。

热应力对裂缝的起裂和延伸具有重要的作用，而且也会诱导随机裂缝出现；出现于流体与岩石接触时的热应力会导致额外的变形，这可能会引起微破裂。微破裂是由温度差异引起的，微破裂基本存在于沿着裂缝面的位置，有向垂直于裂缝面扩展的趋势(图7.16)。

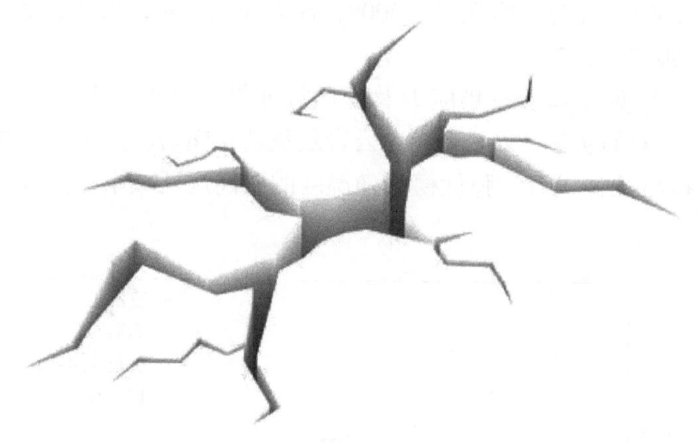

图7.16　裂缝的扩展形态

2013年，美国科罗拉多矿业大学采用科罗拉多玫瑰红花岗岩进行了裂缝启裂的室内物理模拟研究，岩块尺寸为30cm×30cm×30cm，压裂液使用了水、盐水等几种流体。研究结果表明，岩石压裂后形成了主裂缝和一些微裂缝。破裂压力随时间的变化曲线如图7.17所示。从图7.17可以看出，岩石破裂需要排量达到一定的数值和较长的压裂时间，破裂压力对排量非常敏感；压裂过程中岩石塑性特征表现明显；岩石破裂压力远远高于最大水平主应力。

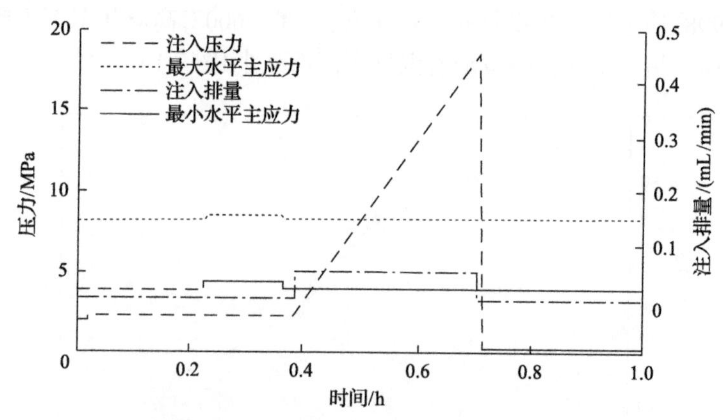

图7.17　破裂压力与时间和注入排量的关系曲线(周长冰, 2017)

目前，国内外关于高温条件下岩石断裂特征的研究工作大多集中在断裂机理与韧度测试。高温和围压条件下，岩石断裂机制可以是解理脆断和蠕变断裂，在对地热田压裂施工设计时需要考虑。

7.3　热储压裂液

压裂液是压裂施工的工作液，是一种具有一定黏度的流体，起到传递能量、形成和延伸裂缝、携带支撑剂的作用。

压裂增透技术的主要核心技术是将携带支撑剂的压裂液泵入到由储层水力压裂形成的裂缝中。选择合适的压裂液体系，对于压裂效果具有重要意义。现代石油工业常用的主流压裂液有水基压裂液、滑溜水压裂液、泡沫压裂液、油基压裂液、复合压裂液等(金雷平，2015)。不同压裂液的压裂效果不同，但是效果较好的压裂液通常具备以下一些特点：抗滤失、强携砂能力、较低的摩擦阻力、压裂后残渣少、易于返排等(黄元海等，2000)。

虽然部分国家和工程加入支撑剂进行水力压裂，但大部分 EGS 工程为清水剪切压裂方式。清水剪切压裂最初在 Soultz 工程中取得了巨大成功，最近的 Desert Peak 工程继续完善了这一 EGS 压裂方式。第一阶段，以非常低(远低于储层破裂压力)的注入压力注入清水，小幅度阶梯式提高注入压力来逐步使剪切刺激体积从井筒向远井地区扩展而不产生新裂缝，每次提高注入压力的时间大约要持续一周，直到储层的注入率(注入率=注入流速/注入压力=储层流动阻抗的倒数)得到增长，当发生提高注入压力长时间后储层的注入率却一直不增长的情况后进入第二阶段；第二阶段，采用化学刺激的方式，根据储层岩石矿物的溶解性配置相应的化学刺激剂，以一定压力将其注入已压开的储层中进行长时间的化学溶蚀反应，以提高储层注入率；第三阶段，反复交替进行第一阶段和第二阶段的压裂方式直到储层的注入率不再增加为止，然后进入第四阶段；第四阶段，以高于破裂压力的注入压力进行清水拉张压裂进一步使储层向远井扩展，目的是形成新的裂缝并连通远井的天然裂隙网络，然后反复进行清水剪切压裂、化学刺激和清水拉张压裂，直到储层注入率超过 10kg/s 或者达到工程设计目标为止。

目前诸如滑溜水等压裂液通常可应用于常规的石油与天然气开发，然而，由于地热储层的超高地层温度，压裂时对压裂液耐高温性能提出了很大挑战。目前，常用的交联压裂液仅耐温 160℃以下。EGS 商业化标准是出口温度大于 200℃，出水流量大于 100L/s，注入水返出率大于 80%。可商业化应用的 EGS 地层温度常常高于 250℃，甚至在 300℃以上，采用提高压裂液耐温能力的方法，不仅会大幅度增加开发成本，而且面临一系列技术难题。虽然稠化水、滑溜水压裂液可以满足 EGS 地层温度要求，但其砂比较低，难以形成较大的渗流通道，不适合于 EGS 压裂。

目前使用广泛的天然植物胶压裂液，其热稳定性主要取决于交联键的热稳定性以及分子主链的耐温性能。由于天然聚合物主链通过缩醛键(糖苷键)连接，而缩醛键在高温下快速水解或热降解，大多数天然聚合物的耐温极限约为 177℃。为了解决压裂液的耐超高温问题，需要具有更稳定分子链的合成聚合物作为稠化剂、耐高温锆交联剂、高温稳定剂和有效的破胶剂，这些添加剂协同作用形成超高温合成聚合物压裂液体系。

哈里伯顿公司在 2002 年就申请了高温合成聚合物压裂液的专利，2009 年哈里伯顿的超高温合成聚合物压裂液的温度稳定性可达 232℃，并成功在得克萨斯州南部的油田进行了现场应用。贝克休斯公司在2011年研发了耐温达232℃的合成聚合物压裂液，稠化剂用量较小。斯伦贝谢公司2014年推出了适用于储层温度高达232℃的超高温合成聚合物压裂液SAPPHIRE XF，并成功在印度海上油田进行了现场应用。国外也报道了纳米交联体系，采用纳米交联剂代替常见的金属交联剂，对聚丙烯酰胺聚合物稠化剂进行交联，以降低稠化剂的使用浓度。目前中国合成聚合物压裂液的耐温能力在140～200℃。

对于干热岩井，国内外普遍采用耐高温钻井液钻进，在现有抗温能力较强的钻井液有机处理剂中，部分处理剂抗温220～230℃，极少数处理剂抗温达250～280℃。由于干热岩大都为变质岩或结晶岩类岩体，基本不涉及水敏性地层，因此，干热岩井钻井液重点考虑其抗温性能。除水基钻井液外，还可采用抗温230℃以上的处理剂、发泡剂、稳泡剂配制成泡沫钻井液。

中国石化集团优选了抗高温造浆材料和关键处理剂，研制了地热井水基钻井液体系，抗温达到230℃，高温高压滤失量小于10mL。同时，优选了高温泡沫钻井液关键处理剂，初步形成了地热井泡沫钻井液体系，密度为0.4～0.6kg/L，其性能基本满足了干热岩钻井的要求。

研究高温压裂液的关键问题如下：①抗高温问题。高温作用下，钻井液的黏土颗粒(膨润土)分散度增强，温度越高，分散性越强，从而引起钻井液增稠，流动性较差，高温高压(high temperature and high pressure，HTHP)失水量增加。高温一方面会使有机处理剂分子链发生断裂，降低高分子处理剂的相对分子质量，使其失去原有的特性，同时降低处理剂的亲水性，减弱其抗污染能力，可能会导致泥浆性能恶化；另一方面会使处理剂分子中不饱和键和活性基团之间发生各种反应，发生高温交联，使得整个泥浆体系变成凝胶，失去流动性(胡继良等，2012)。②低压地层井壁稳定。干热岩体钻遇变质岩或结晶岩，会有大量破碎地层，易发生坍塌、掉块等孔壁不稳定现象。③堵漏问题。钻井液漏失问题在国外干热岩钻探施工中比较常见，国内针对高温堵漏材料的研究较少。

目前国内研究的高温钻井液抗温性能不超过250℃，对抗高温的处理剂及体系研究还很少，干热岩预计孔底温度会达150～650℃，面临着超高温问题，有待开展耐高温钻井液技术研究。

7.4 压裂裂缝单层支撑剂嵌入理论

支撑剂是指能够进入被压开的裂缝并使其不再重新闭合的固体材料(Fredd et al., 2000)。当压裂井底压力大于地层破裂压力时产生拉张裂缝。为了使形成的拉张裂缝在长期生产过程中能继续保持高导流能力，一般要采用含支撑剂(如砂子、陶粒等)的携砂液压裂。剪切压裂施工中一般施工压力低于地层破裂压力，剪切压裂会使天然裂缝发生剪切破坏，因产生剪切错位使得裂缝无法完全闭合形成“自支撑”的天然裂缝网络，增强了原储层的导流能力。从世界上已建的EGS示范工程来看，EGS的水力压裂技术也是在不断发展变化，主要包括两种压裂方式：类似油气产业的传统支撑剂型水力压裂和以清水剪切为主结合化学刺激的水力压裂。

传统的支撑剂型压裂是油气增产的重要技术之一。其原理是：通过地面泵车将高温度的压裂液以高排量的方式泵入井中，井底的应力场发生改变，当注入井底的压力超过地层的闭合压力时，地层被压开并形成水力裂缝。随后泵入携带支撑剂的高黏度携砂液，促使裂缝逐渐向前延伸，压裂结束后压裂液返排，在地层中形成足够长度、一定宽度及高度的填砂裂缝。支撑剂型压裂方式最初在 Fenton Hill 和 Rosemanowes 的 EGS 工程中得到过应用，随着材料合成、改性技术的不断发展，具有综合性能优势的新型支撑剂获得人们的广泛关注。

地热开发中两种最通用的支撑剂类型是天然砂子和加工的陶瓷混合物，二者都可以用树脂包覆。一般地热田储层具有高温高压的特点，支撑剂极易发生破碎或者嵌入，所以有必要对支撑剂的力学性质进行研究。

此外，目前很多废弃油藏可以通过火烧油层或者亚燃烧的方式改造成地热储层，在闭合应力作用下，这些强度较低的储层裂缝中球状支撑剂嵌入程度较高，导致裂缝导流能力大幅下降。棒状支撑剂也已经在油气田开发中运用并取得了不错的效果。斯伦贝谢公司研制出一种新型棒状支撑剂，并在埃及首次应用达到了很好的效果。棒状支撑剂可形成稳定的三支点稳定堆积结构，能够有效减少回流现象。此外该新型棒状支撑剂也应用于阿尔塔油田(Arta field)，并实现零支撑剂回流。对于棒状支撑剂而言，相比传统球状支撑剂的优势包括：①可形成稳定的三支点稳定堆积结构，从而有效避免回流。②其堆积孔隙率高，成本较低，方便实施。对于强度较低的储层来讲，棒状支撑剂可能是一个很好的减少嵌入程度的选择。接下来本章将对球状支撑剂嵌入量计算模型进行推导和研究，并与棒状支撑剂的嵌入程度进行对比。本章对支撑剂进行受力分析时，假设支撑剂材料为塑性材料，且不考虑支撑剂破碎时的情况。

单层模型的理论分析已经在 7.2.2 节(储层岩石变形对水力压裂裂缝的影响)中描述，本节主要分析各因素对单侧缝宽减小量的影响。

7.4.1　闭合压力对单侧缝宽减小量的影响

假设已知条件为：$\nu_1 = 0.2$、$\nu_2 = 0.2$、$E_2 = 1000\text{MPa}$、$D_1 = 1\text{mm}$，而 E_1 在 1500～10000MPa 分布。将以上已知条件代入式(7.10)得出单侧缝宽减小量随着闭合压力的变化规律，如图 7.18 所示。由图 7.18 可知，闭合压力越大，单侧缝宽减小量越大，且当闭合压力达到一定值时，单侧缝宽减小量增大至支撑剂的半径值(最大值)，此时储层上下两板完全闭合，之后如果闭合压力继续增大，单侧缝宽减小量还是该最大值，而不能再用式(7.10)计算。从图 7.18 中可以看出，当闭合压力固定时，其他条件相同的情况下，支撑剂弹性模量越大，单侧缝宽减小量越小，但是单侧缝宽减小量减小的趋势慢慢变缓。图 7.19 为棒状支撑剂及球状支撑剂对比图，可以看出在相同的条件下，棒状支撑剂单侧缝宽减少量要小于球状支撑剂，意味着相比球状支撑剂，在相同条件下棒状支撑剂的嵌入程度更低，这样棒状支撑剂能够提供更大的导流能力。目前很多废弃油藏可以通过火烧油层或者亚燃烧的方式改造成地热储层，在闭合应力作用下，这些强度较低的储层裂缝中的棒状支撑剂可能提供更好的支撑效果。

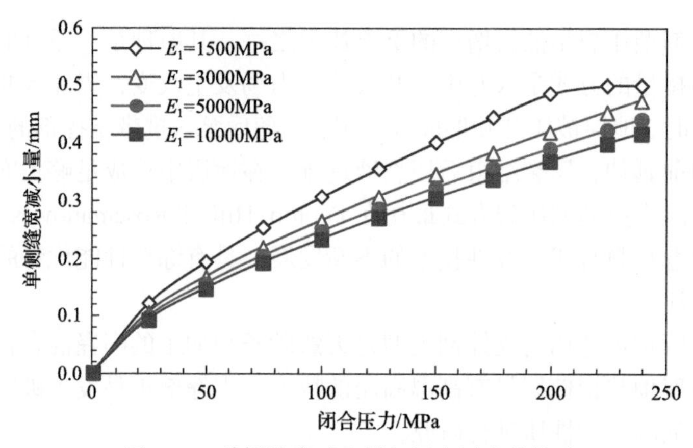

图 7.18　单侧缝宽减小量与闭合压力的关系

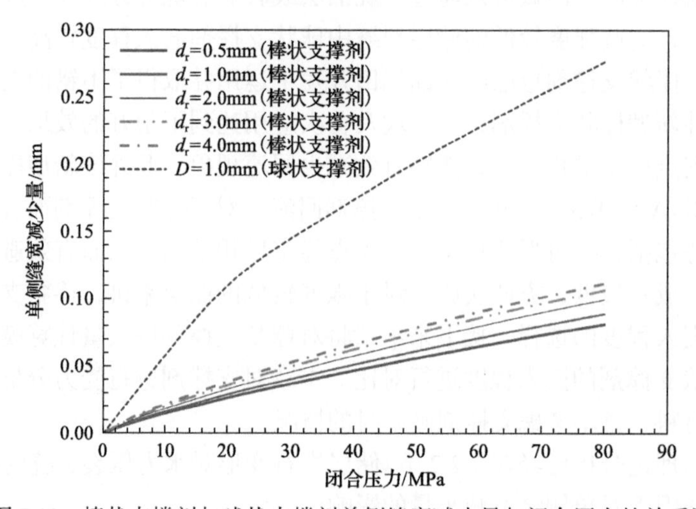

图 7.19　棒状支撑剂与球状支撑剂单侧缝宽减小量与闭合压力的关系图

7.4.2　支撑剂直径对单侧缝宽减小量的影响

假设已知条件为：$\nu_1 = 0.2$、$\nu_2 = 0.2$、$E_2 = 1000\text{MPa}$、$p = 70\text{MPa}$，而 E_1 在 1500～10000MPa 分布。将以上已知条件代入式(7.10)，得出单侧缝宽减小量与支撑剂直径的关系，如图 7.20 所示。由图 7.20 可知，在其他条件相同的情况下，单侧缝宽减小量与支撑剂直径之间呈线性关系，且支撑剂直径越大，单侧缝宽减小量越大。当支撑剂直径固定时，在其他条件相同的情况下，支撑剂弹性模量越大，单侧缝宽减小量越小，但是单侧缝宽减小量减小的趋势慢慢变缓。

7.4.3　支撑剂弹性模量对单侧缝宽减小量的影响

假设已知条件为：$\nu_1 = 0.2$、$\nu_2 = 0.2$、$E_2 = 3000\text{MPa}$、$p = 70\text{MPa}$、$D_1 = 1\text{mm}$。将以上已知条件代入式(7.10)、式(7.11)、式(7.12)可得出单侧缝宽减小量、支撑剂变形量及支撑剂嵌入量随着支撑剂弹性模量的变化规律，如图 7.21 所示。由图 7.21 可知，在其他条件相同的情况下，单侧缝宽减小量和支撑剂变形量随着支撑剂弹性模量的增大而减小，支撑剂嵌入量随着支撑剂弹性模量的增大而增大。当支撑剂弹性模量小于储层弹性模量时，支撑剂变形量远大于支撑剂嵌入量，单侧缝宽减小的主要原因是支撑剂变形。当支撑剂弹性模量不断增大时，支撑剂嵌入量不断增加，直至超过支撑剂变形量，此时单侧缝宽减小的主要原因是支撑剂嵌入，在实际中一般是这种情况。

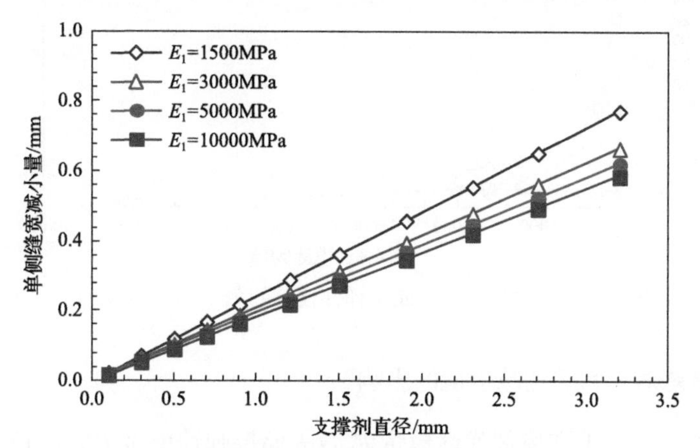

图 7.20　单侧缝宽减小量与支撑剂直径的关系（$p = 70\text{MPa}$）

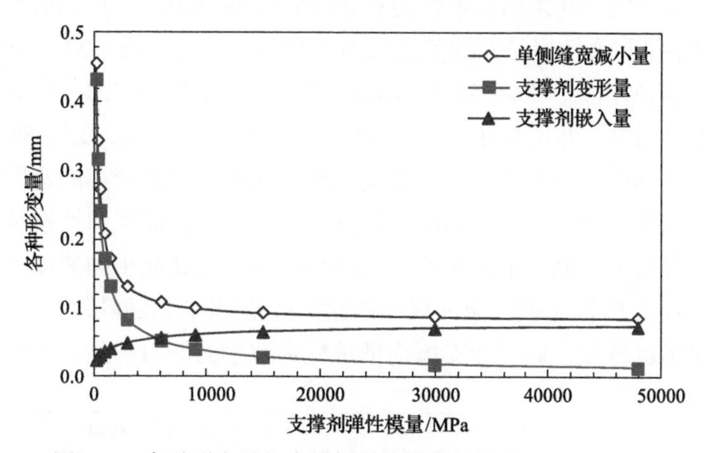

图 7.21　各种形变量与支撑剂弹性模量的关系（$p = 70\text{MPa}$）

7.4.4　储层弹性模量对单侧缝宽减小量的影响

假设已知条件为：$\nu_1 = 0.2$、$\nu_2 = 0.2$、$E_1 = 20000\text{MPa}$、$p = 70\text{MPa}$、$D_1 = 1\text{mm}$。图 7.22 为将以上已知条件代入式(7.10)、式(7.11)、式(7.12)计算得出的单侧缝宽减小量、支撑剂变形量及支撑剂嵌入量随着储层弹性模量的变化规律图。由图 7.22 可知，在其他条件相同的情况下，单侧缝宽减小量和支撑剂嵌入量随着储层弹性模量的增大而减小，支撑剂变形量只与支撑剂本身物性参数和所受外力有关，因此，不随储层弹性模量的变化而变化。当储层弹性模量比较小时，支撑剂嵌入量大于支撑剂变形量。当储层弹性模量增大至 10000MPa 左右时，支撑剂嵌入量与变形量相等。随着储层弹性模量的不断增大，单侧缝宽减小量逐渐逼近支撑剂变形量，支撑剂嵌入量逐渐趋于零。

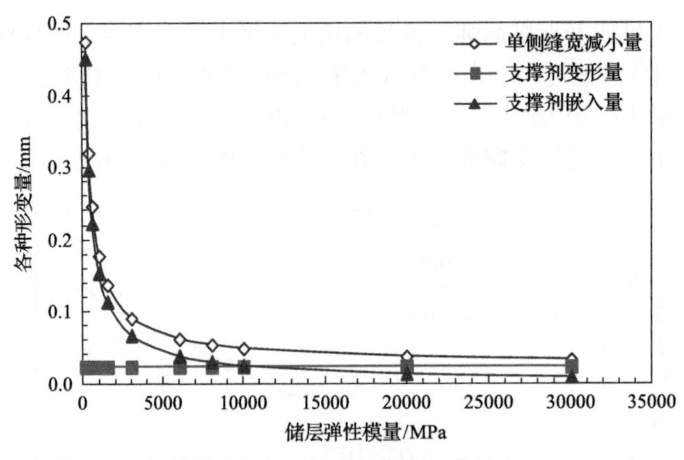

图 7.22　各种形变量与储层弹性模量的关系（$p = 70$MPa）

7.4.5　弹性模量差对单侧缝宽减小量的影响

“弹性模量差”等于支撑剂弹性模量 E_1 减去储层弹性模量 E_2。当储层弹性模量或者支撑剂弹性模量固定，其余已知条件为：$\nu_1 = 0.2$、$\nu_2 = 0.2$、$p = 70$MPa、$D_1 = 1$mm 时，单侧缝宽减小量与弹性模量差的关系如图 7.23 所示。对于图 7.23 中同一条曲线上的点来说，其支撑剂弹性模量和储层弹性模量两者中有一项是固定的，该固定项和固定值见图例。由图 7.23 可知，储层弹性模量相同时，弹性模量差越大，支撑剂弹性模量越大，支撑剂抵抗挤压变形的能力越强，单侧缝宽减小量越小，但其减小的速度不断变慢直至趋于某一定值；支撑剂弹性模量相同时，弹性模量差越小，储层弹性模量越大，储层越硬，支撑剂越不容易嵌入储层中，单侧缝宽减小量越小，其减小的速度也不断变慢直至趋于某一定值。对比 E_2 固定的三条曲线，弹性模量差相同时，储层弹性模量越大，此时的支撑剂弹性模量也越大，储层和支撑剂抵抗缝宽减小的能力越强，单侧缝宽减小量越

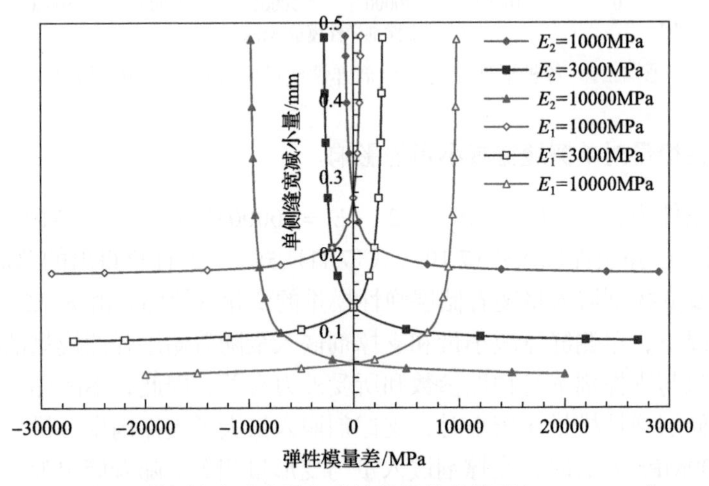

图 7.23　单侧缝宽减小量与弹性模量差的关系（$p = 70$MPa）

小。类似地，对比 E_1 固定的三条曲线，弹性模量差相同时，支撑剂弹性模量越大，单侧缝宽减小量越小。当弹性模量差取相反数时，如 $E_1 = 10000\text{MPa}$ 、 $E_2 = 5000\text{MPa}$ 与 $E_1 = 5000\text{MPa}$ 、 $E_2 = 10000\text{MPa}$ 对比，二者的单侧缝宽减小量相等。当弹性模量差为零(或者在零附近)时，单侧缝宽减小量基本上都已经处于比较小的阶段，这说明支撑剂弹性模量与储层弹性模量相等或略大于储层弹性模量时，裂缝闭合的程度就已经比较小了。

图 7.24～图 7.26 是当储层弹性模量分别固定为 1000MPa、3000MPa、10000MPa 时，不同闭合压力下单侧缝宽减小量与弹性模量差的关系，已知条件为：$\nu_1 = 0.2$ 、$\nu_2 = 0.2$ 、$D_1 = 1\text{mm}$ 。由图 7.24～图 7.26 可知，其他条件相同时，闭合压力越大，单侧缝宽减小量越大，单侧缝宽减小量随弹性模量差变化的曲线越趋于平缓，且此时单侧缝宽减小量与支撑剂半径非常接近，储层上下两板基本闭合。对比图 7.24、图 7.25、图 7.26 可知，在

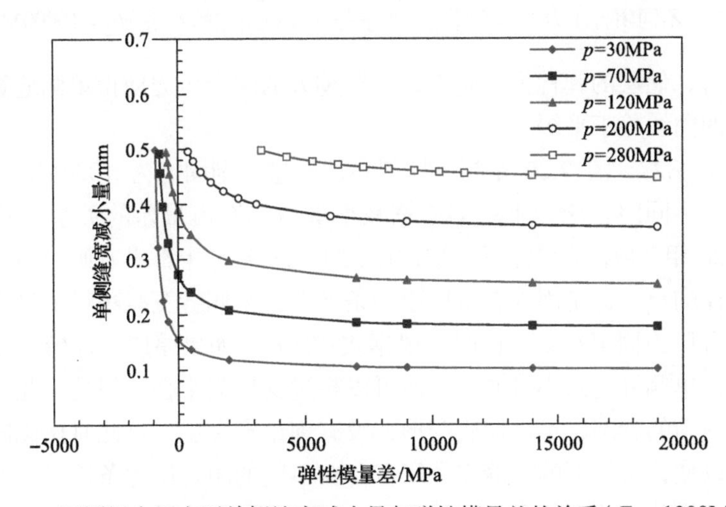

图 7.24　不同闭合压力下单侧缝宽减小量与弹性模量差的关系($E_2 = 1000\text{MPa}$)

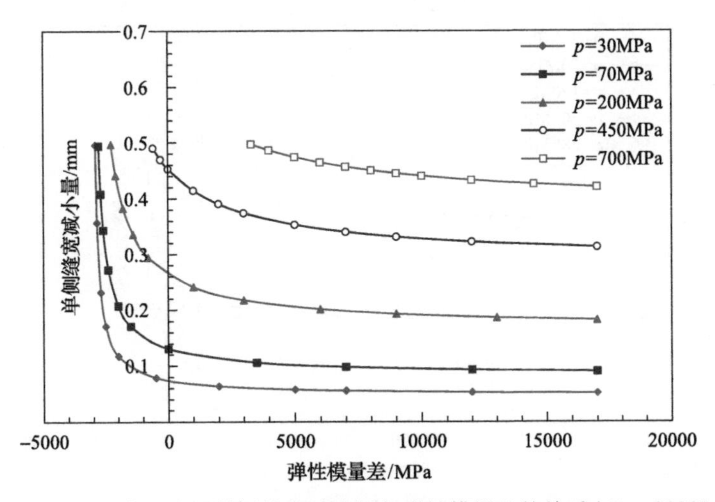

图 7.25　不同闭合压力下单侧缝宽减小量与弹性模量差的关系($E_2 = 3000\text{MPa}$)

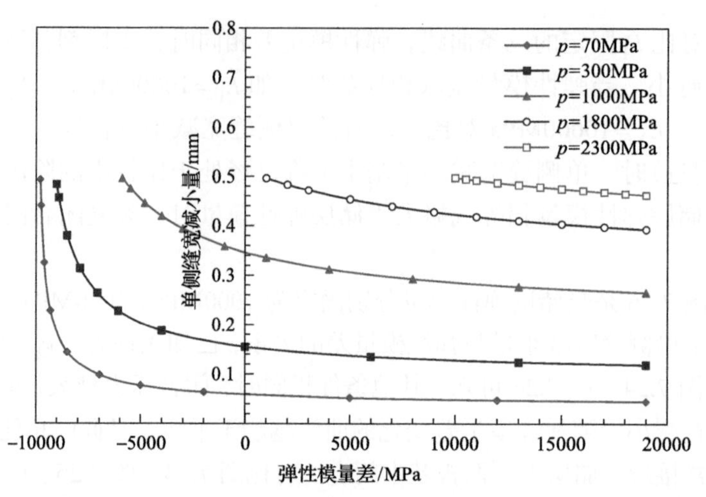

图 7.26　不同闭合压力下单侧缝宽减小量与弹性模量差的关系（E_2 =10000MPa）

其他条件相同时，储层的弹性模量越大，需要越大的闭合压力使得单侧缝宽减小量随弹性模量差变化的曲线趋于平缓。

类似地，图 7.27～图 7.29 是当支撑剂弹性模量分别固定为 1000MPa、3000MPa、10000MPa 时，不同闭合压力下单侧缝宽减小量与弹性模量差的关系，其变化规律与图 7.24～图 7.26 相对应。值得注意的是，图 7.24～图 7.29 中都没有画出单侧缝宽减小量超过支撑剂半径的点，这是因为在单层模型条件下，单侧缝宽减小量的最大值就是支撑剂半径。当闭合压力固定在某一值时，根据式(7.10)，如果储层弹性模量或支撑剂弹性模量再小一些，单侧缝宽减小量的计算值可以超过支撑剂半径，但是，此时支撑剂和储层不处于受力平衡的状态，早已彻底变形，没有理论意义。而且此时比该固定值更小的闭合压力就可以使该条件下的裂缝完全闭合。在不同的闭合压力条件下，弹性模量差有不同的取值范围使分析的对象有意义。

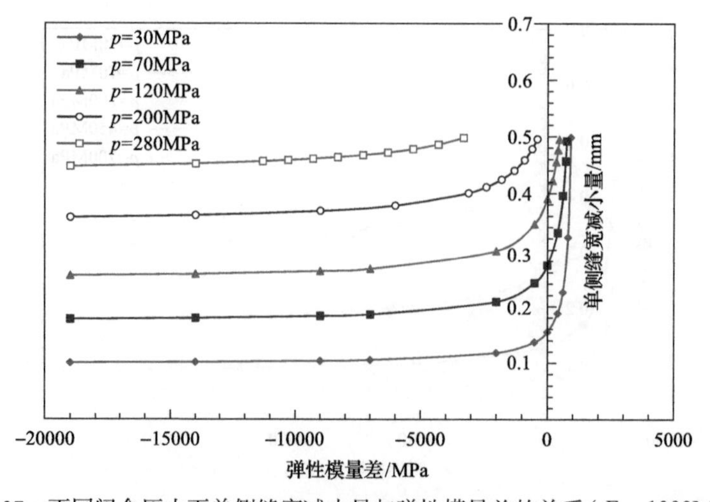

图 7.27　不同闭合压力下单侧缝宽减小量与弹性模量差的关系（E_1 =1000MPa）

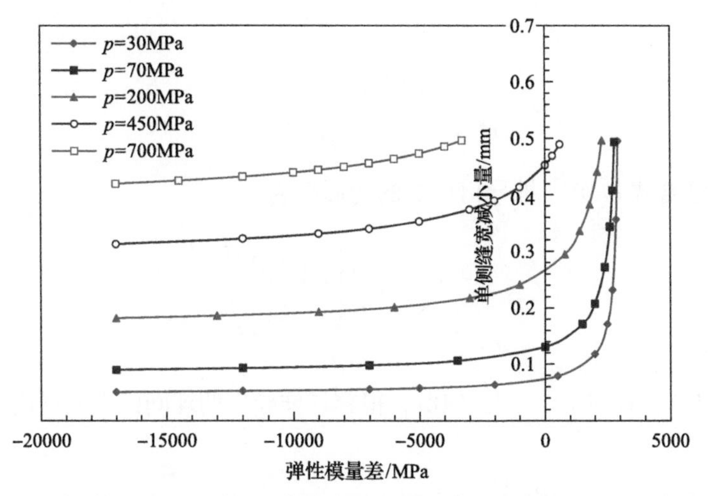

图 7.28　不同闭合压力下单侧缝宽减小量与弹性模量差的关系（$E_1 = 3000\text{MPa}$）

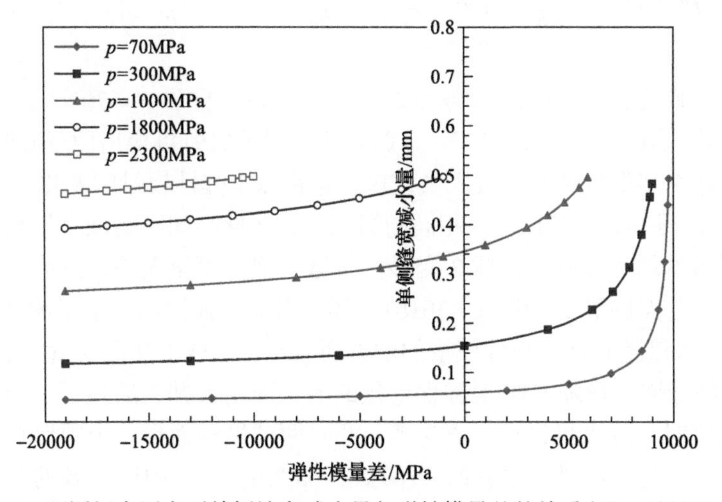

图 7.29　不同闭合压力下单侧缝宽减小量与弹性模量差的关系（$E_1 = 10000\text{MPa}$）

7.5　支撑剂挤压变形理论

在储层压裂中，除了支撑剂与储层间的相互作用，各个支撑剂之间也会互相挤压，本节将分析支撑剂间的变形和嵌入等问题。回到两弹性体的挤压变形理论基础，假设两球半径相等，即 $R_1 = R_2 = R$，结合式(7.6)，推导出此时两球心间距离的减小量满足以下公式：

$$\alpha = \frac{2\left(\frac{3}{8}PC_E R\right)^{\frac{2}{3}}}{R} \tag{7.16}$$

结合式(7.9)，推导出此时球 1 的变形量为

$$\beta_1 = \frac{\left(\frac{3}{8}PR\right)^{\frac{2}{3}}\left(2\frac{1-\nu_1^2}{E_1}\right)^{\frac{2}{3}}}{R} \tag{7.17}$$

类似地，结合式(7.9)，推导出球 2 的变形量为

$$\beta_2 = \frac{\left(\frac{3}{8}PR\right)^{\frac{2}{3}}\left(2\frac{1-\nu_2^2}{E_2}\right)^{\frac{2}{3}}}{R} \tag{7.18}$$

结合式(7.16)、式(7.17)、式(7.18)，很容易推导出两球间的嵌入量满足以下表达式：

$$h = \alpha - \beta_1 - \beta_2 = \frac{\left(\frac{3}{8}PR\right)^{\frac{2}{3}}}{R}\left[2\left(\frac{1-\nu_1^2}{E_1}+\frac{1-\nu_2^2}{E_2}\right)^{\frac{2}{3}} - \left(2\frac{1-\nu_1^2}{E_1}\right)^{\frac{2}{3}} - \left(2\frac{1-\nu_2^2}{E_2}\right)^{\frac{2}{3}}\right] \tag{7.19}$$

假设已知条件为：$\nu_1 = 0.2$、$\nu_2 = 0.2$、$E_2 = 1000\text{MPa}$、$P = 70\text{N}$、$R = 0.5\text{mm}$。将以上已知条件代入式(7.16)、式(7.17)、式(7.18)、式(7.19)可得出两球心间距离减小量、球 1 变形量、球 2 变形量及两球嵌入量，它们随着球 1 弹性模量的变化规律如图 7.30 所示。由图 7.30(a)可知，在其他条件相同的情况下，两球心间距离减小量和球 1 变形量随着球 1 弹性模量的增大而减小；球 2 变形量与球 1 弹性模量无关，且球 2 的物性参数固定，故球 2 变形量保持不变。由图 7.30(b)可知，当球 1 弹性模量小于球 2 时，球 2 嵌入球 1，且两球嵌入量随着球 1 弹性模量的增大而减小；当球 1 弹性模量大于球 2 时，球 1 嵌入球 2，且两球嵌入量随着球 1 弹性模量的增大而增大并逐渐趋于一个定值；当两球的弹性模量相等时，嵌入量最小，值为零，此时两球接触面是一个圆形平面。如果把储层表面的结构认为是一层排放整齐的“小球”，那么由图 7.30(b)得到的结论，推测当支撑剂的弹性模量等于某个值时，两球间的嵌入量会等于零。从图 7.30 也可以看出，两球心间距离减小主要是由于球的变形。

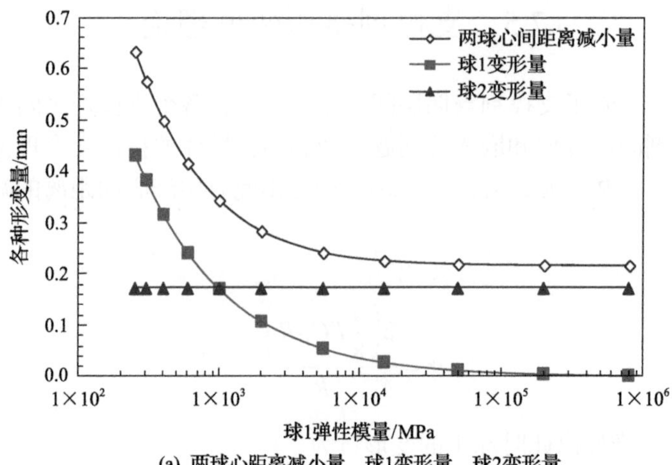

(a) 两球心距离减小量、球1变形量、球2变形量

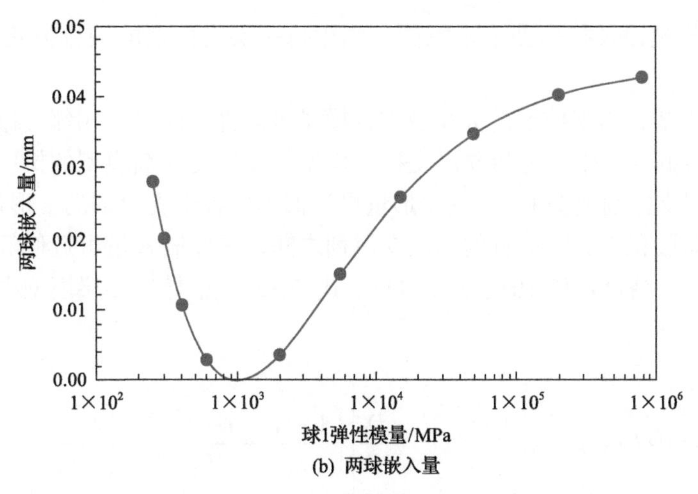

(b) 两球嵌入量

图 7.30　两球模型中各种形变量与球 1 弹性模量的关系（$E_2 = 1000\text{MPa}$，$p = 70\text{N}$）

7.6　压裂裂缝多层支撑剂嵌入理论

7.6.1　支撑剂嵌入深度理论计算

在压裂增产实际应用中，支撑剂的铺设方式往往不是单层的，因此很有必要分析闭合压力作用下多层支撑剂的变形和嵌入等情况。图 7.31 是假设理想情况下的多层支

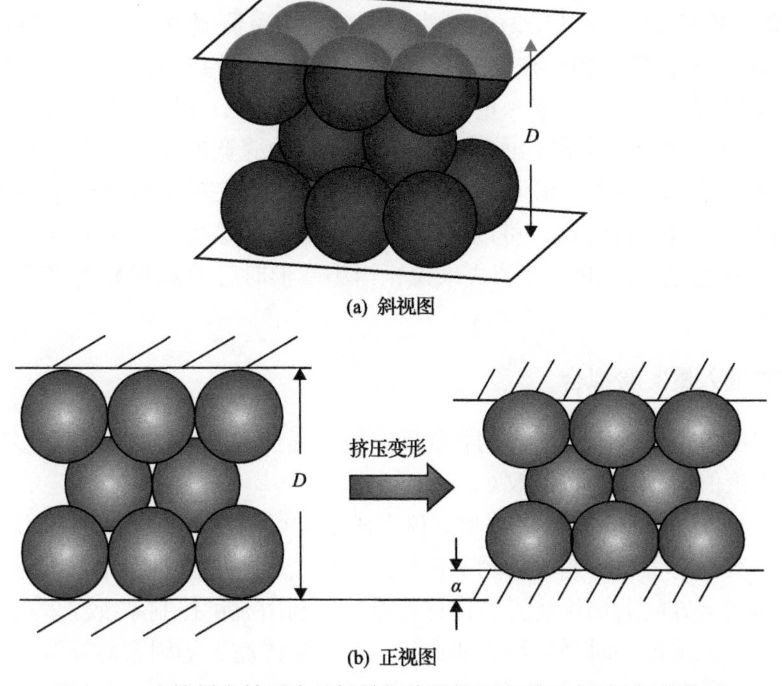

(b) 正视图

图 7.31　支撑剂在储层中的铺排规律及挤压变形示意图(多层模型)

撑剂模型的铺排规律及挤压变形示意图。图中每一层支撑剂的铺排方式与 $k=1$ 时的单层模型相同。

由 7.5 节可知，当支撑剂的大小及弹性模量等条件相同时，相邻支撑剂之间的接触面为平面，没有嵌入发生。分析单层支撑剂模型与多层支撑剂模型的挤压变形规律，可以发现对于多层支撑剂模型而言，其变形量可近似等于各个支撑剂的变形量叠加后的值；嵌入只发生在储层和与储层接触的那层支撑剂之间，因此嵌入量可近似等效为单层支撑剂模型的嵌入量。结合式(7.10)、式(7.11)、式(7.12)，推导出多层模型中各形变量的表达式如下：

$$\alpha=1.04D(k^2p)^{\frac{2}{3}}\left\{\left(\frac{1-\nu_1^2}{E_1}\right)^{\frac{2}{3}}+\frac{D_1}{D}\left[\left(\frac{1-\nu_1^2}{E_1}+\frac{1-\nu_2^2}{E_2}\right)^{\frac{2}{3}}-\left(\frac{1-\nu_1^2}{E_1}\right)^{\frac{2}{3}}\right]\right\} \tag{7.20}$$

$$\beta=1.04D\left(k^2p\frac{1-\nu_1^2}{E_1}\right)^{\frac{2}{3}} \tag{7.21}$$

$$h=1.04D_1(k^2p)^{\frac{2}{3}}\left[\left(\frac{1-\nu_1^2}{E_1}+\frac{1-\nu_2^2}{E_2}\right)^{\frac{2}{3}}-\left(\frac{1-\nu_1^2}{E_1}\right)^{\frac{2}{3}}\right] \tag{7.22}$$

式中，D 为初始缝宽，mm。

式(7.20)、式(7.21)、式(7.22)分别为多层模型的单侧缝宽减小量、支撑剂变形量、支撑剂嵌入量。虽然式(7.19)与式(7.22)相同，但是它们的值域不同，式(7.19)计算的是单层支撑剂模型的嵌入量，嵌入量不能超过支撑剂半径；式(7.22)计算的是多层支撑剂模型的嵌入量，理论上来说，嵌入量不能超过初始缝宽的一半。对比单层模型和多层模型的支撑剂变形量[式(7.9)和式(7.21)]，分析它们在对应模型的单侧缝宽减小量[式(7.8)和式(7.22)]中的权重，可以看出多层模型中支撑剂变形量的权重大于单层模型。对所有的形变量的理论计算公式来说，当小变形时计算结果较为准确，当大变形时计算误差较大。

7.6.2　支撑剂嵌入量实验拟合

由于在多层模型情况下，支撑剂颗粒间一般是紧挨着的，所以在计算多层模型的支撑剂嵌入量理论值时，我们直接取 $k=1$。

Lacy 等(1998)利用支撑剂嵌入测试仪完成了支撑剂嵌入量随闭合压力变化的实验测试和研究。实验前将岩心制成与测试仪相配套的岩板，实验过程中将支撑剂铺在岩板上，并在支撑剂上方放上加压装置和位移传感器，利用流量控制系统注入适量的水到支撑剂中，加压，记录每一时刻的压力和位移，考虑流体滤失等因素对缝宽的影响后得出不同闭合压力下支撑剂嵌入量的实验值。在 Lacy 等(1998)的实验中，已知条件为：

$\nu_1=\nu_2=0.13$、$E_1=21306\text{MPa}$、$E_2=1172\text{MPa}$、$D_1=0.635\text{mm}$。将以上已知条件代入式(7.22)可得出新模型计算值，与实验值的对比结果如图 7.32 所示。由图 7.32 可知，支撑剂嵌入量的实验值与新模型计算值均随着闭合压力的增大而增大。总的来说，新模型计算值比实验值小，但是其随着闭合压力的变化趋势基本上与实验值一致。

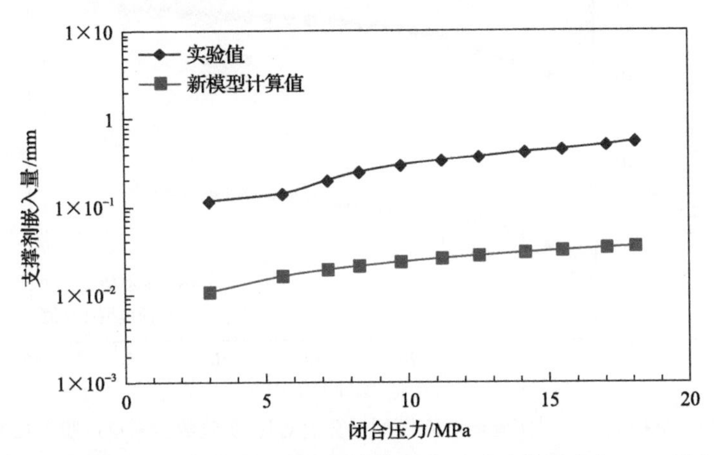

图 7.32　支撑剂嵌入量实验值与新模型计算值对比[实验数据来自 Lacy 等(1998)]

郭建春等(2008)也做了支撑剂嵌入量随闭合压力变化的实验，实验方法与 Lacy 等(1998)的类似，不同的是，郭建春等(2008)以每一闭合压力下岩板模拟时加压装置的位移减去钢板模拟时的位移作为此时的支撑剂嵌入量实验值。已知的实验条件为：$\nu_1=\nu_2=0.265$、$E_1=70000\text{MPa}$、$E_2=35957\text{MPa}$、$D_1=0.635\text{mm}$。将以上已知条件代入式(7.22)可得出新模型计算值，与实验值的对比结果如图 7.33 所示。由图 7.33 可知，支撑剂嵌入量的实验值与新模型计算值均随着闭合压力的增大而增大，且整体上来说，新模型计算值偏小，但是其随着闭合压力的变化趋势基本上与实验值一致。

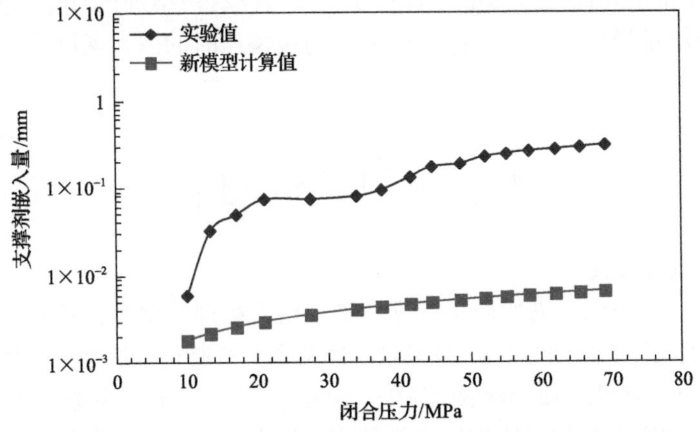

图 7.33　支撑剂嵌入量实验值与新模型计算值对比[实验数据来自郭建春等(2008)]

与郭建春等(2008)的方法类似，卢聪等(2008)也完成了支撑剂嵌入量随着闭合压力变化的实验，已知的实验条件为：$\nu_1=\nu_2=0.144$、$E_1=35000\text{MPa}$、$E_2=28770\text{MPa}$、

$D_1 = 0.635\text{mm}$。图 7.34 为已知条件代入式(7.22)得出的支撑剂嵌入量计算值与实验值的对比图。由图 7.34 可知，新模型计算值比实验值小，实验值与新模型计算值均随着闭合压力的增大而增大，且两者随着闭合压力的变化趋势基本一致。

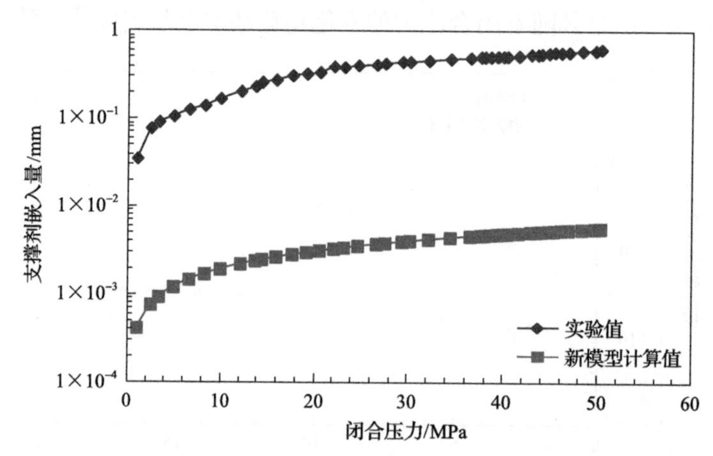

图 7.34　支撑剂嵌入量实验值与新模型计算值对比[实验数据来自卢聪等(2008)]

通过以上三组实验数据对比结果可知，新模型计算值的变化趋势与实验值基本一致，但计算值比实验值小，这主要因为新模型是在理想情况下推导出来的，对支撑剂铺设方式和支撑剂圆度、球度等均有理想的假设，而在实验中很有可能出现铺设不均、支撑剂颗粒大小不一致等情况，使得部分支撑剂颗粒受到较大压力嵌入较深，而另一部分处于底层的颗粒悬空并未与储层接触，没有嵌入发生。此外，储层表面不是完全光滑的，而是有很多小孔隙，很多情况下这些孔隙的大小相对支撑剂的大小来说是不可忽略的，支撑剂比较容易从这些小孔隙"突破"并嵌入储层中，以及储层的脆性和非均质性等因素，这些都可能导致支撑剂嵌入量的实验值大于新模型计算值。

在验证新模型正确性的过程中，有必要将其与已有模型进行对比。例如，Huitt 和 McGlothlin(1958)推导出了单个支撑剂受上下两板挤压时的嵌入深度计算公式，其表达式如下：

$$h = \frac{1}{2}D_1\left\{1 - \left[1 - B(k^2 p)^m\right]^{\frac{1}{2}}\right\} \tag{7.23}$$

式中，B、m 为拟合系数。

对于式(7.23)，类似本书的做法，推广到多层支撑剂模型时，其嵌入量表达式与单层模型相同。对比式(7.22)和式(7.23)发现，这两个公式有类似的地方：都与支撑剂直径呈线性关系，都与闭合压力的幂函数有关。不同的是，本书推导的新模型，即式(7.22)，给出了计算支撑剂嵌入量的具体表达式，是理论模型，只需将支撑剂和储层的物性参数等已知条件代入式(7.22)即可计算；而已有模型，即式(7.23)，是半经验模型，需要利用支撑剂与储层间的挤压嵌入实验数据拟合得出两个系数之后才能计算。

图 7.32～图 7.34 的拟合结果表明，新模型计算值随着闭合压力的变化趋势基本上与

实验值是一致的，新模型计算值和实验值之间基本上是某一倍数的关系。如果用最小二乘法对新模型进行修正，很可能使其与实验值拟合得很好。修正的公式采用以下形式：

$$h' = b_0 + b_1 h \tag{7.24}$$

式中，h' 为修正后的新模型计算值；h 为式(7.19)计算得到的新模型计算值；b_0 和 b_1 为修正系数。

修正后的新模型和已有模型都是半经验模型，它们的计算值与实验值的对比情况如图 7.35～图 7.37 所示。由图 7.35～图 7.37 可知，修正后的新模型能和实验值拟合得很好。已有模型计算值也与实验值基本吻合，但已有模型存在一个问题是：由于已有模型是从单个支撑剂受压后的嵌入规律推导出来的，所以已有模型的值不能超过支撑剂的半径，但是在实验中很可能出现嵌入量超过支撑剂半径的情况，对于这些实验值来说，已有模型是无法进行拟合的。通过计算两个模型与实验值拟合的绝对平均误差(对于已有模型来说，只计算能拟合的那部分数据的误差)，发现图 7.34 中已有模型的误差较小，图 7.35 和图 7.36 中修正的新模型的误差较小。再考虑到已有模型使用范围的局限性，初步认为对于选取的三组实验数据来说，修正的新模型拟合效果稍微比已有模型好。图 7.35～图 7.37 中新模型的修正公式及回归系数依次为

$$h' = -0.1369 + 18.414h \tag{7.25}$$

$$R^2 = 0.9746 \tag{7.26}$$

$$h' = -0.1349 + 64.832h \tag{7.27}$$

$$R^2 = 0.9309 \tag{7.28}$$

$$h' = -0.0197 + 111.29h \tag{7.29}$$

$$R^2 = 0.9917 \tag{7.30}$$

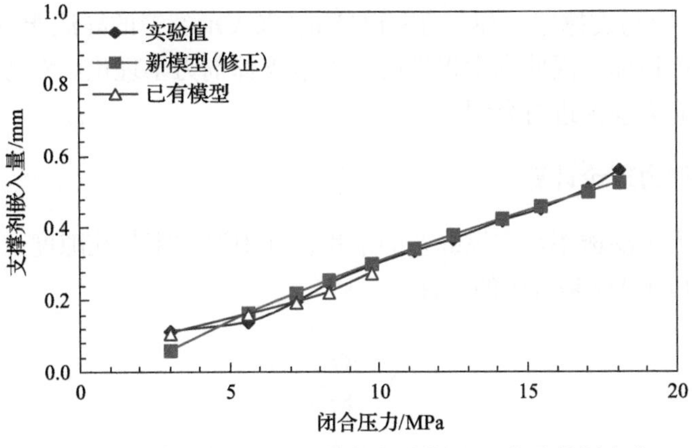

图 7.35　新模型修正后支撑剂嵌入量理论值与实验值对比[实验数据来自 Lacy 等(1998)]

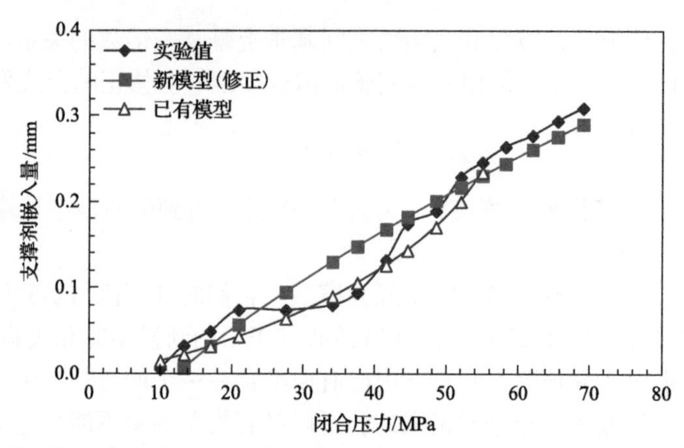

图 7.36　新模型修正后支撑剂嵌入量理论值与实验值对比[实验数据来自郭建春等(2008)]

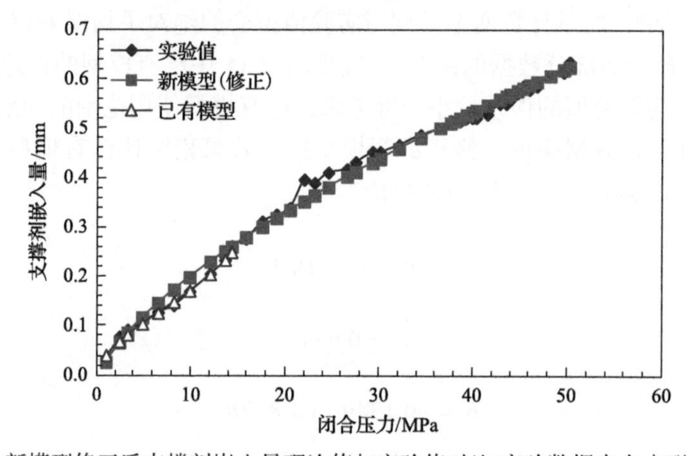

图 7.37　新模型修正后支撑剂嵌入量理论值与实验值对比[实验数据来自卢聪等(2008)]

7.7　考虑支撑剂变形和嵌入的裂缝导流能力理论

在储层地应力的作用下，充填支撑剂的裂缝具有可以通过流体的能力。一般用裂缝支撑带的渗透率(k_f)与支撑缝宽(w_f)的乘积($k_f w_f$)来表示裂缝的导流能力。它是压裂优化设计中重要的评价指标。因此本章将扩展 7.4 节支撑剂力学理论，对考虑支撑剂变形和嵌入的裂缝导流能力理论进行介绍。

7.7.1　裂缝导流能力理论计算

裂缝导流能力是渗透率与支撑缝宽的乘积，其中渗透率与孔隙度、孔喉半径之间有密切的关系，式(7.31)就是常用的一种：

$$k = \frac{\phi r^2}{8\tau^2} \tag{7.31}$$

式中，k 为渗透率，μm^2；ϕ 为孔隙度；r 为孔喉半径，μm；τ 为孔道迂曲度，无量纲。

那么，当裂缝中支撑剂的铺排规律满足图 7.28 时，根据裂缝导流能力的定义，结合式(7.31)，可以得到支撑剂发生变形和嵌入后的裂缝导流能力满足以下表达式：

$$F_{\mathrm{RCD}} = kw = \frac{\phi r^2}{80\tau^2}(D - 2\alpha) \tag{7.32}$$

式中，F_{RCD} 为裂缝导流能力，$\mu m^2 \cdot cm$；w 为支撑剂发生变形和嵌入后的缝宽，cm；D 为初始缝宽，mm；α 为单侧缝宽减小量[按式(7.20)计算]，mm。

根据多层模型中支撑剂的铺排规律(图 7.28)，忽略与储层直接接触的那两层支撑剂和其他层支撑剂间的孔隙规律和孔喉半径的不同，容易得到支撑剂发生变形和嵌入前的孔隙度、孔喉半径、孔道迂曲度：

$$\phi_0 = \frac{4\sqrt{2}R^3 - \frac{4}{3}\pi R^3}{4\sqrt{2}R^3} = 26\% \tag{7.33}$$

$$r_0 = 1000 \times \frac{2\sqrt{3} - 3}{3} R = 1000 \times \frac{2\sqrt{3} - 3}{6} D_1 \tag{7.34}$$

$$\tau_0 = \frac{\sqrt{\left(\frac{2}{3}R\right)^2 + \left(\frac{\sqrt{2}}{3}R\right)^2}}{\frac{2}{3}R} = \frac{\sqrt{6}}{2} \tag{7.35}$$

式中，ϕ_0 为支撑剂发生变形和嵌入前的孔隙度，小数；r_0 为支撑剂发生变形和嵌入前的孔喉半径，μm；τ_0 为支撑剂发生变形和嵌入前的孔道迂曲度，无量纲；R 为支撑剂的半径，mm；D_1 为支撑剂的直径，mm。

支撑剂发生变形和嵌入后的孔隙度、孔喉半径、孔道迂曲度估算为

$$\phi = \frac{D\phi_0 - 2\beta}{D - 2\beta} \tag{7.36}$$

$$r = \left(\frac{D - 2\beta}{D}\right) r_0 \tag{7.37}$$

$$\tau = \sqrt{\left(\frac{D - 2\beta}{D}\right)^2 \left(\tau_0^2 - 1\right) + 1} \tag{7.38}$$

式中，β 为支撑剂变形量[按式(7.21)计算]，mm。

将式(7.20)、式(7.33)、式(7.34)、式(7.35)、式(7.36)、式(7.37)、式(7.38)代入式(7.32)可得

$$F_{\mathrm{RCD}} = 74.8\left[0.26-2.08\left(p\frac{1-\nu_1^2}{E_1}\right)^{\frac{2}{3}}\right]\left[1-2.08\left(p\frac{1-\nu_1^2}{E_1}\right)^{\frac{2}{3}}\right] \times \frac{\left\{D-2.08\left[(D-D_1)\left(p\frac{1-\nu_1^2}{E_1}\right)^{\frac{2}{3}}+D_1p^{\frac{2}{3}}\left(\frac{1-\nu_1^2}{E_1}+\frac{1-\nu_2^2}{E_2}\right)^{\frac{2}{3}}\right]\right\}}{0.5\left[1-2.08\left(p\frac{1-\nu_1^2}{E_1}\right)^{\frac{2}{3}}\right]^2+1}D_1^2 \tag{7.39}$$

式(7.39)为储层压裂中支撑剂发生变形和嵌入后的裂缝导流能力理论计算公式。从式(7.39)可以看出，裂缝导流能力与闭合压力、支撑剂颗粒大小、初始缝宽、支撑剂弹性模量、储层弹性模量等因素有关。接下来将分析这些因素对裂缝导流能力的影响规律。

图 7.38 为不同条件下裂缝导流能力与闭合压力的关系。从图 7.38 可以看出，所有情况下，裂缝导流能力均随着闭合压力的增大而减小。图 7.38(a)为不同支撑剂弹性模量条件下裂缝导流能力随闭合压力的变化规律，可知，在同一闭合压力条件下，支撑剂弹性模量越大，支撑剂越不容易变形，孔隙度和孔喉半径越大，裂缝导流能力越大；当闭合压力为零时，四种支撑剂都没有变形，孔隙度、孔喉半径、孔道迂曲度相同，裂缝导流能力相同。图 7.38(b)为不同支撑剂直径条件下裂缝导流能力随闭合压力的变化规律，可以看出，在同一闭合压力条件下，支撑剂直径越大，孔喉半径越大(由于支撑剂弹性模量和支撑剂排列方式相同，孔隙度和孔道迂曲度相同)，裂缝导流能力越大。图 7.38(c)为不同储层弹性模量条件下裂缝导流能力随闭合压力的变化规律，可知，在同一闭合压力条件下，储层弹性模量越大，支撑剂越不容易嵌入储层，裂缝导流能力越大；当闭合压力为零时，四种情况下的支撑剂都没有嵌入储层，裂缝导流能力相同。图 7.38 说明闭合压力对裂缝导流能力有很大的影响，当闭合压力达到某一临界值(不同条件的临界值不同)时，裂缝导流能力降为零。

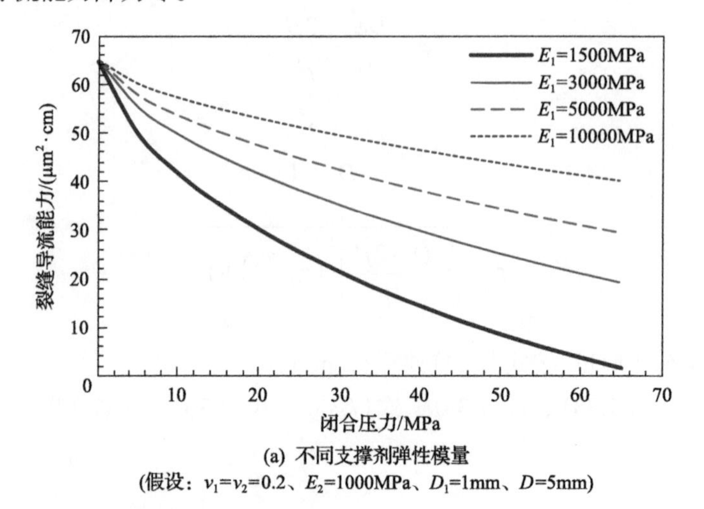

(a) 不同支撑剂弹性模量

(假设：$\nu_1=\nu_2=0.2$、$E_2=1000\mathrm{MPa}$、$D_1=1\mathrm{mm}$、$D=5\mathrm{mm}$)

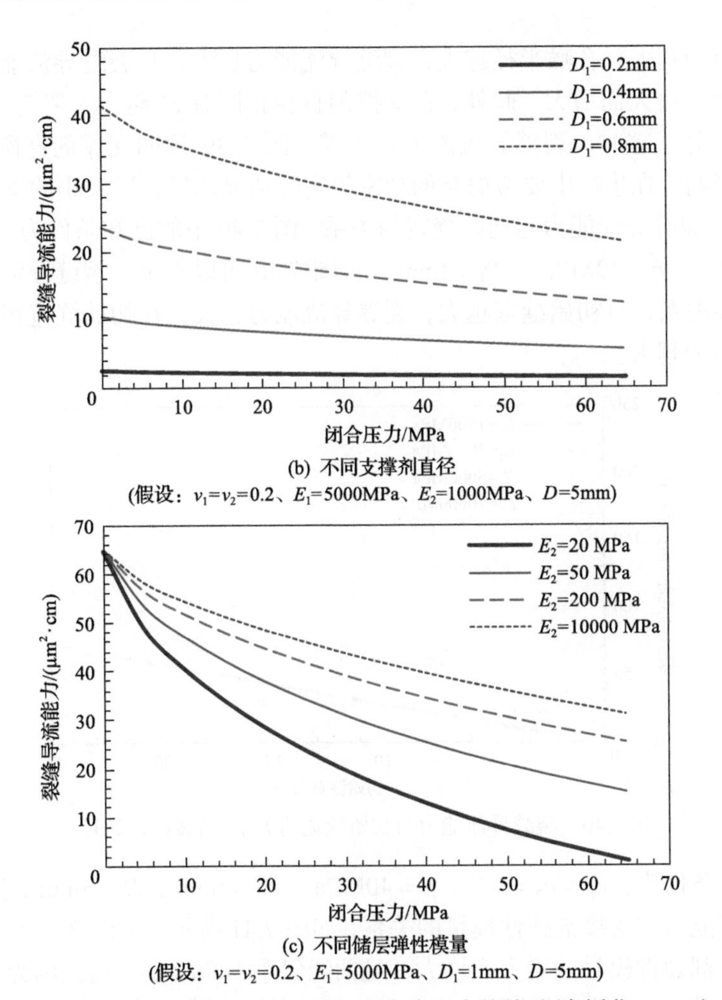

(b) 不同支撑剂直径

(假设：$\nu_1=\nu_2=0.2$、$E_1=5000$MPa、$E_2=1000$MPa、$D=5$mm)

(c) 不同储层弹性模量

(假设：$\nu_1=\nu_2=0.2$、$E_1=5000$MPa、$D_1=1$mm、$D=5$mm)

图 7.38　不同条件下裂缝导流能力与闭合压力的关系(高媛萍，2012)

裂缝导流能力与支撑剂直径的关系如图 7.39 所示。图 7.39 中的已知条件为：$\nu_1=\nu_2=0.2$、$E_2=1000\text{MPa}$、$p=40\text{MPa}$、$D=5\text{mm}$。由图 7.39 可知，其他条件相同

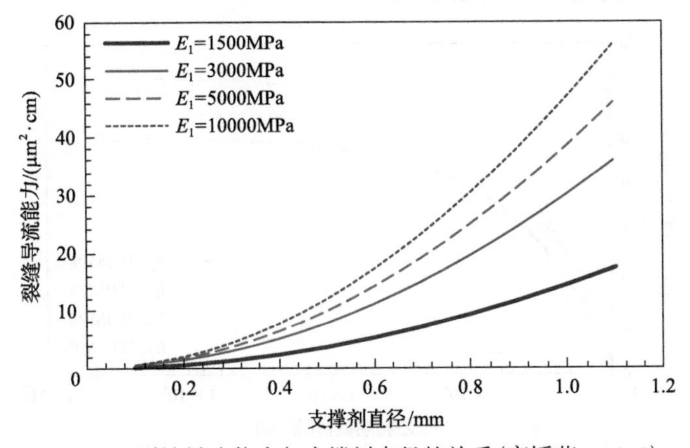

图 7.39　裂缝导流能力与支撑剂直径的关系(高媛萍，2012)

时，支撑剂直径越大，孔喉半径越大，裂缝导流能力越大，且裂缝导流能力增加幅度随着支撑剂直径的增大而增大，此外，在支撑剂直径相同时 E_1 越大，裂缝导流能力越大。当支撑剂直径趋于零时，裂缝导流能力趋于零。图 7.39 说明支撑剂直径对裂缝导流能力有很大的影响，在生产中要考虑泵的功率等实际情况选择合适大小的支撑剂。

图 7.40 为裂缝导流能力与初始缝宽的关系。图 7.40 中的已知条件为：$\nu_1 = \nu_2 = 0.2$、$E_2 = 1000\text{MPa}$、$p = 40\text{MPa}$、$D_1 = 1\text{mm}$。由图 7.40 可以看出，裂缝导流能力和初始缝宽之间呈线性关系，且初始缝宽越大，裂缝导流能力越大，在初始缝宽相同的条件下，E_1 越大导流能力越大。

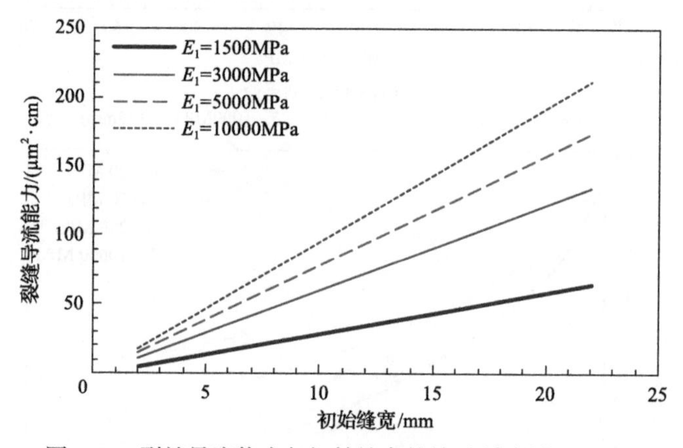

图 7.40　裂缝导流能力与初始缝宽的关系(高媛萍，2012)

假设已知条件为：$\nu_1 = \nu_2 = 0.2$、$p = 40\text{MPa}$、$D_1 = 1\text{mm}$、$D = 5\text{mm}$，代入式(7.39)，得到裂缝导流能力与支撑剂弹性模量的关系，如图 7.41 所示。由图 7.41 可知，裂缝导流能力随着支撑剂弹性模量的增大而增大，且曲线斜率不断减小。这是因为当支撑剂弹性模量达到一定值时，支撑剂变形量已经很小，孔隙度和孔喉半径的变化也很小。虽然从图 7.41 中的结果来看，支撑剂弹性模量越大越好，但是一般情况下相应的成本也越高，所以在实际生产中，如果地层弹性模量较小，那么就可以选用弹性模量小一些的支撑剂，这样还可以减小支撑剂嵌入对地层的伤害。

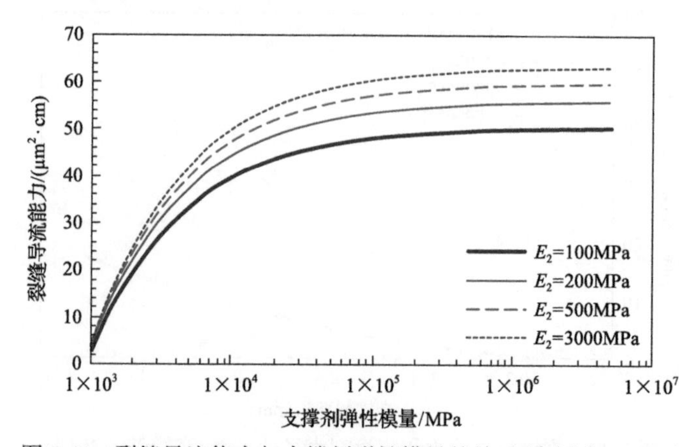

图 7.41　裂缝导流能力与支撑剂弹性模量的关系(高媛萍，2012)

图 7.42 为裂缝导流能力与储层弹性模量的关系。图 7.42 中的已知条件为：$\nu_1 = \nu_2 = 0.2$、$p = 40\text{MPa}$、$D_1 = 1\text{mm}$、$D = 5\text{mm}$。从图 7.42 可以看出，其他条件相同的情况下，储层弹性模量越大，支撑剂越不容易嵌入储层中，缝宽就越大，所以裂缝导流能力越大。同时裂缝导流能力随储层弹性模量的增大而增大的曲线斜率不断减小，这是因为当储层弹性模量达到一定值时，支撑剂嵌入量已经很小，因此，支撑剂嵌入对缝宽和裂缝导流能力的影响也很小。

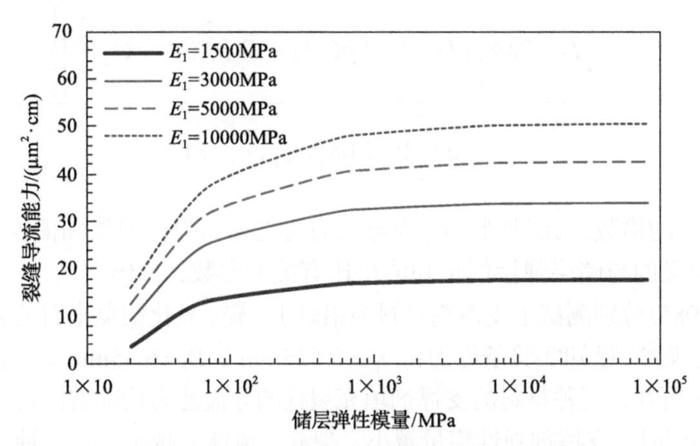

图 7.42　裂缝导流能力与储层弹性模量的关系(高媛萍，2012)

7.7.2　裂缝导流能力实验拟合

裂缝导流能力实验测试的原理是达西定律，一般情况下，裂缝导流能力测试分析系统使用 API 标准导流室，其计算公式为

$$F_{\text{RCD}} = \frac{5.555\mu Q}{\Delta p} \tag{7.40}$$

式中，μ 为流体黏度；Q 为流量；Δp 为导流室压差；5.555 为由实验装置参数代入达西公式后计算出来的系数，不同实验装置该系数可能不同。

本节将选取一些已发表的文章中不同条件下裂缝导流能力随闭合压力变化的实验数据来验证本书推导的裂缝导流能力理论公式是否具有参考性。由于在这些文章中并没有进行不同闭合压力下支撑剂嵌入深度的测定实验且在这些文章中没有给出支撑剂弹性模量、储层弹性模量等实验条件，致使无法直接用式(7.39)得到裂缝导流能力的理论值，所以在模型拟合过程中将这些未知实验条件作为参数，同时由于理论模型的理想假设，理论值与实验值间可能是某一倍数的关系，因此还增加了关于“倍数”的拟合参数。通过规划求解的方式与实验数据进行拟合后，可获得这些参数。未知实验条件的参数设置方法如下：

$$C_1 = \frac{1-\nu_1^2}{E_1} \tag{7.41}$$

$$C_2 = \frac{1-\nu_2^2}{E_2} \tag{7.42}$$

将式(7.41)、式(7.42)代入式(7.39)，可得

$$F_{\text{RCD}} = 74.8C_0\left[0.26-2.08\left(pC_1\right)^{\frac{2}{3}}\right]\left[1-2.08\left(pC_1\right)^{\frac{2}{3}}\right] \times \frac{\left\{D-2.08\left[\left(D-D_1\right)\left(pC_1\right)^{\frac{2}{3}}+D_1 p^{\frac{2}{3}}\left(C_1+C_2\right)^{\frac{2}{3}}\right]\right\}}{0.5\left[1-2.08\left(pC_1\right)^{\frac{2}{3}}\right]^2+1} D_1^2 \tag{7.43}$$

式中，C_0 为假设的倍数，无量纲；C_1 为定义的与支撑剂弹性模量和泊松比有关的参数，MPa^{-1}；C_2 为定义的与储层弹性模量和泊松比有关的参数，MPa^{-1}。

Cutler 等(1985)分别测试了支撑剂材料为铝矾土、瓷、氧化铝莫来石的裂缝导流能力随闭合压力的变化规律，已知实验条件为：$D_1 = 0.635\text{mm}$、$D = 6.35\text{mm}$，实验结果如图 7.43 所示。由图 7.43 可知，三种材料的支撑剂填充裂缝的导流能力均随着闭合压力的增大而减小；其他条件相同时，支撑剂弹性模量越小，裂缝导流能力越小，且三种支撑剂填充裂缝的导流能力的差别随着闭合压力的增大而增大。从图 7.43 也可以看出，对于不同材料的支撑剂来说，模型与实验数据间的拟合效果很好，且在式(7.43)中对应的拟合参数分别为

铝矾土：$C_0 = 3.9235$、$C_1 = 1.3467\times10^{-5}$、$C_2 = 3.4301\times10^{-4}$、$R^2 = 0.9181$。

瓷：$C_0 = 4.6177$、$C_1 = 1.1906\times10^{-4}$、$C_2 = 3.4301\times10^{-4}$、$R^2 = 0.9470$。

氧化铝莫来石：$C_0 = 5.2650$、$C_1 = 2.7635\times10^{-4}$、$C_2 = 3.4301\times10^{-4}$、$R^2 = 0.9596$。

需要注意的是，由于实验中使用的裂缝材料是相同的，所以在规划求解的过程中需要设定一个约束，即各种情况下的 C_2 值相同。类似地，在接下来的实验拟合过程中也有相应的与实验条件相符合的约束，不再重复说明。

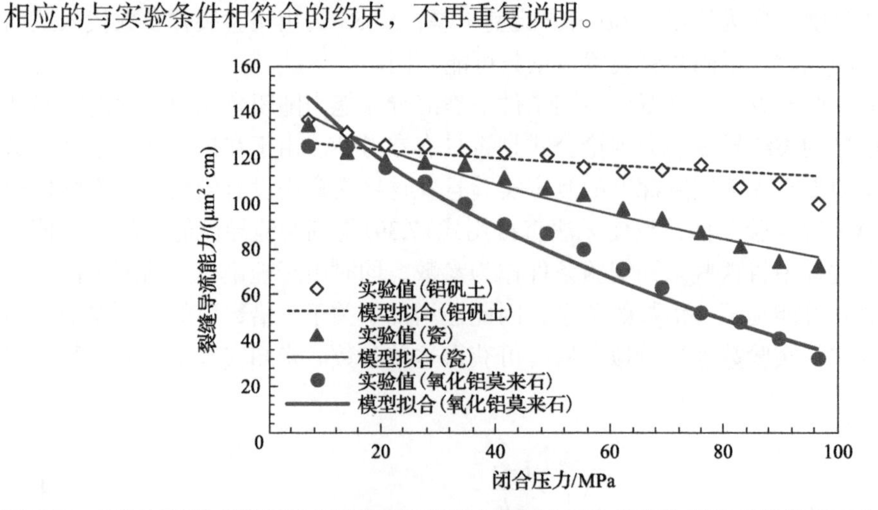

图 7.43　不同材料的支撑剂填充裂缝的导流能力随闭合压力的变化规律[实验数据来自 Cutler 等(1985)]

图 7.44 为支撑剂为 10/20 目、20/40 目石英砂的裂缝导流能力随闭合压力的变化规律(张士诚等，2008)，已知实验条件为：$D_1 = 1.1\text{mm}$（10/20 目石英砂）、$D_1 = 0.635\text{mm}$（20/40 目石英砂）、$D = 6.35\text{mm}$。从图 7.44 可以看出，裂缝导流能力均随着闭合压力的增大而减小；支撑剂直径越大，裂缝导流能力越大。由于石英砂的抗压强度一般为 20MPa 左右，在实验过程中，当闭合压力超过 20MPa 时，石英砂不断被压碎，导致孔隙度、孔喉半径和裂缝宽度急剧减小，裂缝导流能力急剧减小。而裂缝导流能力理论模型的推导过程中没有考虑支撑剂破碎，导致实验值和模型拟合值之间的差别较大，但是总的来说，二者随着闭合压力和支撑剂直径的变化方向是一致的。图 7.44 中的拟合参数分别为

10/20 目石英砂：$C_0 = 1.8035$、$C_1 = 7.8324 \times 10^{-4}$、$C_2 = 4.6093 \times 10^{-2}$、$R^2 = 0.9359$。

20/40 目石英砂：$C_0 = 2.7441$、$C_1 = 7.8324 \times 10^{-4}$、$C_2 = 4.6093 \times 10^{-2}$、$R^2 = 0.9158$。

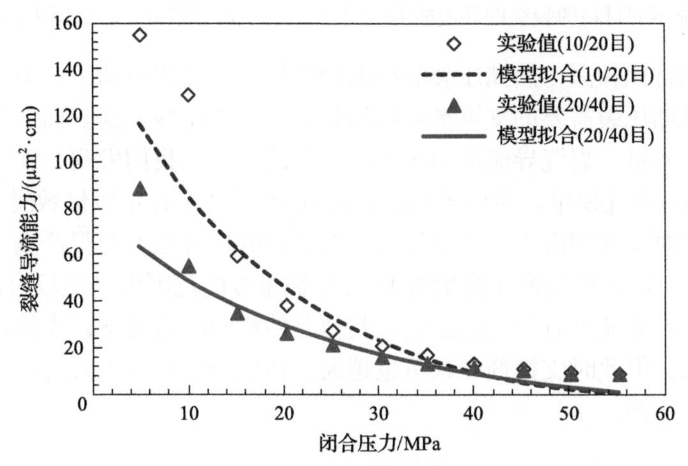

图 7.44 10/20 目、20/40 目石英砂填充裂缝的导流能力随闭合压力的变化规律[实验数据来自张士诚等(2008)]

张士诚等(2008)分别测试了裂缝材料为钢板、砂岩、煤岩的陶粒填充裂缝的导流能力随闭合压力的变化规律，已知实验条件为：$D_1 = 0.635\text{mm}$、$D = 6.35\text{mm}$，实验结果如图 7.45 所示。由图 7.45 可知，三种情况下的裂缝导流能力均随着闭合压力的增大而减小；同一闭合压力条件下，裂缝材料的弹性模量越小，裂缝导流能力越小。从图 7.45 也可以看出，对于不同的裂缝材料来说，模型与实验数据间的拟合效果都很好，且在式(7.43)中对应的拟合参数分别为

钢板：$C_0 = 7.7673$、$C_1 = 5.5592 \times 10^{-4}$、$C_2 = 9.6000 \times 10^{-6}$、$R^2 = 0.9773$。

砂岩：$C_0 = 6.2962$、$C_1 = 5.5592 \times 10^{-4}$、$C_2 = 9.6293 \times 10^{-4}$、$R^2 = 0.9849$。

煤岩：$C_0 = 4.1237$、$C_1 = 5.5592 \times 10^{-4}$、$C_2 = 5.1126 \times 10^{-2}$、$R^2 = 0.9854$。

综合以上三组拟合结果可以初步认为，由裂缝导流能力理论模型[式(7.39)]得到的裂缝导流能力随着闭合压力、支撑剂弹性模量、支撑剂直径、储层弹性模量等因素的变化规律基本上与实验结果一致，该理论模型对实际压裂中如何选择合适的支撑剂等问题具有一定的参考价值。

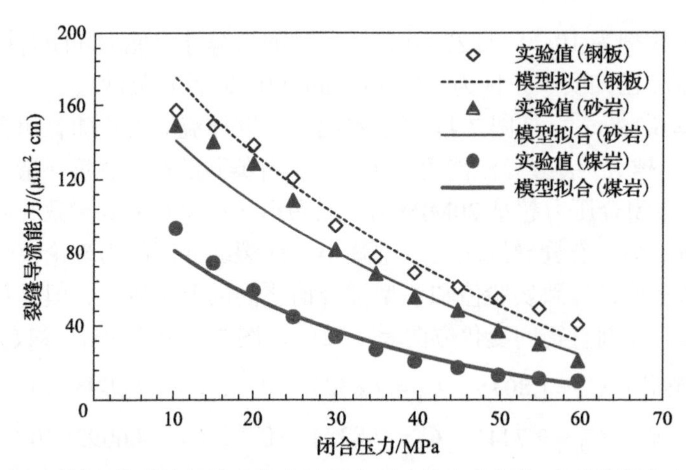

图 7.45　陶粒填充不同材料的裂缝的导流能力随闭合压力的变化规律[实验数据来自张士诚等(2008)]

热储埋深通常比较深，热储压裂裂缝的闭合压力一般比石油生产中砂岩裂缝的闭合压力大，因此热储压裂需要的支撑剂的抗压强度等一般比砂岩高。而通过本章中理论研究和对支撑剂嵌入量、裂缝导流能力等实验数据的分析，我们发现，在相同的闭合压力条件下，当支撑剂弹性模量是热储岩石弹性模量的 1～2 个数量级倍数时，裂缝导流能力已经较大，且此时支撑剂嵌入量不会很大，对热储的伤害也不会很严重。因此，初步认为，支撑剂弹性模量在热储弹性模量的 1～2 个数量级的范围内是比较合适的。同时，支撑剂直径对裂缝导流能力有很大的影响，其他条件相同的情况下，支撑剂直径越大，裂缝导流能力越大，但此时支撑剂嵌入量也越大，在生产中要考虑泵的功率等实际情况选择合适大小的支撑剂。

7.8　小　　结

本章对储层改造技术的理论基础进行了介绍，并简单阐述了压裂过程中岩石力学破裂机理。最后，对支撑剂嵌入机理以及裂缝导流能力的理论计算方法进行了介绍。本章有助于读者了解干热岩压裂的基本概念及原理，对地热储层改造技术以及岩石力学特征有一个较为清晰的把握。

参 考 文 献

蔡美峰, 何满潮, 刘东燕. 2002. 岩石力学与工程. 北京: 科学出版社.

春兰, 何骁, 向斌, 等. 2009. 水力压裂技术现状及其进展. 天然气技术, 3(1): 47-48.

杜守继, 刘华, 职洪涛, 等. 2004. 高温后花岗岩力学性能的试验研究. 岩石力学与工程学报, 23(14): 2359-2364.

高媛萍. 2012. 提高煤层压裂效果的力学分析与气润湿反转方法研究. 北京: 北京大学.

郭建春, 卢聪, 赵金洲, 等. 2008. 支撑剂嵌入程度的实验研究. 煤炭学报, 33(6): 661-664.

胡继良, 陶士先, 单文军, 等. 2012. 超深井高温钻井液技术概况及研究方向的探讨. 地质与勘探, 48(1): 155-159.

黄元海, 王方林, 蔡彩霞, 等. 2000. 凝胶压裂液的研究及在煤层改造中的应用. 煤田地质与勘探, 28(5): 20-22.

贾军, 张德龙, 翁炜等. 2015. 干热岩钻探关键技术及进展. 科技导报, 33(19): 40-44.

金雷平. 2015. 耐高温黏弹性表面活性剂压裂液体系及流变学研究. 上海: 华东理工大学.

康健, 赵明鹏, 梁冰. 2005. 高温下岩石力学性质的数值试验研究. 辽宁工程技术大学学报: 自然科学版, 24(5): 683-685.
寇绍全, Alm O. 1987. 微裂隙和花岗岩的抗拉强度. 力学学报, 19(4): 366-373.
林祥, 张振义. 2009. 高温环境下石灰岩基本力学性质初步研究. 金属矿山. (4): 29-31.
卢聪, 郭建春, 王文耀, 等. 2008. 支撑剂嵌入及对裂缝导流能力损害的实验. 天然气工业, (2): 99-101, 172.
牟绍艳. 2017. 压裂用支撑剂相关改性技术研究. 北京: 北京科技大学.
桑祖南, 周永胜, 何昌容, 等. 2001. 辉长岩脆-塑性转化及其影响因素的高温高压实验研究. 地质力学学报, 7(2): 130-137.
苏承东, 郭文兵, 李小双. 2008. 粗砂岩高温作用后力学效应的试验研究. 岩石力学与工程学报, 27(6): 1162-1170.
孙天泽. 1996. 高围压条件下岩石的力学性质温度效应. 地球物理学进展, 11(4): 64-70.
王贵玲, 马峰, 蔺文静, 等. 2015. 干热岩资源开发工程储层激发研究进展. 科技导报, 33(11): 103-107.
王颖轶, 张宏君, 黄醒春, 等. 2002. 高温作用下大理岩应力-应变全过程的试验研究. 岩石力学与工程学报, 21(A2): 2345-2349.
武际可, 王敏中, 王炜. 2001. 弹性力学引论. 1 版修订本. 北京: 北京大学出版社.
许锡昌. 1998. 温度作用下三峡花岗岩力学性质及损伤特性初步研究. 武汉: 中国科学院武汉岩土力学研究所.
尹丛彬, 李彦超, 王素兵, 等. 2017. 页岩压裂裂缝网络预测方法及应用. 天然气工业, 37(4): 60-68.
张静. 2003. 蒸汽热采条件下支撑剂性能评价试验研究. 石油钻采工艺, (S1): 7-10, 89.
张静华, 土靖涛, 赵爱国. 1987. 高温下花岗岩断裂特性的研究. 岩土力学, 8(4): 11-16.
张力. 2014. 我首次发现大规模可利用干热岩资源. 现代化工, (4): 73.
张连英, 茅献彪, 杨逾, 等. 2006. 高温状态下石灰岩力学性能实验研究. 辽宁工程技术大学学报: 自然科学版, (S2): 121-123.
张连英, 茅献彪, 孙景芳, 等. 2008. 高温状态下大理岩力学性能实验研究. 重庆建筑大学学报, 30(6): 46-50.
张士诚, 牟善波, 张劲, 等. 2008. 煤岩对压裂裂缝长期导流能力影响的实验研究. 地质学报, 82(10): 1444-1449.
郑慧慧, 刘希亮, 谌伦建. 2008. 高温下岩石单向约束的热应力分析. 路基工程, (5): 12-13.
周长冰. 2017. 高温岩体水压致裂钻孔起裂与裂缝扩展机理及其应用. 徐州: 中国矿业大学.
朱合华, 闰治国, 邓涛, 等. 2006. 3 种岩石高温后力学性质的试验研究. 岩石力学与工程学报, 25(10): 1945-1950.
Abe A, Horne R N. 2021. Investigating stress shadowing effects and fracture propagation patterns: implications for enhanced geothermal reservoirs. International Journal of Rock Mechanics and Mining Sciences, 142: 104761.
Abe A, Kim T W, Horne R N. 2021. Laboratory hydraulic stimulation experiments to investigate the interaction between newly formed and preexisting fractures. International Journal of Rock Mechanics and Mining Sciences, 141: 104665.
Alm O. 1985. The influence of micro crack density on the elastic and fracture mechanical properties of stropa granite. Physics of the Earth and Planetary Interiors, 40: 61-179.
Barelli A, Cappetti G, Manetti G, et al. 2017. Well stimulation in Latera Field. https://www.geothermal-library.org/index.php?mode=pubs&action= view&record=1001356.
Barrios L A, Quijano J E, Romero R E, et al. 2017. Enhanced permeability by chemical stimulation at the Berlin Geothermal Field. https://www.geothermal-library.org/index.php?mode=pubs&action=view&record=1019575.
Brede M, Haasen P. 1988. The brittle-to-ductile transition in doped silicon as a model substance. Acta Metallurgica, 36(8): 2003-2018.
Brede M. 1993. Brittle-to-ductile transition in Silicon. Acta Metallurgica, 41(1): 211-228.
Brinton D, McLin K, Moore J. 2011. The chemical stability of bauxite and quartz sand proppants under geothermal conditions//Stanford University. Thirty-sixth Workshop on Geothermal Reservoir Engineering. Stanford, California, January 31-February 2. SGP-TR-191.
Cooke C E. 1977. Fracturing with a high-strength Proppant. Journal of Petroleum Technology, 29(10): 1222-1226.
Cutler R A, Enniss D O, Jones A H, et al. 1985. Fracture conductivity comparison of ceramic proppants. Society of Petroleum Engineers Journal, 25(2): 157-170.

Fredd C N, McConnell S B, Boney C L, et al. 2000. Experimental study of hydraulic fracture conductivity demonstrates the benefits of using proppants//SPE Rocky Mountain Regional/Low-Permeability Reservoirs Symposium and Exhibition, Denver, Colo rodo, March. 2000.

Hu K, Schmidt A, Barhaug J, et al. 2015. Sand, resin-coated sand or ceramic proppant? the effect of different proppants on the long-term production of Bakken Shale wells//SPE Annual Technical Conference and Exhibition, Houston, September.

Hubbert M K, Willis D G. 1957. Mechanics of hydraulic fracturing. Transactions of the AIME, 210(1): 153-168.

Huitt J L, McGlothlin B B. 1958. The propping of fractures in formations susceptible to propping-sand embedment//Drilling and Production Practice, California, January.

Huitt J L, McGlothlin B B, McDonald J F. 1959. The propping of fractures in formations in which propping sand crushes//Drilling and Production Practice, Oklahoma, January.

Kehle R O. 1964. The determination of tectonic stresses through analysis of hydraulic well fracturing. Journal of Geophysical Research, 69(2): 259-273.

Lacy L L, Rickards A R, Ali S A. 1997. Embedment and fracture conductivity in soft formations associated with HEC, borate and water-based fracture designs//SPE Annual Technical Conference and Exhibition, San Antonio, Texas, October.

Lacy L L, Rickards A R, Bilden D M. 1998. Fracture width and embedment testing in soft reservoir sandstone. SPE Drilling & Completion, 13(1): 25-29.

Lau J S O, Gorski B, Jackson R. 1995. The effects of temperature and water-saturation on mechanical properties of Lac du Bonnet pink granite//8th ISRM Congress, Tokyo, September.

McLin K, Brinton D, Moore J. 2011. Geochemical Modeling of Water-rock-proppant interactions//Proceedings of the 36th Workshop on Geothermal Reservoir Engineering.

Oda M. 1993. Modern developments in rock structure characterization. In Comprehensive Rock Engineering, 1: 185-200.

Palisch T T, Duenckel R J, Bazan L W, et al. 2007. Determining realistic fracture conductivity and understanding its impact on well performance-theory and field examples//SPE Hydraulic Fracturing Technology Conference, Texas, January.

Riahi A, Damjanac B, Furtney J. 2014. Thermo-hydro-mechanical numerical modeling of stimulation and heat production of EGS reservoirs//48th US Rock Mechanics/Geomechanics Symposium, Minneapolis, June.

Rutqvist J, Dobson P F, Jeanne, P, et al. 2013. Modeling and monitoring of deep injection at the Northwest Geysers EGS demonstration//47th U.S. Rock Mechanics/Geomechanics Symposium, San Francisco, California, June 2013.

Simonson E R, Abou-Sayed A S, Clifton R J. 1978. Containment of massive hydraulic fractures. Society of Petroleum Engineers Journal, 18(1): 27-32.

Tester J W, Anderson B J, Batchelor A S, et al. 2006. The future of geothermal energy. Massachusetts Institute of Technology, 358: 1-13.

Thiercelin M J, Dargaud B, Baret J F, et al. 1998. Cement design based on cement mechanical response. SPE Drilling & Completion, 13(4): 266-273.

Venables, S. 2012. Hydraulic fracturing basics and water usage//Air & Waste Management Association, Technical Luncheon, November 27.

Volk L J, Raible C J, Carroll H B, et al. 1981. Embedment of high strength proppant into low-permeability reservoir rock//SPE/DOE Low Permeability Gas Reservoirs Symposium. Denver, Colorado, May.

Warpinski N R, Teufel L W. 1992. Determination of the effective-stress law for permeability and deformation in low-permeability rocks. SPE Formation Evaluation, 7(2): 123-131.

第 8 章　油热电联产理论与方法

8.1　简　　介

随着对油田不断开发，石油资源日益枯竭，目前许多高含水油田很难经济开采，大量油气井报废。报废油气井需要大量经费，尤其是海上油气田，如果能将那些本来应该报废的油气井变为“油-热-电”联产井，则不但可以节约大量报废成本，而且可以因为油热电联产创造较高的经济效益。作者于 2008 年提出了油热电联产的新概念和新技术：向废弃油井中注入高能流体(包括空气/氧气、催化剂等)，氧气与油藏中的原油发生氧化反应，使油层温度大幅度提高，从而大幅度降低原油黏度，增加油藏的弹性能，提高原油的流动能力，使原本废弃的油井可以同时生产原油和高温流体，高温流体的热能可以用来发电，发电后流体的热能还可以用来供暖、管道伴输等，最终实现油热电联产。这样，油田中大量的废弃井也可以改造成地热井并进行开发利用。

在我国近几十年的油气开发过程中，开采后期枯竭的废弃油井数量庞大，其中存在的问题也是层出不穷(魏伟等，2012)。在油田钻探过程或油田开发后期，一些油井由于各种原因被废弃，根据报废的主要原因将废弃油井划分为以下四类(张起花，2011；张明文等，2005)。

(1)工程报废井：由于在钻井过程中，井筒内段落钻具并且无法打捞或者因发生其他重大工程事故而列入的报废井。

(2)地质报废井：因为地震解释资料差，或者钻遇地层复杂带，试油结果为干层或产水而列入的报废井。

(3)枯竭报废井：油井经长期开采后，井口压力下降，因产能枯竭而列入的报废井。

(4)其他报废井：可细分为下列几种，①完钻测试日产油气量很小，开采价值不大而列入的报废井；②油藏进入末期开采后，边部气井压力逐渐降低，产油气量逐渐递减，产水量增大，关井后被列入的报废井；③油井原始状态为油气水同层，开井排水采油气生产一段时间后，油井被水淹而关井后列入的报废井。

油井通常会采取一定的措施进行报废，根据油井报废处理情况，基本上可分为水泥浆封固永久报废和重压井液压井暂时报废两种工艺类型。

(1)水泥浆封固永久报废。利用固井水泥，对窜漏层段、层间进行水泥浆封堵窜后，再对错断、破裂部位的套管井眼循环挤注水泥浆，使错断、破裂部位以上一定深度至人工井底充满水泥浆，固化后，即达到永久封固油层井段。

(2)重压井液压井暂时报废。将压井管柱下入最深处，利用配制的优质重压井液将井内液体置换出来，并向错断口、破裂口外的油层挤入一定数量的重压井液，使重压井液的静液柱压力高于地层的静压力，并保持相当长期的稳定，达到压井暂时报废的目的。

采用永久报废还是暂时报废的工程报废方式，主要还是看该井是否具有发展潜能，如果具有发展潜能，则采用暂时报废方式，如果没有发展潜能，则选择永久报废并补钻更新井。

废弃油井不但会带来资源浪费，同时也会花费大量的废弃成本，这些成本主要包括封堵废弃井以及清理土地污染的费用。废弃井的主要目的是永久封闭所有被井穿透的地层岩层。废弃井可以防止储层流体从地层岩石泄漏到地表或运移到其他地层造成污染。油井废弃是一项非常复杂的操作。通常，这个过程比最初的钻井和完井更有难度。不当弃置不仅很难补救，而且代价高昂。废弃油井泄漏的液体和气体可能会对环境和人类健康造成严重损害。例如，废弃的油气井可能成为地下甲烷和其他气体排放到大气的通道。此外，也可能造成地下水污染。

油气井废弃主要包括四个方面：①安全评估规划；②停止油气开采并进行堵井；③根据要求拆除所有井口设备；④处理或回收废弃的材料或设备。据报道，得克萨斯州多年来花费数百万美元清理和堵塞数以千计的废弃油井。Marsh(2004)报道了加拿大新不伦瑞克省陆上油气废弃井，根据井的深度及其钻完井条件(裸眼、下套管、射孔和完井)，成本从 22855 加元到 164673 加元不等。Prasetya 和 Herputra(2018)报道了 2015～2017 年苏门答腊岛中部“R”区块废弃井的成本在 52000～76000 美元。Ojukwu(2020)估计尼日利亚陆上废弃井的成本约为每口 100 万美元，其中不包括设施报废拆除、现场地层恢复和复垦的成本。如果将这些考虑在内，废弃井的成本会高得多。

因此，开发枯竭油井具有重要的经济和战略意义。开发枯竭油井下的地热资源可降低碳排放量，促进油田节能排放。主要开发方法有以下四种：一是直接开采中深井、深井，采出地热水资源用于发电；二是应用非开采式低沸点介质清洁发电；三是地源热泵供暖；四是应用二氧化碳流体地热发电系统。

废弃油井下的地热资源储量庞大，根据地温梯度 0.03℃/m，3000m 深的地层水温度可达 100℃，即使不动用地下水资源，选用非开采式低沸点介质清洁发电技术，每口井深 3000～5000m 的废弃油井中仍含有持续每小时 0.6～1MW 的可开发的电力潜能(冯跃威等，2015)。

8.2　油热电联产理论

8.2.1　油热电联产的基本概念

油热电联产的基本概念是：向废弃油井中注入高能流体(包括空气/氧气、催化剂等)，氧气与油藏中的原油发生高压注空气反应(一种可控的低温氧化反应)，使油层温度大幅度提高，从而大幅度降低原油黏度，增加油藏的弹性能，提高原油的流动能力，使原本废弃的油井可以同时生产原油和高温流体，高温流体的热能可以用来发电，发电后流体的热能还可以用来供暖、管道伴输等，最终实现油热电联产。其中高压注空气理论与技术可见第 6 章。

8.2.2　油田区开发利用地热的优势

目前，我国乃至世界上许多油田的含水率已经达到或超过 90%，严格来讲这些油田已经不是传统意义上的油田，而是“水田”。如何提高开发这些“油田”的经济效益是当前一个重要的研究课题。我国许多油气田具有丰富的中低温地热资源，但大部分还没有有效开发和利用。如果利用油田伴生中低温地热资源发电，则可以提高开发这些“油田”的经济效益。目前中低温地热发电的主要问题之一是成本高，而钻井成本大约占 60%以上。与常规中低温地热发电相比，利用油田伴生中低温地热资源发电的一个独特优势是油田热储的回注或回灌系统大部分已经探明并已经成功运行。国际上，尤其是我国，相当一部分中低温热储由于渗透率低等原因，难以进行回注或回灌，效率过低。利用油田伴生中低温地热资源发电的其他优势如下：①和其他地热发电站一样，不消耗不可再生的化石燃料；②发电系统的余热还可以用来伴热输油或其他直接应用；③可以利用政府新的能源政策减少税收负担；④小型地热发电站的发电量能满足抽油机的需要，可能还有剩余以用于对外出售；⑤地热能是清洁能源，或绿色能源，可以体现良好的企业形象；⑥经济效益比较好，投资回收期一般为 3～5 年。

1. 地热发电与常规化石能源发电的比较

常规化石能源(如煤炭、石油、天然气等化石能源)发电的所有设备几乎都在地面或近地面，燃料或能源的供给也都可以在地面或近地面实现。然而，地热发电既有地面设备也有地下设备，有些甚至要安装到地下几千米深处，如开采地热能所需的井孔设施。另外，地热发电所需的“燃料”(中高温流体)来自地球的深部：数千米深处的热储。更为重要的是，地热发电过程中，地面设备、地下设施以及热储必须有效地相互匹配和协调运行，否则，一方面可能造成地热发电的成本太高，另一方面可能造成不必要的地热资源浪费或者地热发电站不能持续稳定地运行。同样由于上述特征，每一个地热发电站都可能需要根据热储的地质条件、温度、深度等参数进行专门设计，换句话说，可能不会有完全相同的两个地热发电站。如果采用常规化石能源，如煤炭、天然气，完全可以建成两个相同的发电站。

从上述分析可知，一般情况下，地热发电的成本在目前的化石能源价格条件下将比常规化石能源发电站高。但是，值得注意的是，地热发电基本上不排放二氧化碳等温室气体。如果考虑碳排放成本，地热发电将具有一定的优势。

2. 油田伴生地热发电与常规地热发电的比较与优势

目前中低温地热发电的主要问题之一是成本高，而钻井成本大约占 60%以上。利用油田伴生地热发电则可以很好地解决这一问题，因为地热发电站所需要的基础设施，如井、公路、输电线路等，都已经具备。不但如此，还有大量报废油气井或勘探评价阶段的“干井”可以利用，使之起死回生变成“热井”或油热电联产井，甚至还可以解决边远地区的用电问题。由于对环境保护的要求越来越高，报废油气井需要大量经费，尤其是海上油气田，如果能将那些本来应该报废的油气井变为油热电联产井，则不但可以节约大量报废成本，还因为油热电联产可以创造较高的经济效益。

3. 油田伴生地热发电与 EGS 地热发电的比较与优势

近几年，EGS 在世界范围内受到一定程度的重视。与 EGS 发电相比，利用油田伴生地热发电的主要优势是成本低得多，大约是其成本的 1/4 或 1/5。

EGS 大部分情况下需要新钻井，这既是 EGS 的劣势也是其优势，劣势是成本高，优势是可能找到温度较高的地层，建立大功率的地热发电站。因此，如果能够解决钻井和人工造储的成本问题，EGS 将有非常诱人的前景，并对地热工业做出巨大的贡献。遗憾的是，欧洲(以法国、德国为代表)、美国、日本、澳大利亚等国家和地区经过几十年的不懈努力，到目前仍然没有证明 EGS 的经济可行性。尽管对 EGS 寄予厚望，但是，根据最近对国际上主要 EGS 的历史与现状的调查情况，短期内难以在降低钻井和人工造储成本方面有重大突破。

4. 油田伴生地热发电与太阳能、风能发电的比较与优势

和太阳能、风能相比，油田伴生地热发电不受气候的影响，发电站的稳定性高。不出太阳或不刮风，太阳能或风能发电站就不能发电，而利用储能系统一方面成本很高，另一方面可能造成二次环境污染，如储能电池的泄漏、报废等造成地下水环境污染问题。总体来说，地热发电站的运行效率可达 90%以上，大约是太阳能、风能发电站的 3 倍左右，这说明地热发电的可靠性，不是垃圾电。目前在我国的一个现实情况是：太阳能和风能发电仍然有难以上网的问题。遗憾的是，从安装功率来看，目前国际上地热发电的发展却落后于太阳能和风能，尤其是我国。2009 年世界地热发电装机容量(1.07×10^4MW)落后于太阳能(1.60×10^4MW)，更远落后于风能(12.1×10^4MW)。

8.2.3　油热电联产的基本理论

往废弃油气井中注入空气或氧气，部分原油发生氧化反应，高温放热，使得废弃油气井中原来不能开采利用的油气得以开采利用，并对产生的热能加以利用，用于发电或供暖，实现了废弃油气井的油热电联产。该方法充分利用油气田的废弃井，可以在不进行新的资源勘探的条件下，增加油气产量和采收率，使废弃油气田起死回生，既节约了原油开发成本，又提高了油气资源的利用率。

(1)理论方法Ⅰ：对于油田伴生地热资源比较丰富的情况，直接利用中低温地热发电技术发电，可以大幅度提高排液量与回注量从而大幅度提高原油产量。此外，回注水可以通过高温层提高温度，直接利用高温层的高温水进行水驱，如果采用地下油水分离技术，水可以直接在地下循环。目前油水分离一般要求在 50℃左右，发电后的温度正好接近此温度，无须人为冷却。难点包括：如何大幅度提高排液量；排液量提高对地层温度的影响如何提高换热效率；如何提高发电效率；油热电联产的高效耦合机理等问题。

(2)理论方法Ⅱ：高压注空气技术——注入高能流体(包括催化剂等)使油层温度大幅度提高，从而降低原油黏度，提高原油产量，同时利用地热发电技术发电。该方法主要适合于低渗透、高含水及稠油油田。可以降低原油黏度，提高油相，降低水相相对渗透

率。难点包括：如何选择高效、低成本催化剂；如何在高含水饱和度条件下产生连续、可控的放热反应；高温防腐蚀问题；数值模拟问题；油热电联产的渗流力学、传热学及反应动力学问题。

8.2.4　原油生产与地热开发的异同

地热开发中很多技术都借鉴了油气田的开发方法，如钻完井以及压裂技术等。尽管石油和地热本质上都是从地下提取能源，但两者存在一些差异。例如，石油工业中的“热”对于地热开发来讲一般是低温流体，而油井中的“高流量”可能比地热流体开发的流量低一个数量级。了解它们的不同点能够有利于我们改造废弃油井为地热井。原油生产与地热开发的不同之处见表 8.1。

表 8.1　原油生产与地热开发的区别(Augustine, 2016)

资源开发	温度/℃	产量/(m^3/d)	钻井类型	生产情况	岩石	资源
原油生产	150～170 (最高)	800	海上/陆上直井/水平井 (井径：127～178mm)	初始产量较高，随后产量递减	沉积岩	石油约 40 美元/桶
地热开发	150～350+	8000	陆上直井/定向井 (井径：203～305mm)	稳产	火山岩、侵入岩、变质岩	热水约 0.25 美元/桶

8.3　提高产能的方法与措施

中国很多老油田已经进入特高含水后期，面临含水率上升、稳产困难、经济效益不佳的问题。提高特高含水后期老油田的采收率，增加可采储量，保持稳产和有效开发是老油田面临的难题。

张海燕(2010)通过室内实验和微观网络模型，对特高含水后期通过提液提高采收率的机理进行了研究，结果表明，强化开采能使驱油效率提高 17%，所以提液是提高采收率的重要措施。张金庆等(2013)针对高含水油田不同含水率油井之间的差异性，通过对产液量在各个井之间的分配，可以实现产液量的优化调整，结果表明在典型油田调整后产油量提升 5%，含水率降低 0.1%。

随着含水率不断上升，进入特高含水后期，要想保持稳产必须要提高产液量，油田现场的实际经验也证明随着含水率上升采油指数随之下降，要想保持稳产，必要通过放大生产压差的方式来提高单井的产液量。

压裂提液方法提高采油指数的原理如下：驱油效率随着驱替的毛细管数增加而增加，毛细管数的计算公式如下:

$$N_c = \frac{\mu_d V_d}{\sigma} \tag{8.1}$$

式中，V_d 为驱替速度；μ_d 为黏度；σ 为驱替与被驱替的两不互溶相的界面张力。

随着生产压差的增大，水的驱动速度也随之提升，与此同时，参与流动的毛细管数量增多，进而促进了岩石孔隙中的油滴流动，达到了提高驱替效率的效果。

此外，增大提液量对于油田伴生地热的开发可能也是有益的，因为井底温度较高，假设总的换热量是一定的，提液量越大，与井壁发生热交换后的出口温度降低越小。

8.3.1 压裂提液方法

常规的压裂提液方法包括游梁式有杆泵采油、潜油电泵采油及螺杆泵采油。它们的优缺点见表 8.2。

表 8.2 三种压裂提液方法的优缺点(武婧雯，2019)

特点	游梁式有杆泵采油	潜油电泵采油	螺杆泵采油
优点	(1)灵活性强，在需要调节产能时，可以方便地通过调节参数，使其重新具备较好的适应性； (2)气体影响较小，方便采出气排出； (3)设备简单，方便管理操作，对一般油井的适应性都很强，对于小井眼井和分层开采的油井也具有良好的适应性； (4)方便进行各种测试，能够实时地分析地下地面的工作情况； (5)对于高黏原油也有良好的适应性，方便处理井下问题(腐蚀、结垢等)	(1)自动化程度很高，便于操作； (2)噪声小，适合于市区作业，也适合于海上油井和非直井； (3)排量大，最大排量甚至可以达到 $3180m^3/d$，所以它非常适合特高含水后期大排量采液的井和高产井； (4)对井下故障的处理方法比较容易； (5)可以安装压力传感器，便于测试井下压力	(1)结构简单； (2)流量均衡，可以通过调整地面的皮带轮实现流量的调节； (3)因其构造，适合用于输送高黏的液体，并且不会产生气锁现象，所以适合于产气量大的油井； (4)由于螺杆泵的自吸力较强，且排液和吸液较为均匀，所以气体对于螺杆泵的影响较小； (5)占地面积小，可以下放至斜井段，因此可以用于海上油田水平井和丛式井中
缺点	(1)在大斜度井中磨损程度较高，会影响油井的正常生产，进而造成油井的生产成本增加； (2)当油井出砂(或其他固体颗粒)情况严重时，卡泵现象非常容易发生，当排气量过大时，会发生气锁现象而导致失效； (3)抽油杆柱的强度限制了下泵的深度，当泵下到一定深度后，甚至可能出现完全失效的情况； (4)设备较大，在市区使用可能会受到一定限制，也不适合在海上油田使用，同时因为电源的限制，所以也不适合地质条件较为复杂地区使用； (5)非常容易受到结蜡的影响	(1)只可以采用 1000V 以上的高压电源，不能用于分层开采井和低产井； (2)不能通过调整参数适应油井的产能变化情况，只能通过设备更换保证与油井的供液能力匹配，并且费用比较高； (3)起下油管时以及对于井下温度较高的情况，电缆可能会造成损坏，同时受到电缆成本和电动机的限制，下泵深度受到限制； (4)当气油比过高或者出砂严重的井，故障发生的可能性较大，所以对于电泵的维护比较困难； (5)套管尺寸限制泵径，并且由于电潜泵都处于井下，当发生故障时处理困难并且停产时间长	(1)定子的材料为橡胶材质，所以不适合用于高温注气井； (2)定子容易损伤，检修费用较大； (3)与其他机采方式相比，螺杆泵的总压头较低，目前大多应用在 1000m 左右深的井中，当下泵深度超过 2000m 时，作业难度明显增大

因为一般油田的提液井是由原采油井改造而成，井径小，一般的抽水泵很难适用。而与抽油机配套的深井泵、螺杆泵、水力活塞泵的三种举升方式受到液量、动液面、井筒技术条件的限制，无法满足大排量提液的要求，因此提液装置一般选用油田普遍使用的潜油泵。但该提液方法运行后期会出现提液耗电量大、泵的寿命短、维修频繁、费用昂贵等问题。

为此，豆惠萍等(2015)在不改变原井身结构(油井 7in[①]套管，井径小)的基础上，利

① 1in=2.54cm。

用新型抽水(油)机替代原有的潜油泵，在保证大排量提液的同时降低提液的耗电量。

1. 新型无游梁式抽水(油)机

原游梁式抽油机受四连杆机构限制，一般在 16 型以下，最大悬点载荷 16t，冲程 6m，产液量少。新研制的无游梁式抽水(油)机，其悬点载荷 20t，冲程 8m，采用动力组合，无级调速，电机可频繁正反转(15 次/min)，精确平衡，耗能低，耗材少，且可一机带两井(井距 500～800m 内)。

2. 7in 套管内大泵径大排量提液抽水泵

常规抽油泵完全依靠柱塞和泵筒的间隙密封来检测漏失量，泵筒和柱塞均为热处理后的金属材料，其金属泵筒与金属柱塞配合间隙范围为五级。其间隙精度要求高、密封好、耐磨损、耐腐蚀、材料强度高。这样间隙精度如在产砂比较高和煤层出煤粉的井下工作时，容易造成卡泵现象，而经常检泵又严重影响生产的正常运行。此次抽水泵改进主要改变了柱塞和泵筒的密封形式，选用弹性软密封加活塞环相结合的密封形式，改变完全依靠钢性间隙密封来实现抽水泵的活塞往复运行。将单作用泵改为双作用泵，使泵的上、下冲程均能排液，比单作用管式泵增加 50%以上的提液量，而结构比并联泵简单。但泵的下行程运动时，需加重杆(～45mm)的下行，方能排液；再以长冲程、低冲次的技术设计，使无游梁式抽水(油)机的平衡精确，耗功低，节能降耗明显。

此外，武婧雯(2019)也对电潜泵和 105mm 大直径抽油泵的提液能效进行了对比分析。同一口油井相同产液量条件下，采用电潜泵采油工艺技术与采用 105mm 大直径抽油泵采油工艺前后能效对比统计情况见表 8.3。根据对比结果，选择 105mm 大直径抽油泵，在提液量基本相同的情况下，单井日耗电量要比电潜泵低，油井系统效率高，可以在达到排量要求的前提下实现经济最优(图 8.1)。

表 8.3　能效对比统计情况表(武婧雯，2019)

项目	单井日产液量/t	单井日耗电量/(kW·h)	油井系统效率/%	节电率/%
电潜泵	180.2	686	30.1	57.6
105mm 大直径抽油泵	180.1	291	45.6	
对比结果	–0.1	–395	15.5	

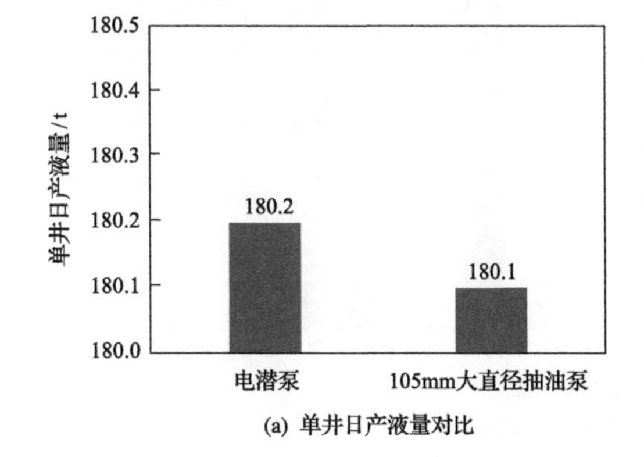

(a) 单井日产液量对比

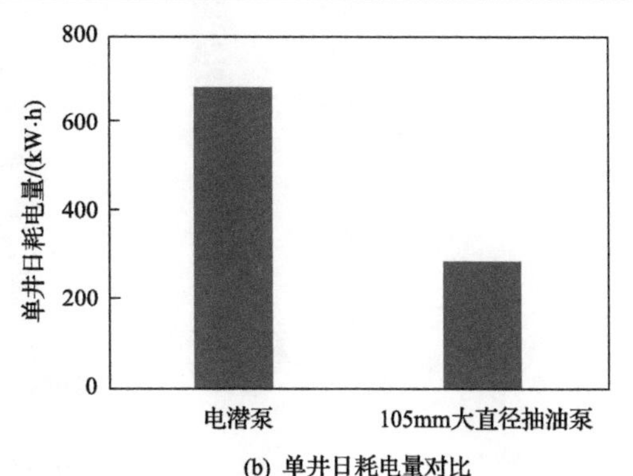

(b) 单井日耗电量对比

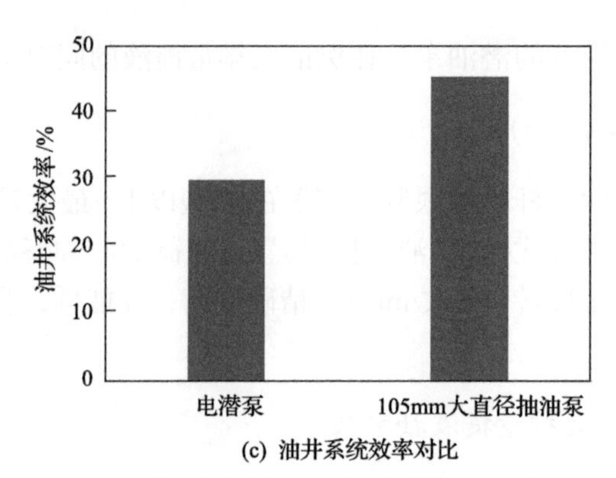

(c) 油井系统效率对比

图 8.1　电潜泵与 105mm 大直径抽油泵能效对比

8.3.2　压裂提液对产液量的影响

根据 8.2.3 节的内容，地热井与油井主要的区别之一是更大的生产流量，在留北油田地热综合利用先导试验中，Xin 等(2012)和本书作者开展了大排量、低能耗提液装置及油田地热开发的研究工作。

留北潜山提液情况统计见表 8.4。留 24 井提液后日增油量 15.1t；新留检 1 井为报废井再利用，提液后日产油量 12.2t，含水率 98.7%；留 44 井提液后日增油量 13.5t，三口井日增油效果均比较明显，平均单井日增油量 13.1t。总体看来，提液后日增油效果明显，提液效果较好(图 8.2)。

表 8.4　留北潜山提液情况统计表(Xin et al., 2012)

井号	提液时间	提液前			提液后			日增油量/t
		日产液量/t	日产油量/t	含水率/%	日产液量/t	日产油量/t	含水率/%	
留 24	2006 年 9 月	54.2	1.4	97.4	727	16.5	97.7	15.1
新留检 1	2008 年 9 月	报废井			1385	12.2	98.7	12.2
留 44	2008 年 11 月	49.1	1.6	96.8	821.6	15.1	98.2	13.5
平均		51.7	1.5	97.1	977.9	14.6	98.2	13.1

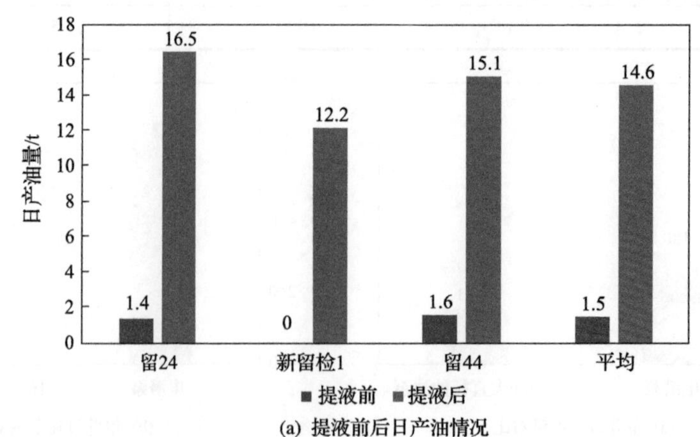

(a) 提液前后日产油情况

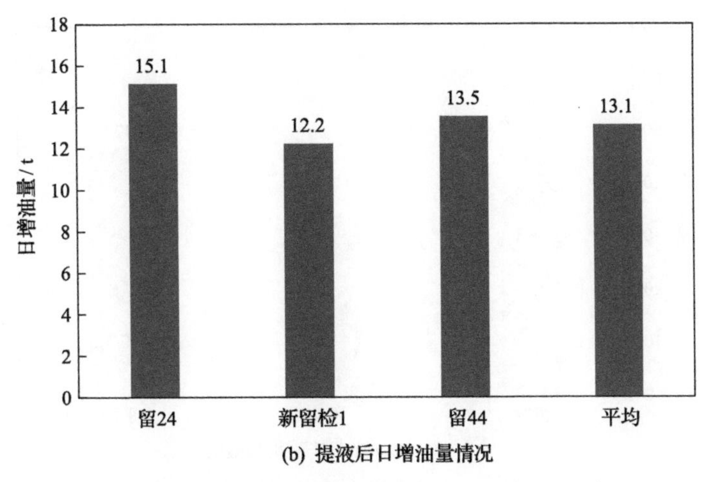

图 8.2　提液对产油效果的影响(Xin et al.，2012)

8.3.3　压裂提液对产液温度的影响

留北潜山提液井提液前后温度变化统计见表 8.5。三口提液井提液后，井口温度上升较大，留 24 井提液后日产液量由 54.2t 上升到 727t，井口温度由 54℃上升到 115℃，新留检 1 井为报废井再利用，2008 年 10 月平均日产液量为 1385.2t，井口温度平均为 114℃。留 44 井提液后日产液量由 49.1t 上升到 821.6t，井口温度由 77℃上升到 110℃(图 8.3)。

表 8.5　留北潜山提液井提液前后温度变化统计表(Xin et al., 2012)

井号	提液时间	提液前		提液后		备注
		日产液量/t	温度/℃	日产液量/t	温度/℃	
留 24	2006 年 9 月	54.2	54	727	115	
新留检 1	2008 年 9 月	报废井		1385	114	2008 年 11 月泵坏停产，取 2008 年 10 月数据
留 44	2008 年 11 月	49.1	77	821.6	110	
平均		51.7	65.5	977.9	113	

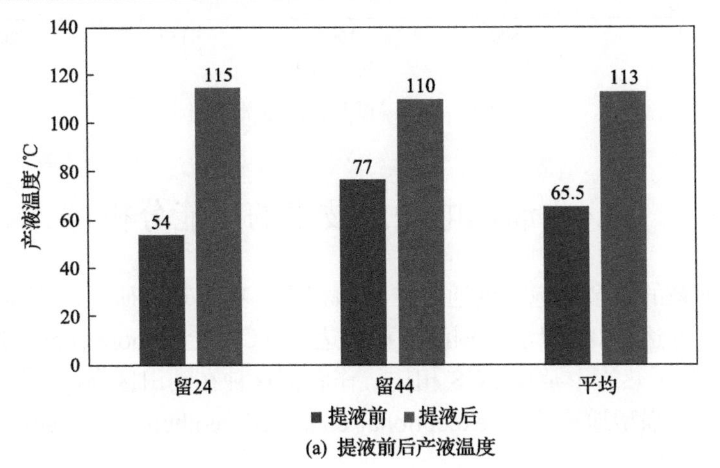

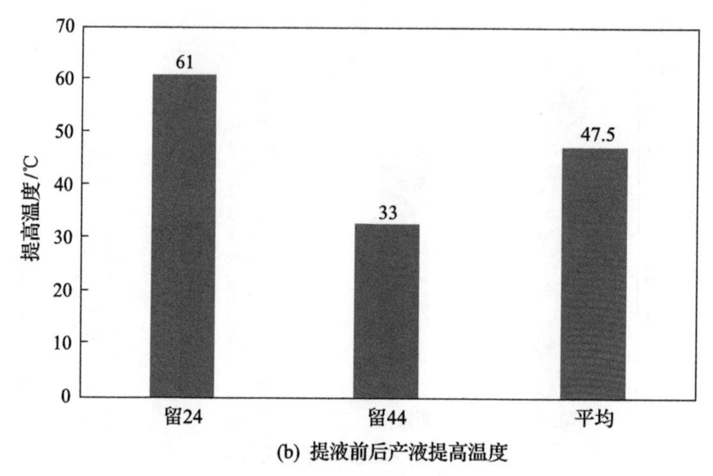

(b) 提液前后产液提高温度

图 8.3　提液对产液温度的影响

从目前生产井的站内温度统计表(表 8.5)和留北潜山井口温度与产液量关系曲线(图 8.4)均可以看出，井口温度随产液量的增加而增加，在产液量较低时，井口温度随着产液量的增加快速上升，当产液量较高时，产液量上升后井口温度上升幅度较小。从图 8.4 中可以看出，井口温度与产液量呈对数上升趋势，从大排量提液井的井口温度可以看出，油井大排量提液后，井口温度基本在 110℃左右保持稳定，受排液量影响较小。

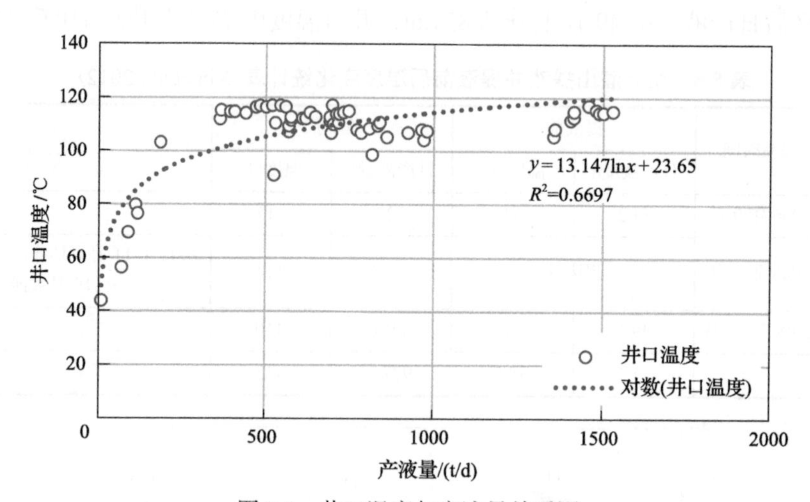

图 8.4　井口温度与产液量关系图

8.4　油热电联产技术的产能分析

许多废弃油藏的残余油饱和度通常在 30%以上。根据现有研究，高压注空气的油藏温度，轻质油藏可达 400℃以上，稠油油藏可达 600℃以上(Moore et al.，2002；Gillham et al.，2003)。与干热岩中常规 EGS 相比，作者把这种在油田区高压注空气而形成热储的技术称作特殊增强型地热系统(exceptional enhanced geothermal system, EEGS)(Li and

Zhang, 2008）。先注水再注入空气，就可以获得高温高压蒸汽进行发电。由于储层温度变高，采用 EEGS 的流体发电效率将远高于油田伴生地热流体的发电效率。本书以中石油辽河曙光油田杜 84 稠油油藏为例，利用高压注空气技术进行发电，并对油热电联产技术进行产能分析。

8.4.1　曙光油田的地质背景

杜 84 块构造位于辽河断陷西部凹陷西斜坡的中段，北部边界为杜 32 断层，东部边界为杜 79 断层，西部边界是杜 115 断层，南部边界以储量计算线为界。整体上是一条呈带状的单斜构造，南东倾向，地层倾角为 2°～3°，倾角最陡处约 7°。杜 84 块兴隆台油层已探明油藏面积 $376km^2$，探明地质储量 3661×10^4t，平均储层厚度约 82.0m。该地层埋藏较浅，深度为 660～810m。原始储层温度约为 38℃。杜 84 储层整体岩石物性良好，孔隙度为 21.6%～31%，渗透率为 1.06～1.55D，含油体积约 $4.5672\times10^8m^3$。杜 84 油藏采用循环蒸汽吞吐开发多年，已接近废弃。假设杜 84 块在剩余油饱和度为 S_{or} 时废弃。

8.4.2　油热电联产的产能计算

废弃油藏剩余油储量可由式(8.2)计算：

$$V_o = A\cdot H\cdot \phi\cdot S_{or} \tag{8.2}$$

式中，V_o 为废弃油藏剩余油储量；A 为储层面积；H 为储层平均厚度；ϕ 为平均孔隙度；S_{or} 为剩余油饱和度。

燃烧产生的热能可以表示为

$$E_c = mq \tag{8.3}$$

式中，E_c 为燃烧产生的热能；m 为原油的质量；q 为原油的热值。

质量为密度与体积的乘积 $V_o\rho_o$（ρ_o 为原油密度），根据式(8.2)和式(8.3)，燃烧热可以表示为

$$E_c = \rho_o AH\phi S_{or}q \tag{8.4}$$

通过注入空气使原油氧化燃烧后，产生的热量可以提取出来。但是即使利用双工质发电或其他发电技术都不可能利用油藏中提取的所有热能。假设热回收系数为 η，则发电功率为

$$W = E_c\eta \tag{8.5}$$

式中，W 为发电量。

8.4.3　油热电联产的产能分析

以曙光油田杜 84 块为例，估算油藏高压注空气产生的发电量和收益。图 8.5 为预测的发电量。

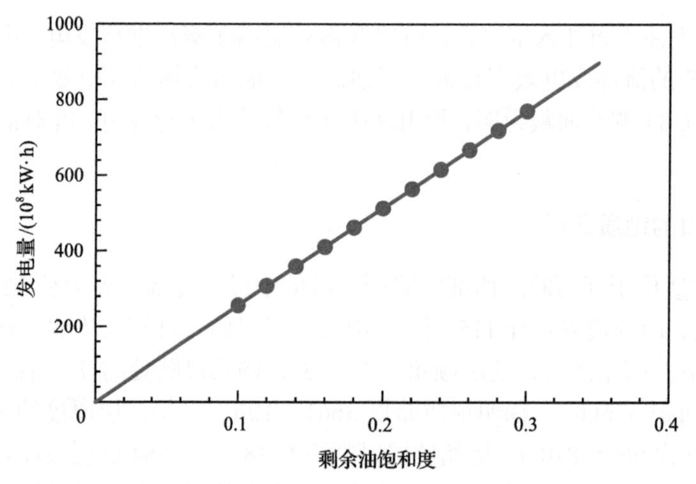

图 8.5　高压注空气方法产生的电力(假设热回收系数 20%)

杜 84 块的稠油密度为 900～1000kg/m^3，取平均值 950kg/m^3 用来计算图 8.6 中的功率。热值为 39.36～41.03MJ/kg，取 40.195MJ/kg 为平均值。图 8.6 中假设的热回收系数为 20%。

从图 8.6 可以看出，通过高压注空气产生的电力具有很好的开发价值。在剩余油饱和度较高的油藏中，可以获取更多的能量。

按照 1kW · h ≈ 0.123kg 标准煤计算，将图 8.5 中产生的电力转化为标准煤可以得到图 8.6。

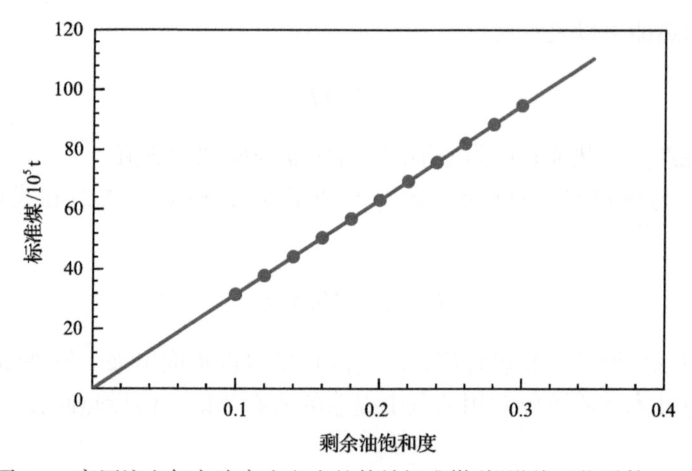

图 8.6　高压注空气方法产生电力的等效标准煤(假设热回收系数 20%)

中国的电价约为 0.5 元/(kW · h)。图 8.7 为根据图 8.5 得到的电力结果计算的收益。

根据目前的发电技术，理想情况下废弃油藏的开发收益甚至可以达到数百亿元。虽然本书用到的估算废弃油藏高压注空气方法很简单，不能代表实际工程设计，但是该估算方法可用于初步筛选合适的废弃油藏，从而获得更多的经济收益。

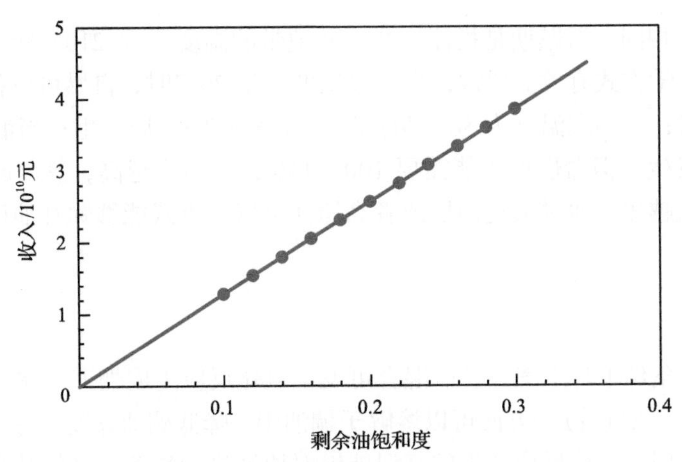

图 8.7 高压注空气方法产生电力的收益(假设热回收系数 20%)

8.5 油热电联产方法与综合利用

8.5.1 油热电联产流程

油热电联产开发流程包括热源、产油和产热(发电)等几部分(图 8.8)。

图 8.8 油热电联产流程(Zhu Y et al., 2019)

1. 热源

油田区地热资源的一个主要特点是热储温度比较低，大部分在 150℃以下，采到地面的液体温度就更低。这样温度的热流体可以用来发电，但是，发电效率不是很高。

根据第 6 章的内容，油层注入空气以后，在油层温度条件下会发生缓慢的氧化反应(低温氧化反应)，反应放出的热量会引发自燃现象，其反应机理与日常生活中常见的煤炭自燃现象基本相同。滞燃期是指注气井近井地带的温度超过 210℃所需要的时间，其长短与氧化动力学方式有关。通常，当油藏温度高于 70℃时，自燃可以很快发生，有时只需要几个小时；当油藏温度为 50～70℃时，自燃在 2～3 周发生；当油藏温度为 30℃时，自燃也能发生，但滞燃期可能需要 100～150 天。温度越高，黏度越小，自燃越容易发生，滞燃期越短。通过火烧油层或者高压注空气的方式能够弥补油田热储温度低的问题。

2. 产油

稠油在油藏条件下与空气(氧气)混合可发生氧化反应生成烟道气体，这些气体(一氧化碳、二氧化碳、氮气等)一方面可以溶解于稠油中，降低稠油黏度，另一方面又可以起到膨胀驱替的作用，氧化反应产生的高温能够对原油进行裂解，降低其黏度，温度的升高本身也能降低原油的黏度，这些机理协同作用，从而大幅度提高采收率。

3. 产热(发电)

除了在生产井出口换热发电外，还可以将废弃油井的井筒作为换热系统，直井闭式换热系统的原理如图 8.9 所示。井筒内环空部分为注入井，中心管部分为采出井，工作流体通过环空部分注入，流经井筒换热系统后反向从中心管采出。

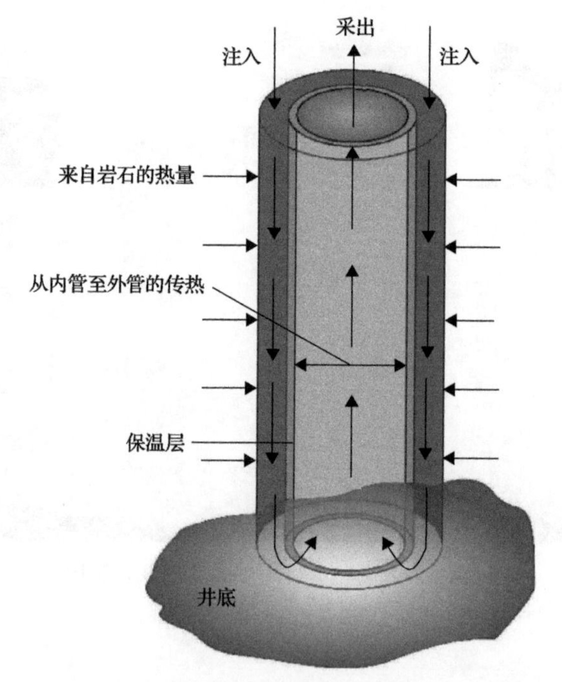

图 8.9 直井闭式换热系统的原理示意图(陈金龙，2018)

此外，还可以对油藏进行压裂形成裂缝进行利用(图 8.10)，产层中的水流入裂缝系统在热虹吸的作用下自然对流，工作流体吸收来自外管井壁和储层岩石的巨大热量，温度急剧升高，高温的工作流体通过地面的发电系统进行发电。在此过程中，井筒换热系统变成类似于火力发电站的锅炉，储层转化为特殊的 ERS。该方法在利用废弃的石油资源的同时，也高效地开采了地热资源。

图 8.10　ERS 换热系统

油田区还可以对废弃油井改造进行开式热交换，对油田区地热资源进行开发。图 8.11 和图 8.12 为直井和水平井的开式换热系统，油层内原油与氧气反应后形成高温热储，而换热流体在封隔器上方进入高温热储，并从生产井中的封隔器的下方进入油管向上产出到地面。产出的高温高压流体在地面可以直接发电或者经过换热系统将热能换给换热系统另一端的工作介质流体(水、油或者其他流体)，产出的高温流体由于能量转换而冷却，冷却后的流体进行油水分离，原油可以出售，水经过过滤等处理后可以用于用水和回注。环空中的流体进入油藏产层，高温底水从油管中产出。

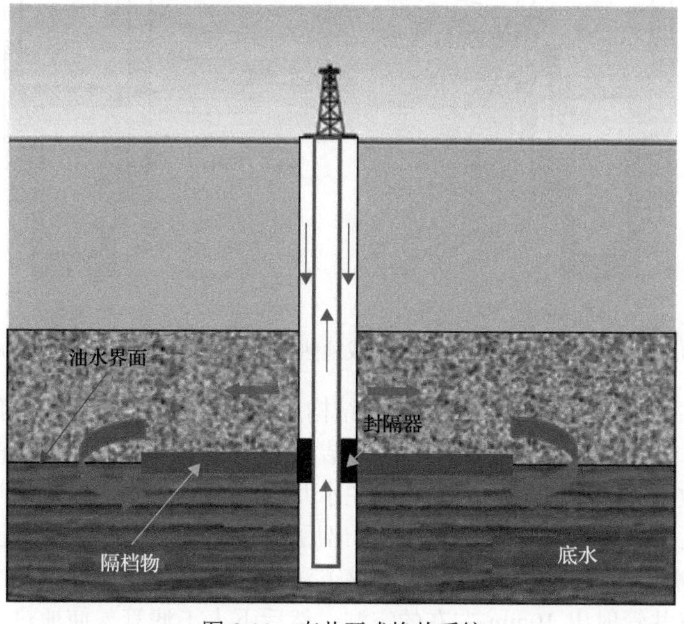

图 8.11　直井开式换热系统

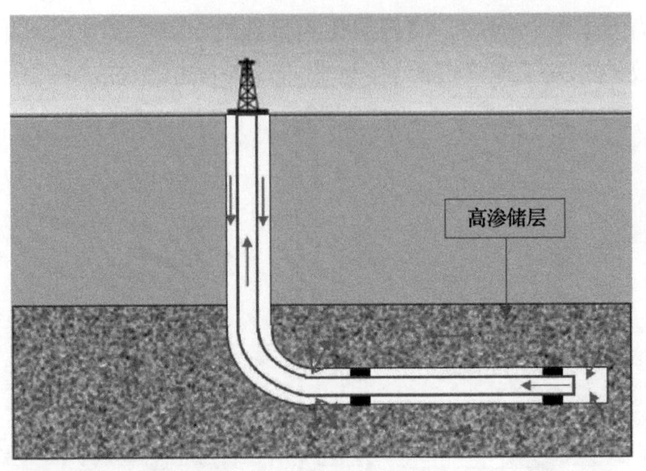

图 8.12　水平井开式换热系统

8.5.2　油井改造成油热电联产井技术

利用部分井身结构完好的报废井改造地热井进行再次利用取得的效果与新钻的地热井没有区别(甄华和莫中浩，2007)。目前，改造废弃油井的方法主要有侧钻法、射孔法，其原理如图 8.13 所示。

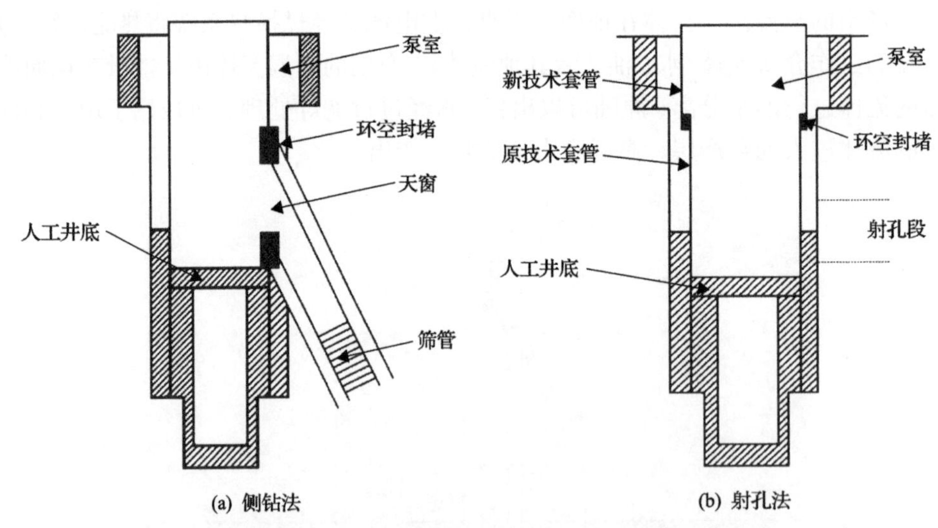

图 8.13　目前常用的废弃油井改造成地热井的方法(甄华和莫中浩，2007)

(1)侧钻法主要适用于原油井没有钻穿结构比较完好的地层，且技术套管外径不小于 244.5mm，井内有异物堵塞的三开井，这种结构油井的技术套管下深及直径符合下潜水泵要求。这种改造方法是在弃用的油井、注水井套管内的热储适宜部位开窗进行强制性侧钻，使新钻孔偏离原孔，在新钻孔侧向偏出后，下筛管继续向深部钻进采出地热资源。

(2)射孔法适用于原油井已钻穿储层，该方法首先需要选定该井热储层部位的外部井管，利用爆破将井管射出 10mm 左右的空洞，然后下人工滤管，使地热水能够流入泵室内得以开采。

上述两种废弃油井改造成地热井方法的优缺点见表 8.6。射孔法在石油行业的应用和侧钻法在水文地质方面的应用均较为成熟，但将其引用到废弃油井和注水井改造成地热井作为地热资源开发还在发展阶段。应用射孔法、侧钻法为地热资源开发提供了一种新的思路，但是二者都有一个共同的缺点：在开发地热资源的同时，并没有对油藏残余石油资源进行开发利用，没有达到最优的能源利用率。

表 8.6　目前主要两种废弃油井改造成地热井方法的优缺点

改造方法	优势	缺点
侧钻法	改造成的地热井出水量大，防砂效果好	工期较长(65 天)，成本高
射孔法	工艺简单，工期短，造价较低	改造成的地热井出水量不大，防砂效果差

基于上述方法的一些问题和地热井单井换热的一些启发，可以建立一个更具优势的模型，图 8.14 为利用高压注空气改造废弃油井为地热井原理图。该模型的实现思路如下：一方面，通过注气井向油层注入空气，空气中的氧气在催化剂作用下与油藏中少量的储层原油发生高压注空气反应，生成大量的热量来加热储层，为单井换热提供充足的热源；另一方面，废弃油井的井筒作为换热系统，井下换热系统的原理图如图 8.14 所示。

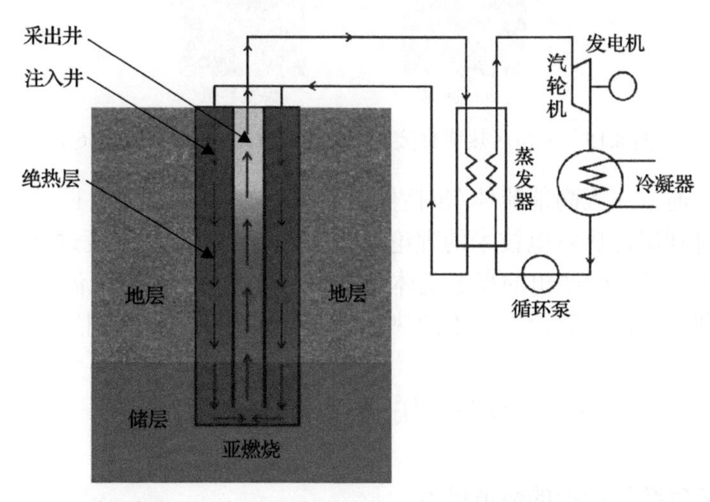

图 8.14　利用高压注空气改造废弃油井为地热井原理图(Tian et al., 2018)

8.5.3　热能的梯级与综合利用

低温热伏发电技术作为一种具有噪声低、模块化能力强、安装快、维护成本低、适用性高等优势的发电技术，虽然受制于目前低的热电优值(ZT)没有规模化应用，但随着材料科技的不断更新，热伏发电技术将是一种很有前景的发电技术。

对于油田伴生地热资源比较丰富的情况(理论方法 I)，图 8.15 为油田区热能直接发电模式示意图。利用从高含水油井采出的温度为 90℃以上的热水，通过热伏发电设备进行发电，所发的直流电一方面可以直接给热泵供电，另一方面可以转换成交流电给用户以及其他设备供电。发电后的地热尾水如果温度足够高，可以直接为用户(居民)供暖或制冷。温度较低的地热尾水则可通过热泵提升温度，再为用户提供供暖或制冷服务，用户使用后的尾水可以用来养殖或循环再利用。此外，采出的流体中，如果含油较高，可通过联合站进行处理，获得原油，而不再具备利用价值的尾水经过沉淀、过滤、灭菌等处理后从回灌井回注到地热生产井(采水井)的同一地层(不同空间位置)。

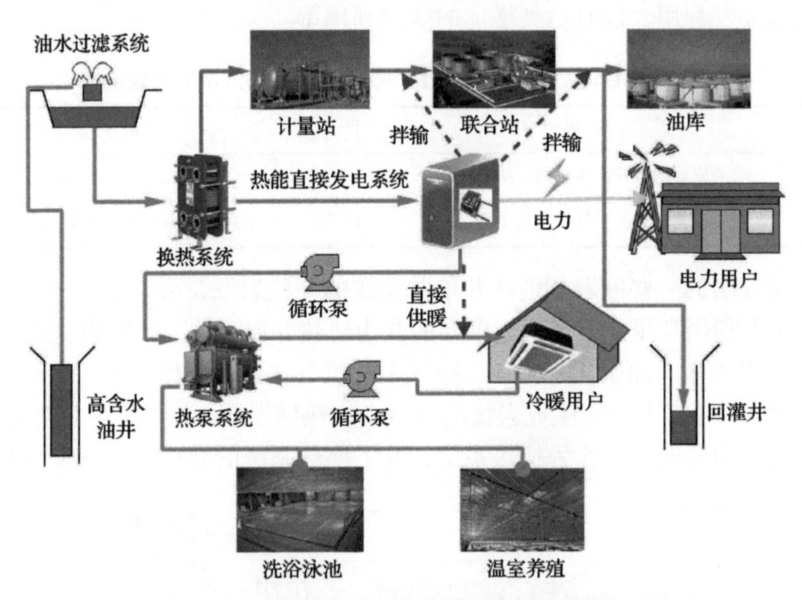

图 8.15　油田区热能直接发电模式示意图(刘昌为，2016)

此外，对于通过注入高能流体(包括催化剂等)提高油层温度，降低原油黏度，提高原油产量，同时利用地热发电技术的理论方法Ⅱ，产出的流体温度过高，目前油水分离一般要求在 50℃左右，而产出的高温流体发电后的温度正好接近此温度，无须人为冷却，发电后流体的利用途径与理论方法Ⅰ的热能梯级与综合利用模式相近。

8.6　油热电联产过程的数值模拟

8.6.1　高压注空气数值模拟的数值模型

由于稠油组分比较复杂，各组分涉及高压注空气的反应众多，为了建立具有一定代表性的高压注空气燃烧反应数值模型，需对高压注空气燃烧过程做两项假设：一是在燃烧过程中参与反应的物质组分有四相七组分，油相包含重油组分(HH)、轻质油组分(LH)，水相是水(H_2O)，气相包含惰性气体(IG)、氧气(O_2)、二氧化碳(CO_2)，固相是焦炭(coke)。二是依据高压注空气的燃烧特征，将燃烧过程简化为两步三个化学反应，原油受热后分解为轻质油、重质油、焦炭等各种烃类化合物，然后各种烃类化合物在有氧条件下发生氧化放热反应。本书引入三种化学反应来描述储层中的组分变化和该过程中产生的热量，这三种反应的活化能和焓见表 8.7。

表 8.7　高压注空气反应及各自的热力学参数

燃烧反应	活化能/(J/gmole)	焓/(J/gmole)
HC ⟶ 10LC+20coke	2.463×10^5	-6.86×10^6
HC+16O_2 ⟶ 12.5H_2O+5LC+9.5CO_2+1.277IG+15coke	8.41×10^4	6.29×10^6
coke+1.225O_2 ⟶ 0.5H_2O+0.95CO_2+0.2068IG	5.478×10^4	5.58×10^5

8.6.2　井筒换热模型的描述

本书建立的井筒换热模型如图 8.9 所示，废弃油井可以通过在内管外壁涂覆绝热层并封堵井底来改造成地热井，水被作为工作流体通过环空注入，当水沿着环空向下流动时，它被周围的储层岩石加热(井筒周围的储层岩石的热量主要来自原油燃烧产生的热量)，然后加热的水被提取到地面经过发电系统进行地热发电，这实际上是一个同心管式换热系统，工作流体不直接与周围的岩石接触。地热梯度一般约为 0.03K/m。

该模型采用闭环同心管式换热系统，用于改造一个典型的套管外径为 19.6cm($7^{5/8}$in)，内径为 15cm 的废弃油井，采出井的内径为 4cm，绝热层厚度为 2cm，井深 4000m，储层厚度为 10m，废弃油井完全穿透整个储层，井筒模型一维轴对称尺寸结构图如图 8.16 所示，建模所用的储层参数及井筒参数见表 8.8。该系统使用有限元建模软件 COMSOL Multiphasic 进行建模。

在建立控制方程之前，根据要分析的问题，做如下假设。

(1) 忽略注入井、采出井和储层岩石之间的接触热阻。

(2) 忽略注入井、采出井的能量方程中扩散项和径向的对流项，只考虑竖直方向的对流作用，将其看作竖直方向的一维瞬态对流问题。

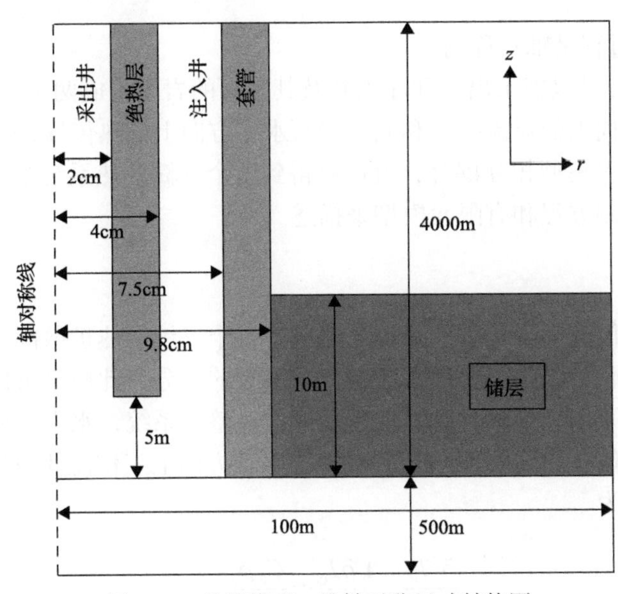

图 8.16　井筒模型一维轴对称尺寸结构图

表 8.8　用于井筒换热系统数值模拟的储层参数及井筒参数

参数类型	参数	值
井筒	注入井外径/m	0.196
	注入井内径/m	0.15
	采出井内径/m	0.04
	井深/m	4000
套管	比热容/[J/(kg·K)]	450
	热导率/[W/(m·K)]	60
	密度/(kg/m^3)	7850
绝热层	厚度/m	0.02
	比热容/[J/(kg·K)]	1010
	热导率/[W/(m·K)]	0.025
	密度/(kg/m^3)	1.225
岩石	比热容/[J/(kg·K)]	1000
	热导率/[W/(m·K)]	2
	密度/(kg/m^3)	2200
	储层厚度/m	10
	地温梯度/(K/m)	0.03

(3)忽略储层岩石竖直方向的热传导，用地温梯度近似代替，即看成水平方向的一维瞬态导热问题。

(4)在计算采出井温度场时，忽略工作流体的压力损失，假设注入井出口和采出井入口的压力一样。

(5)假设传热过程是轴对称的。

据以上的假设，可以把采出井和注入井及其附近的岩层看成两个方向上的一维模型，只考虑井筒竖直方向上的对流换热和储层岩石水平方向上的热传导，然后通过边界条件，将这两个方向的一维模型相互耦合，就可以得到整个井筒换热系统模型的温度场。数值模型可由下面的控制方程和有限元模型来描述。

1. 控制方程

严格来讲，井筒到周围地层的热传导问题是一个三维的热扩散问题，但是因为系统的对称性，可以简化为二维。要是仅考虑一个很短的部分，此模型可以进一步简化为一维扩散问题。本节采用二维轴对称圆柱模型来描述整个系统，水平方向上工作流体和储层岩石之间发生热传导(Kujawa et al.，2006)，竖直方向上工作流体发生对流换热，地层中的能量平衡方程为

$$\frac{\partial^2 T_e}{\partial r^2}+\frac{1}{r}\frac{\partial T_e}{\partial r}=\frac{C_e\rho_e}{K_e}\frac{\partial T_e}{\partial t} \tag{8.6}$$

地层温度 T_e 可以用任意深度处时间 t 和距井筒中心的距离 r 表示；C_e 为地层的比热容；ρ_e 为地层的密度；K_e 为地层的热导率。

工作流体注入注入井之前，地层温度分布均匀，仅与地温梯度有关，并处于一个初始值 T_{ei}；在距离井筒中心无限远处的点，地层温度保持在初始值且不随时间的改变而改变。

$$\lim_{t \to 0} T_e = T_{ei} \tag{8.7}$$

$$\lim_{t \to \infty} T_e = T_{ei} \tag{8.8}$$

与时间相关的控制方程对应于对流扩散方程，其仅包含热通量的作用，而没有其他热源。热通量描述了从储层岩石到注入环空以及从注入环空到采出井的热量传递。忽略井壁厚度对热传导的影响，热通量可以表示如下：

$$\rho C_p \frac{\partial T}{\partial t} + \rho C_p \boldsymbol{u} \cdot \nabla T + \nabla \boldsymbol{q} = 0 \tag{8.9}$$

式中，ρ 为密度，kg/m^3；C_p 为恒定压力下的比热容，J/(kg·K)；T 为绝对温度，K；$\boldsymbol{u}$ 为速度矢量，m/s；$\boldsymbol{q}$ 为传导的热通量，W/m^2；

可以用傅里叶三维扩散定律来描述，在井筒和地层岩石的接触面处，热交换公式为

$$\boldsymbol{q} = -K \nabla T \tag{8.10}$$

式中，K 为热导率，W/(m·K)。表 4-1 列出了数值模拟中使用的一些参数。

对于水的比热容、密度和热导率取决于温度，并且已经建立在 COMSOL 材料数据库中，其表达式如下：

$$\begin{aligned} C_{\text{p\_water}} &= 12010.1 - 80.4T + 0.3T^2 - 5.4 \times 10^{-4} T^3 + 3.6 \times 10^{-7} T^{-4} \\ \rho_{\text{\_water}} &= 838 - 5 + 1.4T - 0.003T^2 + 3.7 \times 10^{-7} T^3 \\ K_{\text{\_water}} &= -0.9 + 0.009T - 1.610^{-5} T^2 + 8 - 010^{-9} T^3 \end{aligned} \tag{8.11}$$

2. 初始条件

假设注入水的速度和初始温度沿井均匀分布，分别为 0.03m/s 和 30℃。需要注意的是，为了保持恒定的质量流量，采出井中的水流速度应该是与注入井中的水流速度相匹配的值。表面温度为 15℃。岩石的初始温度仅与地温梯度有关，由式(8.12)给出：

$$T_{R,0}(z) = T_{srf} + G \cdot z \tag{8.12}$$

式中，$T_{R,0}$ 为岩石初始温度，K；T_{srf} 为地表温度，K；G 为地温梯度，K/m；z 为岩石深度，m。

3. 边界条件

可以证明，在这个井筒换热系统到储层岩石的一定距离内，岩层的温度恒定不变并且等于初始地层温度，距离值选择为 100m，本节稍后将对此进行说明。因此，包括储层岩石在内的整个换热系统的边界条件为

$$T_{R,b}\Big|_{\substack{r=R \\ z=Z}} = T_{R,0}(z) \tag{8.13}$$

式中，$T_{R,b}$ 为恒温边界处的岩层温度，K；R、Z 为在 r 和 z 方向上的恒温边界处的距离，m。

然而，如果在储层中运用高压注空气，则假设的储层深度处的边界条件对应于由高压注空气燃烧前缘到达井底时井底的温度。所设储层深度处的边界条件由式(8.14)给出：

$$T_{R,b}\Big|_{r=R} = T_{ic}(z,t) \tag{8.14}$$

式中，T_{ic} 为高压注空气的储层温度，K，它是深度 z 和时间 t 的函数。

需要注意的是，式(8.14)中恒温边界的距离仍然为 R，这是合理的，因为考虑到整个油田区域，火烧燃烧对换热系统的影响是占主导地位的，而地热井引起的储层温度和热采出量的减少很有限，故忽略不计。

8.6.3 油热电联产中生产井的模型

在高压注空气放热过程中，原油被氧化燃烧放热以提供大量的热量。本节使用 CMG Stars 进行建模，该三维燃烧模型的假设条件包括：均匀孔隙度，各向同性渗透率，以及封闭的上覆地层和下伏地层。如图 8.17 所示，模型采用常见的五点井网。

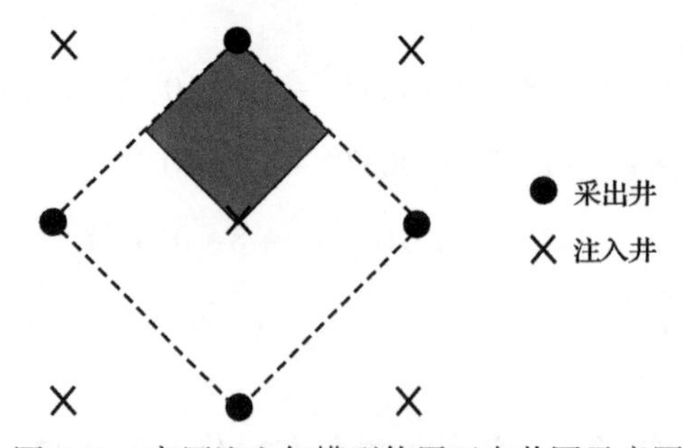

图 8.17　高压注空气模型使用五点井网示意图

图 8.17 中暗色区域利用流动对称性，采用四分之一注入井和采出井的数值模型。为了模拟一般形式的高压注空气过程，在模拟中选择三组分油直接催化裂解，其不依赖于产物的化学计量，因此减小了模拟结果中的不确定性随着未知数的减少而降低的程度。这里我们只是将模型的化学反应数据应用于 CMG Stars，以获得典型的高压注空气模型。

储层性质(相对渗透率曲线)如图 8.18 和表 8.9 所示。

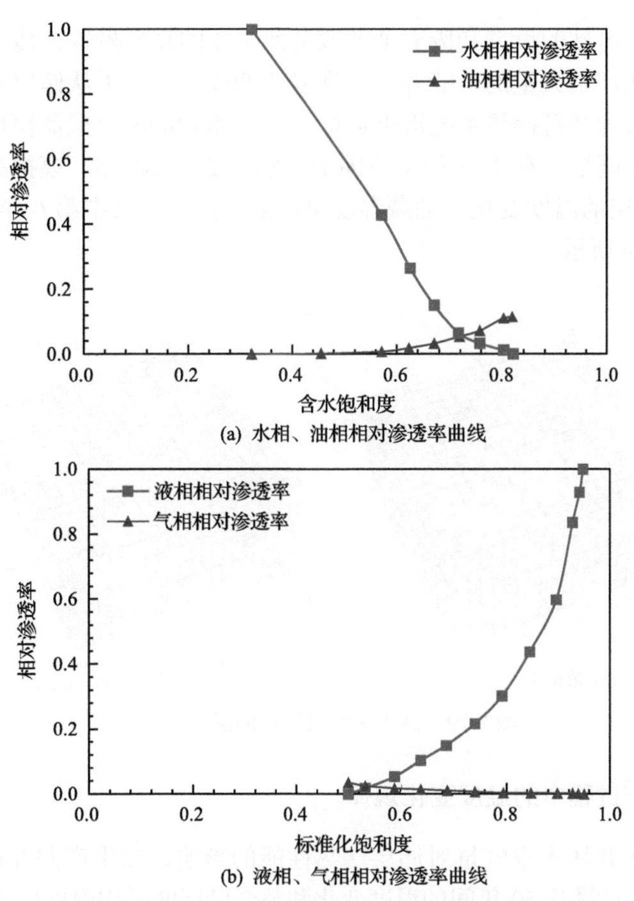

(a) 水相、油相相对渗透率曲线

(b) 液相、气相相对渗透率曲线

图 8.18　水相、油相、液相、气相相对渗透率曲线

表 8.9　CMG Stars 建立高压注空气模型所需参数

参数	值
尺寸	100m×100m×10m
网格 (i, j, k)	20×20×5
渗透率	i、j 方向为 10mD，k 方向为 5mD
孔隙度	0.27
储层岩石的导热性	6×10^5J/(m·d·K)
岩层的比热容	2.350×10^6J/(m^3·K)
岩层的热导率	1.496×10^5J/(m·d·K)
含油饱和度	0.4
初始温度	4km 处温度为 135℃，地温梯度为 3℃/km
初始压力	4km 处压力为 40MPa，压力梯度为 10MPa/km
井网	1/4 注入井位于 $i=0$，$j=0$，1/4 采出井位于 $i=100$，$j=100$，这两口井都能穿透储层
注入空气量	1/4 注入井，5000m^3/d
采油量	1/4 采出井，5m^3/d

考虑到地热发电站的设置和废弃油井改造所需要的高额投资，传统地热井项目的出口温度太低而无法产生大量的电能并迅速恢复前期成本，为了从储层获得更多的热量，应用高压注空气来为井筒换热系统提供热量。用 CMG Stars 模拟器模拟了一个三维高压注空气模型。建模网格数在 i、j 和 k 方向上分别为 20、20、5。模拟高压注空气燃烧进行时间 50 年内储层的温度变化，油藏温度单位取摄氏度。其中第 6 年和第 11 年的储层温度分布如图 8.19 所示。

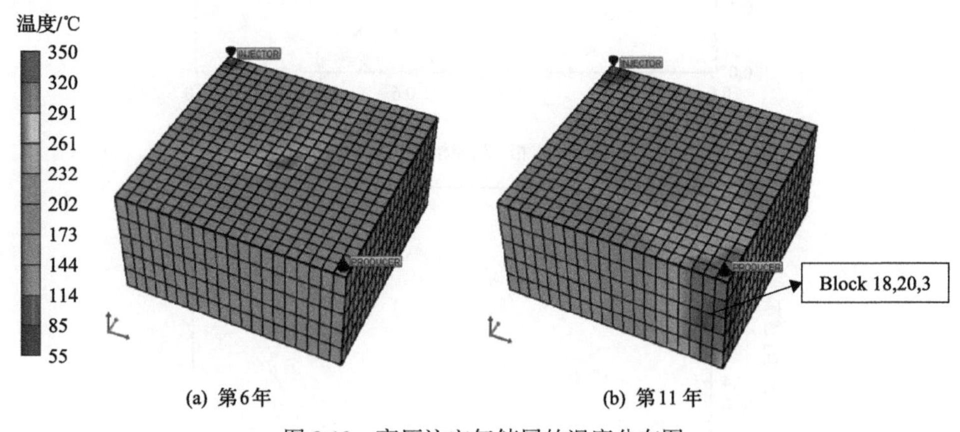

图 8.19　高压注空气储层的温度分布图

8.6.4　油热电联产过程中的温度变化规律

为了研究注入井注入空气量对储层产热性能的影响，以生产井井底附近的模块(18, 20, 3)为研究对象，计算其 50 年间的温度变化和整个储层的平均温度变化，如图 8.20 所示。

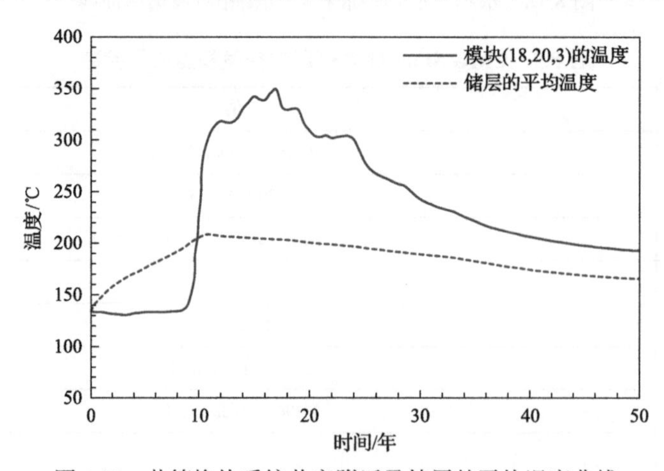

图 8.20　井筒换热系统井底附近及储层的平均温度曲线

从图 8.20 可以看出，当燃烧前缘接近生产井(井筒换热系统)时，井底周围的温度急剧上升，然后达到峰值温度约 350℃；随着空气的不断注入，井筒换热系统井底附近的温度会下降，并且会有一个长时间的下降阶段。储层的平均温度亦遵循相同的规律。这意味着当进行高压注空气时，储层中会产生大量的热量，储层岩石的温度随着注气量的增大呈现先增大后减小的趋势，尤其是当它达到峰值时，热量可以通过靠近井筒的岩石传递至换热系统中。

为了研究高压注空气对井筒换热系统模型采出地热资源量的影响，将高压注空气模型中计算得到的温度数据作为初始值应用到建立的井筒换热系统模型中(图 8.9)，井筒及储层参数选择前面所述的参数(表 8.8 和表 8.9)。计算得到 50 年内，井筒换热系统出口采出工作流体的温度并与未采用高压注空气地层(仅采用单井换热方式)得到的出口循环工作流体温度进行对比，结果如图 8.21 所示。

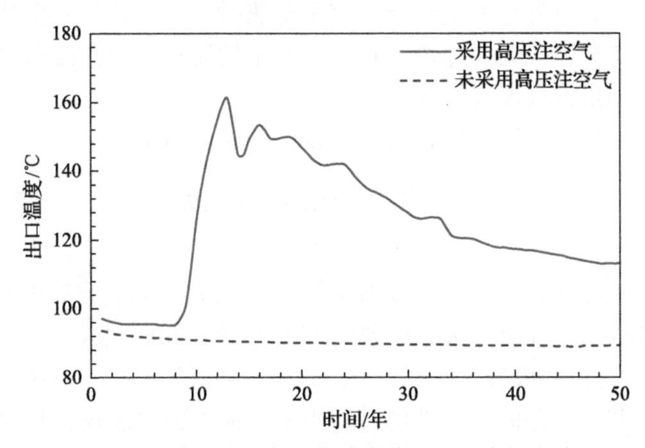

图 8.21　高压注空气对换热系统出口温度的影响

由图 8.21 可知，对于仅采用单井井筒换热系统模型，当注入水温度为 30℃，井深为 4000m 时，开采出的流体出口温度大约为 92℃。当采取高压注空气技术对井底和储层围岩进行加热后，开采出的流体出口温度得到大幅度提高。

需要注意的是，当燃烧前缘到达井底时，出口温度出现上升趋势，采出井的最高出口温度约为 160℃。这表明井筒换热过程得到高压注空气放热的热量补偿后，温度增强的效果更为显著。注入环空部分和采出井的相应温度剖面如图 8.22 所示。

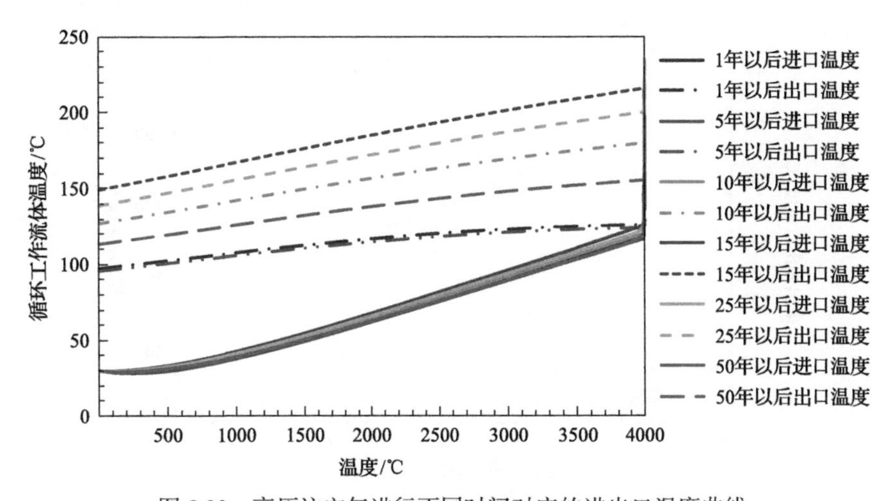

图 8.22　高压注空气进行不同时间对应的进出口温度曲线

应用高压注空气技术后，采出井出口温度的上升显示在储层深度(4000m)处的温度剖面中。从图 8.22 可以看出，当燃烧前缘未到达井筒(小于 10 年)时，注入环空和储层深度(4000m)处的采出井工作流体温度几乎相同。然而，在燃烧前缘到达井筒(大于 10 年)后，采出井的工作流体温度明显高于注入井的温度。这表明高压注空气显著提高了采出井工作流体的温度。

1. 绝热层热导率的影响

覆盖在采出井(内管)外壁的绝热层不完全绝热时，注入井和采出井的工作流体因存在温度差会进行热传导，因为工作流体在注入井中的流动方向并没有发生变化，所以注入井的工作流体的动量方程没有变化。

换热系统提供的功率可以简单地给出(Cheng et al.，2014)：

$$P = \frac{M(T_{\text{out}} - T_{\text{in}})C_{\text{p}}\eta_{\text{ri}}\eta_{\text{m}}\eta_{\text{g}}}{1000} \tag{8.15}$$

式中，P 为实际产生的功率，kW；M 为质量流量，kg / s；T_{out} 为采出井的出口温度，K；T_{in} 为注入环空部分的内部温度，K；C_{p} 为水的比热容，J/(kg·K)；η_{ri} 为汽轮机的相对内效率，0.8；η_{m} 为汽轮机的机械效率，0.97；η_{g} 为发电机的效率，0.98。

工作流体在沿着注入井向下流动的过程中不断地被地层加热，其温度也随之升高。当工作流体到达井筒换热系统底部时，它的温度达到最大；由于井底密封，工作流体反向沿采出井向上流出。由于包裹在采出井外壁上的绝热层不能够完全绝热，因此采出井中的高温流体会向注入井中的低温工作流体传递热量。本节将高压注空气模型中计算得到的温度数据应用到建立的井筒换热系统模型中(图 8.9)，井筒及储层参数选择前面所述的参数，选取高压注空气时间节点为 30 年，热导率的变化范围为 0.006～0.03W/(m·K)，注入井工作流体温度和注入流速相同，数值模拟绝热层的热导率对采出井回收的工作流体温度的影响，井筒换热系统产生的出口工作流体温度和实际获得的功率计算结果如图 8.23 所示。

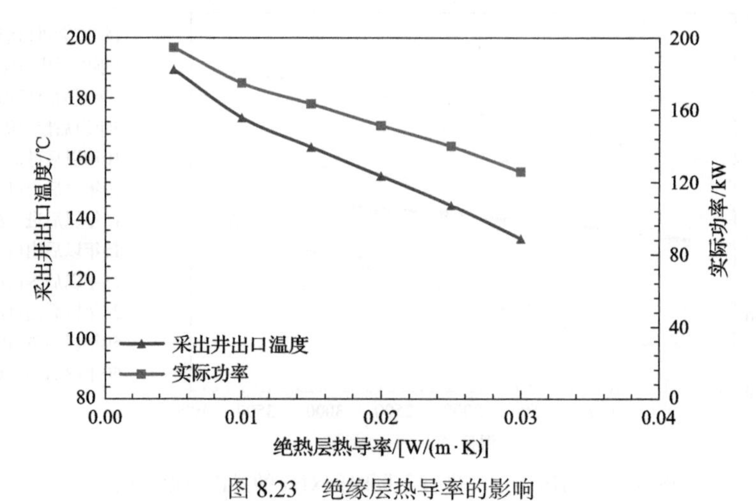

图 8.23　绝缘层热导率的影响

从图 8.23 可以看出，在 30 年的高压注空气后，当绝热层的热导率为 0.03W/(m·K)时，采出井出口温度为 125℃，当绝热层的热导率为 0.006W/(m·K)时，采出井出口温度约为 195℃。由此可见，当绝热层热导率降低时，出口温度将会上升，绝热层的热导率对出口工作流体温度十分敏感。这是因为绝热层热导率越低，绝热层阻热性能越好，在工作流体从井底方向流出时的热损耗越小。另外，井筒获得的实际功率随着绝热层热导率的增加而增加。这表明，具有更好耐热性的绝热层，对于减少注入环空部分的热损失，并获得更高的出口温度和实际功率是必不可少的。

2. 注入工作流体温度的影响

对于同一井深的井筒换热系统，采出井中工作流体的温度要高于注入井中工作流体的温度。为了研究注入工作流体温度对采出井回收的工作流体温度和实际功率的影响，本书将高压注空气模型中计算得到的温度数据应用到建立的井筒换热系统模型中(图 8.9)，选取高压注空气进行时间为 30 年，井筒及储层参数选择前面所述的参数，选取注入工作流体温度在 14～40℃变化，注入井进口流速和绝热层热导率相同，计算结果如图 8.24 所示。

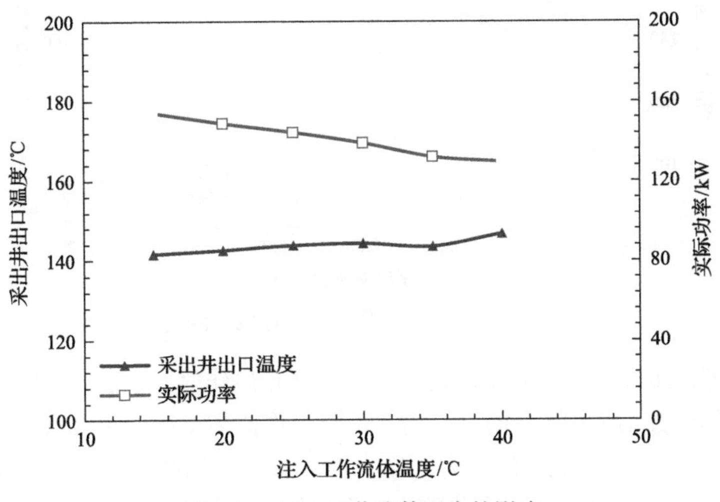

图 8.24　注入工作流体温度的影响

从图 8.24 可以看出，当注入井注入的工作流体温度为 15℃时，对应的采出井回收的工作流体温度为 142℃，实际功率为 155kW；当注入井注入的工作流体温度为 40℃时，对应的采出井回收的工作流体温度约为 148℃，实际功率为 126kW；采出井回收的工作流体温度随着注入井注入的工作流体温度的增加而呈现增加的趋势，采出井回收的工作流体实际功率随着注入井注入的工作流体温度的增加而减少。这表明进口工作流体温度越高，可以获得较高的采出井回收工作流体温度也就越高，但整个系统获得的实际功率越低。这是因为对于同一井深和高压注空气进行相同时间的井筒换热器，井底和储层围岩温度不变，注入井工作流体的温度越高，在工作流体从注入井注入，流经井底反向从采出井回收的循环过程中，其热损耗越大，因此系统获得的实际功率越低；另外较低温度的注入工作流体提供了较大的换热系统和岩石之间的温差。基于此项研究，对于选取获得一定的出口工作流体温度和实际功率所需的注入工作流体的初始温度具有指导意义。

3. 注入工作流体流速的影响

为了研究注入井注入工作流体流速对采出井回收的工作流体温度和实际功率的影响，本节将高压注空气模型中计算得到的温度数据应用到建立的井筒换热系统模型中(图8.9)，选取高压注空气进行时间为30年，井筒及储层参数选择前面所述的参数，选取注入井注入工作流体流速在0.01～0.1m/s变化，注入井进口温度和绝热层热导率相同，计算结果如图8.25所示。

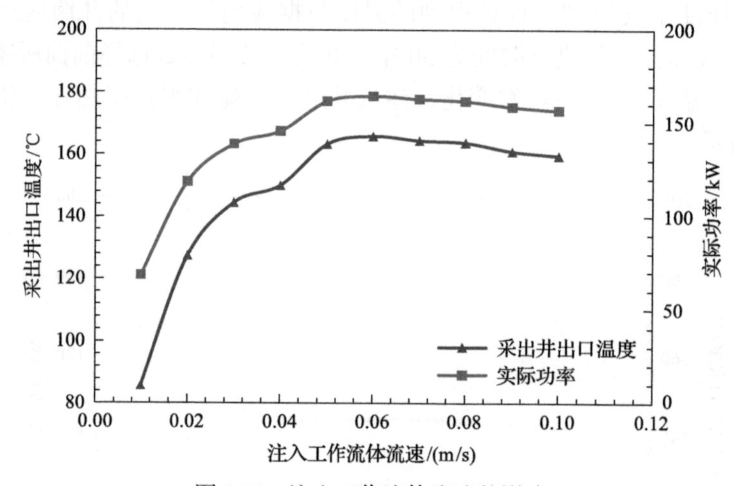

图8.25　注入工作流体流速的影响

图8.25表明，注入工作流体流速在特定条件具有最佳值。注入工作流体温度为20℃，当注入工作流体流速为0.01m/s时，采出井回收工作流体温度约为86℃，系统实际功率约为68.5kW；当注入工作流体流速为0.1m/s时，采出井回收工作流体温度约为160℃，系统实际功率约为159.2kW。采出井回收工作流体温度和系统实际功率随着注入工作流体流速的增加呈现先增加后趋于稳定的趋势。采出井回收工作流体温度和系统实际功率增加是因为进口流速增加，单位时间内通过换热系统的循环工作流体体积流量增加，循环工作流体与井筒换热系统之间的换热效率增大；但当进口流速继续增加时，工作流体与井筒换热系统之间的换热效率到达平衡点，之后的采出井回收工作流体温度和系统实际功率将不再增加。根据这项研究，可以计算得到一定条件下，系统达到最佳经济效益时所需的注入工作流体流速。

4. 油热电联产过程中空气注入流量的影响

本书使用CMG Stars模拟器模拟油藏的高压注空气过程。图8.26为不同空气注入流量的储层温度变化。

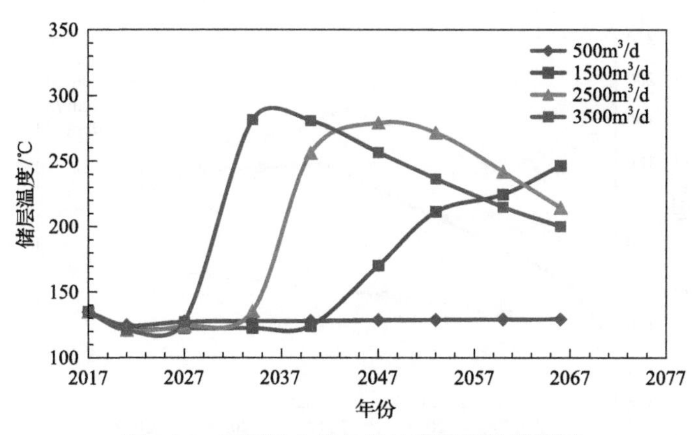

图 8.26　不同注入流量的油藏储层温度剖面

本书模拟了最大注入流量 3500m^3/d，产液量为 5m^3/d 的情况。当燃烧前缘到达生产井时，井筒周围的温度急剧上升，达到近 300℃的峰值。随着空气的不断注入，储层温度会下降，并有一个较长的下降阶段。在应用高压注空气技术时，油藏会产生大量的热量。因此，可以采用“取热不取水”的方法从附近的岩石中提取热量。随着注入空气流量的增加(500m^3/d、1500m^3/d、2500m^3/d 和 3500m^3/d)，采油速度加快。

图 8.27 表明，1500m^3/d 注入流量的总采收率高于本模拟中其他流量的采收率。因此，本书使用 1500m^3/d 的注入流量及储层的平均温度来对相关的热伏发电装置的发电功率进行模拟。

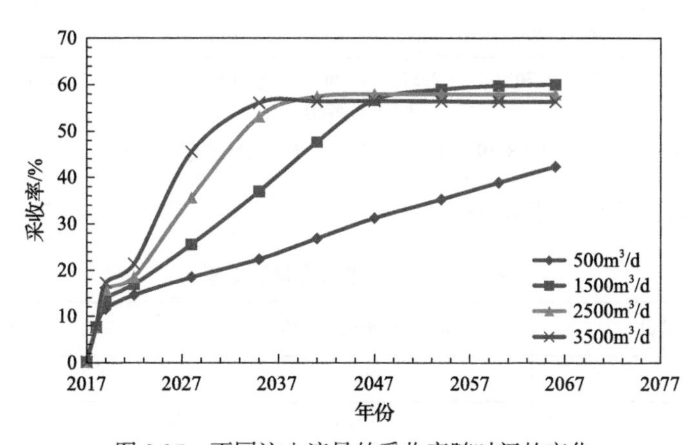

图 8.27　不同注入流量的采收率随时间的变化

从不同流量 50 年间储层平均温度变化曲线可以看出，3500m^3/d 的空气注入量的平均温度峰值最高(图 8.28)，在高压注空气过程中，整个储层的平均温度具有先增高后下降的趋势。

燃烧前缘的前进速度随着注入流量的增加而增快，油水产量显著增加(图 8.29)。

注入的空气与原油发生高压注空气反应，产生大量热量，降低原油黏度，提高采收率。采用高压注空气的平均采油率约为 50%。大部分原油在燃烧区突破之前产出。

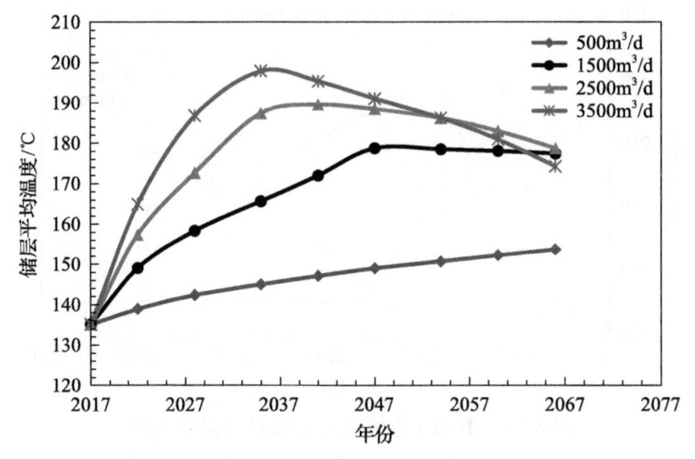

图 8.28　不同注入流量下储层平均温度变化图

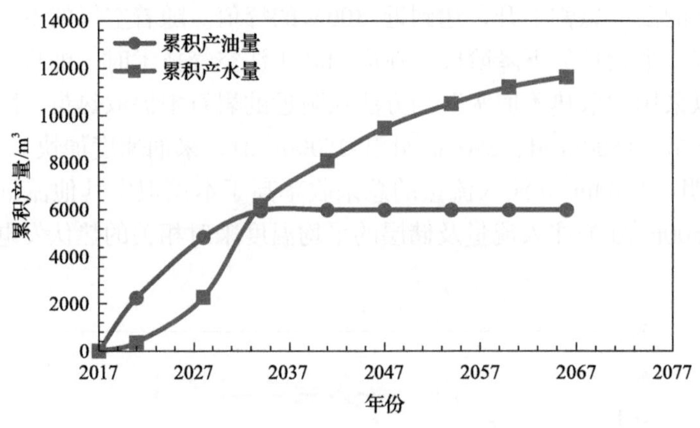

图 8.29　生产井累积油水产量曲线图

不同注入流量的结果见表 8.10。

表 8.10　不同注入流量的结果

注入流量/(m^3/d)	储层平均温度最高值/℃	采收率/%
500	146.02	28
1500	165.3	45.3
2500	175.4	49.5
3500	179.2	50.59

图 8.30 为沿井筒的温度剖面。当井筒与地层之间没有保温时，从环空注入与油管产出流体的温度几乎相同。然而，在井底(3500m 左右)，流体温度明显变高，这表明高压注空气可以显著提高井筒中的水温。

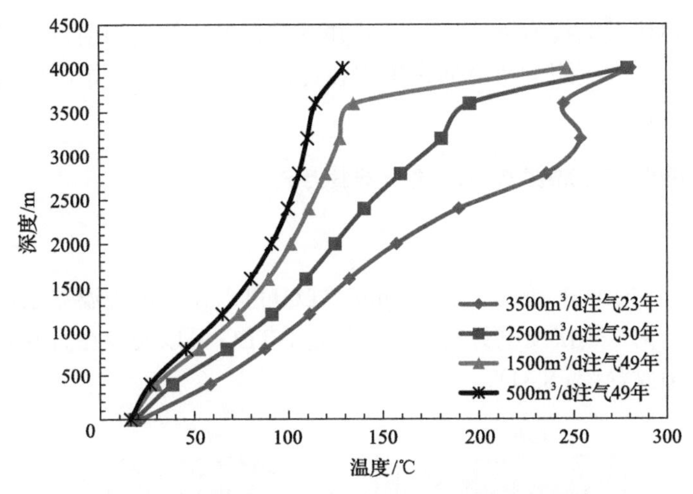

图 8.30　不同空气注入流量和注入时间的温度剖面

8.7　油热电联产过程中热伏发电的设计与应用

改造后废弃油井中提取的地热资源通常属于中低温热源范畴。对于温度低于 100℃的热水资源，通常采用 ORC 进行发电（Lund et al.，2005；Tang et al.，2017）。然而，ORC 系统具有系统运行效率低，系统结构复杂和维护成本高的缺点，而这些缺点会给油田应用带来巨大的不便。而作者提出热伏发电技术的发展可能是加速地热发电规模的可能解决方案之一（Li et al.，2015）。热伏发电技术（direct heat to electricity，DHE）实质是基于塞贝克（Seebeck）效应（也称作第一热电效应）通过两种不同电导体或半导体的温度差异而引起两种物质间的电压差的热电现象。现在热伏发电设备的主要缺点是能量转换效率低，通常在 3%～10%（Zheng et al.，2013），这是由于现有材料 ZT 值较小。随着材料科学的发展，近年来热电材料取得了很多突破性的研究，为热伏发电技术的推广和应用提供了材料保证（Zheng et al.，2013；Zhao et al.，2018；He et al.，2019；Hinterleitner et al.，2019；Wei et al.，2019；Zhu Y et al.，2019；Jiang et al.，2020）。与传统地热发电技术相比，热伏发电技术具有噪声低、模块化能力强、安装快、维护成本低、适用性高等优势。与光伏发电类似，热伏发电技术也可以模块化。相比只能二维平面放置光伏面板，热伏发电设备可以进行三维安装，节省空间。整个系统维护成本较低，可以长时间高效的运行。

Liu 等（2014）建造了一个 500W 的热伏发电机，并提出开发热伏发电系统的成本在考虑载荷因子的条件下低于光伏和风力发电系统。Chen 等（2017）对热伏发电设备的结构、冷热流体流向、绝热材料使用等方面优化了热伏发电系统结构，提高了热伏发电小系统效率。Li 等（2020a）实验研究了流量和温度对热电发电的影响。Li 等（2020b）用热伏发电设备进行了现场测试，并提出容量为 50m³ 的热伏发电系统可以产生约 1MW 的电力。这种装置的尺寸可与 1MW 的柴油发电机相媲美。目前已经有一些关于在废弃油井中使用热伏发电技术的研究。Wang 等（2018）在综述中提出了一种在地热井中利用热伏发电技术的设想。Wang 和 Wu（2019）设计了一种水平井井下利用热伏发电技术的模型，并进行数值模拟，提出热伏发电技术可能在水平井井下具有更好的应用前景。目前对于热伏发电技术在直井或水平井应用的研究通常集中在理论阶段，而实际情况的研究并没有相应的实验做支撑。

8.7.1　油管结构的改进与热伏发电装置的安装方式

1. 放置方式

热伏发电装置(thermal electric generator, TEG)可以在一定的温差条件下发电，类似于井筒这种环形结构，热伏发电具有广泛的用途，TEG 可以安装在直井底部，在环空与油管之间的管壁中放置(图 8.31)。

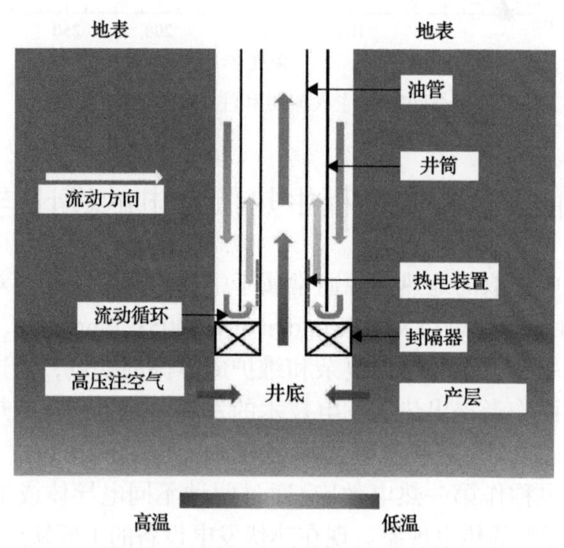

图 8.31　井底 TEG 放置方式示意图

2. TEG 模块

对于 TEG 模块，市场上常用的 TEG 长、宽和高分别为 20mm×20mm×3.4mm 至 40mm×40mm×4mm(图 8.32)。

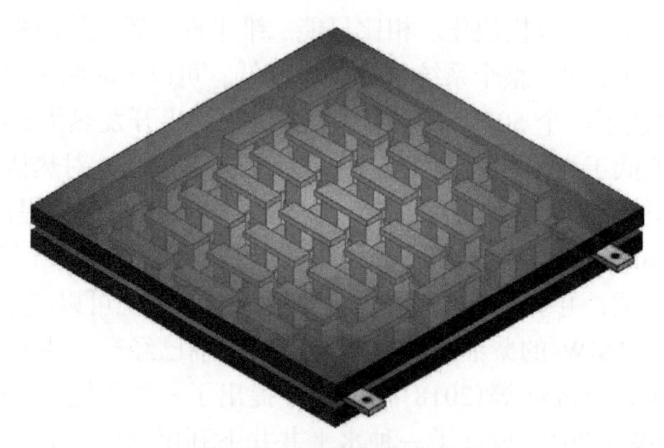

图 8.32　TEG 模块示意图

3. 设计参数

用于模拟井下热伏发电的参数见表 8.11。

表 8.11　储层、流体和井参数

参数	值	单位
油管外径	85	mm
油管内径	38	mm
套管外径	100	mm
套管内径	70	mm
TEG 模块布置长度	131	mm
地表温度	21	℃
储层温度	100	℃
注入流体温度	20	℃
注入流体流量	0.01	m^3/s
水的比热容	4.187	kJ/(kg·K)

4. 模型建立

使用 COMSOL 传热模块模拟传热过程，假设：
(1) 地温梯度恒定，地层温度是深度的线性函数；
(2) 注入井筒的流体温度恒定，忽略焦耳-汤姆孙效应；
(3) 假设生产流体和注入流体都是不可压缩的牛顿流体；
(4) 假设热电材料是均质且各向同性的，在 TEG 中是一维传热过程。
图 8.33 为井底 TEG 放置示意图。
设计的热伏发电油管示意图如图 8.34 所示。换热后的热水从油管产出，因为目前商

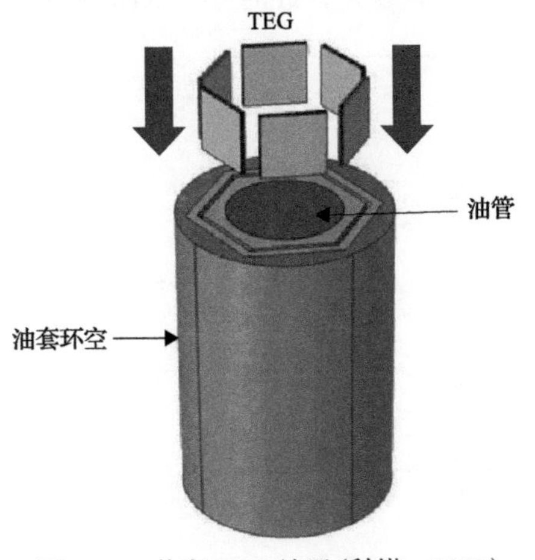

图 8.33　井底 TEG 放置(科塔，2021)

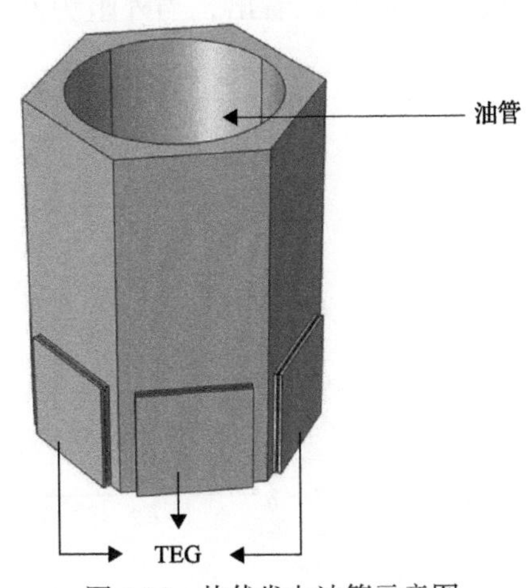

图 8.34　热伏发电油管示意图

用的 TEG 模块表面为不可弯曲的平面，因此油管外壁设计成六棱形。TEG 放在六棱形油管外壁表面。

根据特定井的情况，可以调整不同长度和直径。在模拟过程中，冷流体将在环空中注入，而热流体将沿着内部井壁从井底流向地表(图 8.35)。这样，在温差条件下，热伏发电芯片将持续发电。

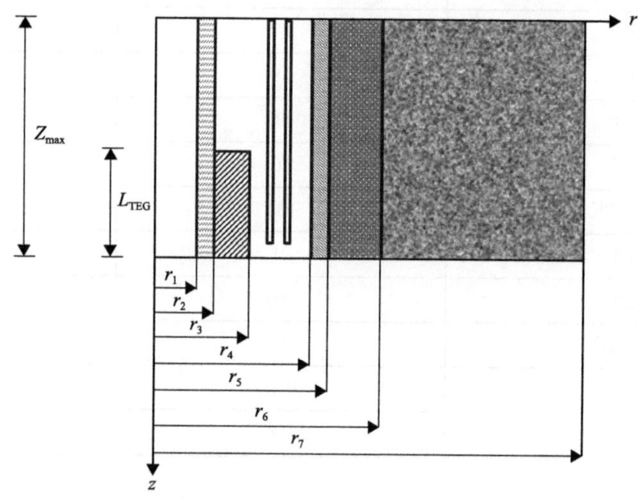

图 8.35　径向方向井筒 TEG 安装设计图

8.7.2　油管外壁热伏发电装置的温度与电压分布

建立三维六棱形井筒模型来模拟地热井和围岩系统的温度分布。采用 COMSOL Multiphysics 数值模拟软件进行建模。

注入井和采出井内径分别为 70mm 和 38mm。岩石的密度和比热容分别为 2730kg/m^3 和 1098J/(kg·K)。岩石和绝热材料的热导率分别为 2.1W/(m·K)和 0.027W/(m·K)。注入水的速度和地温梯度分别为 0.03m/s 和 0.045K/m。绝热和套管的厚度为 1cm 和 2cm。

从图 8.36 可以看出，当外阻为 0.2Ω 时，发电功率最大，此时单个 TEG 的内阻与

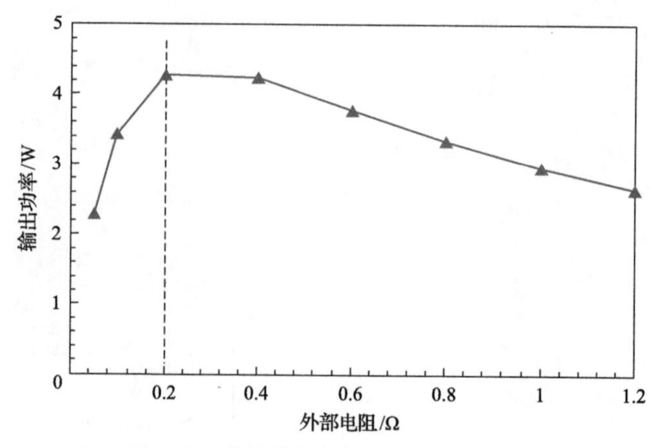

图 8.36　外部电阻与输出功率的关系图

外阻相等，因此单个 TEG 的内阻为 0.2Ω。

1. 单层 TEG 设备

从图 8.37 和图 8.38 可以看出，由于 TEG 很小，在这样一个尺度下井筒内温度变化不大。油管井筒内部的温度要高于外部的温度。

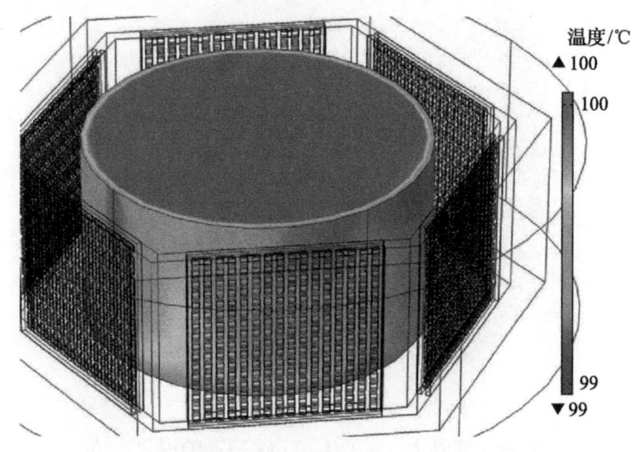

图 8.37　油管上安装一层 TEG 装置的温度分布

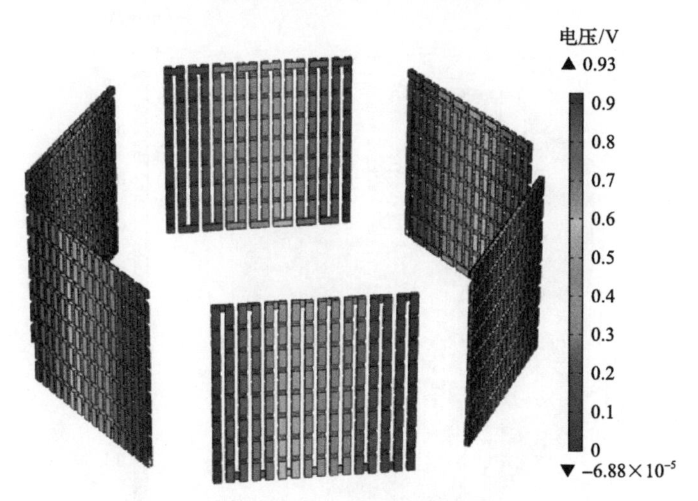

图 8.38　油管上安装一层 TEG 装置的电势分布

TEG 设备并联连接，所以 6 个 TEG 器件电压相等。表 8.12 为单层 TEG 设备发电结果。

表 8.12　单层 TEG 设备发电结果

电流/A	电压/V	高度/mm	外阻/Ω	功率/W
4.6286	0.92571	43	0.2	4.28

2. 两层 TEG 设备

与单层 TEG 设备相比，安装两层 TEG 设备井筒周围的温度变化更大(图 8.39)。而单个 TEG 模块产生的电压基本与单层 TEG 设备相同(图 8.40)，两层 TEG 设备的发电结果见表 8.13。

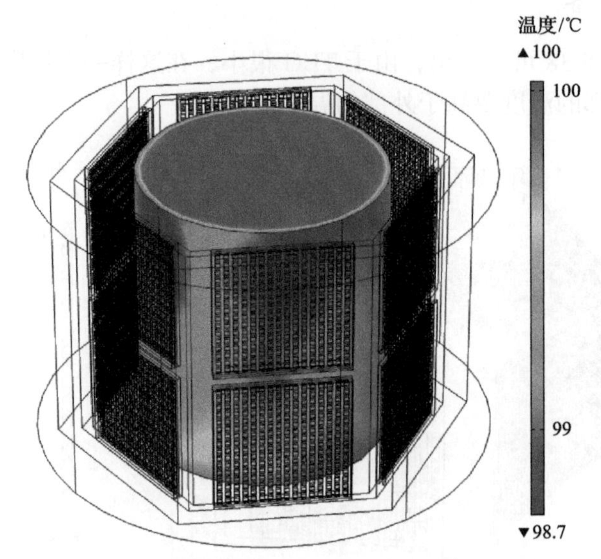

图 8.39 油管上安装两层 TEG 装置的温度分布

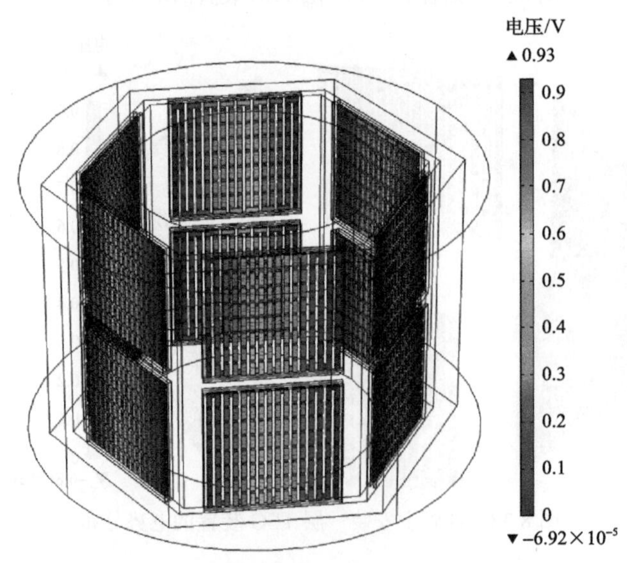

图 8.40 油管上安装两层 TEG 装置的电势分布

表 8.13 两层 TEG 设备的发电结果

层	电流/A	电压/V	流量/(m^3/s)	高度/mm	外阻/Ω	功率/W
1	4.6362	0.92724	0.01	86	0.2	4.29887
2	4.6409	0.92817				4.30754

3. 三层 TEG 设备

与单层和两层 TEG 设备相比，安装三层 TEG 设备井筒周围的温度变化更大(图

8.41)。而单个 TEG 模块产生的电压基本与单层 TEG 设备相同(图 8.42)，三层 TEG 设备的发电结果见表 8.14。

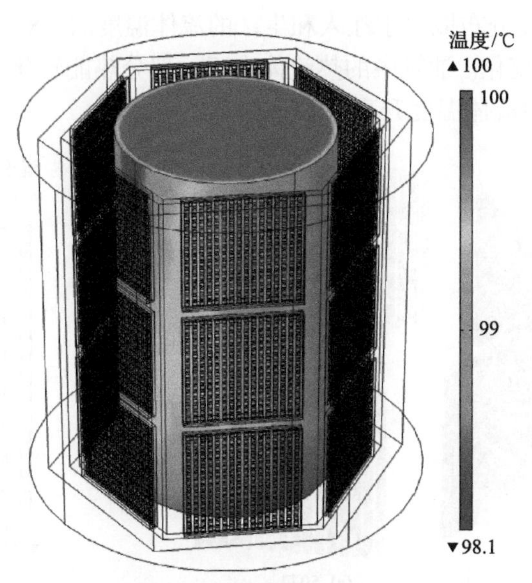

图 8.41　油管上安装三层 TEG 装置的温度分布

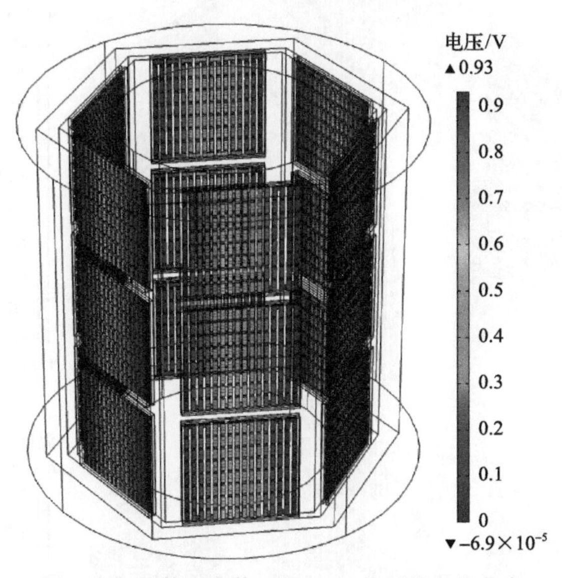

图 8.42　油管上安装三层 TEG 装置的电势分布

表 8.14　三层 TEG 设备的发电结果

层	电流/A	电压/V	流量/(m^3/s)	高度/mm	外阻/Ω	功率/W
1	4.6327	0.92653	0.01	131	0.2	4.29
2	4.6499	0.92997				4.32
3	4.627	0.92557				4.28

4. 不同储层温度的温度分布

TEG 模块中的温度分布取决于注入和生产的流体温度。图 8.43 绘制了不同储层温度下 TEG 模块中的温度变化。油管中的热流体由于一部分热能转化为电能，温度有了较大幅度的下降，环空中冷流体温度升高。

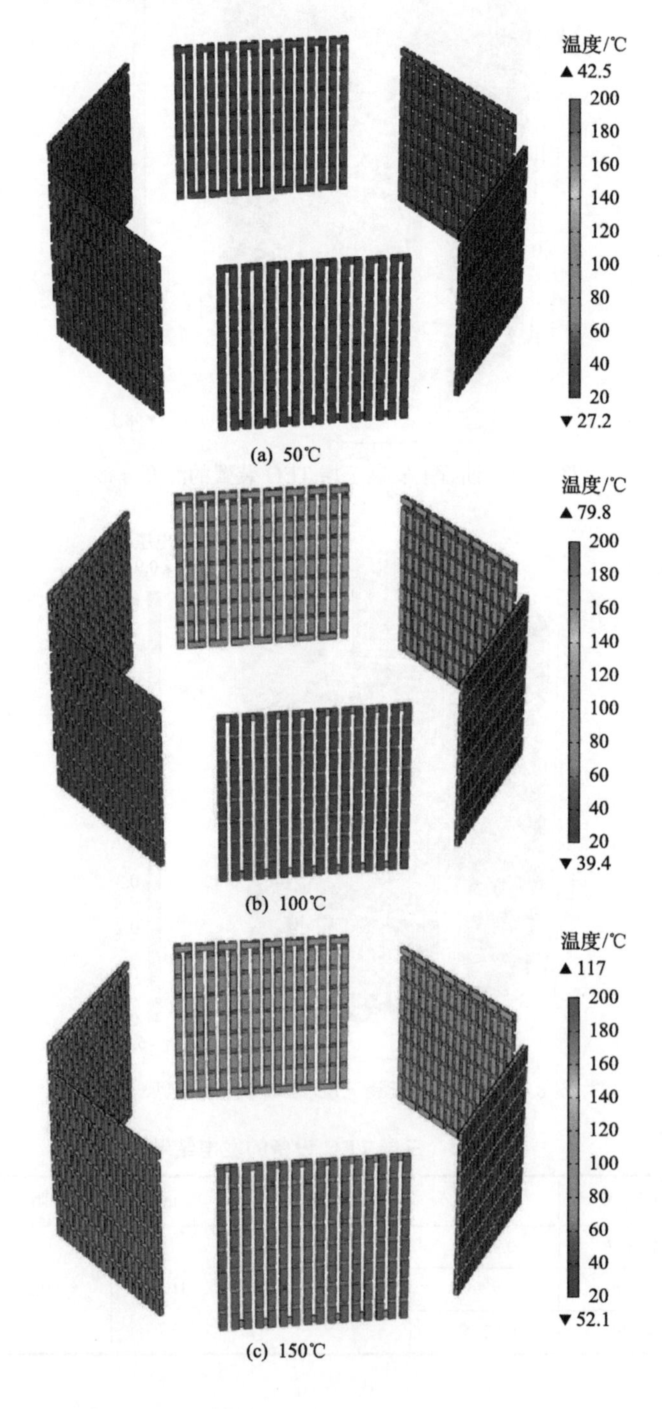

(a) 50℃

(b) 100℃

(c) 150℃

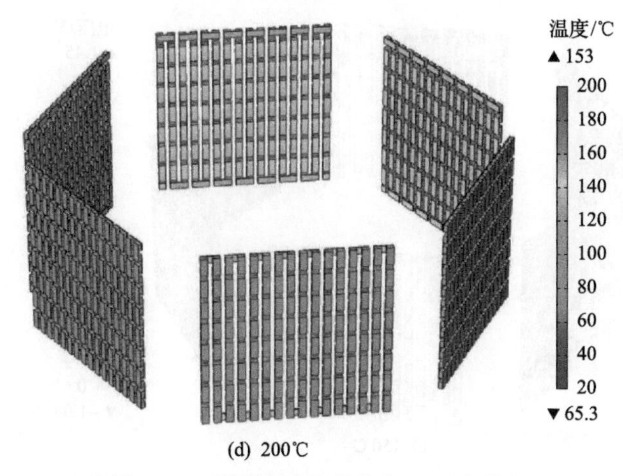

(d) 200℃

图 8.43　不同储层温度下 TEG 温度分布

5. 不同储层温度下电势分布

图 8.44 是不同储层温度下 TEG 电势变化模拟结果。储层温度越高，产生的电压有增大的趋势。

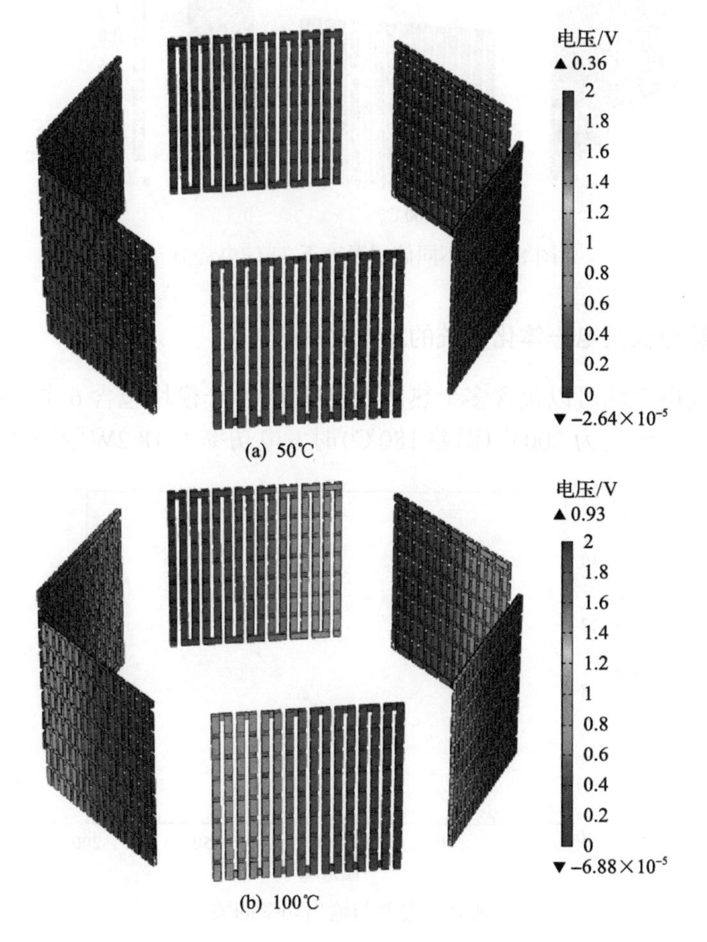

(a) 50℃

(b) 100℃

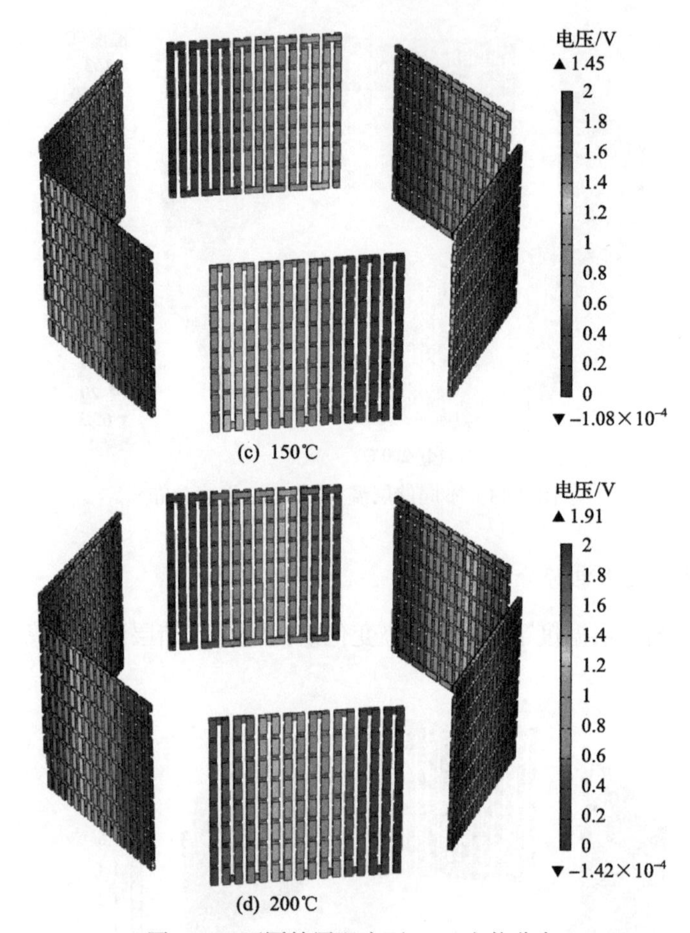

图 8.44　不同储层温度下 TEG 电势分布

8.7.3　井下换热热伏发电一体化系统的发电功率

一个热伏发电系统可以包含多个热伏发电模块。1 个模块包含 6 个 40mm×40mm 的 TEG 芯片，在井底温度为 200℃(温差 180℃)时发电功率为 18.2W(图 8.45)；那么 1m 长

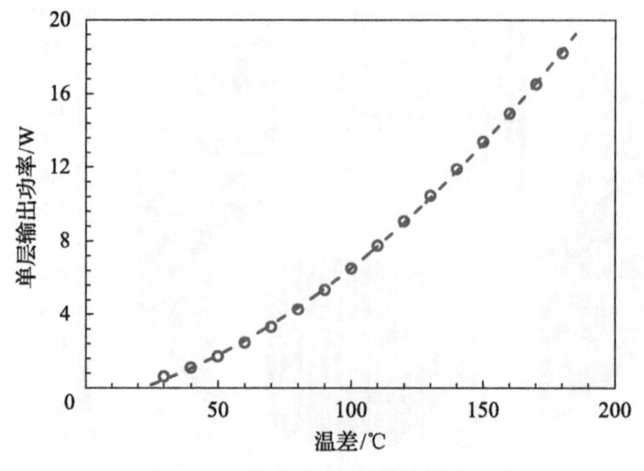

图 8.45　温差与输出功率的关系

井筒的输出功率可以达到 455W，10m 长井筒的输出功率可以达到 4550W，100m 长井筒的输出功率可以达到 45.5kW，1000m 长井筒的输出功率可以达到 455kW(图 8.46)。可以看出，井下换热热伏发电一体化系统的发电功率能够充分满足电潜泵以及大直径抽油泵的耗电需求。

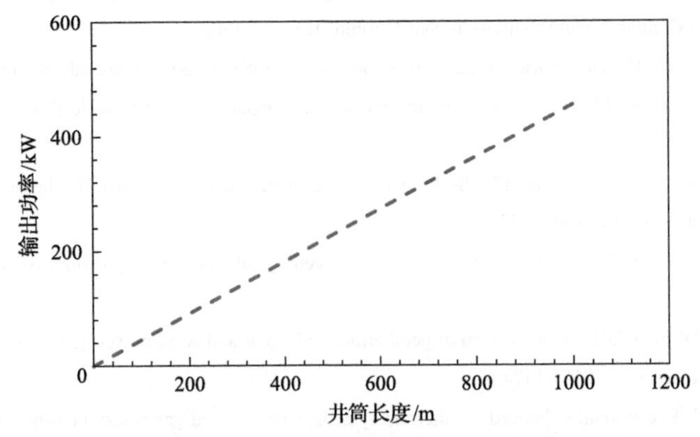

图 8.46　不同井筒长度井下换热热伏发电一体化系统的输出功率

8.8　小　　结

本章对油热电联产的理论与方法进行了介绍，对比了常规油气井和地热开发井的异同，对废弃油井改造成地热井的方法和技术进行了系统的归纳和总结。对于油田来讲，增大提液量不仅会提高采油指数，同时也会增加产液温度，这对于热能开发是有益的。此外，基于油热电联产理论进行油热电联产综合利用。本章有助于帮助读者了解油田区地热开发的技术，对地油热电联产理论有一个较为清晰的把握。

参 考 文 献

陈金龙. 2018. 废弃油井地热资源化利用的数值模拟研究. 北京: 中国地质大学(北京).

豆惠萍, 辛守良, 刘洁凡, 等. 2015. 油田伴生热水利用中的提液技术研究. 地热能, (4): 17-20.

冯跃威. 2011. 战略思考废弃油井. 中国石油石化, 16: 28-29.

科塔. 2021. 废弃井油热电联产条件下产能的影响因素研究. 北京: 中国地质大学(北京).

刘昌为. 2016. 油田区地热资源开发利用技术与方法研究. 北京: 中国地质大学(北京).

魏伟, 张金华, 王红岩. 2012. 中国石油地热开发利用模式及前景. 中国石油勘探, 17(1): 79-82.

武婧雯. 2019. 特高含水后期合理产液量设计与应用研究. 青岛: 中国石油大学(华东).

张海燕. 2010. 特高含水期强化采液提高采收率可行性分析. 油气地质与采收率, 17(2): 77-79.

张金庆, 杨仁锋. 2018. 理论水驱曲线的提出及其与产量递减曲线的关系探讨. 中国海上油气, 30(4): 86-92.

张金庆, 许家峰, 安桂荣, 等. 2013. 高含水油田适时产液结构优化调整计算方法. 大庆石油地质与开发, 32(6): 5.

张明文, 熊兰琼, 农冬蕾, 等. 2005. 川渝地区东部废弃井挖潜方法探讨. 天然气勘探与开发, 28(4): 30-33.

张起花. 2011. 废弃井也有轮回. 中国石油石化, 16: 26-27.

甄华, 莫中浩. 2007. 报废油井改造成地热井的方法. 煤气与热力, 27(1): 47-50.

Augustine C. 2016. Design requirements for commercial sedimentary geothermal projects//Power Plays: Geothermal Energy in Oil and Gas Fields. 25-26 April, Dallas. Texas.

Chen J, Li K W, Liu C, et al. 2017.Enhanced efficiency of thermoelectric generator by optimizing mechanical and electrical structures. Energies,10(9): 1329

Cheng W L, Li T T, Nian Y L, et al. 2014. Evaluation of working fluids for geothermal power generation from abandoned oil wells. Applied Energy, 118: 238-245.

Gillham T H, Cerveny B W, Turek E A, et al. 2003. Key to increasing production via air injection in gulf coast light oil reservoir//the SPE Annual Technical Conference and Exhibition, San Antonio, Texas, October.

He W, Wang D, Wu H, et al. 2019. High thermoelectric performance in low-cost SnS 0. 91 Se 0. 09 crystals. Science，365 (6460) : 1418-1424.

Hinterleitner B, Knapp I, Poneder M, et al. 2019. Thermoelectric performance of a metastable thin-film Heusler alloy. Nature, 76 (7785) : 85-90.

Jiang B, Liu X, Wang Q, et al. 2020. Realizing high-efficiency power generation in low-cost PbS-based thermoelectric materials. Energy & Environmental Science, 13 (2) : 579-591.

Kujawa T, Nowak W, Stachel A A. 2006. Utilization of existing deep geological wells for acquisitions of geothermal energy. Energy, 31: 650-664.

Li K W, Bian H Y, Liu C W, et al. 2015. Comparison of geothermal with solar and wind power generation systems. Renewable and Sustainable Energy Reviews, 42: 1464-1474.

Li K W, Zhang L Y. 2008. Exceptional enhanced geothermal systems from oil and gas reservoirs//the Thirty-Third Workshop on Geothermal Reservoir Engineering. Stanford, California, January 28-30.

Li K W, Garrison G, Moore M, et al. 2020a. An expandable thermoelectric power generator and the experimental studies on power output. International Journal of Heat and Mass Transfer, 160: 120205.

Li K W, Garrison G, Moore M, et al. 2020b. Field test of thermoelectric generators at bottle rock geothermal power plant//45th Works shop on Geothermal Reservoir Engineering. Stanford.

Liu C, Chen P, Li K W. 2014. A 500 W low-temperature thermoelectric generator: Design and experimental study. International Journal of Hydrogen Energy, 39 (28) : 15497-15505.

Lund J W, Freeston D H, Boyd T L. 2005. Direct application of geothermal energy: 2005 worldwide review. Geothermics, 4 (6) : 691-727.

Marsh M. 2004. New Brunswick onshore oil and natural gas well abandonment study. Petroleum Research Canada, 1 (8) : 15.

Moore R G, Mehta S A, Ursenbach M G. 2002. A guide to high pressure air injection (HPAI) based oil recovery//SPE/DOE Improved Oil Recovery Symposium.Tulsa, Oklahoma, USA, SPE-75207-MS.

Ojukwu K. 2020. Managing asset retirement obligation of nigerian oil companies: the elephant in the room//SPE Nigeria Annual International Conference and Exhibition.

Prasetya A E, Herputra S A. 2018. The optimization for cost-effective well plug and abandonment techniques// Society of Petroleum Engineers. Proceeding of SPE Symposium: Decommissioning and Abandonment. Richardson, Texas.

Tang X, Zhang J, Pang Z, et al. 2017. Distribution and genesis of the eastern Tibetan Plateau geothermal belt, western China. Environmental Earth Sciences, 6 (1) : 31.

Tian X, Liu C, Li K W. 2018. Modeling of geothermal power generation from abandoned oil wells using in-situ combustion technology//43rd Workshop on Geothermal Reservoir Engineering Stanford University, Stanford, California.

Wang K, Wu X. 2019. Downhole thermoelectric generation in unconventional horizontal wells. Fuel, 254: 115530.

Wang K, Yuan B, Ji G, et al. 2018. A comprehensive review of geothermal energy extraction and utilization in oilfields. Journal of Petroleum Science and Engineering, 168: 465-477.

Wei K, Neu J N, Lai Y, et al. 2019. Enhanced thermoelectric performance of heavy-fermion compounds Yb TM 2 Zn 20 (TM= Co, Rh, Ir) at low temperatures. Science Advances, 5 (5) : eaaw6183.

Xin S, Liang H, Hu B, et al. 2012. A 400kW geothermal power generator using co-produced fluids from Huabei oilfield. Geothermal Resources Council Transactions, 36: 219-223.

Zhao Y, Wang S, Ge M, et al. 2018. Performance analysis of automobile exhaust thermoelectric generator system with media fluid. Energy Conversion and Management, 171: 427-437.

Zheng X F, Yan Y Y, Simpson K. 2013. A potential candidate for the sustainable and reliable domestic energy generation—Thermoelectric cogeneration system. Applied Thermal Engineering, 53(2): 305-311.

Zhu H, Mao J, Feng Z, et al. 2019. Understanding the asymmetrical thermoelectric performance for discovering promising thermoelectric materials. Science Advances, 5(6): eaav5813.

Zhu Y, Li K W, Liu C, et al. 2019. Geothermal power production from abandoned oil reservoirs using in situ combustion technology. Energies, 12(23): 4476.

第 9 章　地热发电方法与技术

9.1　简　　介

9.1.1　概述

地热能是蕴藏在地球内部的巨大自然能源，已成为 21 世纪能源发展中不可忽视的可再生能源之一，也是最现实和最具竞争力的资源之一。地热能作为清洁型能源的一种，其最大的优势在于不受季节、昼夜和气候的影响，具有稳定性、连续性和高利用效率的特点，地热能在未来能源结构中发挥的重要作用就是提供稳定、没有波动性和间歇性的电力基础载荷。我国位于欧亚板块的东南边缘，东部和南部分别与太平洋板块和印度洋板块相连接，地热资源丰富，绝大多数省市都拥有地热资源(宋寅，2016)。“十二五”期间，中国地质调查局组织全国 60 多家单位，初步评价了全国 3～10km 以内的干热岩地热资源量，结果表明：我国地壳 3～10km 深处陆域干热岩资源量为 856 万亿 t 标准煤，以其 2%作为可采资源，全国陆域干热岩可采资源量达 17 万亿 t 标准煤，按照我国 2016 年全年能源消费总量大约为 43.6 亿 t 标准煤计算，干热岩的可采资源量可供我国使用 3900 年左右，具有很好的开发利用潜能。

美国的地热资源量非常丰富(图 9.1)，据保守估计，如果能够利用 3～10km 以内 2%的地热能采用 ERS 进行发电，地热发电量可供美国使用 2800 年左右。根据前述数据，中国的干热岩地热资源量与美国的约在同一数量级，甚至可能比美国的更多(图 9.1)。

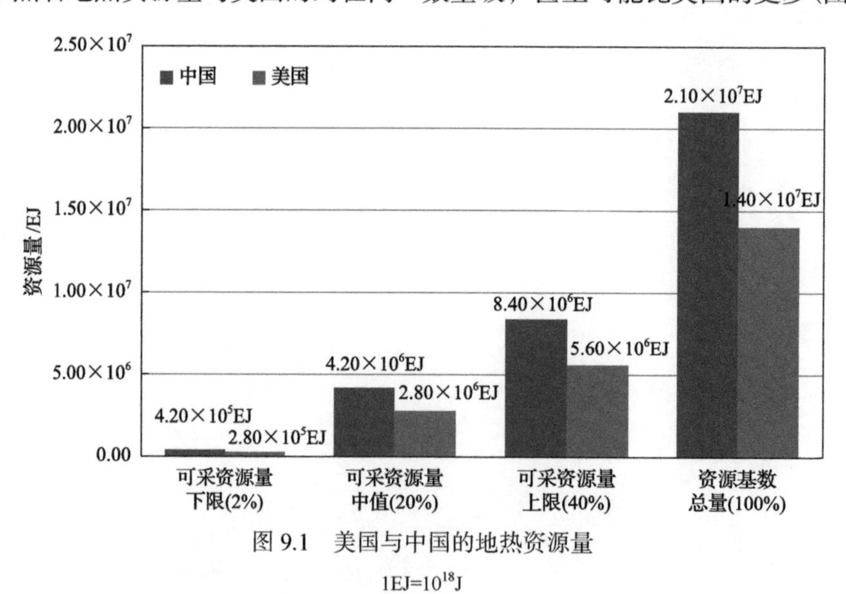

图 9.1　美国与中国的地热资源量

$1EJ=10^{18}J$

常规地热发电技术(图 9.2)是以地下热水或蒸汽为动力源的一种发电技术，其基本原理与常规火力发电类似：地下热能首先转变为机械能，然后再把机械能转变为电能。不同的是，地热发电不像火力发电那样需要备有庞大的锅炉，也不需要消耗燃料，它所用的能源是清洁的、甚至可再生的地热能。

图 9.2　地热发电(Li et al., 2015)

和太阳能、风能相比，地热发电不受昼夜、气候的影响，地热发电站的稳定性高，其载荷系数或利用系数[地热发电站全年发电量(kW·h)与发电站装机容量(kW)和运行时间(h)乘积的比值]在可再生能源中最高。据世界能源委员会(World Energy Council, WEC)联合国世界能源评估报告统计，地热发电的世界平均利用效率可达 72%，最高可达 90%以上，约为太阳能发电站的 4 倍、风能发电站的 3 倍以上(李克文等，2012)。

9.1.2　地热发电现状

自 1904 年意大利首次开展地热发电以来，目前世界上有 20 余个国家应用地热进行发电，世界地热发电站装机容量的历史及发展趋势(1950～2025 年)如图 9.3 所示。

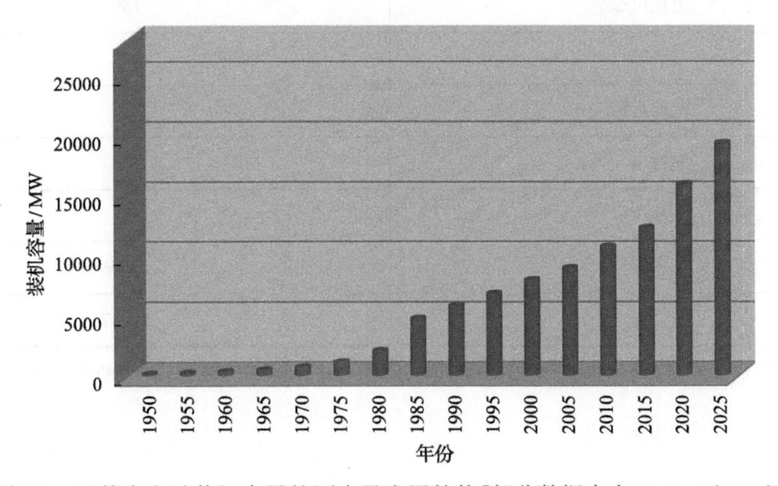

图 9.3　地热发电站装机容量的历史及发展趋势[部分数据来自 Bertani(2010)]

地热发电除了不受气候影响等优点外，与水力发电相比，地热发电非常稳定，受月或年降水量大小的影响极小。而且，还可以建造功率较小的、技术上和经济上可行的发电机组。

表9.1和图9.4分别表示国际上主要地热发电国家的装机容量与排名情况，可以看出，美国是国际上地热发电装机容量最大的国家，自20世纪60年代初美国首次在加利福尼亚州的Geysers地热田利用干蒸汽进行地热发电以来，该国陆续发现了许多水热型地热田，并建造了越来越多的地热发电站。截至2019年10月，美国地热发电总装机容量约为3700MW。

表9.1　国际上主要地热发电国家2020年的装机容量

国家	装机容量/MW
美国	3700
印度尼西亚	2289
菲律宾	1918
土耳其	1549
肯尼亚	1193
新西兰	1064
墨西哥	1005.8
意大利	916
冰岛	755
日本	550
萨尔瓦多	204
尼加拉瓜	159
俄罗斯	82
危地马拉	52
智利	48
洪都拉斯	35
中国	34.89
其他	395.47

部分数据来源：https://www.bp.com/en/global/corporate/energy-economics/statistical-review-of-world-energy/power-by-fuel.html

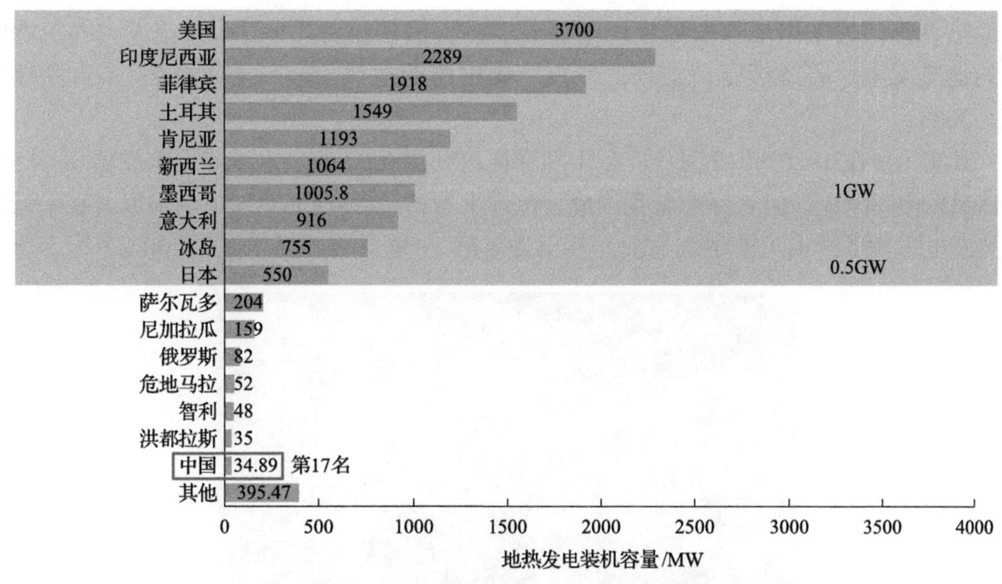

图 9.4 国际上主要国家 2020 年地热发电装机容量排名

美国阿拉斯加州、加利福尼亚州、夏威夷州、爱达荷州、内华达州、新墨西哥州、俄勒冈州和犹他州都已经利用地热发电。加利福尼亚州和内华达州是美国地热发电的主体，装机容量分别为 2683MW 和 795MW。自 2015 年以来，美国对其他低成本能源(尤其是天然气和太阳能)税收优惠减少，不仅有利于扩大现有地热项目和开发浅层地热资源，同时令美国的地热发电装机容量在 2015～2020 年有小幅增长(7%～10%)。此外，一些早期建造的地热发电站经过技术改造，能够在需要更少的热流体供应情况下提高发电功率。

遗憾的是，我国地热发电目前的装机容量不到 40MW，在国际上的排名为第 17 名。而且，40 多年来我国地热发电的装机容量基本上徘徊不前。其中的原因是多方面的，最主要的原因可能有下面几个方面：①家底不清，即地热资源量不是很清楚，严重影响了地热资源开发规划的制定、资源的利用以及地热产业的发展。尤其是自 20 世纪 90 年代以来，国家在地热资源勘查方面的投入很少，基础地热地质勘查工作比较薄弱，后备地热资源不足。不过，值得一提的是，最近 10 年在这方面有所改善。②地热发电的成本和初期投资比较高，其中一个因素是我国其他能源资源丰富，而且发电成本很低。例如，我国煤炭资源丰富，开采成本及发电成本很低，使得地热发电的成本相比之下显著偏高。③我国地热发电技术，尤其是中低温地热发电技术，相对美国等发达国家比较落后，而且技术引进又受到多方面的限制。④缺乏国家政策和经济方面的大力支持，太阳能发电、风力发电国家财政补贴了大量的资金，而同样是清洁能源的地热发电，国家财政补贴相对来说几乎可以忽略不计。⑤教育和人才方面的问题，我国大学里面以前很少设立专门的地热学或者地热工程专业，导致我国这方面的人才严重缺乏。⑥其他方面的原因，如我国已经探明的高温地热资源很少。

另一个原因可能是受“中低温地热发电经济上不可行”这一观点的影响，过去中国地热界曾认为中国地热发展应以中低温地热直接利用为主，没必要花大力气发展中国的地热发电。若继续坚持这样的观点，则中国的地热发电将永远落后(多吉和郑克棪，2008)。

其实，早在 1970 年 12 月，广东丰顺邓屋村利用 92℃地热水试验发电成功(图 9.5)，虽然只发电 86kW，但它标志着我国成为世界上第 8 个实现地热发电的国家，在中低温地热发电方面的排名可能更加靠前，甚至排名第一(地热资源温度低于 100℃)。

图 9.5　我国第一台地热发电机组 1970 年在广东丰顺建成(郑克棪等，2018)

20 世纪 70 年代末，我国逐渐开始利用高温地热资源发电，并先后在西藏羊八井(图 9.6)、郎久和那曲等地建立了工业规模的地热发电站，总装机容量达到 28.18MW。其中羊八井地热发电站的实际发电量稳定在 15MW 左右，能为拉萨市电网全年提供所需电量的 40%。由于水力发电在冬季因为水力资源枯竭发电能力大幅度下降，冬季羊八井地热发电站的发电量占拉萨市电网的比重超过 60%。羊八井地区的地热储层分为浅层和深层两部分，目前只开发利用了地热田中补给能力有限的浅层资源。深部的钻探资料显示，深部高温地热水具有不结垢、热焓值高、产量稳定及发电效率高等显著特点，具有更高的开发利用价值。

图 9.6　西藏羊八井地热发电站(张国宝，2007)

我国西藏、云南和台湾等地区分布着适用于发电的高温地热资源。其中，西藏的地热资源比较丰富，已发现的各类型地热资源约 666 处。根据中国能源研究会地热专业委员会在 1999 年的研究资料，喜马拉雅地热带共存有高温地热系统 255 处，可达到总发电潜力约 58MW。利用高温地热来发电，成本约为 0.20 元/(kW·h)，具有较强的商业竞争实力(关锌，2014)。

9.1.3　中低温地热发电的可行性

如前所述，关于在中国发展中低温地热发电是否可行存在不少争议，有的认为应该大力发展，有的认为由于中国地热资源的特点，不应该发展中低温地热发电，而应该坚持目前的发展态势，以地热能的直接利用为主。这方面，按照地热能直接利用的总量来计算，中国在国际上排名第一。但是，如果按照人均算，则排名很靠后。

作者及其团队在多个场合，包括在国内举办的大型国际地热会议上，坚持认为：地热发电是地热能利用的最高级形式，中国应该大力发展中低温地热发电，不仅在技术上可行，而且在经济上也是可行的。对此，下面以美国中低温地热发电的历史数据来证明作者的观点。

图 9.7 表示美国不同类型地热发电站历年的装机容量，其中，双工质发电到 2012 年的装机容量已经达到了 702MW，占总装机容量的 22%左右，目前已经超过 1000MW。双工质发电所用的地热资源基本上都是中低温地热。如图 9.7 所示，双工质地热发电占总装机容量的比重基本上和闪蒸地热发电的比例(28%左右)差不多。这样规模的发电功率数据说明，美国的中低温地热发电不仅在技术上是可行的，而且在经济上也是可行的。否则，中低温地热发电的功率规模在没有政府补贴的情况下不太可能达到这样大。美国的劳动力成本、设备制造成本以及地热发电站的维护运营成本都比中国的高，如果美国的中低温地热发电在技术上和经济上可行，那么在中国也应该有可能是可行的，关键是有关技术和装备要过关。

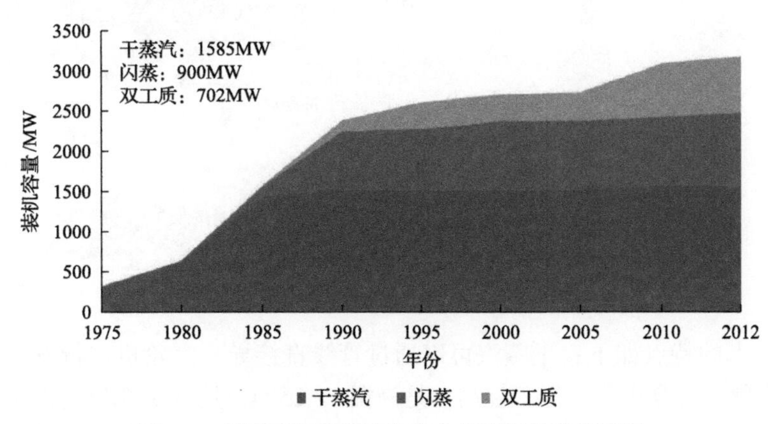

图 9.7　美国不同类型地热发电站历年的装机容量

地热发电技术的种类很多，主要有汽轮机发电和热伏发电技术(也称半导体温差发电或者热能直接发电)两种，其中汽轮机发电可以分为干蒸汽发电、闪蒸发电、双工质(双循环)发电、全流发电及复合发电。目前，大量应用的地热发电系统主要是闪蒸发电和双工质发电系统，热伏发电技术尚处于工业先导性试验阶段。

本章将首先简单介绍地热工业界目前采用的常规地热发电技术，然后比较详细地描述热伏发电的基本原理、技术及其应用前景等。

9.2　常规地热发电方法与技术

在介绍热伏发电之前，先简单介绍一些常规地热发电方法与技术的基本知识，有助于更好地了解和认识热伏发电技术与常规地热发电技术的一些共同点和差别。有关这些常规地热发电技术的具体原理以及发电站运行参数(如最佳闪蒸温度、闪蒸系统产汽率、发电站净功率、每吨热水净发电量与发电站净效率等)的详细计算公式可以参考有关专著，如DiPippo(2012)的*Geothermal Power Plants：Principles, Applications, Case Studies and Environment Impact*或者作者等翻译该书的中文版本(马永生等，2016)。

9.2.1　干蒸汽发电

干蒸汽发电是适用于特定的地热资源——干蒸汽的发电技术，属于地热发电中最简单的类型，包含背压式发电和凝汽式发电两种形式。干蒸汽发电技术的原理是利用地热井中直接获得的纯蒸汽，即干蒸汽，将其从地热井运送到相关装置中，经过分离器分离出固体杂质(≥10μm)后，直接传输到汽轮机或机组做功，驱动发电机发电，其发电系统如图9.8所示。

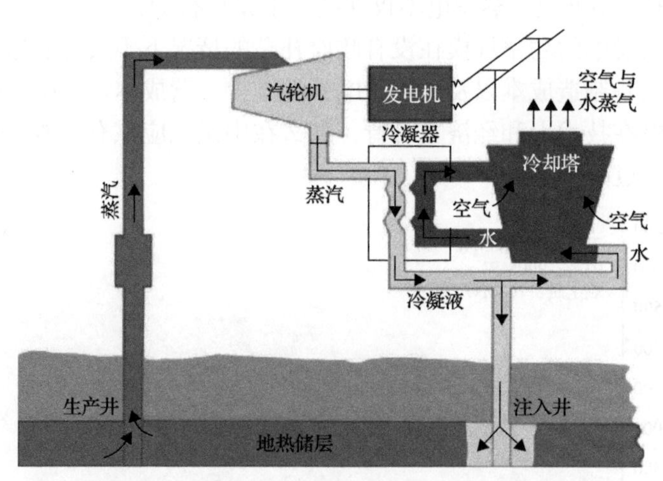

图9.8　干蒸汽发电系统示意图(Lund, 2009)

该发电技术的特点如下：干蒸汽可以通过管线直接导入汽轮机进行发电，系统工艺简单、技术成熟、安全可靠、经济性高，是高温(>250℃)地热资源发电的主要形式，发电效率为10%～35%，具体取决于地热流体的温度，厂内用电率(自耗功率)为12%左右。干蒸汽发电技术的显著特点是循环高效，循环效率可以达到20%以上，总体来看是一种实用性较强的高温地热发电技术。

干蒸汽使用的发电设备与常规火电装备基本相同，不同之处在于，干蒸汽发电技术对地热资源参数要求较高，并且地热温度必须达到250℃以上，同时要保证有足够的地压，使得地下的蒸汽可以顺利地喷出。我国羊八井发电站的2号机组采用的就是干蒸汽发电技术，进汽压力 0.56MPa，机组功率 3MW。

由于干蒸汽地热资源有限，且多存于较深的地层，开采技术难度大，故发展受到限制。世界干蒸汽地热资源的分布局限于少数地区，因此地热干蒸汽发电仅在意大利拉尔代雷洛、美国 Geysers、日本松川、印度尼西亚的卡蒙强等少数地热田应用，干蒸汽地热发电大约占世界地热发电总装机容量的 27%。

干蒸汽发电技术一般分为背压式和凝汽式两种，背压式发电是把地热蒸汽涡轮出口处的压力变为大气压，凝汽式发电是把地热蒸汽涡轮出口处的压力强制冷却到大气压以下。背压式发电的优点是投资费用比较低，其缺点是地热资源没有得到充分利用。

1904 年及 1913 年意大利的拉尔代雷洛建造的地热发电装置都是背压式发电。当地热生产井产出的干蒸汽压力高于 0.1MPa 且没有冷却水资源可利用时，通常采用背压式发电方式，让汽轮机的乏汽直接向大气排放或用作回灌。由于乏汽在低于大气压以下还有部分热焓未能充分利用，所以这种发电方式存在一定的浪费。但是，如果干蒸汽中不凝气体(如二氧化碳、氮气等)的含量高到不能在真空条件下经济运行，则必须采用这种方式。

地热生产井产出的干蒸汽压力低于 0.1MPa 时，需要采用凝汽式发电方式，将汽轮机的排汽进入凝汽器，冷凝为水后回灌或排放。这种发电方式的特点是汽轮机排汽进入凝汽器，由抽气机对凝汽器抽真空，从而可以充分利用蒸汽的焓降，最大可提高发电站出力 40%左右。但是，凝汽式发电增加了凝汽器、冷却塔等系统，从而增加了投资和操作成本。

拉尔代雷洛地热发电站后来扩建的机组都是凝汽式发电机组，其明显的特征就是硕大的冷却塔。自 20 世纪 70 年代开始，将凝汽式发电产生的冷凝水回灌到热储中，可以提高热储的压力从而增加蒸汽产量。

美国 Geysers 地热田建于 1962 年，目前仍然是国际上装机容量最大的地热田。图 9.9 是该地热田其中的一个干蒸汽发电站。

图 9.9　美国 Geysers 地热田的干蒸汽发电站

9.2.2　闪蒸发电

闪蒸发电技术是利用地热流体的闪蒸现象进行发电的。闪蒸是高压的饱和液体进入比较低压的容器中，由于压力的突然降低使这些饱和液体变成部分饱和蒸汽和饱和液的现象，产生的蒸汽压力等于容器的压力，该压力下的蒸汽可以驱动汽轮机，然后带动发电机实现发电。

在目前探明的地热资源中，以中高温（130℃ < t < 250℃）地热资源为主，它是地热发电领域主要的研究对象。这一类地热资源所提供的大多是汽水混合物，其中蒸汽含量比较小，适宜采用闪蒸发电技术，这是目前比较成熟的一项发电方法。

闪蒸发电是基于干蒸汽发电的改进，在相同的地热流体条件下，能使输出功率提高15%～25%。闪蒸发电系统更加复杂，成本更高且需要更多的维护，但是获得的额外输出功率不仅可以抵消这些增加的成本，而且能够产生一些额外的利润和经济效益。闪蒸发电技术的流程如图9.10所示。

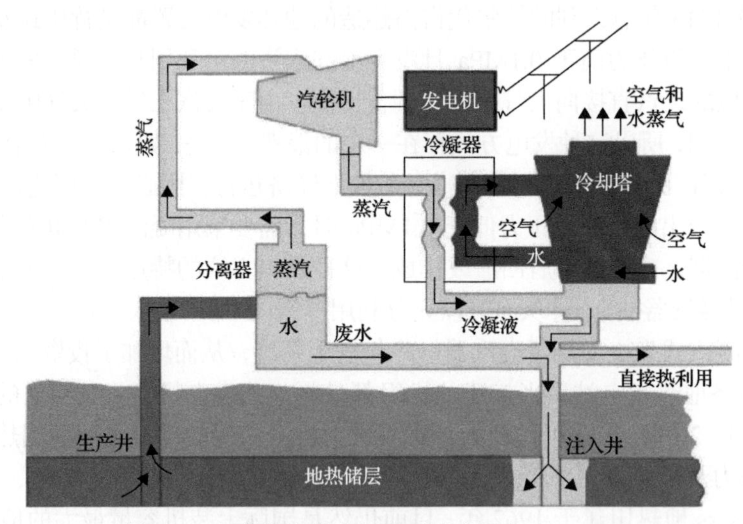

图9.10　闪蒸发电技术的流程示意图（Lund, 2009）

地热湿蒸汽闪蒸发电主要有单级闪蒸和双级闪蒸，另外还有多级闪蒸，即三级或四级闪蒸。虽然理论上闪蒸级数越多可利用更多的低品位热能，但是也需要相应地增加相关的设备和投资成本。一般情况下，闪蒸的级数可以根据地热水或湿蒸汽的进口温度和最佳闪蒸压力来确定。

单级闪蒸发电是世界上目前地热发电的主流，大约占世界地热发电总装机容量的41%。地热生产井产出的热水首先进入闪蒸器，闪蒸器内的压力要比地热水饱和压力低，使得地热水降压闪蒸并将产生的低压蒸汽送往汽轮机膨胀做功并发电，闪蒸后的热水可以用来供暖或者其他用途，最终排入回灌井。单级闪蒸系统比较简单，运行和维护比较方便，造价比较低。但是，也存在汽轮机尺寸较大、易结垢、腐蚀、需要容量大的抽气机维持高真空等缺点，其发电效率一般低于干蒸汽发电。

根据热力学第一定律，对发电系统的各个组成部件及系统进行能量和质量的平衡分析，可以得出单级闪蒸发电系统的一些主要特性指标，简述如下。

（1）发电站单位热水净发电量，即每吨地热水的净发电量，中低温地热发电系统每吨地热流体净发电量与其他发电技术一样，也取决于地热流体温度，一般在1.5～10.0（kW · h）/t。

（2）发电系统净热效率是指发电站输出净功率的热当量与地热流体的循环加热量之比，中低温地热发电系统的发电效率视地热流体温度而定，一般在4%～15%。

(3) 发电系统的产汽率是指发电站每发出 1.0kW·h 的电所消耗的蒸汽量，一般在 3%～13%。

(4) 发电系统最佳蒸发温度是指闪蒸器内能使热水热能转换成最大机械能时的蒸发温度，也就是能够用最少水量生产 1kW·h 电能的温度。

大部分干蒸汽或者闪蒸发电是将多口地热井的高温流体集中到一个联合站，这种方式的缺点是从地热井口到联合站需要铺设管道，尽管采取了保温措施，但是也难免有热损失。另外，管道的成本也是一个需要考虑的因素。因此，在地热井口就地发电，一井一个发电站成了一个选项。Mendive 和 Green (2012) 报道了一个成功在井口直接进行地热发电的系统，该井口发电站位于肯尼亚的大峡谷，距肯尼亚首都内罗毕(Nairobi)西北大约 140km，是一个单级闪蒸发电系统。该井的井底地层温度大约为 270℃，进入汽轮机的蒸汽流量为 21100kg/h，非冷凝气体含量为 1.5%，汽轮机进口压力为 585kPa(绝对压力)，冷凝器压力为 10kPa(绝对压力)，其单井地热发电功率为 2.4MW，已于 2012 年 1 月正式发电，该井口发电站有关设备如图 9.11、图 9.12 所示。

图 9.11　单井地热发电站全貌(生产井、分离器、发电设备等装置) (Mendive and Green, 2012)

图 9.12　井口发电设备(发电机、冷凝器、冷水泵等) (Mendive and Green, 2012)

毫无疑问，在井口直接安装地热发电系统具有热损失小、热利用系数高、不需要长距离蒸汽输送管道因而成本较低等优势。但是，大功率井口地热发电站的实例并不多。上述较大功率井口地热发电站的成功运行证明了井口直接地热发电在技术上和经济上的可行性。

9.2.3　双工质发电

双工质发电是利用地热水加热某种低沸点工质，产生工质蒸汽，驱动汽轮机做功，带动发电机发电。双工质发电方法的特点是地热水与发电系统不直接接触，而是将地热水的热量传给某种低沸点介质(如丁烷、氟利昂等)，由低沸点介质的蒸汽推动汽轮机来发电。这种发电方式由地热水系统和低沸点介质系统组成，因此，也称为双循环或中间介质发电方法。

双工质发电的工作过程：地热井产出的热水先进入换热系统，在换热系统中将热量传给低沸点介质。放热以后，温度降低的地热水排入回灌井或作其他应用。低沸点介质在换热系统中吸热，变为具有一定压力的蒸汽，推动汽轮机并带动发电机发电。从汽轮机排出的气体，在冷凝器中凝结成液体，用泵将液体送入换热系统，重新吸热蒸发变成气体，如此周而复始，地热水的热量不断地传给低沸点介质进行连续发电(图 9.13)。

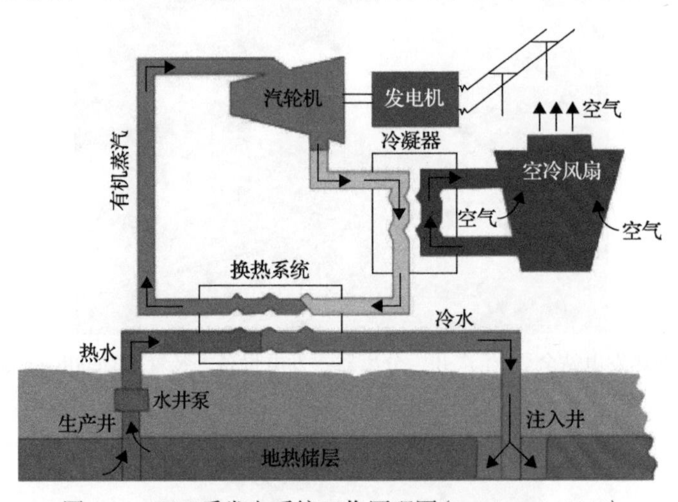

图 9.13　双工质发电系统工作原理图(Lund et al., 2007)

地热流体在双工质发电过程中的作用是供给热源，当放热之后，地热流体仍然可以回灌到地下。换言之，对于地热，只用其热，不用其水。尤其是对含矿物质多或含有油气的地热水，这样就不会造成地面污染和设备腐蚀等问题。所谓双循环，就是地热流体的封闭循环和有机工质的密闭循环，两个循环构成整个发电系统，流程图如图 9.13 所示。

显然，双工质发电技术适合于中低温地热资源，尤其是温度低于 100℃的地热流体。中低温(＜130℃)地热资源在目前已探明的地热资源中占有较大比例，其中温度在 90℃左右的地热资源约占这类资源总量的 90%。

按照循环方式不同，双工质发电分为 ORC 和卡琳娜(Kalina)循环两种发电方式。与蒸汽朗肯循环的区别在于双工质发电采用低沸点工质作为驱动汽轮机的热能载体，可以充分利用地热水的热能进行发电，使得地热资源得到充分利用。整个系统的循环效率与闪蒸发电技术相比，可以提高 20%左右，但是地热水系统和双工质系统并行的方式增加了发电系统的复杂性，也增加了投资和运行成本。同时，低沸点工质多数属易燃易爆品，工质的储存和安全使用也是发电过程中需要重点关注的内容。

双工质发电有机工质的选择非常重要，要求沸点低、效率高。常用工质多数为碳氢化合物或碳氟化合物，如异丁烷（常压下沸点为–9.7℃）、正丁烷（–0.5℃）、丙烷（–42.17℃）和各种氟利昂等有机工质。为满足环保要求，目前不再使用含氟工质。所用工质可以是单纯的一种，也可以是几种物质混合，主要应考虑其热力性质和传输性质，还要注意在工作温度下的化学稳定性、易燃、易爆及毒性等，必须防止对环境的污染和对系统中其他物质的化学污染等。当然还有储运安全和成本问题。目前国内外已经研发出了多种效率较高、性能稳定、环境友好的双循环发电机工质可供选择和使用。

双工质发电也可以采用井下换热的方法，即将换热系统做成适合安装在地热井中的形式（如采用 U 形管或同轴管）。低沸点介质在管内流动，直接在井下吸热，产生具有一定压力的蒸汽，随后的过程与图 9.13 中一致，即驱动汽轮机并带动发电机发电。

双工质发电技术不仅适合于地热发电，而且在新能源发电中有许多温度不太高的热源也都是采用这种发电方式，如太阳能光热发电、海洋温差发电、油气田产出液体中低温发电以及许多工业余热发电都可利用。

目前，双工质发电技术不只局限于中低温热能资源的发电，在中高温热能资源中的应用也比较多，尤其是在矿化度很高、腐蚀性比较强的地热流体中的应用比较普遍。

为了探索利用油田伴生地热资源发电在技术、经济等方面的可行性，美国能源部 Rocky Mountain 油田研究中心于 2006 年开展了利用油田产出水进行低温发电的先导性研究项目（Milliken, 2007）。该项目建成了一个 250kW 的 ORC 试验性发电站（图 9.14），该发电站建造在美国怀俄明州北部 Teapot Dome 油田 Naval 油藏三号区块（NPR-3）内。该发电站利用平均温度为 195℉[①]至 210℉的油田产出水的热能发电，日产液量为 40000 桶/d，

图 9.14　250 kW ORC 双工质地热发电系统（李克文等，2012）

① $t℉=\frac{5}{9}(t-32)$。

采用双工质(异戊烷)方式发电，其总发电功率为180kW(净发电功率为132kW)，冷却方式为空冷系统。该机组于2008年9月投入使用，运行到2009年2月，后因故障停止运行，在此期间共发电586MW·h。经过整修后该机组于2009年9月重新启动，后又发电322MW·h，连续稳定运行了很长一段时间。

双工质发电技术发展比较快，Hawkins 等(2012)报道了采用永磁轴承的集成发电模块，该模块的发电功率为125kW，包括转子、定子和永磁轴承。集成发电模块如图9.15、图9.16所示。采用永磁轴承可以较大幅度地减少摩擦损失，不需要润滑油，从而提高热利用系数和发电效率。采用模块化的制造和安装方式可以大幅度减少地热发电站的设计、制造与安装时间。目前，地热发电滞后于太阳能、风能发电的主要原因之一是地热发电站的设计、制造、安装难以模块化，该集成发电模块的实现与现场应用可能是解决上述问题的途径之一。

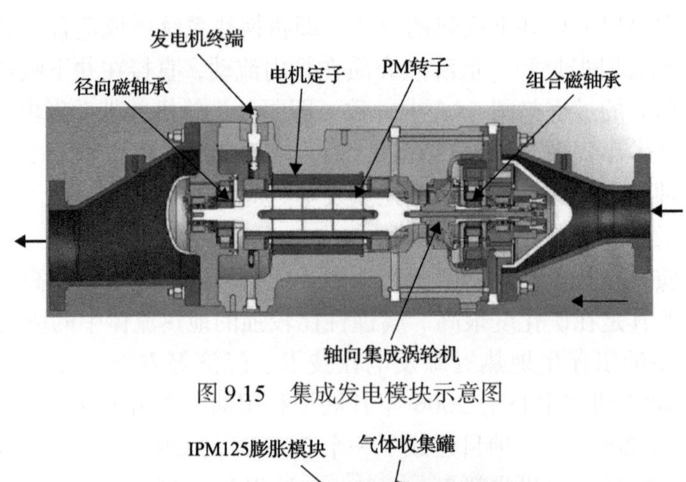

图9.15　集成发电模块示意图

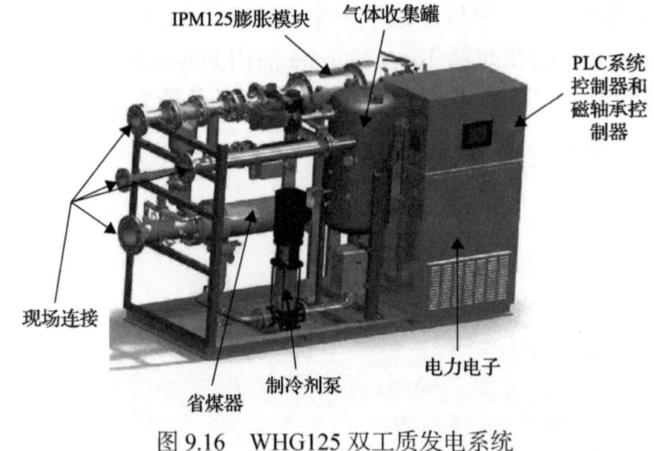

图9.16　WHG125双工质发电系统

9.2.4　全流发电

全流循环发电是针对汽水混合型热水提出的一种热力循环方式，其核心是全流膨胀机(也叫螺杆膨胀机)，地热水被引入全流膨胀机进行绝热膨胀，膨胀后的汽水混合流体进入冷凝器冷凝成液态水，然后再由水泵将其抽出冷凝器而完成整个热力循环。从理论上看，在全流循环中地热水从初始状态一直膨胀到冷凝温度，其全部热量最大限度地被用来做功，因而全流循环具有很大的做功能力。要实现全流发电，必须解决好两方面问题：一是研制适合于两相流体工作的膨胀机，二是汽水两相地热流体在膨胀机内工作时所产生的结垢和腐蚀问题。

图 9.17 是在美国怀俄明州北部 Teapot Dome 油田试用的全流发电机。

图 9.17　中低温地热全流发电机

9.2.5　复合发电

如前所述，干蒸汽发电技术主要适合于具有高温干蒸汽的地热田，闪蒸发电技术主要应用于具有以中高温地热流体为主的储层，双工质发电技术主要适用于以中低温液体为主的储层。

地热田或者热储像人的指纹一样，没有两个是完全相同的，地热发电站也是这样。不同的地热田具有不同的流体温度、压力及不同的流体特性。不同的地热发电技术具有不同的特点和适用范围。因此，针对不同的地热田，应该选用不同的、适合于其热储特征的发电技术。复合发电技术是指一个地热发电站采用两种以上不同的发电技术，如干蒸汽发电和双工质发电技术。

对于具体的地热资源，需要从地热温度、地热总储量、地热水品质等方面，结合发电效率、运行维护、设备投资、环境保护等因素综合考虑，进而确定适合该地热资源的具体发电技术路线，如是否应该采用复合发电技术。

新西兰 Rotokawa 的联合循环发电站(图 9.18)是一个很好的闪蒸/双工质复合发电站，

这是一个依靠闪蒸发电站排汽作为双工质底部循环发电站进汽的复合发电站。该发电站由具有较高入口压力(2550kPa)的背压汽轮机和三个双工质装置组成。与 Geysers 地热田的 8kg/(kW·h)(Sanyal and Enedy, 2011)或萨尔瓦多(The Republic of El Salvador)的 Ahuachapá 地热田(Handal et al., 2007)的 9kg/(kW·h)相比，这种联合循环机组的蒸汽消耗仅为 5kg/(kW·h)，由此可以看出这种复合发电站的发电效率是比较高的。

图 9.18 新西兰 Rotokawa 闪蒸/双工质复合发电站(李克文等，2012)

9.3 热伏发电原理

9.3.1 热伏发电的基本概念

热伏发电技术是基于塞贝克效应的一种发电技术，简单地说，塞贝克效应是通过两种不同电导体或半导体的温度差异而引起两种物质间的电压差的热电现象，因此，热伏发电也称为半导体发电或者温差发电。

目前大多数商业化的热能发电技术，包括地热发电技术，都是将热能间接地转化为电能，即先将热能转化成机械能，然后再将机械功通过发电机转换成电能。热伏发电技术可以将热能直接转化为电能，不需要通过机械能的中间环节。

热伏发电是通过 TEG 装置来实现了，TEG 的直译可以是“热电装置”或者“热电发生器”，不过翻译成“热伏发电机”或者“热伏发电器”可能比较合适(谢和平等，2018)。

热伏发电的核心之一是热电材料。热电材料是通过其内部载流子的移动及其相互作用，来完成热能和电能相互转换的一种固态能源转换功能材料。热电材料的主要特点是：它可以把热量传送给材料中电能的载体——电子或空穴载流子，它们在把热量从温度高的一端运输到温度低的一端的同时，由于电子或空穴的定向移动，这种材料的两端就会产生电压(热电动势)。由此可知，热电材料也相当于一种“热电电池”。热电材料的另一个特点是具有“可逆性”，可以将电能直接转换成温差，并不需要采用类似氟利昂这样的制冷剂，热电制冷装置采用的“制冷剂”是电子。目前常见的冰箱或者空调都是利用压缩机采用各种有机工质将电能先转换成机械能(压缩机压缩有机工质)，然后利用机械能实现制冷效果(有机工质膨胀)。

热电材料的理想特性一般要求其内阻越低越好，即导电性越高越好，以减少电流在热电材料内部流动时产生损耗(发热)。另外，要求热导率越低越好，即导热性越差越好，以减少从高温端向低温端的热传导速度。遗憾的是，大多数导电性好的材料其导热性也比较好，也就是说，上面的两个要求有点相互矛盾。大多数物质的热电动势只有几微伏每度温差，不适宜作为热电材料。比较适合的热电材料是半导体材料，如碲化铋、碲化铅、锗硅合金、碲化锗等。

热电转换是指热能和电能之间的相互转换，热电效应包括塞贝克效应、佩尔捷(Peltier)效应、汤姆孙(Thompson)效应，下面分别对这些热电效应进行更加详细的描述。

9.3.2　塞贝克效应

如果将两种不同的金属丝(如铁丝和铜丝)的一端连接好，另一端不连接，如图 9.19 所示。将连接好的一端放到火上烤(T_H)，则在室温(T_C)条件下开放的两端将会产生一定的电压，称为塞贝克电压。铜丝的低温端 A 点为高压(正极)，铁丝的低温端 B 点为低压(负极)。如果将 A、B 两点用导线(如铜丝)连接，则形成了一个闭合的回路，会产生一定大小的电流。这个实验比较简单，只要有万用表，在家里就可以做。通过两种不同材料的温度差异而引起两种物质间的电压差的热电现象称为塞贝克效应，也叫作第一热电效应。产生塞贝克效应的微观本质是在温度梯度的作用下，热端不同导体内的载流子往冷端扩散的结果。

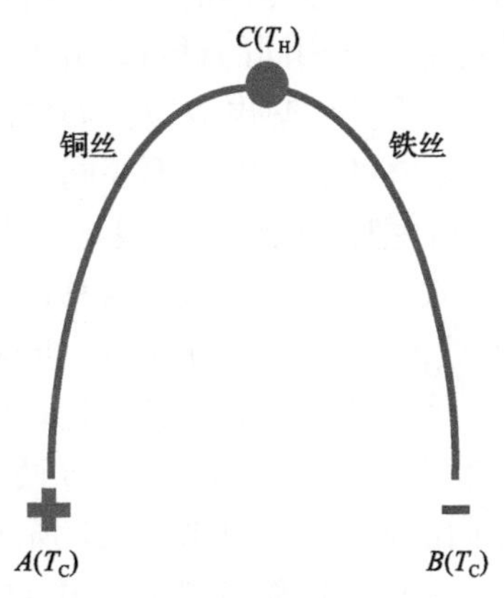

图 9.19　塞贝克效应示意图

托马斯·约翰·塞贝克(Thomas Johann Seebeck)于 1821 年首先观察到了上述热电效应，图 9.20(b)是当时塞贝克所使用的装置示意图，当在右端两种不同金属(图中的 n 和 a)的连接处加热时，指南针会发生偏转，这证明指南针附近产生了磁场。遗憾的是，塞贝克本人对这种从热到电的转化(温差电)没有给予正确的解释，把这一发现描述为“温差导致的金属磁化”，而不是由于温差先产生电流后产生磁场。但是，一个难以解释的现象是：如果不将图 9.19 中的 A、B 两点连接[或者图 9.20(b)中两种金属冷端断开]，即将电路切断，温度梯度并不能在导线周围产生磁场。可能是由于这一原因，热电效应(而不是热磁效应)的观点得到了科学界的普遍认可，一直到现在。

(a) 塞贝克

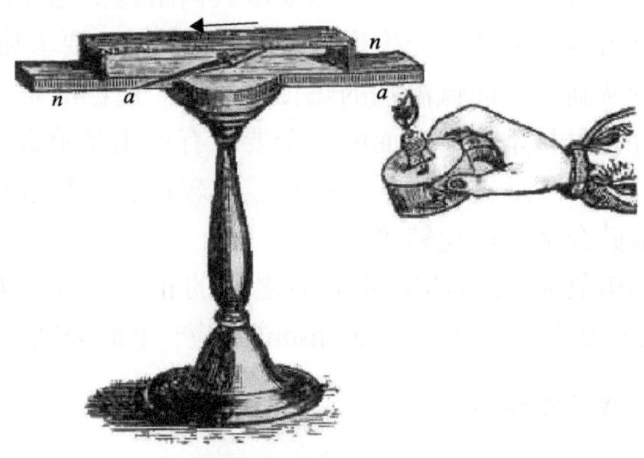

(b) 塞贝克所用装置示意图

图 9.20　塞贝克及其所用装置示意图

图片来源：http://thermoelectrics.matsci.northwestern.edu/thermoelectrics/history.html

塞贝克效应的物理机理比较复杂，这也可能是为什么塞贝克本人从一开始都没有正确解释这一热电效应的机理。尽管目前对塞贝克效应进行了大量研究，但是其机理即使到现在也并不是完全清楚。关于塞贝克效应，下面的机理解释可能有一定的合理性，简述如下。如图 9.19 所示，如果导体两端没有温差，则导体两端的电势肯定是相同的。当一端被加热时，在温度梯度的作用下，导体内的载流子将从热端移向冷端，并在导体的两端形成电势差。如果两根导线是完全相同的材料，由于塞贝克系数等特性参数完全相同，则 A、B 两点的电势相同，不会产生热电效应。如果两根导线的材料不同，由于塞贝克系数等特性参数不同，则 A、B 两点的电势不相同，从而形成电压差，产生热电效应。如果把铜线换成 P 型半导体，把铁线换成 N 型半导体，如图 9.21 所示。在开路状态下，P 型半导体内的载流子空穴(带正电荷)从热端移向冷端，在冷端处(A 点)产生较高的正电势；N 型半导体内的载流子电子(带负电荷)也从热端移向冷端，在冷端处(B 点)产生较低的负电势。这样，A、B 两点电势的极性是相反的，从而可以产生大的电压差。与图 9.19 中的组合相比，由于铜丝与铁丝在 A、B 两点的电动势的极性是相同的，所以，在其他条件(如温差)相同的情况下，如图 9.21 所示的 PN 半导体组合能够产生比铜丝/铁丝组合更大的电压差。这可以解释现在热电材料领域的一个现象：尽管许多材料(包括聚合物)组合都可以产生塞贝克效应，但是目前主要的热电材料大都采用半导体。

利用 PN 半导体组合的塞贝克效应如图 9.21 所示，所产生的电压称为塞贝克电压，可以采用式(9.1)计算：

$$V=\int_{T_{\mathrm{C}}}^{T_{\mathrm{H}}}(S_{\mathrm{P}}(T)-S_{\mathrm{N}}(T))\mathrm{d}T \tag{9.1}$$

式中，$S_{\mathrm{P}}(T)$ 与 $S_{\mathrm{N}}(T)$ 为两种材料 P、N 半导体的塞贝克系数；T_{C} 与 T_{H} 为冷端和热端的温度。

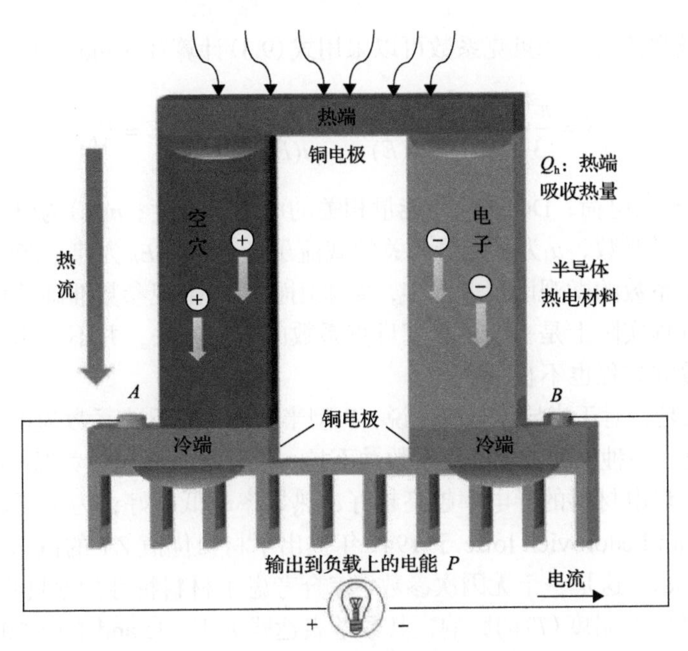

图 9.21　半导体中塞贝克效应示意图

塞贝克系数是度量热电材料热电效应或者塞贝克效应的主要参数之一，定义为材料在某一微小温度差(ΔT)作用下达到稳定状态即材料内部的电流为零时每单位温度产生的电压(ΔV)。根据相应的测量数据，塞贝克系数(S)可以采用式(9.2)计算：

$$S = \frac{\Delta V}{\Delta T} \tag{9.2}$$

塞贝克系数的单位是 μV/K。为了更加详细地描述塞贝克系数，以图 9.19 中的铜丝为例进行解释。C 点处于高温(T_H)、A 点处于低温状态(T_C)，则式(9.2)中的 $\Delta T = T_H - T_C$ 而 $\Delta V = V_A - V_C$。A、C 两点的温度和电压都是可以测定出来的，根据这些测量数据可以计算某种材料的塞贝克系数。

目前常用的半导体的塞贝克系数见表 9.2。

表 9.2　常见的半导体的塞贝克系数

热电材料	塞贝克系数/(μV/K)	类型
碲化铋(P)	260	P
碲化铋(N)	–270	N
碲化锑(P)	133	P
碲化锑(N)		N
硒化铋(P)		P
硒化铋(N)	–77	N

式(9.2)是从宏观角度来定义的塞贝克系数，该方程可以根据实验测定的数据计算塞

贝克系数。从微观角度，塞贝克系数可以采用式(9.3)计算(He and Tritt, 2017)：

$$S=\frac{\pi^2}{3}\frac{{k_B}^2T}{e}\left[\frac{\mathrm{DOS}(E)}{n(E)}+\frac{1}{\mu(E)}\frac{\mathrm{d}_{\mu}(E)}{\mathrm{d}E}\right]\Bigg|E=E_F \tag{9.3}$$

式中，e 为载流子的电荷；DOS(E)为能量相关的电子态密度；$n(E)$为电子态的能量相关数；k_B 为玻耳兹曼常数；μ 为与能量相关的载流子迁移率；E_F 为弗米能级。

影响塞贝克系数的微观因素非常多，要采用物质的微观参数准确计算塞贝克系数十分困难，上述方程实际上是一个计算塞贝克系数的近似方法，并不是非常精确。另外，计算塞贝克系数的方程也不止一个。

值得注意的是，对于半导体材料来说，P 型半导体的塞贝克系数为正，N 型半导体的塞贝克系数为负。一种材料的塞贝克系数并不是一个常数，而是随着温度的变化而变化。

如前所述，热电材料的导电率越高越好，热导率越低越好，为了更好地描述材料的热电特性，Abram Fedorovich Ioffe 于 1949 年提出了材料优值 ZT 的概念(Vedernikov and Iordanishvili, 1998)。这是一个无因次参数，综合考虑了材料特性如塞贝克系数(S)、导电率(σ)、热导率(K)及温度(T)的影响，其数学表达式如下(He and Tritt, 2017)：

$$\mathrm{ZT}=\frac{S^2\sigma}{K}T=\frac{S^2\sigma}{K_\mathrm{L}+K_\mathrm{e}}T \tag{9.4}$$

式中，K_L 为晶格(声子和磁振子)热导率；K_e 为电荷载流子热导率。

一种材料的优值并不是一个常数，大部分情况下随着温度的增加而升高。

优值越大，材料的热电性能越好。关于提高热电材料优值的研究和文献报道非常多，但是过去 10 多年来进展并不是很大。如图 9.22 所示，目前大部分比较新的热电材料的优值在 1.0～2.5 这个范围(Tan et al., 2016)。

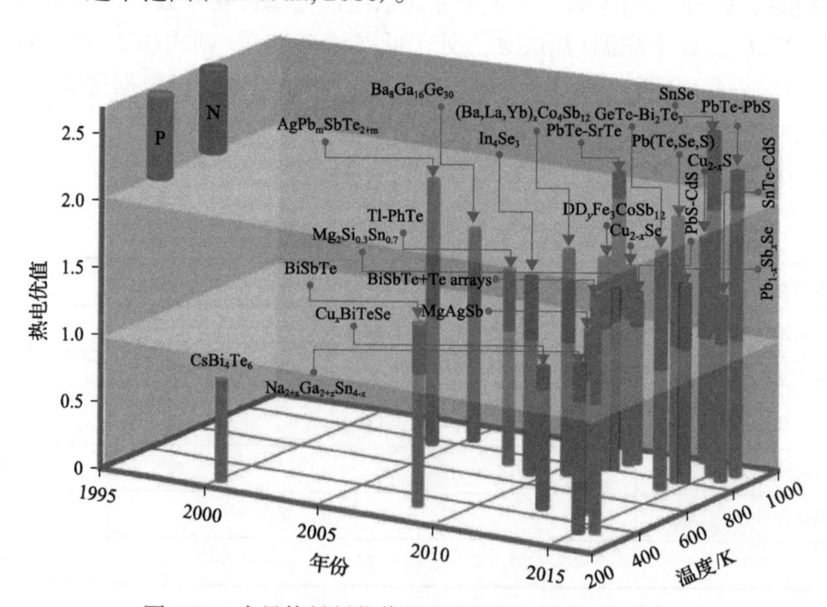

图 9.22　半导体材料优值的研究进展(Tan et al.,2016)

Byeon 等(2019)报道了一个很高的优值，超过 400。但是，只在一个很小的温度区间出现了这样一个很高的优值。目前，还没有其他研究人员得到过如此高优值的热电材料。

测定热电材料的优值后，可以计算其最高的发电效率，计算公式如下(He and Tritt, 2017)：

$$\eta_{\max}=\left(\frac{T_{\mathrm{H}}-T_{\mathrm{C}}}{T_{\mathrm{H}}}\right)\left[\frac{\sqrt{1+\mathrm{ZT_m}}-1}{\sqrt{1+\mathrm{ZT_m}}+\left(\dfrac{T_{\mathrm{C}}}{T_{\mathrm{H}}}\right)}\right] \tag{9.5}$$

由于优值随温度的变化而变化，因此，式(9.5)中的 $\mathrm{ZT_m}$ 是在温度区间，即 T_{C} 到 T_{H} 之间的平均值。

塞贝克效应的应用比较多，除了上述发电的用途外，还可以用来做成测试温度的温度计：热电偶。热电偶温度计的主要原理是基于式(9.2)，即塞贝克效应产生的电压与温差成正比，只要选用适当的金属作为热电偶材料，就可以比较准确地测量超过 2800℃的温度。如此宽的测量范围，常规的酒精或者水银温度计无法与之相比。

能够利用塞贝克效应来制造热电偶温度计得益于 1851 年 Gustav Magnus 的一个发现：塞贝克电压与导体上的温度分布(温度梯度)无关。具体的描述如下，如图 9.19 所示，*A*、*B* 两点的电压与铁丝和铜丝上的温度分布即 *A*、*C* 两点以及 *B*、*C* 两点之间的温度梯度无关。也就是说，塞贝克电压与铁丝和铜丝的长度基本无关。但是，这一规律目前并没有在远距离发电方面得到应用，主要原因可能是，如果导体(如铜丝和铁丝)的长度太长，则内阻可能过大，成本很高。

9.3.3　佩尔捷效应

佩尔捷(图 9.23)在 1834 年发现，当有直流电流通过不同的导体组成的回路时，除产生不可逆的焦耳热外，在不同导体的接点处产生吸热(可以制冰)、放热现象(可以融化冰

图 9.23　佩尔捷

块)，具体是吸热还是放热取决于电流的方向。有意思的是，物理学家并不是佩尔捷的全职身份，他的主要身份是法国的一位手表商人。

佩尔捷效应也称为第二热电效应，具体描述如下：在上述塞贝克效应的电路中(图9.19)，假设 A、B、C 三点开始都处于同一温度，如室温，此时 A、B 两点不会产生电压差。如果在 A、B 两点施加直流电压，则电流将流过两种不同的导体，此时在两种不同导体的连接处 C 点的温度将会升高(放热)或者降低(吸热)。在连接处 C 点产生的这种热不同于焦耳热，称为佩尔捷热，这种效应称为佩尔捷效应，是和塞贝克效应相反的效应。连接处 C 点热能的变化与外加电流的大小成正比，并随外加电流的方向变化而吸热或者放热，其吸热或者放热的速率可以用式(9.6)计算：

$$q = \pi I \tag{9.6}$$

式中，π 为佩尔捷系数，W/A，即

$$\pi = \frac{q}{I} \tag{9.7}$$

式中，q 为连接处 C 点的吸热(或放热)速率，W；I 为回路中的电流，A。

如果采用如图 9.24 所示的半导体单元，当在 A、B 两点施加直流电压时，P 型半导体 A 点为正极，N 型半导体 B 点为负极时，上部连接点处放热，外部温度升高。当施加的电压反向时，即 P 型半导体 A 点为负极，N 型半导体 B 点为正极时，上部连接点处吸热，外部温度降低，可以用于制冷。

佩尔捷效应和塞贝克效应都是温差引起的热电效应，两者之间明显有内在的关系，也可以说它们是互为反效应：一个是有温差时会产生电势或者电流（塞贝克效应），一个是环路中有电流时会产生温差(佩尔捷效应)。

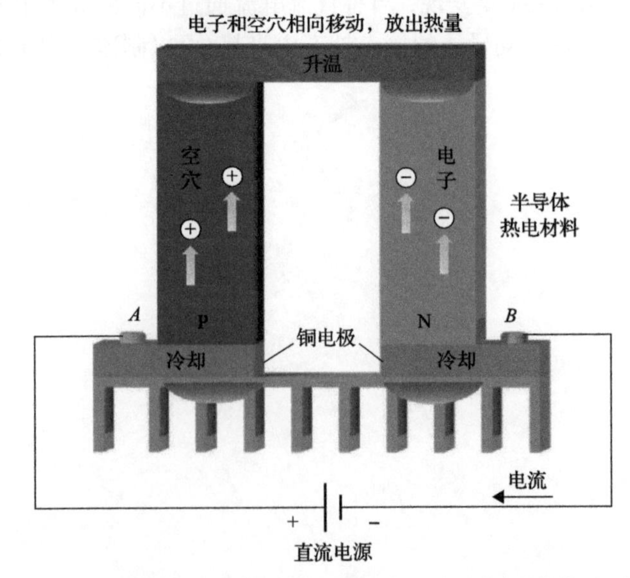

(a) P型半导体A点为正极，N型半导体B点为负极时，上部连接点处放热，温度升高

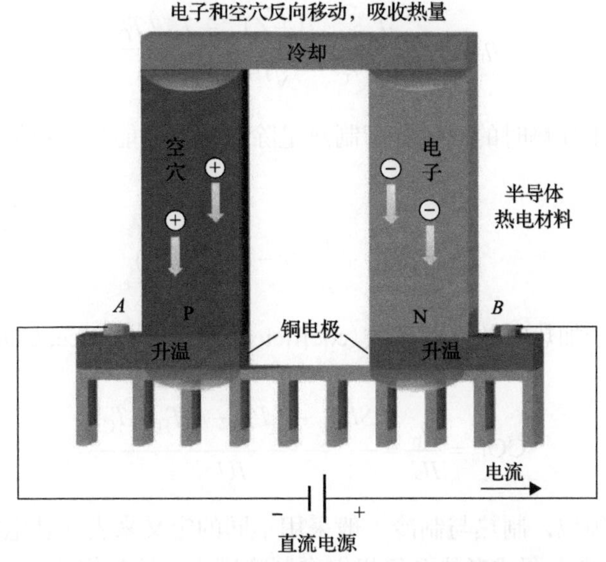

(b) P型半导体A点为负极，N型半导体B点为正极时，上部连接点处吸热，温度降低

图9.24　佩尔捷效应(加热、制冷)示意图

佩尔捷系数和塞贝克系数的关系如下：

$$\pi = ST \tag{9.8}$$

式中，T 为绝对温度。由此可知，影响塞贝克效应的所有因素都将是佩尔捷效应的影响因素，或者说好的温差发电热电材料也是好的佩尔捷制冷热电材料。

佩尔捷效应用于制冷时的效率等于制冷量除以输入的能量，根据热力学分析，制冷量等于佩尔捷热量减去焦耳热和传导热，即

$$Q_c = SIT_C - \frac{1}{2}I^2 r - k(T_H - T_C) \tag{9.9}$$

佩尔捷效应用于制冷时输入的功率为 IU，接通直流电源后，施加在制冷单元两端的电压包括元件本身内阻产生的电压降 Ir 和反抗塞贝克效应(电压)的电压降 $S\Delta T$，即 $U = S(T_H - T_C) + Ir$，因此，输入的功率也可以用式(9.10)计算：

$$P = SI(T_H - T_C) + I^2 r \tag{9.10}$$

制冷时的能效系数或者能效比(energy efficiency ratio, EER)则为

$$\text{EER} = \frac{Q_c}{P} = \frac{Q_c}{IU} = \frac{SIT_C - \frac{1}{2}I^2 r - k(T_H - T_C)}{SI(T_H - T_C) + I^2 r} \tag{9.11}$$

在一定条件下，基于佩尔捷效应的最大制冷效率为

$$\eta_{\max} = \frac{T_C}{T_H - T_C} \frac{\sqrt{1+ZT_m} - T_H / T_C}{\sqrt{1+ZT_m} + 1} \tag{9.12}$$

佩尔捷效应用于加热时的效率等于制热量除以输入的能量，根据热力学分析，制热量为

$$Q_h = SIT_H + \frac{1}{2}I^2 r - k(T_H - T_C) \tag{9.13}$$

佩尔捷效应用于加热时的性能系数(coefficient of performance, COP)为

$$\mathrm{COP} = \frac{Q_h}{IU} = \frac{SIT_H + \frac{1}{2}I^2 r - k(T_H - T_C)}{IU} \tag{9.14}$$

在空调与制冷领域，制热与制冷一般采用不同的定义来表征其电能到热能的转换效率。EER 通常用来指空调或者热泵等机组在制冷模式下的工作效率，EER=制冷量/制冷消耗功率；COP 通常用来指空调或者热泵等机组在制热模式下的工作效率，COP=制热量/制热消耗功率。但是，从能量转换的角度来看，两个定义基本上是相同的。因此，在很多场合，不管是制热还是制冷，都采用 COP 的概念来描述机组的工作性能。

如果能够同时利用佩尔捷效应产生的冷能和热能，则能效系数为

$$\mathrm{COP} = \frac{Q_c + Q_h}{IU} \tag{9.15}$$

式中，U 为电压，V；Q_c 为冷端从外界吸收的热量，J；Q_h 为热端向外界释放的热量，J；P 为消耗功率（输入功率），W；I 为电流，A；S 为塞贝克系数，V/K；k 为热导率，W/(m·K)；T_H 为热端的温度，K；T_C 为冷端的温度，K；r 为热电模块的电阻，Ω。

显然，COP 或者 EER 是评估利用佩尔捷效应制冷和加热性能的重要指标。

9.3.4 汤姆孙效应

汤姆孙效应是指一定电流通过具有温度梯度(或者两端存在温差)的均匀导体时，导体将从环境中吸收或放出热量的现象，是威廉·汤姆孙(William Thomson，图 9.25)在 1851 年发现的。

由汤姆孙效应产生的热流量，称汤姆孙热量，用符号 q^T 表示，单位为 W，可以用式(9.16)表示：

$$q^T = \tau I \Delta T \tag{9.16}$$

式中，q^T 为单位长度导体吸热或放热的热流量，W；τ 为汤姆孙系数，W/(A·K)；ΔT 为温度差，K；I 为电流，A；

汤姆孙效应也是可逆的，若电流方向由高温流向低温，将有放热现象[图 9.26(a)]，反之则有吸热现象[图 9.26(b)]。

图 9.25　汤姆孙

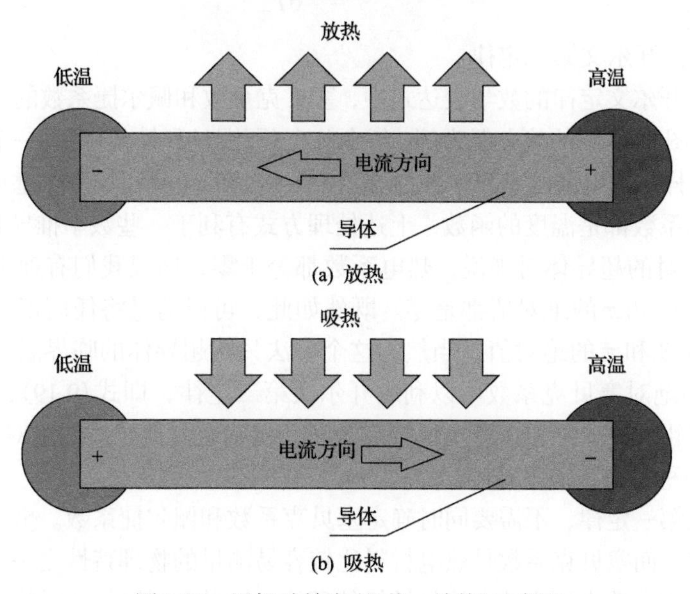

图 9.26　汤姆孙效应(吸热、放热)示意图

如前所述，基于塞贝克效应和佩尔捷效应的元件中都必须有两种不同的材料，汤姆孙效应与塞贝克效应和佩尔捷效应不同，它仅涉及一种材料。由此可知，在图 9.24 中的 P 型和 N 型半导体中都会产生汤姆孙效应或者汤姆孙热量。

9.3.5　热电效应的相互关系：开尔文定律

前面简单介绍了塞贝克系数和佩尔捷系数之间的内在联系和相互关系，实际上，塞贝克系数、佩尔捷系数和汤姆孙系数这三个参数都是相互关联的。

汤姆孙系数是当单位温度梯度的导体上通过单位电流时，单位长度的加热率。因此，它也可以表示为

$$\tau = \frac{\mathrm{d}q/\mathrm{d}x}{I\mathrm{d}T/\mathrm{d}x} \tag{9.17}$$

值得注意的是，与佩尔捷效应和塞贝克效应不同，汤姆孙效应存在于单一导体(或材料)中，因此，在热电偶中的两个分支(图 9.19)都存在汤姆孙效应。

塞贝克系数、佩尔捷系数和汤姆孙系数之间的关系可以通过不可逆的热力学原理来确定，汤姆孙(即开尔文)建立了两个定律，第一个定律将塞贝克系数 S 和佩尔捷系数 π 联系起来，第二个定律将塞贝克系数与汤姆孙系数 τ 联系起来。这些关系被称为开尔文定律，它们是：

$$\pi = S_{AB}T \tag{9.18}$$

式(9.18)称为开尔文第一定律。

$$\tau_A - \tau_B = T\frac{\mathrm{d}S_{AB}}{\mathrm{d}T} \tag{9.19}$$

式(9.19)称为开尔文第二定律。

在上述两个开尔文定律的数学表达式中，塞贝克系数和佩尔捷系数的表征方式和前面的有些不同，以图 9.19 中的热电偶为例，每个分支(即铜丝和铁丝)都有一个塞贝克系数和佩尔捷系数，这样，热电偶的 S 和 π 分别等于 $S_A - S_B$ 和 $\pi_A - \pi_B$。由于塞贝克系数、佩尔捷系数和汤姆孙系数都是温度的函数，上述处理方式有利于一些数学推导和相关计算。

对于所有成对的超导体对来说，热电系数都等于零，所以我们有理由假设，对于任何超导体来说，S 和 π 的绝对值都是零。既然如此，可以通过将任何正常导体与超导体连接起来，获得 S 和 π 的绝对值。当然，这个方法只在超导体的临界温度以下有效。然而，正常导体的绝对塞贝克系数可以利用开尔文第二定律，即式(9.19)，推算到更高的温度。对于金属铅，这项工作实际上已经完成了，在确定其他导体的绝对塞贝克系数时，可以将其作为一种参考或者基准。

根据开尔文第一定律，不需要同时确定塞贝克系数和佩尔捷系数。事实上，佩尔捷系数相当难以确定，而塞贝克系数是热电材料比较容易测量的物理特性之一。因此，通常的做法是根据塞贝克系数来研究热电能量转换的理论，如果需要佩尔捷系数，则用 ST 代替。

9.3.6 三种热电效应的应用情况

对于塞贝克效应、佩尔捷效应和汤姆孙效应这三个热电效应，佩尔捷效应的应用目前最为普遍，主要用于各行各业的降温、制冷和制热，产品包括冷柜、冰箱、汽车坐垫、冰激凌机以及一些特征仪器设备的制冷与加热器件(如粘度计的降温和升温部件)等。这种制冷技术的特性使其非常适合应用在需要精确的温度控制、有空间限制以及可靠性至为重要的场景，与常规的利用有机工质(如氟利昂等)、带压缩机的制冷技术相比，基于佩尔捷效应的制冷技术不需要制冷剂。

基于塞贝克效应的应用也比较普遍，主要用来在温差的作用下实现发电，目前应用的领域比较多，如新能源、现代工业、航空航天、军事、汽车、民用家电等领域，产品包括各种高端电源、燃油车尾气发电、工厂余热发电、地热能等清洁能源发电。

汤姆孙效应的应用相对于塞贝克效应和佩尔捷效应来说，应用比较少。但是，汤姆孙效应的存在非常普遍，好像是塞贝克效应和佩尔捷效应的“孪生兄弟”，有塞贝克效应或者佩尔捷效应的地方，就会有汤姆孙效应。因此，在进行基于塞贝克效应有关热伏发电(或者基于佩尔捷效应有关制冷加热)的计算和数值模拟时，在一定条件下应该注意考虑汤姆孙效应的影响，尤其是在温差比较大的情况下。

热伏发电技术领域有三个方面的重大挑战。①热电材料：主要是如何提高其优值，关于这一点，前面已经分析和讨论过，这里就不再赘述。②器件或者芯片：有了好的材料，要做出好的器件也是非常不容易的。③热伏发电系统：有了好的器件或者芯片，要做成发电功率比较大的系统目前仍然是非常大、非常困难的技术挑战，目前国际上还没有超过 20kW 的热伏发电系统。

9.4　热伏发电芯片的结构与数值模拟

9.4.1　热伏发电芯片的结构

如图 9.21 所示的半导体热电偶单元的电压和发电功率非常小，目前市场上的热伏发电芯片一般设置有 127 对这样的热电偶，也有 128 对的，而制冷片一般设置有 126 对。这个差异主要是考虑电极的安装，电极一般安装在冷端。

热伏发电芯片一般由上下基板(陶瓷或者铝基板)、半导体粒子、铜片等组成，电流是由两个基板之间的温度梯度通过前述塞贝克效应产生的，大部分情况下，每个芯片中的所有半导体热电粒子都是由铜导体串联以提高单个芯片的电压，芯片和电路的外部负载也串联在一起。热伏发电芯片的正负极取决于 PN 粒子的排列、铜导流片的排列、冷热端的方向等，图 9.27 左侧为正极，右侧为负极。热伏发电芯片的电压和功率则主要取决于热电材料的优值、冷热端温差的大小、上下基板的热导率等。

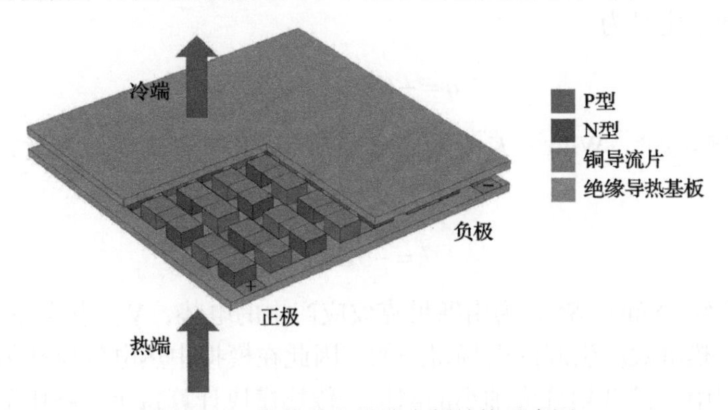

图 9.27　热伏发电芯片内部结构示意图

目前市场上大部分芯片的大小都是 40mm×40mm，不过，作者及其团队已经研发并制造成功当前国际上单个面积最大(80mm×80mm)、单个功率最大的铝基板热伏发电芯片。

9.4.2 芯片的数值模拟

如前所述，热伏发电芯片中的所有热电粒子都采用串联方式由铜片连接，对热伏发电芯片数值模型的假设包括：①所有热电偶具有相同的配置和性能；②接触电阻、金属化和分流电阻可以忽略不计。

该热伏发电芯片模型(图 9.28)采用 40mm×40mm 的大小，基板厚度为 1mm，其中绝缘层厚度为 0.1mm，金属层厚度为 0.9mm，上下基板外侧有一层 0.1mm 厚的导热硅脂，基板内侧是厚度为 0.035mm 的铜导流片，碲化铋颗粒尺寸为 1.5mm×1.5mm×0.75mm(高度)，共计 128 对 PN 结。

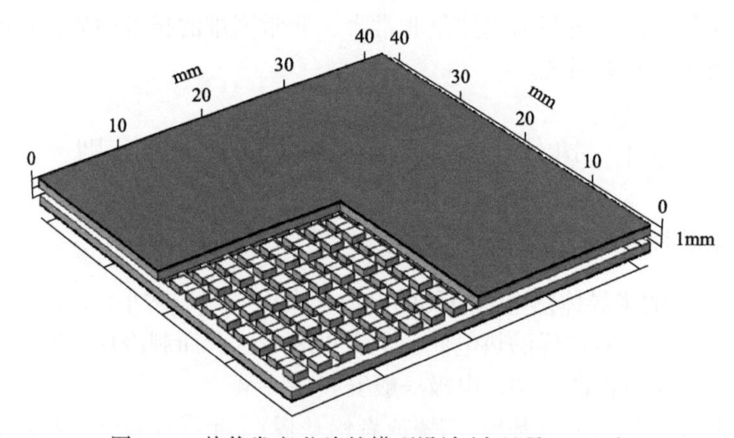

图 9.28　热伏发电芯片的模型设计(朱昱昊，2020)

数值模拟可以采用 COMSOL 三维模型对热伏发电芯片中的热电效应进行描述，同时对固体和流体传热过程和电流进行建模。COMSOL 主要使用了塞贝克系数，佩尔捷系数也用作中间变量，但没有使用汤姆孙系数。

在连续介质中，傅里叶热传导定律表明传导热通量与温度梯度成正比，模拟热电效应时，传导热通量定义为

$$q = -K\nabla T + PJ \tag{9.20}$$

式中，q 为传导热通量，W/m^2；K 为热导率，W/(m·K)；J 为电流密度，A/m^2，由以下方程给出：

$$J = -\sigma S\nabla T \tag{9.21}$$

其中，σ 为电导率，S/m；$S\nabla T$ 为由塞贝克效应产生的电势，V。由式(9.21)可以看出，电流密度是加上热电效应引起的电场得到的，因此在模拟中热电效应和传热是耦合的。

在数值模拟中，模型划分成细小的网格，传热模块计算每个网格中的温度分布，以及由热电效应所产生的电势差，累加在一起输出总电压。假设每对 PN 结产生的电压为 $S\nabla T_i$，由 n 对 PN 结组成的热伏发电芯片的开路电压、短路电流和最高输出功率可分别由式(9.22)～式(9.24)计算：

$$U_0 = \sum_{i=1}^{n} S\nabla T_i \tag{9.22}$$

$$I_0 = \frac{nU_0}{R_0} = \frac{\sum_{i=1}^{n} S\nabla T_i}{R_0} \tag{9.23}$$

$$P = \frac{U^2}{R} = \frac{(U_0/2)^2}{R_0} = \frac{\left(\sum_{i=1}^{n} S\nabla T_i\right)^2}{4R_0} \tag{9.24}$$

式中，U_0 为热伏发电芯片开路电压；I_0 为热伏发电芯片短路电流；P 为最高输出功率；R_0 为热伏发电芯片总的内阻；R 为外接负载电阻。

外接电阻 R 与热伏发电芯片的内阻 R_0 相同时，热伏发电芯片的输出功率最高，此时输出电压 U 为开路电压 U_0 的一半。

在热伏发电芯片的数值模拟中采用两种不同的边界条件分别进行计算，分别为定温边界条件和定流量边界条件。定温边界条件是指热伏发电芯片的顶底两边界温度恒定，分别作为冷端和热端，其他边界处无热通量。顶部边界(冷端)温度恒定为 20℃，底部边界(热端)温度恒定为 100℃或者其他恒定的温度值。

定温边界条件下，热伏发电冷端基板内表面的温度呈“中间高边缘低”分布，热端基板内表面的温度分布呈“中间低边缘高”分布，这表明定温边界条件下，越靠近热伏发电芯片的中心，热通量越高。

热伏发电芯片内部(导流片和碲化铋颗粒)，各个碲化铋粒子以热并联的形式将热端的能量传递到冷端，在碲化铋颗粒中建立温度梯度，产生塞贝克电压。当热伏发电芯片接有外部负载时即可输出功率，外接负载与热伏发电芯片内阻相同时，输出功率最高，热伏发电芯片内部的电势分布如图 9.29 所示。

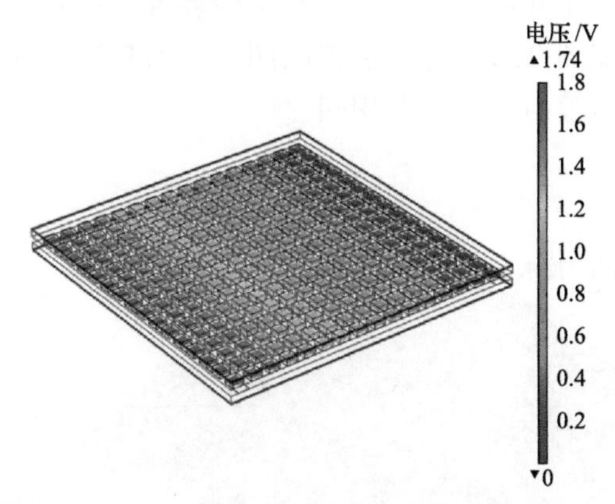

图 9.29　定温边界条件下热伏发电芯片内部的电势分布

定流量边界条件是指热伏发电芯片的底部边界温度恒定作为热端，顶端是与热伏发电芯片尺寸相同并与芯片顶部边界相接触的流体作为冷端，除流体的出入口边界和热伏发电芯片的底部边界外，其余边界处无热通量。

为了与定温边界条件以及相关实验数据进行对比，热伏发电芯片的结构不变，底部边界(热端)的温度仍旧恒定为 100℃，在热伏发电上部设置一个层流区域，水流初始温度为 20℃，层流区域与热伏发电芯片顶部基板之间有一个铝质水冷壁。

定流量边界条件下，热伏发电冷端基板内表面的温度呈“入口附近低出口附近高”分布，热端基板内表面的温度分布同样呈“入口附近高出口附近低”分布，但分布状态与冷端略有不同。

无论边界条件如何变化，所对应的最高输出功率都是在外接负载与热伏发电芯片内阻相同时得到的，定流量边界条件下热伏发电芯片内部的电势分布如图 9.30 所示。

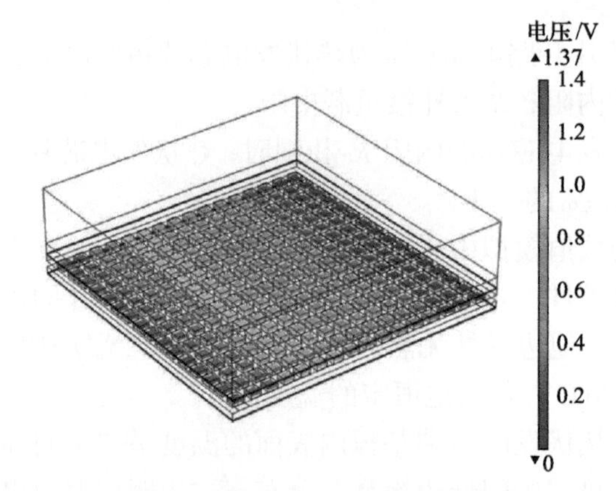

图 9.30　定流量边界条件下热伏发电芯片内部的电势分布

9.4.3　热伏发电芯片的实验测试

数值模拟的难题之一是确定合适的边界条件，例如上述数值模拟，是采用定温还是采用定流量边界条件，光从数值模拟的角度，是无法确定的。为了解决该问题以及验证上述数值模拟结果，进行了相应的实验。所有实验装置是作者及其团队自主研发的，热伏发电芯片的实验流程如图 9.31 所示，装置的照片如图 9.32 所示。实验所用热伏发电芯片的几何尺寸、热电材料等与数值模型相同。

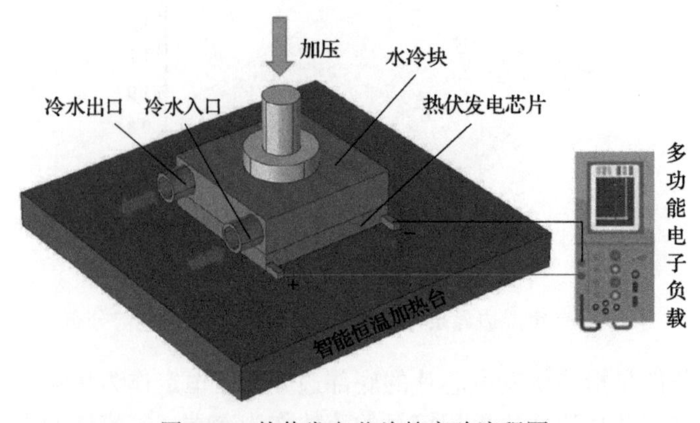

图 9.31　热伏发电芯片的实验流程图

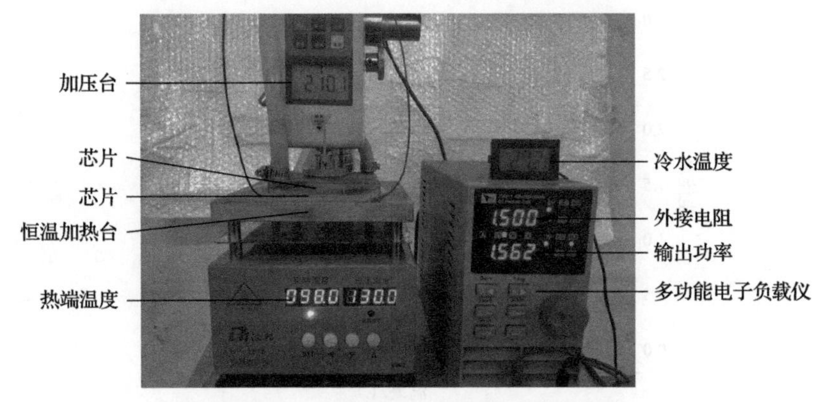

图 9.32　热伏发电芯片的实验测试装置

实验过程和操作步骤描述如下：一块 40mm×40mm 的热伏发电芯片被夹持在恒温加热台和水冷块之间，热伏发电芯片顶部表面与水冷块接触，水冷块壁厚 1.5mm，内部通道高度 8mm，长宽尺寸与热伏发电芯片相同；热伏发电芯片底部表面与恒温加热台接触，接触面均涂有一层 0.1mm 厚的导热硅脂。水冷块上方还施加有 210N 的压力，使热伏发电芯片与水冷块和恒温加热台能良好地接触。恒温加热台的温度可以变化并从实际温度示数读出，水冷块中通有温度较低的水，质量流率为 0.046kg/s，为节约水源，实验中冷端的水循环使用，所以冷端温度会随着实验进行而缓慢增高。研究输出功率和温度之间的关系时，以冷热两端的温差为变量，而不是某一端的温度。外接负载为 1.5Ω，恒温加热台可以改变热端的温度。热伏发电芯片在不同温差下产生的电压、电流和功率采用多功能电子负载仪测定。

9.4.4　数值模拟结果的验证与边界条件的确定

采用上述实验装置在不同温差条件下测定热伏发电芯片的输出功率，实验结果和数值模拟结果如图 9.33 所示。图 9.33(a)显示热伏发电芯片的电压随温差的上升而线性增大，图 9.33(b)显示热伏发电芯片的电流随温差的上升而线性增大，图 9.33(c)中实验结果和数值模拟结果均显示热伏发电芯片的输出功率随温差变大而升高，呈抛物线趋势。采用定流量边界条件的数值模拟结果与实验结果拟合较好，定温边界模拟结果与实验结果拟合较差。由此可知，这类热伏发电芯片的数值模拟采用定流量边界条件可能比较合适。

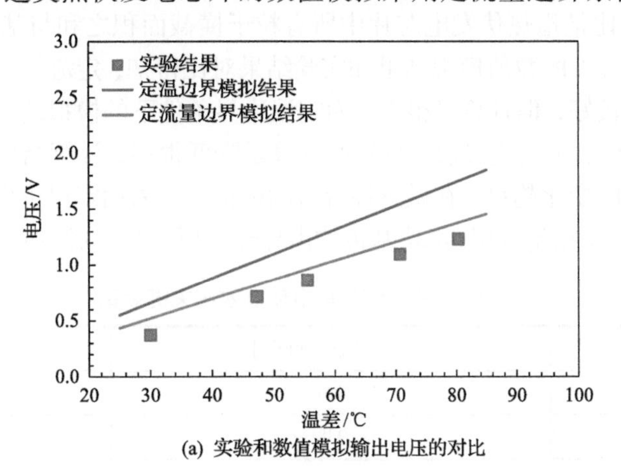

(a) 实验和数值模拟输出电压的对比

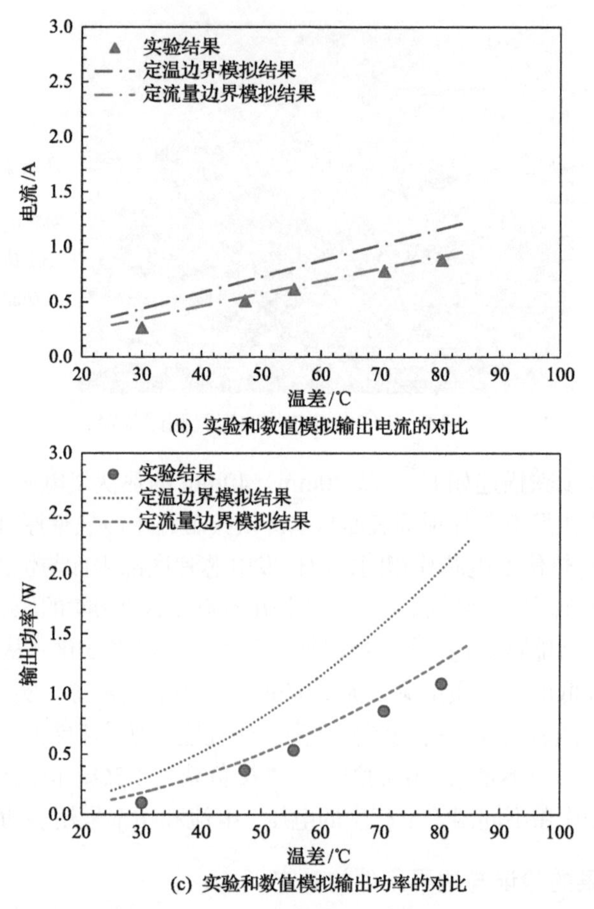

(b) 实验和数值模拟输出电流的对比

(c) 实验和数值模拟输出功率的对比

图 9.33　热伏发电芯片实验结果和数值模拟结果的比较

9.4.5　芯片电压、功率的敏感性分析

为了研究热伏发电芯片功率的影响因素，可以采用数值模拟方法对热伏发电芯片的特性进行敏感性分析，包括碲化铋粒子横截面积、粒子厚度、填充比三个方面。碲化铋粒子横截面积是指单个粒子的横截面积；粒子厚度是指热伏发电芯片中所有碲化铋粒子的统一高度；填充比是指热伏发电芯片中所有粒子横截面积之和与基板面积之比。

由两种边界条件下的数值模拟结果和实验结果对比得知，定流量边界条件下的模拟结果与实验结果拟合较好，但计算量很大；而定温边界条件下的模拟结果与实验结果拟合较差，但整体趋势相似，采用定温边界计算时计算量降低很多，计算结果也足以研究热伏发电芯片功率和电压的变化趋势。在敏感性分析的模拟中，采用定温边界条件进行计算，基板整体尺寸不变，但忽略绝缘层，两块基板均由导热金属材料组成，所用材料属性见表 9.3。

表 9.3　敏感性分析中热电效应关键参数

材料	热导率/[W/(m·K)]	电导率/(S/m)
铜导流片	400	5.998×10^{7}
基板金属层	238	—

热伏发电芯片的尺寸为 40mm×40mm，碲化铋粒子的厚度为 0.75mm，填充比为36%，在定温边界条件(冷端边界 20℃，热端边界 100℃)下，朱昱昊(2020)研究了粒子横截面积不同的 6 种热伏发电芯片的电压和功率输出，6 种热伏发电芯片的配置参数见表 9.4，内部粒子的温度梯度如图 9.34 所示。

表 9.4　碲化铋粒子横截面积不同的 6 种热伏发电芯片配置参数

编号	单个粒子横截面积/mm^2	粒子厚度/mm	碲化铋粒子数量/个	填充比/%
1	1.00(1.0×1.0)	0.75	576	36
2	2.25(1.5×1.5)	0.75	256	36
3	4.00(2.0×2.0)	0.75	144	36
4	9.00(3.0×3.0)	0.75	64	36
5	16.0(4.0×4.0)	0.75	36	36
6	36.0(6.0×6.0)	0.75	16	36

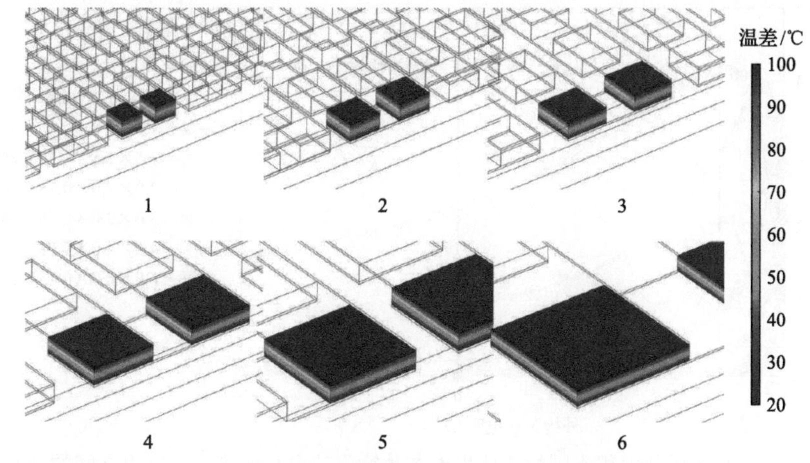

图 9.34　碲化铋粒子厚度、填充比相同时，粒子横截面积不同的热伏发电芯片内部粒子温度分布

注：1～6 为表 9.3 中 6 种热伏发电芯片的编号

不同尺寸的粒子，其温度梯度是相同的，而热伏发电芯片基板内表面的温度分布却相差不少，如图 9.35 所示。从图 9.35 可以看出，粒子横截面积越小，基板内表面温度损失越多。热量需要通过碲化铋粒子从热端传递到冷端，粒子横截面积越小，分布越均匀，则其传热效果越好；反之粒子横截面积较大时，粒子分布较为集中，传热效果较差。

粒子横截面积不同的热伏发电芯片其内阻不同，图 9.36 给出了不同的热伏发电芯片的输出功率随外接负载电阻变化的趋势。由图 9.36 中的曲线可找出不同的热伏发电芯片的内阻(图中虚线部分)。粒子厚度和填充比相同时，随着粒子横截面积的增大，热伏发电芯片的内阻逐渐减小，最高输出功率也逐渐减小。由此可以看出，碲化铋粒子越小，分布越均匀，则传递的热量越多，输出功率就越高，产生的电能也就越多。值得注意的是，6 种热伏发电芯片中碲化铋颗粒的横截面积各不相同，但填充比和粒子厚度是一致的，所以各个热伏发电芯片的材料用量也是相同的，通过改变碲化铋粒子的横截面积，可获得更高的热能利用效率。

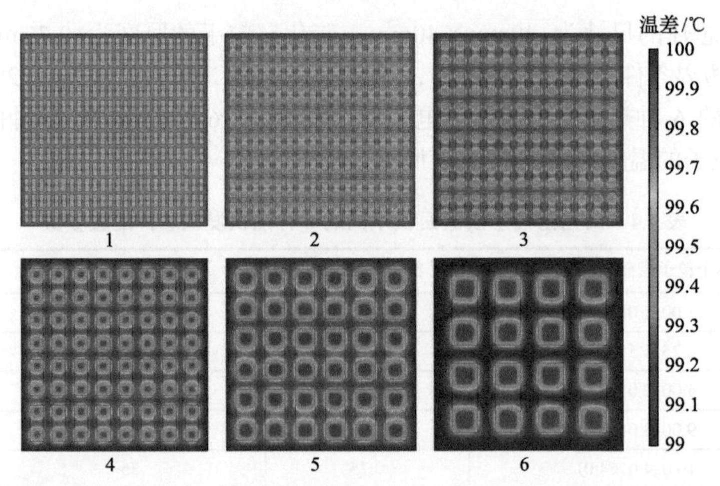

图 9.35　碲化铋粒子高度、填充比相同，粒子横截面积不同的热伏发电芯片热端基板内侧温度分布

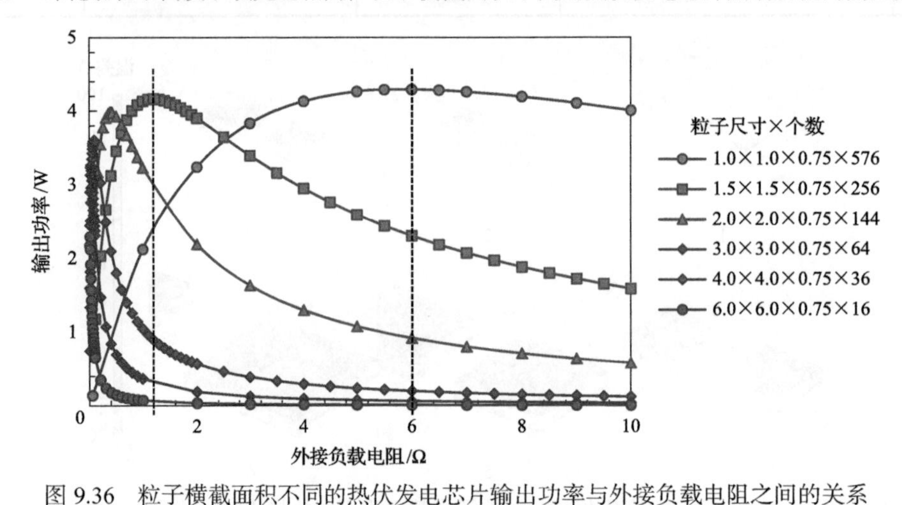

图 9.36　粒子横截面积不同的热伏发电芯片输出功率与外接负载电阻之间的关系

电压及最高输出功率随碲化铋粒子横截面积变化的结果如图 9.37 所示。碲化铋粒子

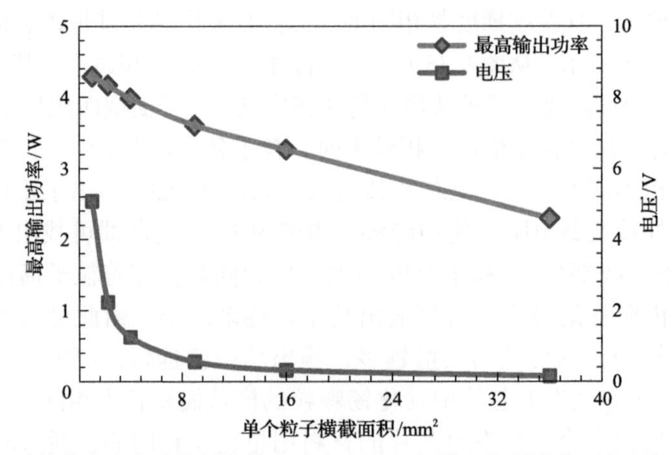

图 9.37　热伏发电芯片的最高输出功率和电压与单个粒子横截面积之间的关系

厚度、填充比相同时，电压随粒子横截面积的增大迅速降低，最高输出功率随粒子横截面积的增大缓慢降低。

如图9.38所示，粒子的横截面积和填充比相同时，热伏发电芯片内阻随粒子厚度的增大而增大，最高输出功率随粒子厚度的增大而降低。

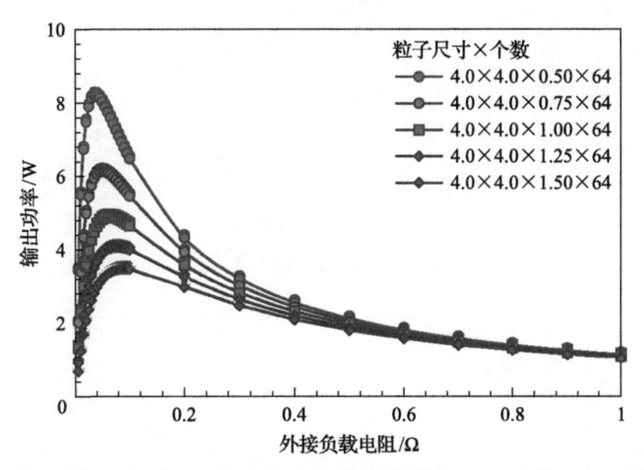

图9.38　粒子厚度不同的热伏发电芯片输出功率与外接负载电阻之间的关系

最高输出功率和电压与粒子厚度之间的关系如图9.39所示，输出功率随着粒子厚度的下降而增加。

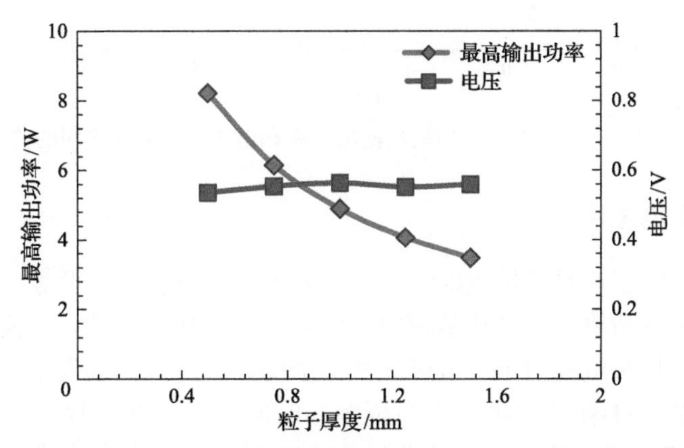

图9.39　热伏发电芯片的最高输出功率和电压与粒子厚度之间的关系

碲化铋粒子横截面积、厚度相同的热伏发电芯片，其内阻随填充比的增大而增大(图9.40)，最高输出功率随着填充比的增大而增大(图9.41)。

以上这些数值模拟结果解释了热伏发电芯片中尽可能采用填充比高、横截面积比较小、厚度小的半导体粒子，而不是采用大的几何尺寸。显然，采用横截面积比较大、厚度大的半导体粒子有利于降低芯片的制造成本，提高芯片的生产效率。因此，在热伏发电芯片的设计和制造过程中，具体采用什么样的几何尺寸和填充比，需要从热伏发电的功率和制造成本等多方面来考虑。

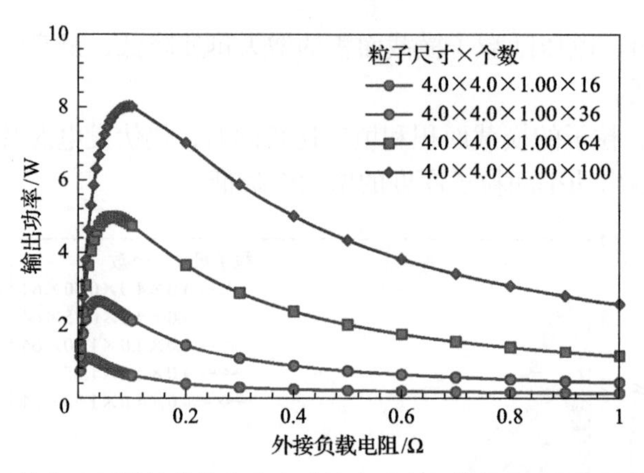

图 9.40　填充比不同的热伏发电芯片输出功率与外接负载电阻之间的关系

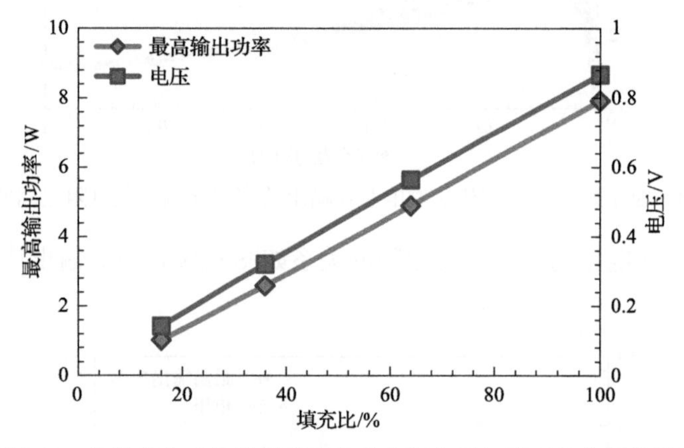

图 9.41　热伏发电芯片的最高输出功率和电压与填充比之间的关系

9.4.6　新型热伏发电芯片

现有的热伏发电芯片通常是规则形状的，如正方形或者长方形等，连接 P/N 型半导体粒子的电路镶嵌在两块绝缘导热基板内。实际使用热伏发电芯片时需要采用焊接导线或焊接电极的方式将正负极引出，电极通常为金属片。这种热伏发电芯片的连接方式存在许多问题，例如：①耗费大量的人力资源和时间进行导线的焊接；②焊接的导线不够牢固，容易脱落，容易造成大量的芯片浪费甚至造成由多个热伏发电芯片组成的整个热伏发电系统出现故障；③在大量热伏发电芯片串联或并联工作时，大量的导线容易缠绕在一起，不方便连接；④导线占据较大的空间，使热伏发电技术不容易实现规模化；⑤不容易实现自动化组装。

为克服上述现有技术中存在的不足，作者及其团队(李克文和朱昱昊，2020)发明了一种热伏发电芯片，该芯片提供了一种自带电极、不需焊接导线或电极的异形绝缘导热基板设计。

作者及其团队不仅设计了该新型热伏发电芯片，而且还研发了相应的自动化生产设备，制造出了不同规格的新型热伏发电芯片，该芯片的外观照片如图 9.42 所示。

(a) 单个芯片(80mm×80mm×3mm)

(b) 不同大小、规格与型号的热伏发电芯片

图9.42　新型热伏发电芯片

这种新型热伏发电芯片自带电极、不需焊接导线或电极的异形绝缘导热基板设计，方便热伏发电芯片之间的相互连接，也可以直接插入到输出电路中，解决了现有热伏发电芯片连接时导线相互缠绕并占据大量设备空间的问题，大幅度减少了热伏发电芯片工作过程中的故障率，而且有利于扩大热伏发电的规模。与焊接电极或者导线的方式相比这种新型热伏发电芯片也更加牢固，制造热伏发电芯片的工序更加简单，可以大幅度减少人力消耗及工时，从而大幅度降低热伏发电芯片的成本并大幅度提高热伏发电芯片工作的可靠性和稳定性。

目前市场上的热伏发电芯片的表层(上下基板)大部分是陶瓷基板，尽管陶瓷具有很好的导热性能，但是陶瓷比较容易破碎，难以应用于高压环境。另外，由于拼装困难而且不容易解决压力平衡的问题(压力不平衡容易导致挤压变形，最终造成陶瓷基板破碎、损坏)，因此，不适合大规模的发电系统。

作者及其团队设计、研发、生产的各种大小与规格的高强度铝基板热伏发电芯片解决了陶瓷基板的上述问题，主要性能和特点总结如下。

(1) 强度高，不容易破碎，适合于集成实现大功率发电。

(2) 芯片是自动化生产，质量稳定可靠。使用寿命长，可达 20 年以上。

(3) 单个热伏发电芯片的面积可达 80mm×80mm，厚度仅为 3mm，这是目前国际上单块面积最大的芯片。

(4) 导热、导电性能好，在增加单个芯片的面积时基本上不降低单位面积的发电功率。

(5) 自带电极的异形绝缘导热基板设计使芯片之间的相互连接十分方便，也可以直接插入到输出电路中，解决了现有热伏发电芯片连接时导线相互缠绕并占据大量设备空间的难题。

(6) 由于热伏发电芯片自带电极，大量芯片连接和组装时速度快、效率高，省时省力。

(7) 成本低，性价比高。

9.5　热伏发电系统

9.5.1　热伏发电系统的结构与测试装置

有了高效、低成本的芯片，不一定能够做出大功率的热伏发电系统，这仍然是目前国际上的一个有待解决的难题和技术挑战。作者及其团队正在探索解决这一问题，并且已经取得了一些重要的突破。

图 9.43 是采用目前国际上最大的单个芯片 (80mm×80mm) 组装热伏发电系统中的一层，6 块芯片采用串联的方式，也可以采用并联的方式，取决于对电压、电流的需求。

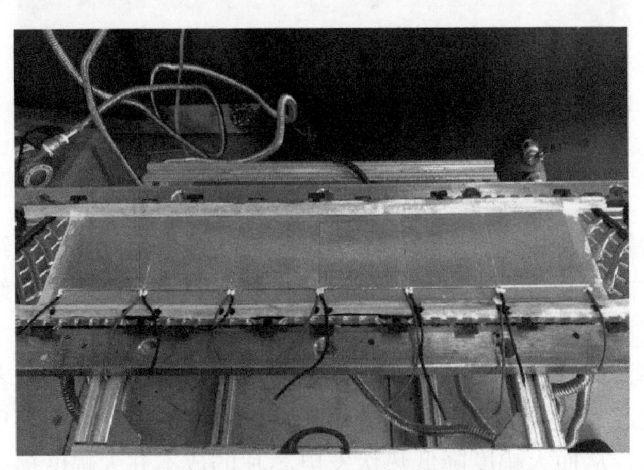

图 9.43　单层热伏发电芯片的拼装与连接方式

装配好的一个 6 层的热伏发电单元如图 9.44 所示，目前，我们一个单元最多可以装配到 50 层。层数越多，装配越困难，主要的难题是如何保证电路的连接畅通 (类似于电动汽车电池的安装问题) 和每层的芯片处于同一个水平面并且不产生大的挤压变形等问题 (电动汽车的电池安装没有这个问题)。由此可知，热伏发电系统的安装比电动汽车电池的安装更困难。

图9.44 多层(6层)热伏发电单元(Li et al., 2021)

9.5.2 热伏发电系统的实验测试

作者及其团队自主研发了一套热伏发电系统的实验装置，照片如图9.45所示。在该实验装置中，使用水作为工作流体，廉价且易于操作。当存在温差时，利用热伏发电芯片将热能直接转化为电能。热伏发电系统结构中为装配热伏发电芯片阵列留出了一定的空间，以便在热伏发电芯片的两侧提供冷水和热水通道。热伏发电阵列上方和下方的钢板直接与热伏发电芯片和水接触，底层冷水通道、中层热伏发电阵列和上层热水通道组合成一个热伏发电组，每个热伏发电组由钢或者其他种类的金属板分隔，一个热伏发电阵列包含6个80mm×80mm或者24个40mm×40mm热伏发电芯片。该装置中采用电加热水，热水通过管汇泵入热伏发电系统的热水通道，并与冷水通道对向流动。

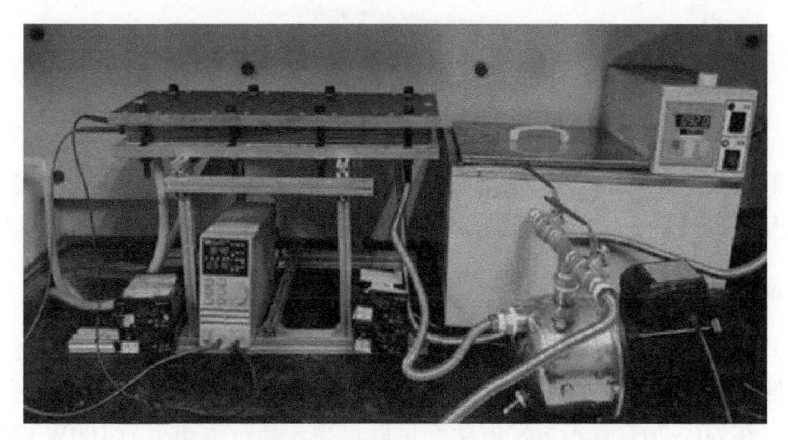

图9.45 热伏发电系统(共10层)的实验装置

上述实验装置的流程图如图9.46所示，当热水、冷水的流量、温差，热伏发电系统的电压、电流及功率等参数处于稳定状态时，分别采集这些参数。

作者及其团队研制的一套10层热伏发电单元在不同温差条件下利用上述实验装置测定每一层和整个10层的发电功率如图9.47所示，每一层的发电功率基本上相同，这

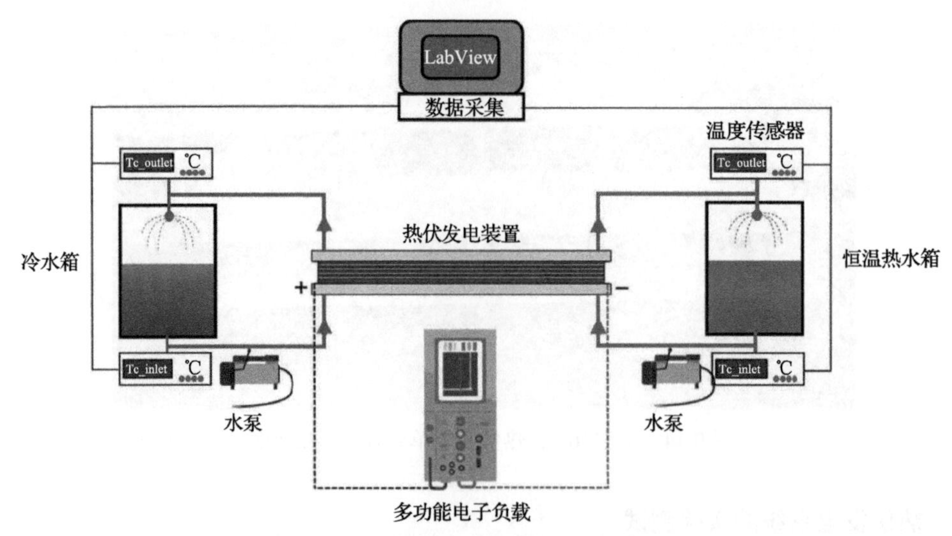

图 9.46　热伏发电系统实验装置的流程图

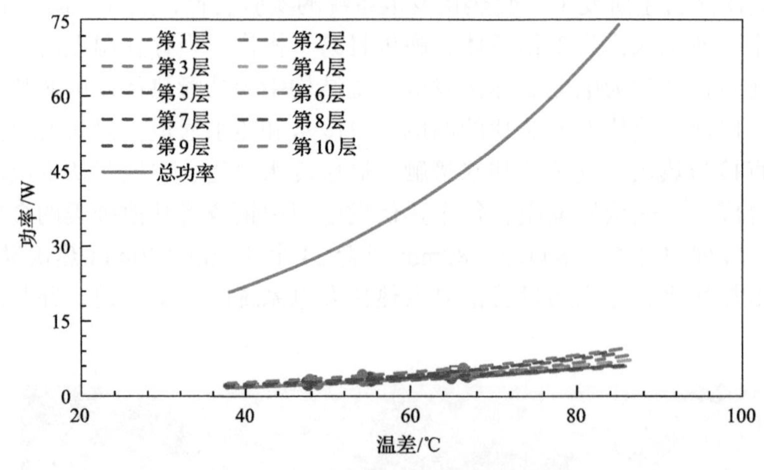

图 9.47　10 层热伏发电系统实验结果

是一个比较好的、也是我们希望的结果。如果每一层的功率或者电压差别很大，可能产生显著的相互充电效应，这不利于提高整个热伏发电单元或者发电系统的总功率。

9.5.3　热伏发电系统的现场应用

作者及其团队于 2018 年在山西阳泉的虎尾沟发电站进行了基于工业余热的热伏发电装置现场测试，山西阳泉的现场试验照片如图 9.48 所示。测试时间在冬季 12 月，热源温度很低，在 60～70℃，不过发电功率足以点亮 5 套每个功率为 100W 的照明灯。

山西阳泉现场试验过程中的连接与测试流程图如图 9.49 所示，热水采用的是工业余热水，冷却采用的是自来水。

现场测试的结果及预测如图 9.50 所示，热伏发电装置总功率随着温差的上升呈线性增加，在 60℃温差下热伏发电装置总功率约 800W。由于现场条件下热源温度及流量有限，没有在更高温度条件下测试，预计温差达到 130℃时可产生超过 2kW 的功率。

图 9.48　山西阳泉热伏发电装置现场试验的照片

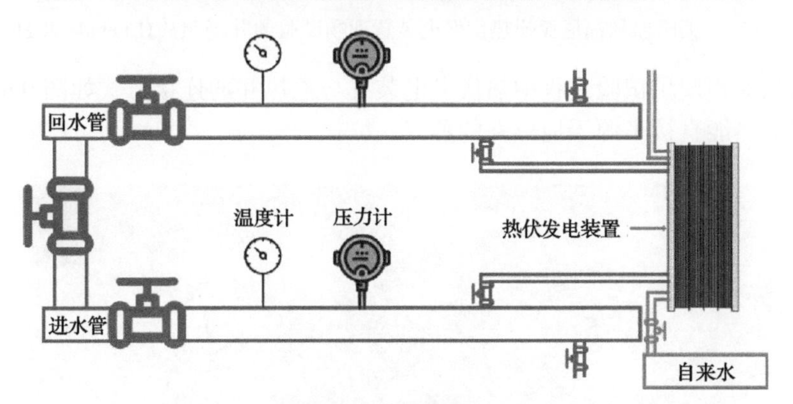

图 9.49　山西阳泉热伏发电装置现场连接方式

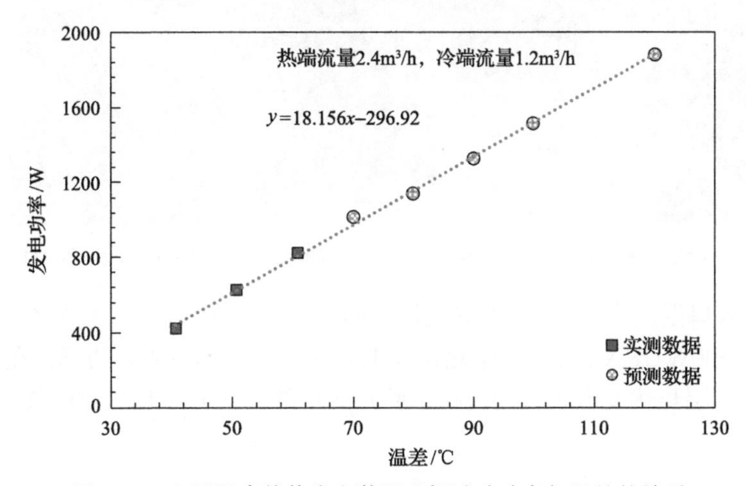

图 9.50　山西阳泉热伏发电装置现场试验功率与温差的关系

作者等(Li et al., 2021)后来于2019年在美国加利福尼亚州Bottle Rock地热田的一口地热井中进行了热伏发电装置的现场测试，现场试验的井场照片如图9.51所示。

图9.51　美国加利福尼亚州热伏发电装置现场试验的井场照片(Li et al., 2021)

加利福尼亚州现场试验过程中热伏发电装置与地热井的连接方式如图9.52所示，热伏发电所需的热能直接来源于地热井的蒸汽。

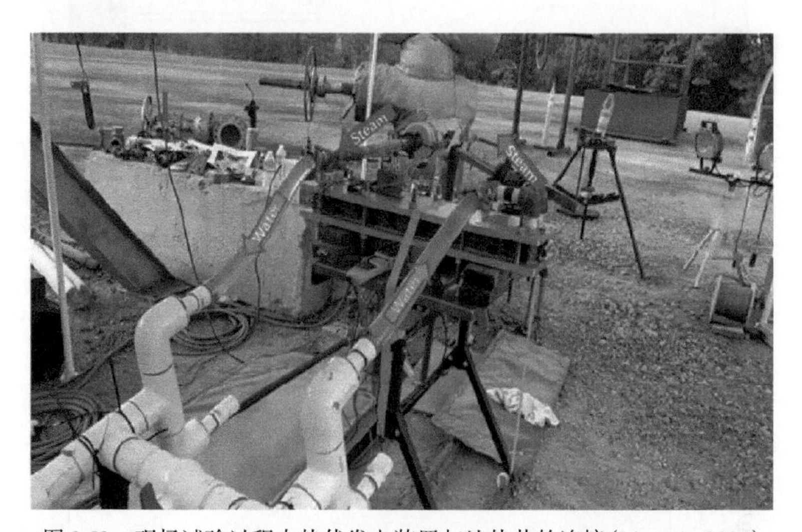

图9.52　现场试验过程中热伏发电装置与地热井的连接(Li et al., 2021)

等热流体入口温度为170℃，冷热流体之间的温差为152℃时，整个6层热伏发电装置可发电大约500W(图9.53)，每个热伏发电芯片可产生约3.9W功率，在Bottle Rock地热发电站的6层热伏发电装置的现场试验是成功的，证明了热伏发电技术用于地热发电的可行性。

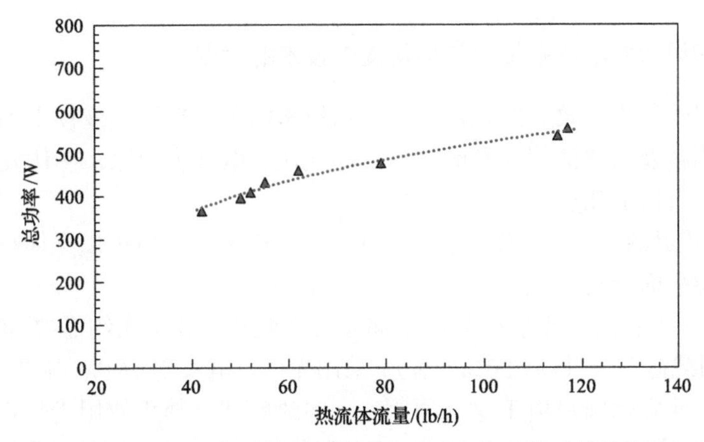

图 9.53　热伏发电装置(6 层)现场试验得到的发电功率与热流体流量的关系(Li et al., 2021)

1lb=0.453592kg

9.6　热伏发电技术与其他发电技术的比较

9.6.1　与传统汽轮机发电技术相比，热伏发电技术的优点

如前所述，热伏发电技术是一种基于塞贝克效应的固态能量转换技术，无须经过做机械功，可以直接将热能转换为电能。热伏发电与光伏发电具有一定的相似性，几乎具有光伏发电所有的优点。同时，具有一些光伏发电不具备的优点。由于其原理的特殊性，热伏发电技术具有如下主要特点。

(1)可靠性高：热能到电能不需要经过机械能转换，因而不需要任何流体或工质、汽轮机、发电机、庞大的冷却系统等外围设备。同时，热伏发电系统可以自启动，不需要其他发电装置协助启动。

(2)寿命长：典型的热伏发电芯片的寿命可达几十万小时(大约 30 年)。

(3)可用热源广泛：热水源、高温气源、辐射热源等。

(4)无噪声：没有任何运动部件，所以没有噪声。

(5)模块化能力强：可以模块化、规模化生产，设备安装简单、维护方便。

(6)体积小、重量轻：一般情况下，热伏发电系统的体积远小于其他发电系统，重量也比较轻。各种标准的和特殊的尺寸以及结构的热伏发电芯片可供选择，适用于不同应用的需要。与太阳能相比，所需面积与空间要小得多。

(7)能量状态可逆性强：作为发电器件，在芯片两端形成温差时，可以用来发电；具有制冷和加热两种功能，作为制冷器件，在芯片两端施加电压时，可以用来制冷和供热。改变直流电源的极性时，芯片上冷热的位置可以发生相应的转换。

(8)分布式：热伏发电芯片重量轻、高度模块化及小型化，可以采用撬装式安装，是非常好的分布式发电系统。

(9)绿色器件：热伏发电芯片不会释放有害化学物质，不危害环境。热伏发电器是一种绿色无公害半导体器件。

9.6.2 与光伏和风力发电技术相比，热伏发电技术的优点

光伏发电尽管还需要政府的补贴，但是从技术的角度来看，该技术仍然是目前比较成熟、应用相当普及的清洁能源发电技术。与光伏发电技术相比，热伏发电技术也具有不少优点，主要有以下几点。

(1)安装方式灵活：可以像光伏板那样平面(二维)安装，也可以立体(三维)安装。但是，光伏板只能平面安装。

(2)占地面积少：由于光伏板只能平面安装，装机 1MW 大约需要 30～40 亩[①]的土地。如果考虑到载荷系数(按照 20%计算)，采用光伏发电实现 1MW 需要 150～200 亩的土地。国际上一些发达国家由于这一原因，有些政府甚至禁止使用光伏板。热伏发电可以三维叠加安装，因此，所需面积或者空间比较小，装机 1MW 大约只需要 $50m^3$ 的空间。

(3)不受气候影响：热伏发电不受气候的影响，可以实现 24h 持续发电，可以是基础载荷，而不是像太阳能和风能发电那样受气候的影响。

(4)可利用热源多：可以利用各种热能，如热水源、高温气源、辐射热源等工业余热，甚至太阳能(可以将太阳能先转换成热能)。但是，光伏发电技术只能利用太阳能。

(5)载荷系数高：太阳能的载荷系数(发电小时数/全年小时数)一般在 15%～25%，平均为 20%。一天 24h 大约只有 8h 有比较强的阳光，一年 365 天不太可能天天出太阳，没有太阳时，光伏发电站就不能发电，这就是光伏发电系统的载荷系数只有 20%左右的原因。显然，光伏发电的载荷系数与地理位置有关。

与风力发电相比，热伏发电技术的优点基本上类似，这里就不再详细分析和讨论了。此外，风力发电可能对生态造成一些破坏，如风机叶片在旋转时可能危及鸟类的生命。在有些地方，风力发电的噪声也可能是一个比较敏感的问题。

9.6.3 热伏发电技术的缺点

热伏发电技术目前主要的缺点是发电效率比较低，成本比较高，先导性试验比较少，单机功率比较小，基本上没有超过 20kW 的。

另一个缺点是热伏发电器件内的热电单元(或者热电偶)的个数特别多。例如，一个 40mm×40mm 的热伏发电芯片内就有 127 个热电单元(PN 结)，这样大小的芯片在温差为 152℃时能够发电 3.9W 左右(Li et al., 2021)。如果将这些热电单元都并联(电路)，则电流可能过大；如果将其串联，则电压可能过高，而且只要有一个单元损坏，这个芯片就损坏了。这么多的热电单元也给热伏发电芯片的制造及系统的装配带来许多问题和难度。

9.7 小　　结

本章分析和讨论了用于地热发电的常规发电技术，包括干蒸汽发电、闪蒸发电、双

① 1 亩 ≈ $666.7m^2$。

工质发电技术等，也介绍了热伏发电技术的基本原理，包括塞贝克效应、佩尔捷效应及汤姆孙效应等。同时，对热伏发电技术的数值模拟以及部分实验结果，包括先导性的现场试验结果进行分析和讨论。最后，比较了热伏发电技术与其他发电技术各自的优缺点等。

参考文献

多吉, 郑克棪. 2008. 中国地热发电现状及前景分析//科学开发中国地热资源高层研讨会. 陕西, 咸阳, 2008-11-27.

关铎. 2014. 地热资源经济评价方法与应用研究. 北京: 中国地质大学(北京).

李克文, 王磊, 毛小平, 等. 2012. 油田伴生地热资源评价与高效开发. 科技导报, 30(32): 3-15.

李克文, 朱昱昊. 2020. 一种热伏发电芯片：ZL202020773912.3.

李亚, 张伟, 吴方之, 等. 2018. 基于再热的两级闪蒸地热发电系统优化. 太阳能学报, 39(9): 2486-2492.

马永生, 刘鹏程, 李瑞霞, 等. 2016. 地热发电厂：原理、应用、案例研究和环境影响. 3版. 北京: 中国石化出版社.

宋寅. 2016. 浅谈地热发电. 技术与市场, 23(4): 118.

谢和平, 昂然, 李碧雄, 等. 2018. 基于热伏材料中低温地热发电原理与技术构想. 工程科学与技术, 50(2): 1-12.

张国宝. 2007. 点亮高原之光——西藏电力建设札记. 中国电力, 40(11): 1-4.

郑克棪, 潘小平, 马凤景, 等. 2018. 地热利用技术. 北京: 中国电力出版社.

朱昱昊. 2020. 提高热伏发电效率的数值模拟研究. 北京: 中国地质大学(北京).

Bertani R. 2010. Geothermal Power Generation in the World 2005–2010 Update Report//World Geothermal Congress 2010 Bali. Indonesia, 25-29 April.

Byeon D, Sobota R, Delime-Codrin, K, 2019. Discovery of colossal Seebeck effect in metallic Cu_2Se. Nature Communications, 10(1): 1-7.

DiPippo R. 2012. Geothermal power plants: principles, applications, case studies and environment impact. 3rd ed. Kidlington: Elsevier Ltd.

Handal S, Alvarenga Y, Recinos M. 2007. Geothermal Steam Production by Solar Energy. Geothermal Resources Council Transactions, 31: 503-510.

Hawkins L, Zhu L, Blumber E, et al. 2012. Heat-to-electricity with highspeed magnetic bearing/generator system//Geothermal Resources Council 2012 Annual Meeting, Reno, NE, USA, September 30-October 3.

He J, Tritt T M. 2017. Advances in thermoelectric materials research: looking back and moving forward. Science, 357(6358): 1369.

Hilel L, Phillip S. 2003. The 30 MW Rotokawa I geothermal project five years of operation//International Geothermal Conference, Reykjavík, Sept.

Irkhin V Y, Irkhin Y P. 2007. Electronic structure, correlated effects and physical properties of d-and f-metals and their compounds. Cambridge: Cambridge International Science Publishing.

Li K W, Bian H, Liu C, et al. 2015. Comparison of geothermal with solar and wind power generation systems. Renewable and Sustainable Energy Reviews, 42: 1464-1474.

Li K W, Geoffrey G, Zhu Y, et al. 2021. Thermoelectric power generator: field test at Bottle Rock geothermal power plant. Journal of Power Sources, 485(2021): 229266.

Lund J W. 2009. Development and utilization of geothermal resources. Proceedings of ISES World Congress 2007 (Vol. I–Vol. V) Springer, Berlin, Heidelberg, 87-95.

Lund J W, Bjelm L, Bloomquist G, et al. 2007.Characteristics, development and utilization of geothermal resources–a Nordic perspective. Episodes Journal of International Geoscience, 31(1): 140-147.

Magnus G. 1851. Poggendorf's Annalen der Physik 83 p469 (1851).

Mendive D L, Green L H. 2012. Wellhead geothermal power plant at Eburru, Kenya//Geothermal Resources Council 2012 Annual Meeting, Reno, NE.

Milliken M. 2007. Geothermal resources at naval petroleum reserve-3 (NPR-3), Wyoming//Thirty-Second Workshop on Geothermal Reservoir Engineering, Stanford University, Stanford, California, January 22-24.

Sanyal S K, Enedy SL. 2011. Fifty Years of Power Generation at the Geysers Geothermal Field, California–the Lessons Learned// Thirty-Sixth Workshop on Geothermal Reservoir Engineering Stanford University, Stanford, California, January 31 - February 2.

Tan G, Zhao L, Mercouri G K. 2016. Rationally designing high-performance bulk thermoelectric materials. Chemical Reviews, 116 (19): 12123-12149.

Vedernikov M V, Iordanishvili E K. 1998. AF Ioffe and origin of modern semiconductor thermoelectric energy conversion. Seventeenth International Conference on Thermoelectrics. Proceedings ICT98 (Cat. No. 98TH8365). IEEE, Nagoya, Japan, 37-42.